工程量清单编制实例详解丛书

安装工程工程量清单编制实例详解

周丽丽　吴永岩　王　彬　王景文　主编

中国建筑工业出版社

图书在版编目（CIP）数据

安装工程工程量清单编制实例详解/周丽丽，吴永岩，王彬，王景文主编. —北京：中国建筑工业出版社，2016.2
（工程量清单编制实例详解丛书）
ISBN 978-7-112-18830-7

Ⅰ.①安… Ⅱ.①周…②吴…③王…④王… Ⅲ.①建筑安装-工程造价-编制-中国-教材 Ⅳ.①TU723.3

中国版本图书馆CIP数据核字（2015）第297737号

本书依据现行国家标准《建设工程工程量清单计价规范》GB 50500—2013的规定，通过对《通用安装工程工程量计算规范》GB 50856—2013附录D、E、G、H、J、K、M、N相对于原国家标准《建设工程工程量清单计价规范》GB 50500—2008附录C.2、C.9、C.6、C.7、C.8、C.9、C.12在项目编码、项目名称、项目特征、计量单位、工程量计算规则、工作内容等六项变化进行汇总列表，方便读者查阅；同时，通过列举典型的工程量清单编制实例，强化工程量的计算和清单编制环节，帮助读者学习和应用新规范。

本书包括电气设备安装工程，建筑智能化工程，通风与空调工程，工业管道工程，消防工程，给水排水、采暖、燃气工程，刷油、防腐蚀、绝热工程及措施项目等7章内容。

本书可供工程建设施工、工程承包、房地产开发、工程保险、勘察设计、监理咨询、造价、招投标等单位从事造价工作的人员和相关专业工程技术人员学习参考，也可作为以上从业人员短期培训、继续教育的培训教材和大专院校相关专业师生的参考用书。

* * *

责任编辑：郦锁林　赵晓菲　周方圆
责任设计：董建平
责任校对：陈晶晶　党　蕾

工程量清单编制实例详解丛书
安装工程工程量清单编制实例详解
周丽丽　吴永岩　王　彬　王景文　主编
*
中国建筑工业出版社出版、发行（北京西郊百万庄）
各地新华书店、建筑书店经销
北京科地亚盟排版公司制版
北京建筑工业印刷厂印刷
*
开本：787×1092毫米　1/16　印张：24¼　字数：584千字
2016年6月第一版　2016年6月第一次印刷
定价：**53.00**元
ISBN 978-7-112-18830-7
（28126）

前　言

自2013年7月1日起实施的国家标准《房屋建筑与装饰工程工程量计算规范》GB 50854—2013、《仿古建筑工程工程量计算规范》GB 50855—2013、《通用安装工程工程量计算规范》GB 50856—2013、《市政工程工程量计算规范》GB 50857—2013、《园林绿化工程工程量计算规范》GB 50858—2013、《矿山工程工程量计算规范》GB 50859—2013、《构筑物工程工程量计算规范》GB 50860—2013、《城市轨道交通工程工程量计算规范》GB 50861—2013、《爆破工程工程量计算规范》GB 50862—2013等9个专业工程量计算规范，是在原国家标准《建设工程工程量清单计价规范》GB 50500—2008的基础上修订而成，共设置3915个工程量计算项目，新增2185个项目，减少350个项目；各专业工程工程量计算规范与《建设工程工程量清单计价规范》GB 50500—2013配套使用，形成工程全新的计价、计量标准体系。该标准体系将为深入推行工程量清单计价，建立市场形成工程造价机制奠定坚实基础，并对维护建设市场秩序，规范建设工程发承包双方的计价行为，促进建设市场的健康发展发挥重要作用。

准确理解和掌握该标准体系的变化内容并应用于工程量清单编制实践中，是新形势下造价从业人员做好专业工作的关键，也是造价从业人员入门培训取证考试的重点和难点。为使广大工程造价工作者和相关专业工程技术人员快速查阅、深入理解和掌握以上各专业工程量计算规范的变化内容，满足工程量清单计量计价的实际需要，切实提高建设项目工程造价控制管理水平，中国建筑工业出版社组织编写了本书。

本书以工程量清单编制为主线，以实例的详图详解详表为手段，辅以工程量计算依据的变化内容的速查，方便读者学以致用。

本书编写过程中，得到了中国建筑工业出版社郦锁林老师的支持和帮助，同时，对本书引用、参考和借鉴的国家标准及文献资料的作者及相关组织、机构，深表谢意。此外，常文见、陈立平、高升、贾小东、姜学成、姜宇峰、李海龙、吕铮、孟健、齐兆武、阮娟、王春武、王继红、王景怀、王军霞、王立春、魏凌志、杨天宇、于忠伟、张会宾、赵福胜、祝海龙、祝教纯为本书付出了辛勤的劳动，一并致谢。

限于编者对2013版计价规范和各专业工程量计算规范学习和理解的深度不够和实践经验的局限，加之时间仓促，书中难免有缺点和不足，诚望读者提出宝贵意见或建议(E-mail:edit8277@163.com)。

编者

2015.10

目　录

1　电气设备安装工程

针对《通用安装工程工程量计算规范》GB 50856—2013（以下简称“13 规范”）、《建设工程工程量清单计价规范》GB 50500—2008（以下简称“08 规范”），“13 规范”在项目编码、项目名称、项目特征、计量单位、工程量计算规则、工作内容等方面，均有变化。

1. 清单项目变化

“13 规范”在“08 规范”的基础上，建筑电气设备安装工程增加 44 个项目，减少 7 个项目，将项目名称中带有制作安装的字眼全部删除。具体如下：

增加项目：包括始端箱、分线箱，插座箱，端子箱，风扇，照明开关，插座，其他电器，太阳能电池，电缆槽盒，铺砂、盖保护板（砖），电缆头终端头，电缆中间头，防火堵洞，防火隔板，防火涂料，电缆分支箱，接地极，接地母线，避雷引下线，均压环，避雷网，避雷针，等电位端子箱，测试板，绝缘垫，浪涌保护器，降阻剂，横担组装，杆上设备，事故照明切换装置，不间断电源，电容器，电除尘器，电缆试验，接线箱，接线盒，高度标志（障碍）灯，中杆灯，铁构件，凿（压）槽，打洞（孔），管道包封，人（手）孔砌筑，人（手）孔防水等 44 个项目。

减少项目：包括环网柜、配电（电源）屏、电缆桥架、电缆支架、避雷装置、接地装置、广场灯等 7 个项目。

（1）变压器安装：无增减项目。项目名称“带负荷调压变压器”改为“有载调压变压器”；“自耦式变压器”改为“自耦变压器”。

（2）配电装置安装：减少环网柜 1 个项目。

（3）母线安装：增加始端箱、分线箱等 2 个项目。

（4）控制设备及低压电器安装：增加插座箱，端子箱，风扇，照明开关，插座，其他电器 6 个项目；减少配电（电源）屏 1 个项目。项目名称“低压开关柜”改为“低压开关柜（屏）”。

（5）蓄电池安装：增加太阳能电池 1 个项目。

（6）电机检查接线及调试：无增减项目。

（7）滑触线装置安装：无增减项目。

（8）电缆安装：增加电缆槽盒，铺砂、盖保护板（砖），电缆终端头，电缆中间头，防火堵洞，防火隔板，防火涂料，电缆分支箱等 9 个项目；减少电缆桥架、电缆支架等 2 个项目。

（9）防雷及接地装置：增加接地极，接地母线，避雷引下线，均压环，避雷网，避雷针，等电位端子箱，测试板，绝缘垫，浪涌保护器，降阻剂等 11 个项目；减少避雷装置，接地装置等 2 个项目。

（10）10kV 以下架空配电线路：增加横担组装，杆上设备等 2 个项目。

（11）配管、配线：增加桥架，接线箱，接线盒等 3 个项目。项目名称“中央信号装置、事故照明切换装置、不间断电源”改为“中央信号装置”；“电抗器、消弧线圈、电除尘器”改为“电抗器、消弧线圈”。

(12) 照明器具安装：增加高度标志（障碍）灯，中杆灯；减少广场灯等3个项目。项目名称“电气配管”改为“配管”；“电气配线”改为“配线”。

(13) 附属工程：增加铁构件，凿（压）槽，打洞（孔），管道包封，人（手）孔砌筑，人（手）孔防水等6个项目。项目名称“普通吸顶灯及其他灯具”改为“普通灯具”。

(14) 电气调整试验：增加事故照明切换装置，不间断电源，电容器，电除尘器，电缆试验等5个项目。

2. 应注意的问题

(1) D.8电缆安装中“防火堵洞”按 $0.25m^2$/处、不足 $0.25m^2$ 按一处计，保护管按1处/两端计算。

(2) 如主项项目工程与综合项目工程量不对应，项目特征应描述综合项目的型号、规格、数量。

(3) 由国家或地方检测验收部门进行的检测验收应按“13规范”附录N措施项目编码列项。

(4) 电气设备需投标人购置应在招标文件中予以说明。

1.1 工程量计算依据六项变化及说明

1.1.1 变压器安装

变压器安装工程量清单项目设置、项目特征描述的内容、计量单位及工程量计算规则等的变化对照情况，见表1-1。

变压器安装（编码：030401） 表1-1

序号	版别	项目编码	项目名称	项目特征	工程量计算规则与计量单位	工作内容
1	13规范	030401001	油浸电力变压器	1. 名称； 2. 型号； 3. 容量（kV·A）； 4. 电压（kV）； 5. 油过滤要求； 6. 干燥要求； 7. 基础型钢形式、规格； 8. 网门、保护门材质、规格； 9. 温控箱型号、规格	按设计图示数量计算（计量单位：台）	1. 本体安装； 2. 基础型钢制作、安装； 3. 油过滤； 4. 干燥； 5. 接地； 6. 网门、保护门制作、安装； 7. 补刷（喷）油漆
	08规范	030201001	油浸电力变压器	1. 名称； 2. 型号； 3. 容量（kV·A）		1. 基础型钢制作、安装； 2. 本体安装； 3. 油过滤； 4. 干燥； 5. 网门及铁构件制作、安装； 6. 刷（喷）油漆
	说明：项目特征描述新增“电压（kV）”、“油过滤要求”、“干燥要求”、“基础型钢形式、规格”、“网门、保护门材质、规格”和“温控箱型号、规格”。工作内容新增“接地”，将原来的“刷（喷）油漆”修改为“补刷（喷）油漆”					

续表

序号	版别	项目编码	项目名称	项目特征	工程量计算规则与计量单位	工作内容
2	13规范	030401002	干式变压器	1. 名称； 2. 型号； 3. 容量（kV·A）； 4. 电压（kV）； 5. 油过滤要求； 6. 干燥要求； 7. 基础型钢形式、规格； 8. 网门、保护门材质、规格； 9. 温控箱型号、规格	按设计图示数量计算（计量单位：台）	1. 本体安装； 2. 基础型钢制作、安装； 3. 温控箱安装； 4. 接地； 5. 网门、保护门制作、安装； 6. 补刷（喷）油漆
	08规范	030201002	干式变压器	1. 名称； 2. 型号； 3. 容量（kV·A）		1. 基础型钢制作、安装； 2. 本体安装； 3. 干燥； 4. 端子箱（汇控箱）安装； 5. 刷（喷）油漆
	说明：项目特征描述新增“电压（kV）”、“油过滤要求”、“干燥要求”、“基础型钢形式、规格”、“网门、保护门材质、规格”和“温控箱型号、规格”。工作内容新增“温控箱安装”、“接地”和“网门、保护门制作、安装”，将原来的“刷（喷）油漆”修改为“补刷（喷）油漆”，删除原来的“干燥”和“端子箱（汇控箱）安装”					
3	13规范	030401003	整流变压器	1. 名称； 2. 型号； 3. 容量（kV·A）； 4. 电压（kV）； 5. 油过滤要求； 6. 干燥要求； 7. 基础型钢形式、规格； 8. 网门、保护门材质、规格	按设计图示数量计算（计量单位：台）	1. 本体安装； 2. 基础型钢制作、安装； 3. 油过滤； 4. 干燥； 5. 网门、保护门制作、安装； 6. 补刷（喷）油漆
	08规范	030201003	整流变压器	1. 名称； 2. 型号； 3. 规格； 4. 容量（kV·A）		1. 基础型钢制作、安装； 2. 本体安装； 3. 油过滤； 4. 干燥； 5. 网门及铁构件制作、安装； 6. 刷（喷）油漆
	说明：项目特征描述新增“电压（kV）”、“油过滤要求”、“干燥要求”、“基础型钢形式、规格”和“网门、保护门材质、规格”，删除原来的“规格”。工作内容将原来的“刷（喷）油漆”修改为“补刷（喷）油漆”					
4	13规范	030401004	自耦变压器	1. 名称； 2. 型号； 3. 容量（kV·A）； 4. 电压（kV）； 5. 油过滤要求； 6. 干燥要求； 7. 基础型钢形式、规格； 8. 网门、保护门材质、规格	按设计图示数量计算（计量单位：台）	1. 本体安装； 2. 基础型钢制作、安装； 3. 油过滤； 4. 干燥； 5. 网门、保护门制作、安装； 6. 补刷（喷）油漆

续表

<table>
<tr><th>序号</th><th>版别</th><th>项目编码</th><th>项目名称</th><th>项目特征</th><th>工程量计算规则与计量单位</th><th>工作内容</th></tr>
<tr><td rowspan="2">4</td><td>08规范</td><td>030201004</td><td>自耦式变压器</td><td>1. 名称；
2. 型号；
3. 规格；
4. 容量（kV·A）</td><td>按设计图示数量计算（计量单位：台）</td><td>1. 基础型钢制作、安装；
2. 本体安装；
3. 油过滤；
4. 干燥；
5. 网门及铁构件制作、安装；
6. 刷（喷）油漆</td></tr>
<tr><td colspan="6">说明：项目名称简化为“自耦变压器”。项目特征描述新增“电压（kV）”、“油过滤要求”、“干燥要求”、“基础型钢形式、规格”和“网门、保护门材质、规格”，删除原来的“规格”。工作内容将原来的“刷（喷）油漆”修改为“补刷（喷）油漆”</td></tr>
<tr><td rowspan="3">5</td><td>13规范</td><td>030401005</td><td>有载调压变压器</td><td>1. 名称；
2. 型号；
3. 容量（kV·A）；
4. 电压（kV）；
5. 油过滤要求；
6. 干燥要求；
7. 基础型钢形式、规格；
8. 网门、保护门材质、规格</td><td rowspan="2">按设计图示数量计算（计量单位：台）</td><td>1. 本体安装；
2. 基础型钢制作、安装；
3. 油过滤；
4. 干燥；
5. 网门、保护门制作、安装；
6. 补刷（喷）油漆</td></tr>
<tr><td>08规范</td><td>030201005</td><td>带负荷调压变压器</td><td>1. 名称；
2. 型号；
3. 规格；
4. 容量（kV·A）</td><td>1. 基础型钢制作、安装；
2. 本体安装；
3. 油过滤；
4. 干燥；
5. 网门及铁构件制作、安装；
6. 刷（喷）油漆</td></tr>
<tr><td colspan="6">说明：项目名称更名为“有载调压变压器”。项目特征描述新增“电压（kV）”、“油过滤要求”、“干燥要求”、“基础型钢形式、规格”和“网门、保护门材质、规格”，删除原来的“规格”。工作内容将原来的“刷（喷）油漆”修改为“补刷（喷）油漆”</td></tr>
<tr><td rowspan="3">6</td><td>13规范</td><td>030401006</td><td>电炉变压器</td><td>1. 名称；
2. 型号；
3. 容量（kV·A）；
4. 电压（kV）；
5. 基础型钢形式、规格；
6. 网门、保护门材质、规格</td><td rowspan="2">按设计图示数量计算（计量单位：台）</td><td>1. 本体安装；
2. 基础型钢制作、安装；
3. 网门、保护门制作、安装；
4. 补刷（喷）油漆</td></tr>
<tr><td>08规范</td><td>030201006</td><td>电炉变压器</td><td>1. 名称；
2. 型号；
3. 容量（kV·A）</td><td>1. 基础型钢制作、安装；
2. 本体安装；
3. 刷油漆</td></tr>
<tr><td colspan="6">说明：项目特征描述新增“电压（kV）”、“基础型钢形式、规格”和“网门、保护门材质、规格”。工作内容新增“网门、保护门制作、安装”，将原来的“刷油漆”修改为“补刷（喷）油漆”</td></tr>
</table>

续表

序号	版别	项目编码	项目名称	项目特征	工程量计算规则与计量单位	工作内容
7	13规范	030401007	消弧线圈	1. 名称； 2. 型号； 3. 容量（kV·A）； 4. 电压（kV）； 5. 油过滤要求； 6. 干燥要求； 7. 基础型钢形式、规格	按设计图示数量计算（计量单位：台）	1. 本体安装； 2. 基础型钢制作、安装； 3. 油过滤； 4. 干燥； 5. 补刷（喷）油漆
	08规范	030201007	消弧线圈	1. 名称； 2. 型号； 3. 容量（kV·A）		1. 基础型钢制作、安装； 2. 本体安装； 3. 油过滤； 4. 干燥； 5. 刷油漆
	说明：项目特征描述新增“电压（kV）”、“油过滤要求”、“干燥要求”和“基础型钢形式、规格”。工作内容将原来的“刷油漆”修改为“补刷（喷）油漆”					

注：变压器油如需试验、化验、色谱分析应按《通用安装工程工程量计算规范》GB 50856—2013附录N措施项目相关项目编码列项。

1.1.2　配电装置安装

配电装置安装工程量清单项目设置、项目特征描述的内容、计量单位及工程量计算规则等的变化对照情况，见表1-2。

配电装置安装（编码：030402）　　**表1-2**

序号	版别	项目编码	项目名称	项目特征	工程量计算规则与计量单位	工作内容
1	13规范	030402001	油断路器	1. 名称； 2. 型号； 3. 容量（A）； 4. 电压等级（kV）； 5. 安装条件； 6. 操作机构名称及型号； 7. 基础型钢规格； 8. 接线材质、规格； 9. 安装部位； 10. 油过滤要求	按设计图示数量计算（计量单位：台）	1. 本体安装、调试； 2. 基础型钢制作、安装； 3. 油过滤； 4. 补刷（喷）油漆； 5. 接地
	08规范	030202001	油断路器	1. 名称； 2. 型号； 3. 容量（A）		1. 本体安装； 2. 油过滤； 3. 支架制作、安装或基础槽钢安装； 4. 刷油漆
	说明：项目特征描述新增“电压（kV）”、“安装条件”、“操作机构名称及型号”、“基础型钢规格”、“接线材质、规格”、“安装部位”和“油过滤要求”。工作内容新增“油过滤”和“接地”，将原来的“支架制作、安装或基础槽钢安装”修改为“基础型钢制作、安装”，原来的“刷油漆”修改为“补刷（喷）油漆”					

续表

序号	版别	项目编码	项目名称	项目特征	工程量计算规则与计量单位	工作内容
2	13规范	030402002	真空断路器	1. 名称； 2. 型号； 3. 容量（A）； 4. 电压等级（kV）； 5. 安装条件； 6. 操作机构名称及型号； 7. 基础型钢规格； 8. 接线材质、规格； 9. 安装部位； 10. 油过滤要求	按设计图示数量计算（计量单位：台）	1. 本体安装、调试； 2. 基础型钢制作、安装； 3. 补刷（喷）油漆； 4. 接地
	08规范	030202002	真空断路器	1. 名称； 2. 型号； 3. 容量（A）		1. 本体安装； 2. 支架制作、安装或基础槽钢安装； 3. 刷油漆
	说明：项目特征描述新增“电压（kV）”、“安装条件”、“操作机构名称及型号”、“基础型钢规格”、“接线材质、规格”、“安装部位”和“油过滤要求”。工作内容新增“接地”，将原来的“支架制作、安装或基础槽钢安装”修改为“基础型钢制作、安装”，原来的“刷油漆”修改为“补刷（喷）油漆”					
3	13规范	030402003	SF_6断路器	1. 名称； 2. 型号； 3. 容量（A）； 4. 电压等级（kV）； 5. 安装条件； 6. 操作机构名称及型号； 7. 基础型钢规格； 8. 接线材质、规格； 9. 安装部位； 10. 油过滤要求	按设计图示数量计算（计量单位：台）	1. 本体安装、调试； 2. 基础型钢制作、安装； 3. 补刷（喷）油漆； 4. 接地
	08规范	030202003	SF_6断路器	1. 名称； 2. 型号； 3. 容量（A）		1. 本体安装； 2. 支架制作、安装或基础槽钢安装； 3. 刷油漆
	说明：项目特征描述新增“电压（kV）”、“安装条件”、“操作机构名称及型号”、“基础型钢规格”、“接线材质、规格”、“安装部位”和“油过滤要求”。工作内容新增“接地”，将原来的“支架制作、安装或基础槽钢安装”修改为“基础型钢制作、安装”，原来的“刷油漆”修改为“补刷（喷）油漆”					
4	13规范	030402004	空气断路器	1. 名称； 2. 型号； 3. 容量（A）； 4. 电压等级（kV）； 5. 安装条件； 6. 操作机构名称及型号； 7. 接线材质、规格； 8. 安装部位	按设计图示数量计算（计量单位：台）	1. 本体安装、调试； 2. 基础型钢制作、安装； 3. 补刷（喷）油漆； 4. 接地

续表

<table>
<tr><th>序号</th><th>版别</th><th>项目编码</th><th>项目名称</th><th>项目特征</th><th>工程量计算规则与计量单位</th><th>工作内容</th></tr>
<tr><td rowspan="2">4</td><td>08 规范</td><td>030202004</td><td>空气断路器</td><td>1. 名称；
2. 型号；
3. 容量（A）</td><td>按设计图示数量计算（计量单位：台）</td><td>1. 本体安装；
2. 支架制作、安装或基础槽钢安装；
3. 刷油漆</td></tr>
<tr><td colspan="6">说明：项目特征描述新增“电压（kV）”、“安装条件”、“操作机构名称及型号”、“接线材质、规格”和“安装部位”。工作内容新增“接地”，将原来的“本体安装”扩展为“本体安装、调试”，“支架制作、安装或基础槽钢安装”修改为“基础型钢制作、安装”，“刷油漆”修改为“补刷（喷）油漆”</td></tr>
<tr><td rowspan="3">5</td><td>13 规范</td><td>030402005</td><td>真空接触器</td><td>1. 名称；
2. 型号；
3. 容量（A）；
4. 电压等级（kV）；
5. 安装条件；
6. 操作机构名称及型号；
7. 接线材质、规格；
8. 安装部位</td><td rowspan="2">按设计图示数量计算（计量单位：台）</td><td>1. 本体安装、调试；
2. 补刷（喷）油漆；
3. 接地</td></tr>
<tr><td>08 规范</td><td>030202005</td><td>真空接触器</td><td>1. 名称；
2. 型号；
3. 容量（A）</td><td>1. 本体安装；
2. 支架制作、安装或基础槽钢安装；
3. 刷油漆</td></tr>
<tr><td colspan="6">说明：项目特征描述新增“电压（kV）”、“安装条件”、“操作机构名称及型号”、“接线材质、规格”和“安装部位”。工作内容新增“接地”，将原来的“本体安装”扩展为“本体安装、调试”，原来的“刷油漆”修改为“补刷（喷）油漆”，删除原来的“支架制作、安装或基础槽钢安装”</td></tr>
<tr><td rowspan="3">6</td><td>13 规范</td><td>030402006</td><td>隔离开关</td><td>1. 名称；
2. 型号；
3. 容量（A）；
4. 电压等级（kV）；
5. 安装条件；
6. 操作机构名称及型号；
7. 接线材质、规格；
8. 安装部位</td><td rowspan="2">按设计图示数量计算（计量单位：组）</td><td>1. 本体安装、调试；
2. 补刷（喷）油漆；
3. 接地</td></tr>
<tr><td>08 规范</td><td>030202006</td><td>隔离开关</td><td>1. 名称、型号；
2. 容量（A）</td><td>1. 支架制作、安装；
2. 本体安装；
3. 刷油漆</td></tr>
<tr><td colspan="6">说明：项目特征描述新增“电压（kV）”、“安装条件”、“操作机构名称及型号”、“接线材质、规格”和“安装部位”，将原来的“名称、型号”拆分为“名称”和“型号”。工作内容新增“接地”，将原来的“本体安装”扩展为“本体安装、调试”，原来的“刷油漆”修改为“补刷（喷）油漆”，删除原来的“支架制作、安装”</td></tr>
<tr><td>7</td><td>13 规范</td><td>030402007</td><td>负荷开关</td><td>1. 名称；
2. 型号；
3. 容量（A）；
4. 电压等级（kV）；
5. 安装条件；
6. 操作机构名称及型号；
7. 接线材质、规格；
8. 安装部位</td><td>按设计图示数量计算（计量单位：台）</td><td>1. 本体安装、调试；
2. 补刷（喷）油漆；
3. 接地</td></tr>
</table>

续表

<table>
<tr><th>序号</th><th>版别</th><th>项目编码</th><th>项目名称</th><th>项目特征</th><th>工程量计算规则与计量单位</th><th>工作内容</th></tr>
<tr><td rowspan="2">7</td><td>08 规范</td><td>030202007</td><td>负荷开关</td><td>1. 名称、型号；
2. 容量（A）</td><td>按设计图示数量计算（计量单位：台）</td><td>1. 支架制作、安装；
2. 本体安装；
3. 刷油漆</td></tr>
<tr><td colspan="6">说明：项目特征描述新增“电压（kV）”、“安装条件”、“操作机构名称及型号”、“接线材质、规格”和“安装部位”，将原来的“名称、型号”拆分为“名称”和“型号”。工作内容新增“接地”，将原来的“本体安装”扩展为“本体安装、调试”，原来的“刷油漆”修改为“补刷（喷）油漆”，删除原来的“支架制作、安装”</td></tr>
<tr><td rowspan="3">8</td><td>13 规范</td><td>030402008</td><td>互感器</td><td>1. 名称；
2. 型号；
3. 规格；
4. 类型；
5. 油过滤要求</td><td rowspan="2">按设计图示数量计算（计量单位：台）</td><td>1. 本体安装、调试；
2. 干燥；
3. 油过滤；
4. 接地</td></tr>
<tr><td>08 规范</td><td>030202008</td><td>互感器</td><td>1. 名称、型号；
2. 规格；
3. 类型</td><td>1. 安装；
2. 干燥</td></tr>
<tr><td colspan="6">说明：项目特征描述新增“油过滤要求”，将原来的“名称、型号”拆分为“名称”和“型号”。工作内容新增“油过滤”和“接地”，将原来的“安装”修改为“本体安装、调试”</td></tr>
<tr><td rowspan="3">9</td><td>13 规范</td><td>030402009</td><td>高压熔断器</td><td>1. 名称；
2. 型号；
3. 规格；
4. 安装部位</td><td rowspan="2">按设计图示数量计算（计量单位：组）</td><td>1. 本体安装、调试；
2. 接地</td></tr>
<tr><td>08 规范</td><td>030202009</td><td>高压熔断器</td><td>1. 名称、型号；
2. 规格</td><td>安装</td></tr>
<tr><td colspan="6">说明：项目特征描述新增“安装部位”，将原来的“名称、型号”拆分为“名称”和“型号”。工作内容新增“接地”，将原来的“安装”修改为“本体安装、调试”</td></tr>
<tr><td rowspan="3">10</td><td>13 规范</td><td>030402010</td><td>避雷器</td><td>1. 名称；
2. 型号；
3. 规格；
4. 电压等级；
5. 安装部位</td><td rowspan="2">按设计图示数量计算（计量单位：台）</td><td>1. 本体安装；
2. 接地</td></tr>
<tr><td>08 规范</td><td>030202010</td><td>避雷器</td><td>1. 名称、型号；
2. 规格；
3. 电压等级</td><td>安装</td></tr>
<tr><td colspan="6">说明：项目特征描述新增“安装部位”，将原来的“名称、型号”拆分为“名称”和“型号”。工作内容新增“接地”，将原来的“安装”扩展为“本体安装”</td></tr>
<tr><td>11</td><td>13 规范</td><td>030402011</td><td>干式电抗器</td><td>1. 名称；
2. 型号；
3. 规格；
4. 质量；
5. 安装部位；
6. 干燥要求</td><td>按设计图示数量计算（计量单位：台）</td><td>1. 本体安装；
2. 干燥</td></tr>
</table>

续表

序号	版别	项目编码	项目名称	项目特征	工程量计算规则与计量单位	工作内容
11	08规范	030202011	干式电抗器	1. 名称、型号； 2. 规格； 3. 质量	按设计图示数量计算（计量单位：台）	1. 本体安装； 2. 干燥
	说明：项目特征描述新增“安装部位”和“干燥要求”，将原来的“名称、型号”拆分为“名称”和“型号”					
12	13规范	030402012	油浸电抗器	1. 名称； 2. 型号； 3. 规格； 4. 容量（kV·A）； 5. 油过滤要求； 6. 干燥要求	按设计图示数量计算（计量单位：台）	1. 本体安装； 2. 油过滤； 3. 干燥
	08规范	030202012	油浸电抗器	1. 名称、型号； 2. 容量（kV·A）		
	说明：项目特征描述新增“规格”、“油过滤要求”和“干燥要求”，将原来的“名称、型号”拆分为“名称”和“型号”					
13	13规范	030402013	移相及串联电容器	1. 名称； 2. 型号； 3. 规格； 4. 质量； 5. 安装部位	按设计图示数量计算（计量单位：个）	1. 本体安装； 2. 接地
	08规范	030202013	移相及串联电容器	1. 名称、型号； 2. 规格； 3. 质量		安装
	说明：项目特征描述新增“安装部位”，将原来的“名称、型号”拆分为“名称”和“型号”。工作内容新增“接地”，将原来的“安装”扩展为“本体安装”					
14	13规范	030402014	集合式并联电容器	1. 名称； 2. 型号； 3. 规格； 4. 质量； 5. 安装部位	按设计图示数量计算（计量单位：个）	1. 本体安装； 2. 接地
	08规范	030202014	集合式并联电容器	1. 名称、型号； 2. 规格； 3. 质量		安装
	说明：项目特征描述新增“安装部位”，将原来的“名称、型号”拆分为“名称”和“型号”。工作内容新增“接地”，将原来的“安装”扩展为“本体安装”					
15	13规范	030402015	并联补偿电容器组架	1. 名称； 2. 型号； 3. 规格； 4. 结构形式	按设计图示数量计算（计量单位：台）	1. 本体安装； 2. 接地

续表

<table>
<tr><th>序号</th><th>版别</th><th>项目编码</th><th>项目名称</th><th>项目特征</th><th>工程量计算规则与计量单位</th><th>工作内容</th></tr>
<tr><td rowspan="2">15</td><td>08 规范</td><td>030202015</td><td>并联补偿电容器组架</td><td>1. 名称、型号；
2. 规格；
3. 结构</td><td>按设计图示数量计算（计量单位：台）</td><td>安装</td></tr>
<tr><td colspan="6">说明：项目特征描述将原来的“结构”扩展为“结构形式”，将原来的“名称、型号”拆分为“名称”和“型号”。工作内容新增“接地”，将原来的“安装”扩展为“本体安装”</td></tr>
<tr><td rowspan="3">16</td><td>13 规范</td><td>030402016</td><td>交流滤波装置组架</td><td>1. 名称；
2. 型号；
3. 规格</td><td rowspan="2">按设计图示数量计算（计量单位：台）</td><td>1. 本体安装；
2. 接地</td></tr>
<tr><td>08 规范</td><td>030202016</td><td>交流滤波装置组架</td><td>1. 名称、型号；
2. 规格；
3. 回路</td><td>安装</td></tr>
<tr><td colspan="6">说明：项目特征描述将原来的“名称、型号”拆分为“名称”和“型号”，删除原来的“回路”。工作内容新增“接地”，将原来的“安装”扩展为“本体安装”</td></tr>
<tr><td rowspan="3">17</td><td>13 规范</td><td>030402017</td><td>高压成套配电柜</td><td>1. 名称；
2. 型号；
3. 规格；
4. 母线配置方式；
5. 种类；
6. 基础型钢形式、规格</td><td rowspan="2">按设计图示数量计算（计量单位：台）</td><td>1. 本体安装；
2. 基础型钢制作、安装；
3. 补刷（喷）油漆；
4. 接地</td></tr>
<tr><td>08 规范</td><td>030202017</td><td>高压成套配电柜</td><td>1. 名称、型号；
2. 规格；
3. 母线设置方式；
4. 回路</td><td>1. 基础槽钢制作、安装；
2. 柜体安装；
3. 支持绝缘子、穿墙套管耐压试验及安装；
4. 穿通板制作、安装；
5. 母线桥安装；
6. 刷油漆</td></tr>
<tr><td colspan="6">说明：项目特征描述新增“种类”和“基础型钢形式、规格”，将原来的“名称、型号”拆分为“名称”和“型号”，删除原来的“回路”。工作内容新增“本体安装”和“接地”，将原来的“刷油漆”修改为“补刷（喷）油漆”，删除原来的“柜体安装”、“支持绝缘子、穿墙套管耐压试验及安装”、“支持绝缘子、穿墙套管耐压试验及安装”、“穿通板制作、安装”和“母线桥安装”</td></tr>
<tr><td>18</td><td>13 规范</td><td>030402018</td><td>组合型成套箱式变电站</td><td>1. 名称；
2. 型号；
3. 容量（kV·A）；
4. 电压（kV）；
5. 组合形式；
6. 基础规格、浇筑材质</td><td>按设计图示数量计算（计量单位：台）</td><td>1. 本体安装；
2. 基础浇筑；
3. 进箱母线安装；
4. 补刷（喷）油漆；
5. 接地</td></tr>
</table>

续表

序号	版别	项目编码	项目名称	项目特征	工程量计算规则与计量单位	工作内容
18	08规范	030202018	组合型成套箱式变电站	1. 名称、型号； 2. 容量（kV·A）	按设计图示数量计算（计量单位：台）	1. 基础浇筑； 2. 箱体安装； 3. 进箱母线安装； 4. 刷油漆
	说明：项目特征描述新增“电压（kV）”、“组合形式”和“基础规格、浇筑材质”，将原来的“名称、型号”拆分为“名称”和“型号”。工作内容新增“本体安装”和“接地”，将原来的“刷油漆”修改为“补刷（喷）油漆”，删除原来的“箱体安装”和“进箱母线安装”					
19	13规范	—	—	—	—	—
	08规范	030202019	环网柜	1. 名称、型号； 2. 容量（kV·A）	按设计图示数量计算（计量单位：台）	1. 基础浇筑； 2. 箱体安装； 3. 进箱母线安装； 4. 刷油漆
	说明：删除原来项目内容					

注：1. 空气断路器的储气罐及储气罐至断路器的管路应按《通用安装工程工程量计算规范》GB 50856—2013附录H工业管道工程相关项目编码列项。

2. 干式电抗器项目适用于混凝土电抗器、铁芯干式电抗器、空心干式电抗器等。

3. 设备安装未包括地脚螺栓、浇注（二次灌浆、抹面），如需安装应按现行国家标准《房屋建筑与装饰工程工程量计算规范》GB 50854—2013相关项目编码列项。

1.1.3 母线安装

母线安装工程量清单项目设置、项目特征描述的内容、计量单位及工程量计算规则等的变化对照情况，见表1-3。

母线安装（编码：030403） 表1-3

序号	版别	项目编码	项目名称	项目特征	工程量计算规则与计量单位	工作内容
1	13规范	030403001	软母线	1. 名称； 2. 材质； 3. 型号； 4. 规格； 5. 绝缘子类型、规格	按设计图示尺寸以单相长度计算（含预留长度）（计量单位：m）	1. 母线安装； 2. 绝缘子耐压试验； 3. 跳线安装； 4. 绝缘子安装
	08规范	030203001	软母线	1. 型号； 2. 规格； 3. 数量（跨/三相）	按设计图示尺寸以单线长度计算（计量单位：m）	1. 绝缘子耐压试验及安装； 2. 软母线安装； 3. 跳线安装
	说明：项目特征描述新增“名称”、“材质”和“绝缘子类型、规格”，删除原来的“数量（跨/三相）”。工程量计算规则与计量单位新增“（含预留长度）”。工作内容将原来的“软母线安装”修改为“母线安装”，“绝缘子耐压试验及安装”拆分为“绝缘子耐压试验”和“绝缘子安装”					
2	13规范	030403002	组合软母线	1. 名称； 2. 材质； 3. 型号； 4. 规格； 5. 绝缘子类型、规格	按设计图示尺寸以单相长度计算（含预留长度）（计量单位：m）	1. 母线安装； 2. 绝缘子耐压试验； 3. 跳线安装； 4. 绝缘子安装

续表

<table>
<tr><th>序号</th><th>版别</th><th>项目编码</th><th>项目名称</th><th>项目特征</th><th>工程量计算规则
与计量单位</th><th>工作内容</th></tr>
<tr><td rowspan="2">2</td><td>08 规范</td><td>030203002</td><td>组合软母线</td><td>1. 型号；
2. 规格；
3. 数量（组/三相）</td><td>按设计图示尺寸以单线长度计算（计量单位：m）</td><td>1. 绝缘子耐压试验及安装；
2. 母线安装；
3. 跳线安装；
4. 两端铁构件制作、安装及支持瓷瓶安装；
5. 油漆</td></tr>
<tr><td colspan="6">说明：项目特征描述新增“名称”、“材质”和“绝缘子类型、规格”，删除原来的“数量（跨/三相）”。工程量计算规则与计量单位新增“（含预留长度）”。工作内容将原来的“软母线安装”修改为“母线安装”，“绝缘子耐压试验及安装”拆分为“绝缘子耐压试验”和“绝缘子安装”，删除原来的“两端铁构件制作、安装及支持瓷瓶安装”和“油漆”</td></tr>
<tr><td rowspan="3">3</td><td>13 规范</td><td>030403003</td><td>带形母线</td><td>1. 名称；
2. 型号；
3. 规格；
4. 材质；
5. 绝缘子类型、规格；
6. 穿墙套管材质、规格；
7. 穿通板材质、规格；
8. 母线桥材质、规格；
9. 引下线材质、规格；
10. 伸缩节、过渡板材质、规格；
11. 分相漆品种</td><td>按设计图示尺寸以单相长度计算（含预留长度）（计量单位：m）</td><td>1. 母线安装；
2. 穿通板制作、安装；
3. 支持绝缘子、穿墙套管的耐压试验、安装；
4. 引下线安装；
5. 伸缩节安装；
6. 过渡板安装；
7. 刷分相漆</td></tr>
<tr><td>08 规范</td><td>030203003</td><td>带形母线</td><td>1. 型号；
2. 规格；
3. 材质</td><td>按设计图示尺寸以单线长度计算（计量单位：m）</td><td>1. 支持绝缘子、穿墙套管的耐压试验、安装；
2. 穿通板制作、安装；
3. 母线安装；
4. 母线桥安装；
5. 引下线安装；
6. 伸缩节安装；
7. 过渡板安装；
8. 刷分相漆</td></tr>
<tr><td colspan="6">说明：项目特征描述新增“名称”、“绝缘子类型、规格”、“穿墙套管材质、规格”、“穿通板材质、规格”、“母线桥材质、规格”、“引下线材质、规格”、“伸缩节、过渡板材质、规格”和“分相漆品种”。工程量计算规则与计量单位新增“（含预留长度）”。工作内容删除原来的“母线桥安装”</td></tr>
<tr><td>4</td><td>13 规范</td><td>030403004</td><td>槽形母线</td><td>1. 名称；
2. 型号；
3. 规格；
4. 材质；
5. 连接设备名称、规格；
6. 分相漆品种</td><td>按设计图示尺寸以单相长度计算（含预留长度）（计量单位：m）</td><td>1. 母线制作、安装；
2. 与发电机、变压器连接；
3. 与断路器、隔离开关连接；
4. 刷分相漆</td></tr>
</table>

续表

<table>
<tr><th>序号</th><th>版别</th><th>项目编码</th><th>项目名称</th><th>项目特征</th><th>工程量计算规则与计量单位</th><th>工作内容</th></tr>
<tr><td rowspan="2">4</td><td>08 规范</td><td>030203004</td><td>槽形母线</td><td>1. 型号；
2. 规格</td><td>按设计图示尺寸以单线长度计算（计量单位：m）</td><td>1. 母线制作、安装；
2. 与发电机变压器连接；
3. 与断路器、隔离开关连接；
4. 刷分相漆</td></tr>
<tr><td colspan="6">说明：项目特征描述新增“名称”、“材质”、“连接设备名称、规格”和“分相漆品种”。工程量计算规则与计量单位新增“（含预留长度）”。工作内容将原来的“与发电机变压器连接”修改为“与发电机、变压器连接”</td></tr>
<tr><td rowspan="3">5</td><td>13 规范</td><td>030403005</td><td>共箱母线</td><td>1. 名称；
2. 型号；
3. 规格；
4. 材质</td><td>按设计图示尺寸以中心线长度计算（计量单位：m）</td><td>1. 母线安装；
2. 补刷（喷）油漆</td></tr>
<tr><td>08 规范</td><td>030203005</td><td>共箱母线</td><td>1. 型号；
2. 规格</td><td>按设计图示尺寸以长度计算（计量单位：m）</td><td>1. 安装；
2. 进、出分线箱安装；
3. 刷（喷）油漆（共箱母线）</td></tr>
<tr><td colspan="6">说明：项目特征描述新增“名称”和“材质”。工程量计算规则与计量单位将原来的“以长度计算”修改为“以中心线长度计算”。工作内容将原来的“安装”扩展为“母线安装”，“刷（喷）油漆（共箱母线）”修改为“补刷（喷）油漆”，删除原来的“进、出分线箱安装”</td></tr>
<tr><td rowspan="3">6</td><td>13 规范</td><td>030403006</td><td>低压封闭式插接母线槽</td><td>1. 名称；
2. 型号；
3. 规格；
4. 容量（A）；
5. 线制；
6. 安装部位</td><td>按设计图示尺寸以中心线长度计算（计量单位：m）</td><td>1. 母线安装；
2. 补刷（喷）油漆</td></tr>
<tr><td>08 规范</td><td>030203006</td><td>低压封闭式插接母线槽</td><td>1. 型号；
2. 容量（A）</td><td>按设计图示尺寸以长度计算（计量单位：m）</td><td>1. 安装；
2. 进、出分线箱安装；
3. 刷（喷）油漆（共箱母线）</td></tr>
<tr><td colspan="6">说明：项目特征描述新增“名称”、“规格”、“线制”和“安装部位”。工程量计算规则与计量单位将原来的“以长度计算”修改为“以中心线长度计算”。工作内容将原来的“安装”扩展为“母线安装”，“刷（喷）油漆（共箱母线）”修改为“补刷（喷）油漆”，删除原来的“进、出分线箱安装”</td></tr>
<tr><td rowspan="3">7</td><td>13 规范</td><td>030403007</td><td>始端箱、分线箱</td><td>1. 名称；
2. 型号；
3. 规格；
4. 容量（A）</td><td>按设计图示数量计算（计量单位：台）</td><td>1. 本体安装；
2. 补刷（喷）油漆</td></tr>
<tr><td>08 规范</td><td>—</td><td>—</td><td>—</td><td>—</td><td>—</td></tr>
<tr><td colspan="6">说明：新增项目内容</td></tr>
</table>

续表

序号	版别	项目编码	项目名称	项目特征	工程量计算规则与计量单位	工作内容
8	13规范	030403008	重型母线	1. 名称； 2. 型号； 3. 规格； 4. 容量（A）； 5. 材质； 6. 绝缘子类型、规格； 7. 伸缩器及导板规格	按设计图示尺寸以质量计算（计量单位：t）	1. 母线制作、安装； 2. 伸缩器及导板制作、安装； 3. 支持绝缘子安装； 4. 补刷（喷）油漆
	08规范	030203007	重型母线	1. 型号； 2. 容量（A）		1. 母线制作、安装； 2. 伸缩器及导板制作、安装； 3. 支承绝缘子安装； 4. 铁构件制作、安装
	说明：项目特征描述新增“名称”、“规格”、“材质”、“绝缘子类型、规格”和“伸缩器及导板规格”。工作内容新增“补刷（喷）油漆”，删除原来的“铁构件制作、安装”					

注：1. 软母线安装预留长度如表1-15所示。
2. 硬母线配置安装预留长度如表1-16所示。

1.1.4 控制设备及低压电器安装

控制设备及低压电器安装工程量清单项目设置、项目特征描述的内容、计量单位及工程量计算规则等的变化对照情况，见表1-4。

控制设备及低压电器安装（编码：030404） 表1-4

序号	版别	项目编码	项目名称	项目特征	工程量计算规则与计量单位	工作内容
1	13规范	030404001	控制屏	1. 名称； 2. 型号； 3. 规格； 4. 种类； 5. 基础型钢形式、规格； 6. 接线端子材质、规格； 7. 端子板外部接线材质、规格； 8. 小母线材质、规格； 9. 屏边规格	按设计图示数量计算（计量单位：台）	1. 本体安装； 2. 基础型钢制作、安装； 3. 端子板安装； 4. 焊、压接线端子； 5. 盘柜配线、端子接线； 6. 小母线安装； 7. 屏边安装； 8. 补刷（喷）油漆； 9. 接地

续表

<table>
<tr><th>序号</th><th>版别</th><th>项目编码</th><th>项目名称</th><th>项目特征</th><th>工程量计算规则与计量单位</th><th>工作内容</th></tr>
<tr><td rowspan="2">1</td><td>08 规范</td><td>030204001</td><td>控制屏</td><td>1. 名称、型号；
2. 规格</td><td>按设计图示数量计算（计量单位：台）</td><td>1. 基础槽钢制作、安装；
2. 屏安装；
3. 端子板安装；
4. 焊、压接线端子
5. 盘柜配线；
6. 小母线安装；
7. 屏边安装</td></tr>
<tr><td colspan="6">说明：项目特征描述新增“种类”、“基础型钢形式、规格”、“接线端子材质、规格”、“端子板外部接线材质、规格”、“小母线材质、规格”和“屏边规格”，将原来的“名称、型号”拆分为“名称”和“型号”。工作内容新增“本体安装”、“补刷（喷）油漆”和“接地”，将原来的“盘柜配线”修改为“盘柜配线、端子接线”，删除原来的“屏安装”</td></tr>
<tr><td rowspan="3">2</td><td>13 规范</td><td>030404002</td><td>继电、信号屏</td><td>1. 名称；
2. 型号；
3. 规格；
4. 种类；
5. 基础型钢形式、规格；
6. 接线端子材质、规格；
7. 端子板外部接线材质、规格；
8. 小母线材质、规格；
9. 屏边规格</td><td rowspan="2">按设计图示数量计算（计量单位：台）</td><td>1. 本体安装；
2. 基础型钢制作、安装；
3. 端子板安装；
4. 焊、压接线端子；
5. 盘柜配线、端子接线；
6. 小母线安装；
7. 屏边安装；
8. 补刷（喷）油漆；
9. 接地</td></tr>
<tr><td>08 规范</td><td>030204002</td><td>继电、信号屏</td><td>1. 名称、型号；
2. 规格</td><td>1. 基础槽钢制作、安装；
2. 屏安装；
3. 端子板安装；
4. 焊、压接线端子
5. 盘柜配线；
6. 小母线安装；
7. 屏边安装</td></tr>
<tr><td colspan="6">说明：项目特征描述新增“种类”、“基础型钢形式、规格”、“接线端子材质、规格”、“端子板外部接线材质、规格”、“小母线材质、规格”和“屏边规格”，将原来的“名称、型号”拆分为“名称”和“型号”。工作内容新增“本体安装”、“补刷（喷）油漆”和“接地”，将原来的“盘柜配线”修改为“盘柜配线、端子接线”，删除原来的“屏安装”</td></tr>
<tr><td>3</td><td>13 规范</td><td>030404003</td><td>模拟屏</td><td>1. 名称；
2. 型号；
3. 规格；
4. 种类；
5. 基础型钢形式、规格；
6. 接线端子材质、规格；
7. 端子板外部接线材质、规格；
8. 小母线材质、规格；
9. 屏边规格</td><td>按设计图示数量计算（计量单位：台）</td><td>1. 本体安装；
2. 基础型钢制作、安装；
3. 端子板安装；
4. 焊、压接线端子；
5. 盘柜配线、端子接线；
6. 小母线安装；
7. 屏边安装；
8. 补刷（喷）油漆；
9. 接地</td></tr>
</table>

续表

<table>
<tr><th>序号</th><th>版别</th><th>项目编码</th><th>项目名称</th><th>项目特征</th><th>工程量计算规则与计量单位</th><th>工作内容</th></tr>
<tr><td rowspan="2">3</td><td>08 规范</td><td>030204003</td><td>模拟屏</td><td>1. 名称、型号；
2. 规格</td><td>按设计图示数量计算（计量单位：台）</td><td>1. 基础槽钢制作、安装；
2. 屏安装；
3. 端子板安装；
4. 焊、压接线端子
5. 盘柜配线；
6. 小母线安装；
7. 屏边安装</td></tr>
<tr><td colspan="6">说明：项目特征描述新增“种类”、“基础型钢形式、规格”、“接线端子材质、规格”、“端子板外部接线材质、规格”、“小母线材质、规格”和“屏边规格”，将原来的“名称、型号”拆分为“名称”和“型号”。工作内容新增“本体安装”、“补刷（喷）油漆”和“接地”，将原来的“盘柜配线”修改为“盘柜配线、端子接线”，删除原来的“屏安装”</td></tr>
<tr><td rowspan="3">4</td><td>13 规范</td><td>030404004</td><td>低压开关柜（屏）</td><td>1. 名称；
2. 型号；
3. 规格；
4. 种类；
5. 基础型钢形式、规格；
6. 接线端子材质、规格；
7. 端子板外部接线材质、规格；
8. 小母线材质、规格；
9. 屏边规格</td><td rowspan="2">按设计图示数量计算（计量单位：台）</td><td>1. 本体安装；
2. 基础型钢制作、安装；
3. 端子板安装；
4. 焊、压接线端子；
5. 盘柜配线、端子接线；
6. 屏边安装；
7. 补刷（喷）油漆；
8. 接地</td></tr>
<tr><td>08 规范</td><td>030204004</td><td>低压开关柜</td><td>1. 名称、型号；
2. 规格</td><td>1. 基础槽钢制作、安装；
2. 柜安装；
3. 端子板安装；
4. 焊、压接线端子；
5. 盘柜配线；
6. 屏边安装</td></tr>
<tr><td colspan="6">说明：项目名称扩展为“低压开关柜（屏）”。项目特征描述新增“种类”、“基础型钢形式、规格”、“接线端子材质、规格”、“端子板外部接线材质、规格”、“小母线材质、规格”和“屏边规格”，将原来的“名称、型号”拆分为“名称”和“型号”。工作内容新增“本体安装”、“补刷（喷）油漆”和“接地”，将原来的“盘柜配线”修改为“盘柜配线、端子接线”，删除原来的“屏安装”</td></tr>
<tr><td>5</td><td>13 规范</td><td>030404005</td><td>弱电控制返回屏</td><td>1. 名称；
2. 型号；
3. 规格；
4. 种类；
5. 基础型钢形式、规格；
6. 接线端子材质、规格；
7. 端子板外部接线材质、规格；
8. 小母线材质、规格；
9. 屏边规格</td><td>按设计图示数量计算（计量单位：台）</td><td>1. 本体安装；
2. 基础型钢制作、安装；
3. 端子板安装；
4. 焊、压接线端子；
5. 盘柜配线、端子接线；
6. 小母线安装；
7. 屏边安装；
8. 补刷（喷）油漆；
9. 接地</td></tr>
</table>

续表

<table>
<tr><th>序号</th><th>版别</th><th>项目编码</th><th>项目名称</th><th>项目特征</th><th>工程量计算规则与计量单位</th><th>工作内容</th></tr>
<tr><td rowspan="2">5</td><td>08 规范</td><td>030204006</td><td>弱电控制返回屏</td><td>1. 名称、型号；
2. 规格</td><td>按设计图示数量计算（计量单位：台）</td><td>1. 基础槽钢制作、安装；
2. 屏安装；
3. 端子板安装；
4. 焊、压接线端子；
5. 盘柜配线；
6. 小母线安装；
7. 屏边安装</td></tr>
<tr><td colspan="6">说明：项目特征描述新增“种类”、“基础型钢形式、规格”、“接线端子材质、规格”、“端子板外部接线材质、规格”、“小母线材质、规格”和“屏边规格”，将原来的“名称、型号”拆分为“名称”和“型号”。工作内容新增“本体安装”、“补刷（喷）油漆”和“接地”，将原来的“盘柜配线”修改为“盘柜配线、端子接线”，删除原来的“屏安装”</td></tr>
<tr><td rowspan="3">6</td><td>13 规范</td><td>030404006</td><td>箱式配电室</td><td>1. 名称；
2. 型号；
3. 规格；
4. 质量；
5. 基础规格、浇筑材质；
6. 基础型钢形式、规格</td><td rowspan="2">按设计图示数量计算（计量单位：套）</td><td>1. 本体安装；
2. 基础型钢制作、安装；
3. 基础浇筑；
4. 补刷（喷）油漆；
5. 接地</td></tr>
<tr><td>08 规范</td><td>030204007</td><td>箱式配电室</td><td>1. 名称、型号；
2. 规格；
3. 质量</td><td>1. 基础槽钢制作、安装；
2. 本体安装</td></tr>
<tr><td colspan="6">说明：项目特征描述新增“基础规格、浇筑材质”和“基础型钢形式、规格”，将原来的“名称、型号”拆分为“名称”和“型号”。工作内容新增“基础浇筑”、“补刷（喷）油漆”和“接地”</td></tr>
<tr><td rowspan="3">7</td><td>13 规范</td><td>030404007</td><td>硅整流柜</td><td>1. 名称；
2. 型号；
3. 规格；
4. 容量（A）；
5. 基础型钢形式、规格</td><td rowspan="2">按设计图示数量计算（计量单位：台）</td><td>1. 本体安装；
2. 基础型钢制作、安装；
3. 补刷（喷）油漆；
4. 接地</td></tr>
<tr><td>08 规范</td><td>030204008</td><td>硅整流柜</td><td>1. 名称、型号；
2. 容量（A）</td><td>1. 基础槽钢制作、安装；
2. 盘柜安装</td></tr>
<tr><td colspan="6">说明：项目特征描述新增“规格”和“基础型钢形式、规格”，将原来的“名称、型号”拆分为“名称”和“型号”。工作内容新增“本体安装”、“补刷（喷）油漆”和“接地”，删除原来的“盘柜安装”</td></tr>
<tr><td>8</td><td>13 规范</td><td>030404008</td><td>可控硅柜</td><td>1. 名称；
2. 型号；
3. 规格；
4. 容量（kW）；
5. 基础型钢形式、规格</td><td>按设计图示数量计算（计量单位：台）</td><td>1. 本体安装；
2. 基础型钢制作、安装；
3. 补刷（喷）油漆；
4. 接地</td></tr>
</table>

续表

序号	版别	项目编码	项目名称	项目特征	工程量计算规则与计量单位	工作内容
8	08 规范	030204009	可控硅柜	1. 名称、型号； 2. 容量（kW）	按设计图示数量计算（计量单位：台）	1. 基础槽钢制作、安装； 2. 盘柜安装
	说明：项目特征描述新增“规格”和“基础型钢形式、规格”，将原来的“名称、型号”拆分为“名称”和“型号”。工作内容新增“本体安装”、“补刷（喷）油漆”和“接地”，删除原来的“盘柜安装”					
9	13 规范	030404009	低压电容器柜	1. 名称； 2. 型号； 3. 规格； 4. 基础型钢形式、规格； 5. 接线端子材质、规格； 6. 端子板外部接线材质、规格； 7. 小母线材质、规格； 8. 屏边规格	按设计图示数量计算（计量单位：台）	1. 本体安装； 2. 基础型钢制作、安装； 3. 端子板安装； 4. 焊、压接线端子； 5. 盘柜配线、端子接线； 6. 小母线安装； 7. 屏边安装； 8. 补刷（喷）油漆； 9. 接地
	08 规范	030204010	低压电容器柜	1. 名称、型号； 2. 规格		1. 基础槽钢制作、安装； 2. 屏（柜）安装； 3. 端子板安装； 4. 焊、压接线端子； 5. 盘柜配线； 6. 小母线安装； 7. 屏边安装
	说明：项目特征描述新增“基础型钢形式、规格”、“接线端子材质、规格”、“端子板外部接线材质、规格”、“小母线材质、规格”和“屏边规格”，将原来的“名称、型号”拆分为“名称”和“型号”。工作内容新增“本体安装”、“补刷（喷）油漆”和“接地”，将原来的“盘柜配线”扩展为“盘柜配线、端子接线”，删除原来的“屏（柜）安装”					
10	13 规范	030404010	自动调节励磁屏	1. 名称； 2. 型号； 3. 规格； 4. 基础型钢形式、规格； 5. 接线端子材质、规格； 6. 端子板外部接线材质、规格； 7. 小母线材质、规格； 8. 屏边规格	按设计图示数量计算（计量单位：台）	1. 本体安装； 2. 基础型钢制作、安装； 3. 端子板安装； 4. 焊、压接线端子； 5. 盘柜配线、端子接线； 6. 小母线安装； 7. 屏边安装； 8. 补刷（喷）油漆； 9. 接地

续表

<table>
<tr><th>序号</th><th>版别</th><th>项目编码</th><th>项目名称</th><th>项目特征</th><th>工程量计算规则与计量单位</th><th>工作内容</th></tr>
<tr><td rowspan="2">10</td><td>08规范</td><td>030204011</td><td>自动调节励磁屏</td><td>1. 名称、型号；
2. 规格</td><td>按设计图示数量计算（计量单位：台）</td><td>1. 基础槽钢制作、安装；
2. 屏（柜）安装；
3. 端子板安装；
4. 焊、压接线端子；
5. 盘柜配线；
6. 小母线安装；
7. 屏边安装</td></tr>
<tr><td colspan="6">说明：项目特征描述新增“基础型钢形式、规格”、“接线端子材质、规格”、“端子板外部接线材质、规格”、“小母线材质、规格”和“屏边规格”，将原来的“名称、型号”拆分为“名称”和“型号”。工作内容新增“本体安装”、“补刷（喷）油漆”和“接地”，将原来的“盘柜配线”扩展为“盘柜配线、端子接线”，删除原来的“屏（柜）安装”</td></tr>
<tr><td rowspan="3">11</td><td>13规范</td><td>030404011</td><td>励磁灭磁屏</td><td>1. 名称；
2. 型号；
3. 规格；
4. 基础型钢形式、规格；
5. 接线端子材质、规格；
6. 端子板外部接线材质、规格；
7. 小母线材质、规格；
8. 屏边规格</td><td rowspan="2">按设计图示数量计算（计量单位：台）</td><td>1. 本体安装；
2. 基础型钢制作、安装；
3. 端子板安装；
4. 焊、压接线端子；
5. 盘柜配线、端子接线；
6. 小母线安装；
7. 屏边安装；
8. 补刷（喷）油漆；
9. 接地</td></tr>
<tr><td>08规范</td><td>030204012</td><td>励磁灭磁屏</td><td>1. 名称、型号；
2. 规格</td><td>1. 基础槽钢制作、安装；
2. 屏（柜）安装；
3. 端子板安装；
4. 焊、压接线端子；
5. 盘柜配线；
6. 小母线安装；
7. 屏边安装</td></tr>
<tr><td colspan="6">说明：项目特征描述新增“基础型钢形式、规格”、“接线端子材质、规格”、“端子板外部接线材质、规格”、“小母线材质、规格”和“屏边规格”，将原来的“名称、型号”拆分为“名称”和“型号”。工作内容新增“本体安装”、“补刷（喷）油漆”和“接地”，将原来的“盘柜配线”扩展为“盘柜配线、端子接线”，删除原来的“屏（柜）安装”</td></tr>
<tr><td>12</td><td>13规范</td><td>030404012</td><td>蓄电池屏（柜）</td><td>1. 名称；
2. 型号；
3. 规格；
4. 基础型钢形式、规格；
5. 接线端子材质、规格；
6. 端子板外部接线材质、规格；
7. 小母线材质、规格；
8. 屏边规格</td><td>按设计图示数量计算（计量单位：台）</td><td>1. 本体安装；
2. 基础型钢制作、安装；
3. 端子板安装；
4. 焊、压接线端子；
5. 盘柜配线、端子接线；
6. 小母线安装；
7. 屏边安装；
8. 补刷（喷）油漆；
9. 接地</td></tr>
</table>

续表

<table>
<tr><th>序号</th><th>版别</th><th>项目编码</th><th>项目名称</th><th>项目特征</th><th>工程量计算规则与计量单位</th><th>工作内容</th></tr>
<tr><td rowspan="2">12</td><td>08 规范</td><td>030204013</td><td>蓄电池屏（柜）</td><td>1. 名称、型号；
2. 规格</td><td>按设计图示数量计算（计量单位：台）</td><td>1. 基础槽钢制作、安装；
2. 屏（柜）安装；
3. 端子板安装；
4. 焊、压接线端子；
5. 盘柜配线；
6. 小母线安装；
7. 屏边安装</td></tr>
<tr><td colspan="6">说明：项目名称更名为“蓄电池屏（柜）”。项目特征描述新增“基础型钢形式、规格”、“接线端子材质、规格”、“端子板外部接线材质、规格”、“小母线材质、规格”和“屏边规格”，将原来的“名称、型号”拆分为“名称”和“型号”。工作内容新增“本体安装”、“补刷（喷）油漆”和“接地”，将原来的“盘柜配线”扩展为“盘柜配线、端子接线”，删除原来的“屏（柜）安装”</td></tr>
<tr><td rowspan="3">13</td><td>13 规范</td><td>030404013</td><td>直流馈电屏</td><td>1. 名称；
2. 型号；
3. 规格；
4. 基础型钢形式、规格；
5. 接线端子材质、规格；
6. 端子板外部接线材质、规格；
7. 小母线材质、规格；
8. 屏边规格</td><td rowspan="2">按设计图示数量计算（计量单位：台）</td><td>1. 本体安装；
2. 基础型钢制作、安装；
3. 端子板安装；
4. 焊、压接线端子；
5. 盘柜配线、端子接线；
6. 小母线安装；
7. 屏边安装；
8. 补刷（喷）油漆；
9. 接地</td></tr>
<tr><td>08 规范</td><td>030204014</td><td>直流馈电屏</td><td>1. 名称、型号；
2. 规格</td><td>1. 基础槽钢制作、安装；
2. 屏（柜）安装；
3. 端子板安装；
4. 焊、压接线端子；
5. 盘柜配线；
6. 小母线安装；
7. 屏边安装</td></tr>
<tr><td colspan="6">说明：项目特征描述新增“基础型钢形式、规格”、“接线端子材质、规格”、“端子板外部接线材质、规格”、“小母线材质、规格”和“屏边规格”，将原来的“名称、型号”拆分为“名称”和“型号”。工作内容新增“本体安装”、“补刷（喷）油漆”和“接地”，将原来的“盘柜配线”扩展为“盘柜配线、端子接线”，删除原来的“屏（柜）安装”</td></tr>
<tr><td>14</td><td>13 规范</td><td>030404014</td><td>事故照明切换屏</td><td>1. 名称；
2. 型号；
3. 规格；
4. 基础型钢形式、规格；
5. 接线端子材质、规格；
6. 端子板外部接线材质、规格；
7. 小母线材质、规格；
8. 屏边规格</td><td>按设计图示数量计算（计量单位：台）</td><td>1. 本体安装；
2. 基础型钢制作、安装；
3. 端子板安装；
4. 焊、压接线端子；
5. 盘柜配线、端子接线；
6. 小母线安装；
7. 屏边安装；
8. 补刷（喷）油漆；
9. 接地</td></tr>
</table>

续表

<table>
<tr><th>序号</th><th>版别</th><th>项目编码</th><th>项目名称</th><th>项目特征</th><th>工程量计算规则与计量单位</th><th>工作内容</th></tr>
<tr><td rowspan="2">14</td><td>08 规范</td><td>030204015</td><td>事故照明切换屏</td><td>1. 名称、型号；
2. 规格</td><td>按设计图示数量计算（计量单位：台）</td><td>1. 基础槽钢制作、安装；
2. 屏（柜）安装；
3. 端子板安装；
4. 焊、压接线端子；
5. 盘柜配线；
6. 小母线安装；
7. 屏边安装</td></tr>
<tr><td colspan="6">说明：项目特征描述新增“基础型钢形式、规格”、“接线端子材质、规格”、“端子板外部接线材质、规格”、“小母线材质、规格”和“屏边规格”，将原来的“名称、型号”拆分为“名称”和“型号”。工作内容新增“本体安装”、“补刷（喷）油漆”和“接地”，将原来的“盘柜配线”扩展为“盘柜配线、端子接线”，删除原来的“屏（柜）安装”</td></tr>
<tr><td rowspan="3">15</td><td>13 规范</td><td>030404015</td><td>控制台</td><td>1. 名称；
2. 型号；
3. 规格；
4. 基础型钢形式、规格；
5. 接线端子材质、规格；
6. 端子板外部接线材质、规格；
7. 小母线材质、规格</td><td rowspan="2">按设计图示数量计算（计量单位：台）</td><td>1. 本体安装；
2. 基础型钢制作、安装；
3. 端子板安装；
4. 焊、压接线端子；
5. 盘柜配线、端子接线；
6. 小母线安装；
7. 补刷（喷）油漆；
8. 接地</td></tr>
<tr><td>08 规范</td><td>030204016</td><td>控制台</td><td>1. 名称、型号；
2. 规格</td><td>1. 基础槽钢制作、安装；
2. 台（箱）安装；
3. 端子板安装；
4. 焊、压接线端子；
5. 盘柜配线；
6. 小母线安装</td></tr>
<tr><td colspan="6">说明：项目特征描述新增“基础型钢形式、规格”、“接线端子材质、规格”、“端子板外部接线材质、规格”和“小母线材质、规格”，将原来的“名称、型号”拆分为“名称”和“型号”。工作内容新增“本体安装”、“补刷（喷）油漆”和“接地”，将原来的“盘柜配线”扩展为“盘柜配线、端子接线”，删除原来的“台（箱）安装”</td></tr>
<tr><td>16</td><td>13 规范</td><td>030404016</td><td>控制箱</td><td>1. 名称；
2. 型号；
3. 规格；
4. 基础形式、材质、规格；
5. 接线端子材质、规格；
6. 端子板外部接线材质、规格；
7. 安装方式</td><td>按设计图示数量计算（计量单位：台）</td><td>1. 本体安装；
2. 基础型钢制作、安装；
3. 焊、压接线端子；
4. 补刷（喷）油漆；
5. 接地</td></tr>
</table>

续表

序号	版别	项目编码	项目名称	项目特征	工程量计算规则与计量单位	工作内容
16	08 规范	030204017	控制箱	1. 名称、型号； 2. 规格	按设计图示数量计算（计量单位：台）	1. 基础型钢制作、安装； 2. 箱体安装
	说明：项目特征描述新增“基础形式、材质、规格”、“接线端子材质、规格”、“端子板外部接线材质、规格”和“安装方式”，将原来的“名称、型号”拆分为“名称”和“型号”。工作内容新增“本体安装”、“焊、压接线端子”、“补刷（喷）油漆”和“接地”，删除原来的“箱体安装”					
17	13 规范	030404017	配电箱	1. 名称； 2. 型号； 3. 规格； 4. 基础形式、材质、规格； 5. 接线端子材质、规格； 6. 端子板外部接线材质、规格； 7. 安装方式	按设计图示数量计算（计量单位：台）	1. 本体安装； 2. 基础型钢制作、安装； 3. 焊、压接线端子； 4. 补刷（喷）油漆； 5. 接地
	08 规范	030204018	配电箱	1. 名称、型号； 2. 规格		1. 基础型钢制作、安装； 2. 箱体安装
	说明：项目特征描述新增“基础形式、材质、规格”、“接线端子材质、规格”、“端子板外部接线材质、规格”和“安装方式”，将原来的“名称、型号”拆分为“名称”和“型号”。工作内容新增“本体安装”、“焊、压接线端子”、“补刷（喷）油漆”和“接地”，删除原来的“箱体安装”					
18	13 规范	030404018	插座箱	1. 名称； 2. 型号； 3. 规格； 4. 安装方式	按设计图示数量计算（计量单位：台）	1. 本体安装； 2. 接地
	08 规范	—	—	—	—	—
	说明：新增项目内容					
19	13 规范	030404019	控制开关	1. 名称； 2. 型号； 3. 规格； 4. 接线端子材质、规格； 5. 额定电流（A）	按设计图示数量计算（计量单位：个）	1. 本体安装； 2. 焊、压接线端子； 3. 接线
	08 规范	030204019	控制开关	1. 名称； 2. 型号； 3. 规格	按设计图示数量计算（计量单位：个）	1. 安装； 2. 焊压端子
	说明：项目特征描述新增“接线端子材质、规格”和“额定电流（A）”。工作内容新增“接线”，将原来的“安装”扩展为“本体安装”，“焊压端子”修改为“焊、压接线端子”					
20	13 规范	030404020	低压熔断器	1. 名称； 2. 型号； 3. 规格； 4. 接线端子材质、规格	按设计图示数量计算（计量单位：台）	1. 本体安装； 2. 焊、压接线端子； 3. 接线

续表

序号	版别	项目编码	项目名称	项目特征	工程量计算规则与计量单位	工作内容
20	08 规范	030204020	低压熔断器	1. 名称、型号； 2. 规格	按设计图示数量计算（计量单位：台）	1. 安装； 2. 焊压端子
	说明：项目特征描述新增“接线端子材质、规格”，将原来的“名称、型号”拆分为“名称”和“型号”。工作内容新增“接线”，将原来的“安装”扩展为“本体安装”，“焊压端子”修改为“焊、压接线端子”					
21	13 规范	030404021	限位开关	1. 名称； 2. 型号； 3. 规格； 4. 接线端子材质、规格	按设计图示数量计算（计量单位：个）	1. 本体安装； 2. 焊、压接线端子； 3. 接线
	08 规范	030204021	限位开关	1. 名称、型号； 2. 规格		1. 安装； 2. 焊压端子
	说明：项目特征描述新增“接线端子材质、规格”，将原来的“名称、型号”拆分为“名称”和“型号”。工作内容新增“接线”，将原来的“安装”扩展为“本体安装”，“焊压端子”修改为“焊、压接线端子”					
22	13 规范	030404022	控制器	1. 名称； 2. 型号； 3. 规格； 4. 接线端子材质、规格	按设计图示数量计算（计量单位：台）	1. 本体安装； 2. 焊、压接线端子； 3. 接线
	08 规范	030204022	控制器	1. 名称、型号； 2. 规格		1. 安装； 2. 焊压端子
	说明：项目特征描述新增“接线端子材质、规格”，将原来的“名称、型号”拆分为“名称”和“型号”。工作内容新增“接线”，将原来的“安装”扩展为“本体安装”，“焊压端子”修改为“焊、压接线端子”					
23	13 规范	030404023	接触器	1. 名称； 2. 型号； 3. 规格； 4. 接线端子材质、规格	按设计图示数量计算（计量单位：台）	1. 本体安装； 2. 焊、压接线端子； 3. 接线
	08 规范	030204023	接触器	1. 名称、型号； 2. 规格		1. 安装； 2. 焊压端子
	说明：项目特征描述新增“接线端子材质、规格”，将原来的“名称、型号”拆分为“名称”和“型号”。工作内容新增“接线”，将原来的“安装”扩展为“本体安装”，“焊压端子”修改为“焊、压接线端子”					
24	13 规范	030404024	磁力启动器	1. 名称； 2. 型号； 3. 规格； 4. 接线端子材质、规格	按设计图示数量计算（计量单位：台）	1. 本体安装； 2. 焊、压接线端子； 3. 接线
	08 规范	030204024	磁力启动器	1. 名称、型号； 2. 规格		1. 安装； 2. 焊压端子
	说明：项目特征描述新增“接线端子材质、规格”，将原来的“名称、型号”拆分为“名称”和“型号”。工作内容新增“接线”，将原来的“安装”扩展为“本体安装”，“焊压端子”修改为“焊、压接线端子”					
25	13 规范	030404025	Y—△自耦减压启动器	1. 名称； 2. 型号； 3. 规格； 4. 接线端子材质、规格	按设计图示数量计算（计量单位：台）	1. 本体安装； 2. 焊、压接线端子； 3. 接线

续表

序号	版别	项目编码	项目名称	项目特征	工程量计算规则与计量单位	工作内容
25	08规范	030204025	Y—△自耦减压启动器电磁铁（电磁制动器）	1. 名称、型号； 2. 规格	按设计图示数量计算（计量单位：台）	1. 安装； 2. 焊压端子
	说明：项目名称简化为“Y—△自耦减压启动器”。项目特征描述新增“接线端子材质、规格”，将原来的“名称、型号”拆分为“名称”和“型号”。工作内容新增“接线”，将原来的“安装”扩展为“本体安装”，“焊压端子”修改为“焊、压接线端子”					
26	13规范	030404026	电磁铁（电磁制动器）	1. 名称； 2. 型号； 3. 规格； 4. 接线端子材质、规格	按设计图示数量计算（计量单位：台）	1. 本体安装； 2. 焊、压接线端子； 3. 接线
	08规范	030204026	电磁铁（电磁制动器）	1. 名称、型号； 2. 规格		1. 安装； 2. 焊压端子
	说明：项目特征描述新增“接线端子材质、规格”，将原来的“名称、型号”拆分为“名称”和“型号”。工作内容新增“接线”，将原来的“安装”扩展为“本体安装”，“焊压端子”修改为“焊、压接线端子”					
27	13规范	030404027	快速自动开关	1. 名称； 2. 型号； 3. 规格； 4. 接线端子材质、规格	按设计图示数量计算（计量单位：台）	1. 本体安装； 2. 焊、压接线端子； 3. 接线
	08规范	030204027	快速自动开关	1. 名称、型号； 2. 规格		1. 安装； 2. 焊压端子
	说明：项目特征描述新增“接线端子材质、规格”，将原来的“名称、型号”拆分为“名称”和“型号”。工作内容新增“接线”，将原来的“安装”扩展为“本体安装”，“焊压端子”修改为“焊、压接线端子”					
28	13规范	030404028	电阻器	1. 名称； 2. 型号； 3. 规格； 4. 接线端子材质、规格	按设计图示数量计算（计量单位：箱）	1. 本体安装； 2. 焊、压接线端子； 3. 接线
	08规范	030204028	电阻器	1. 名称、型号； 2. 规格	按设计图示数量计算（计量单位：台）	1. 安装； 2. 焊压端子
	说明：项目特征描述新增“接线端子材质、规格”，将原来的“名称、型号”拆分为“名称”和“型号”。工程量计算规则与计量单位将原来的“台”修改为“箱”。工作内容新增“接线”，将原来的“安装”扩展为“本体安装”，“焊压端子”修改为“焊、压接线端子”					
29	13规范	030404029	油浸频敏变阻器	1. 名称； 2. 型号； 3. 规格； 4. 接线端子材质、规格	按设计图示数量计算（计量单位：台）	1. 本体安装； 2. 焊、压接线端子； 3. 接线

续表

序号	版别	项目编码	项目名称	项目特征	工程量计算规则与计量单位	工作内容
29	08 规范	030204029	油浸频敏变阻器	1. 名称、型号； 2. 规格	按设计图示数量计算（计量单位：台）	1. 安装； 2. 焊压端子
	说明：项目特征描述新增“接线端子材质、规格”，将原来的“名称、型号”拆分为“名称”和“型号”。工作内容新增“接线”，将原来的“安装”扩展为“本体安装”，“焊压端子”修改为“焊、压接线端子”					
30	13 规范	030404030	分流器	1. 名称； 2. 型号； 3. 规格； 4. 容量（A）； 5. 接线端子材质、规格	按设计图示数量计算（计量单位：个）	1. 本体安装； 2. 焊、压接线端子； 3. 接线
	08 规范	030204030	分流器	1. 名称、型号； 2. 容量（A）	按设计图示数量计算（计量单位：台）	1. 安装； 2. 焊压端子
	说明：项目特征描述新增“规格”和“接线端子材质、规格”，将原来的“名称、型号”拆分为“名称”和“型号”。工程量计算规则与计量单位将原来的“台”修改为“个”。工作内容新增“接线”，将原来的“安装”扩展为“本体安装”，“焊压端子”修改为“焊、压接线端子”					
31	13 规范	030404031	小电器	1. 名称； 2. 型号； 3. 规格； 4. 接线端子材质、规格	按设计图示数量计算（计量单位：个、套、台）	1. 本体安装； 2. 焊、压接线端子； 3. 接线
	08 规范	030204031	小电器	1. 名称； 2. 型号； 3. 规格	按设计图示数量计算（计量单位：个、套）	1. 安装； 2. 焊压端子
	说明：项目特征描述新增“接线端子材质、规格”。工程量计算规则与计量单位将原来的“个、套”修改为“个、套、台”。工作内容新增“接线”，将原来的“安装”扩展为“本体安装”，“焊压端子”修改为“焊、压接线端子”					
32	13 规范	030404032	端子箱	1. 名称； 2. 型号； 3. 规格； 4. 安装部位	按设计图示数量计算（计量单位：台）	1. 本体安装； 2. 接线
	08 规范	—	—	—	—	—
	说明：新增项目内容					
33	13 规范	030404033	风扇	1. 名称； 2. 型号； 3. 规格； 4. 安装方式	按设计图示数量计算（计量单位：台）	1. 本体安装； 2. 调速开关安装
	08 规范	—	—	—	—	—
	说明：新增项目内容					

续表

序号	版别	项目编码	项目名称	项目特征	工程量计算规则与计量单位	工作内容
34	13规范	030404034	照明开关	1. 名称； 2. 材质； 3. 规格； 4. 安装方式	按设计图示数量计算（计量单位：个）	1. 本体安装； 2. 接线
	08规范	—	—	—	—	—
	说明：新增项目内容					
35	13规范	030404035	插座	1. 名称； 2. 材质； 3. 规格； 4. 安装方式	按设计图示数量计算（计量单位：个）	1. 本体安装； 2. 接线
	08规范	—	—	—	—	—
	说明：新增项目内容					
36	13规范	030404036	其他电器	1. 名称； 2. 规格； 3. 安装方式	按设计图示数量计算（计量单位：个、套、台）	1. 安装； 2. 接线
	08规范	—	—	—	—	—
	说明：新增项目内容					

注：1. 控制开关包括：自动空气开关、刀型开关、铁壳开关、胶盖刀闸开关、组合控制开关、万能转换开关、风机盘管三速开关、漏电保护开关等。
2. 小电器包括：按钮、电笛、电铃、水位电气信号装置、测量表计、继电器、电磁锁、屏上辅助设备、辅助电压互感器、小型安全变压器等。
3. 其他电器安装指：本节未列的电器项目。
4. 其他电器必须根据电器实际名称确定项目名称，明确描述工作内容、项目特征、计量单位、计算规则。
5. 盘、箱、柜的外部进出电线预留长度如表1-17所示。

1.1.5 蓄电池安装

蓄电池安装工程量清单项目设置、项目特征描述的内容、计量单位及工程量计算规则等的变化对照情况，见表1-5。

蓄电池安装（编码：030405） **表1-5**

序号	版别	项目编码	项目名称	项目特征	工程量计算规则与计量单位	工作内容
1	13规范	030405001	蓄电池	1. 名称； 2. 型号； 3. 容量（A·h）； 4. 防震支架形式、材质； 5. 充放电要求	按设计图示数量计算（计量单位：个、组、件）	1. 本体安装； 2. 防震支架安装； 3. 充放电
	08规范	030205001	蓄电池	1. 名称、型号； 2. 容量	按设计图示数量计算（计量单位：个）	1. 防震支架安装； 2. 本体安装； 3. 充放电
	说明：项目特征描述新增"防震支架形式、材质"和"充放电要求"，将原来的"名称、型号"拆分为"名称"和"型号"。工程量计算规则与计量单位将原来的"个"修改为"个、组、件"					

续表

序号	版别	项目编码	项目名称	项目特征	工程量计算规则与计量单位	工作内容
2	13规范	30405002	太阳能电池	1. 名称； 2. 型号； 3. 规格； 4. 容量； 5. 安装方式	按设计图示数量计算（计量单位：组）	1. 安装； 2. 电池方阵铁架安装； 3. 联调
	08规范	—	—	—	—	—
	说明：新增项目内容					

1.1.6　电机检查接线及调试

电机检查接线及调试工程量清单项目设置、项目特征描述的内容、计量单位及工程量计算规则等的变化对照情况，见表1-6。

电机检查接线及调试（编码：030406）　　**表1-6**

序号	版别	项目编码	项目名称	项目特征	工程量计算规则与计量单位	工作内容
1	13规范	030406001	发电机	1. 名称； 2. 型号； 3. 容量（kW）； 4. 接线端子材质、规格； 5. 干燥要求	按设计图示数量计算（计量单位：台）	1. 检查接线； 2. 接地； 3. 干燥； 4. 调试
	08规范	030206001	发电机	1. 型号； 2. 容量（kW）		1. 检查接线（包括接地）； 2. 干燥； 3. 调试
	说明：项目特征描述新增“名称”、“接线端子材质、规格”和“干燥要求”。工作内容新增“接地”，将原来的“检查接线（包括接地）”简化为“检查接线”					
2	13规范	030406002	调相机	1. 名称； 2. 型号； 3. 容量（kW）； 4. 接线端子材质、规格； 5. 干燥要求	按设计图示数量计算（计量单位：台）	1. 检查接线； 2. 接地； 3. 干燥； 4. 调试
	08规范	030206002	调相机	1. 型号； 2. 容量（kW）		1. 检查接线（包括接地）； 2. 干燥； 3. 调试
	说明：项目特征描述新增“名称”、“接线端子材质、规格”和“干燥要求”。工作内容新增“接地”，将原来的“检查接线（包括接地）”简化为“检查接线”					

续表

<table>
<tr><th>序号</th><th>版别</th><th>项目编码</th><th>项目名称</th><th>项目特征</th><th>工程量计算规则与计量单位</th><th>工作内容</th></tr>
<tr><td rowspan="3">3</td><td>13 规范</td><td>030406003</td><td>普通小型直流电动机</td><td>1. 名称；
2. 型号；
3. 容量（kW）；
4. 接线端子材质、规格；
5. 干燥要求</td><td rowspan="2">按设计图示数量计算（计量单位：台）</td><td>1. 检查接线；
2. 接地；
3. 干燥；
4. 调试</td></tr>
<tr><td>08 规范</td><td>030206003</td><td>普通小型直流电动机</td><td>1. 名称、型号；
2. 容量（kW）；
3. 类型</td><td>1. 检查接线（包括接地）；
2. 干燥；
3. 系统调试</td></tr>
<tr><td colspan="6">说明：项日特征描述新增“接线端子材质、规格”和“干燥要求”，将原来的“名称、型号”拆分为“名称”和“型号”，删除原来的“类型”。工作内容新增“接地”，将原来的“检查接线（包括接地）”简化为“检查接线”，“系统调试”简化为“调试”</td></tr>
<tr><td rowspan="3">4</td><td>13 规范</td><td>030406004</td><td>可控硅调速直流电动机</td><td>1. 名称；
2. 型号；
3. 容量（kW）；
4. 类型；
5. 接线端子材质、规格；
6. 干燥要求</td><td rowspan="2">按设计图示数量计算（计量单位：台）</td><td>1. 检查接线；
2. 接地；
3. 干燥；
4. 调试</td></tr>
<tr><td>08 规范</td><td>030206004</td><td>可控硅调速直流电动机</td><td>1. 名称、型号；
2. 容量（kW）；
3. 类型</td><td>1. 检查接线（包括接地）；
2. 干燥；
3. 系统调试</td></tr>
<tr><td colspan="6">说明：项目特征描述新增“接线端子材质、规格”和“干燥要求”，将原来的“名称、型号”拆分为“名称”和“型号”。工作内容新增“接地”，将原来的“检查接线（包括接地）”简化为“检查接线”，“系统调试”简化为“调试”</td></tr>
<tr><td rowspan="3">5</td><td>13 规范</td><td>030406005</td><td>普通交流同步电动</td><td>1. 名称；
2. 型号；
3. 容量（kW）；
4. 启动方式；
5. 电压等级（kV）；
6. 接线端子材质、规格；
7. 干燥要求</td><td rowspan="2">按设计图示数量计算（计量单位：台）</td><td>1. 检查接线；
2. 接地；
3. 干燥；
4. 调试</td></tr>
<tr><td>08 规范</td><td>030206005</td><td>普通交流同步电动机</td><td>1. 名称、型号；
2. 容量（kW）；
3. 启动方式</td><td>1. 检查接线（包括接地）；
2. 干燥；
3. 系统调试</td></tr>
<tr><td colspan="6">说明：项目名称简化为“普通交流同步电动”。项目特征描述新增“电压等级（kV）”、“接线端子材质、规格”和“干燥要求”，将原来的“名称、型号”拆分为“名称”和“型号”。工作内容新增“接地”，将原来的“检查接线（包括接地）”简化为“检查接线”，“系统调试”简化为“调试”</td></tr>
</table>

续表

序号	版别	项目编码	项目名称	项目特征	工程量计算规则与计量单位	工作内容
6	13 规范	030406006	低压交流异步电动机	1. 名称； 2. 型号； 3. 容量（kW）； 4. 控制保护方式； 5. 接线端子材质、规格； 6. 干燥要求	按设计图示数量计算（计量单位：台）	1. 检查接线； 2. 接地； 3. 干燥； 4. 调试
	08 规范	030206006	低压交流异步电动机	1. 名称、型号、类别； 2. 控制保护方式		1. 检查接线（包括接地）； 2. 干燥； 3. 系统调试
	说明：项目特征描述新增“容量（kW）”、“接线端子材质、规格”和“干燥要求”，将原来的“名称、型号、类别”拆分为“名称”和“型号”。工作内容新增“接地”，将原来的“检查接线（包括接地）”简化为“检查接线”，“系统调试”简化为“调试”					
7	13 规范	030406007	高压交流异步电动机	1. 名称； 2. 型号； 3. 容量（kW）； 4. 保护类别； 5. 接线端子材质、规格； 6. 干燥要求	按设计图示数量计算（计量单位：台）	1. 检查接线； 2. 接地； 3. 干燥； 4. 调试
	08 规范	030206007	高压交流异步电动机	1. 名称、型号； 2. 容量（kW）； 3. 保护类别		1. 检查接线（包括接地）； 2. 干燥； 3. 系统调试
	说明：项目特征描述新增“接线端子材质、规格”和“干燥要求”，将原来的“名称、型号”拆分为“名称”和“型号”。工作内容新增“接地”，将原来的“检查接线（包括接地）”简化为“检查接线”，“系统调试”简化为“调试”					
8	13 规范	030406008	交流变频调速电动机	1. 名称； 2. 型号； 3. 容量（kW）； 4. 类别； 5. 接线端子材质、规格； 6. 干燥要求	按设计图示数量计算（计量单位：台）	1. 检查接线； 2. 接地； 3. 干燥； 4. 调试
	08 规范	030206008	交流变频调速电动机			1. 检查接线（包括接地）； 2. 干燥； 3. 系统调试
	说明：工作内容新增“接地”，将原来的“检查接线（包括接地）”简化为“检查接线”，“系统调试”简化为“调试”					
9	13 规范	030406009	微型电机、电加热器	1. 名称； 2. 型号； 3. 规格； 4. 接线端子材质、规格； 5. 干燥要求	按设计图示数量计算（计量单位：台）	1. 检查接线； 2. 接地； 3. 干燥； 4. 调试

续表

<table>
<tr><th>序号</th><th>版别</th><th>项目编码</th><th>项目名称</th><th>项目特征</th><th>工程量计算规则与计量单位</th><th>工作内容</th></tr>
<tr><td rowspan="2">9</td><td>08 规范</td><td>030206009</td><td>微型电机、电加热器</td><td>1. 名称、型号；
2. 规格</td><td>按设计图示数量计算（计量单位：台）</td><td>1. 检查接线（包括接地）；
2. 干燥；
3. 系统调试</td></tr>
<tr><td colspan="6">说明：项目特征描述新增“接线端子材质、规格”和“干燥要求”，将原来的“名称、型号”拆分为“名称”和“型号”。工作内容新增“接地”，将原来的“检查接线（包括接地）”简化为“检查接线”，“系统调试”简化为“调试”</td></tr>
<tr><td rowspan="3">10</td><td>13 规范</td><td>030406010</td><td>电动机组</td><td>1. 名称；
2. 型号；
3. 电动机台数；
4. 联锁台数；
5. 接线端子材质、规格；
6. 干燥要求</td><td>按设计图示数量计算（计量单位：组）</td><td>1. 检查接线；
2. 接地；
3. 干燥；
4. 调试</td></tr>
<tr><td>08 规范</td><td>030206010</td><td>电动机组</td><td>1. 名称、型号；
2. 电动机台数；
3. 联锁台数</td><td>按设计图示数量计算（计量单位：台）</td><td>1. 检查接线（包括接地）；
2. 干燥；
3. 系统调试</td></tr>
<tr><td colspan="6">说明：项目特征描述新增“接线端子材质、规格”和“干燥要求”，将原来的“名称、型号”拆分为“名称”和“型号”。工程量计算规则与计量单位将原来的“台”修改为“组”。工作内容新增“接地”，将原来的“检查接线（包括接地）”简化为“检查接线”，“系统调试”简化为“调试”</td></tr>
<tr><td rowspan="3">11</td><td>13 规范</td><td>030406011</td><td>备用励磁机组</td><td>1. 名称；
2. 型号；
3. 接线端子材质、规格；
4. 干燥要求</td><td>按设计图示数量计算（计量单位：组）</td><td>1. 检查接线；
2. 接地；
3. 干燥；
4. 调试</td></tr>
<tr><td>08 规范</td><td>030206011</td><td>备用励磁机组</td><td>名称、型号</td><td>按设计图示数量计算（计量单位：组）</td><td>1. 检查接线（包括接地）；
2. 干燥；
3. 系统调试</td></tr>
<tr><td colspan="6">说明：项目特征描述新增“接线端子材质、规格”和“干燥要求”，将原来的“名称、型号”拆分为“名称”和“型号”。工作内容新增“接地”，将原来的“检查接线（包括接地）”简化为“检查接线”，“系统调试”简化为“调试”</td></tr>
<tr><td rowspan="3">12</td><td>13 规范</td><td>030406012</td><td>励磁电阻器</td><td>1. 名称；
2. 型号；
3. 规格；
4. 接线端子材质、规格；
5. 干燥要求</td><td rowspan="2">按设计图示数量计算（计量单位：台）</td><td>1. 本体安装；
2. 检查接线；
3. 干燥</td></tr>
<tr><td>08 规范</td><td>030206012</td><td>励磁电阻器</td><td>1. 型号；
2. 规格</td><td>1. 安装；
2. 检查接线；
3. 干燥</td></tr>
<tr><td colspan="6">说明：项目特征描述新增“名称”、“接线端子材质、规格”和“干燥要求”。工作内容将原来的“安装”扩展为“本体安装”</td></tr>
</table>

注：1. 可控硅调速直流电动机类型指一般可控硅调速直流电动机、全数字式控制可控硅调速直流电动机。
2. 交流变频调速电动机类型指交流同步变频电动机、交流异步变频电动机。
3. 电动机按其质量划分为大、中、小型：3t 以下为小型，3t～30t 为中型，30t 以上为大型。

1.1.7 滑触线装置安装

滑触线装置安装工程量清单项目设置、项目特征描述的内容、计量单位及工程量计算规则等的变化对照情况，见表1-7。

滑触线装置安装（编码：030407） 表1-7

序号	版别	项目编码	项目名称	项目特征	工程量计算规则与计量单位	工作内容
1	13规范	030407001	滑触线	1. 名称； 2. 型号； 3. 规格； 4. 材质； 5. 支架形式、材质； 6. 移动软电缆材质、规格、安装部位； 7. 拉紧装置类型； 8. 伸缩接头材质、规格	按设计图示尺寸以单相长度计算（含预留长度）（计量单位：m）	1. 滑触线安装； 2. 滑触线支架制作、安装； 3. 拉紧装置及挂式支持器制作、安装； 4. 移动软电缆安装； 5. 伸缩接头制作、安装
	08规范	030207001	滑触线	1. 名称； 2. 型号； 3. 规格； 4. 材质	按设计图示单相长度计算（计量单位：m）	1. 滑触线支架制作、安装、刷油； 2. 滑触线安装； 3. 拉紧装置及挂式支持器制作、安装
	说明：项目特征描述新增“支架形式、材质”、“移动软电缆材质、规格、安装部位”、“拉紧装置类型”和“伸缩接头材质、规格”。工程量计算规则与计量单位新增“（含预留长度）”。工作内容新增“移动软电缆安装”和“伸缩接头制作、安装”，将原来的“滑触线支架制作、安装、刷油”简化为“滑触线支架制作、安装”					

注：1. 支架基础铁件及螺栓是否浇注需说明。
2. 滑触线安装预留长度如表1-18所示。

1.1.8 电缆安装

电缆安装工程量清单项目设置、项目特征描述的内容、计量单位及工程量计算规则等的变化对照情况，见表1-8。

电缆安装（编码：030408） 表1-8

序号	版别	项目编码	项目名称	项目特征	工程量计算规则与计量单位	工作内容
1	13规范	030408001	电力电缆	1. 名称； 2. 型号； 3. 规格； 4. 材质； 5. 敷设方式、部位； 6. 电压等级（kV）； 7. 地形	按设计图示尺寸以长度计算（含预留长度及附加长度）（计量单位：m）	1. 电缆敷设； 2. 揭（盖）盖板

续表

<table>
<tr><th>序号</th><th>版别</th><th>项目编码</th><th>项目名称</th><th>项目特征</th><th>工程量计算规则与计量单位</th><th>工作内容</th></tr>
<tr><td rowspan="2">1</td><td>08 规范</td><td>030208001</td><td>电力电缆</td><td>1. 型号；
2. 规格；
3. 敷设方式</td><td>按设计图示尺寸以长度计算（计量单位：m）</td><td>1. 揭（盖）盖板；
2. 电缆敷设；
3. 电缆头制作、安装；
4. 过路保护管敷设；
5. 防火堵洞；
6. 电缆防护；
7. 电缆防火隔板；
8. 电缆防火涂料</td></tr>
<tr><td colspan="6">说明：项目特征描述新增“名称”、“材质”、“电压等级（kV）”和“地形”，将原来的“敷设方式”扩展为“敷设方式、部位”。工程量计算规则与计量单位新增“（含预留长度及附加长度）”。工作内容删除原来的“电缆头制作、安装”、“过路保护管敷设”、“防火堵洞”、“电缆防护”、“电缆防火隔板”和“电缆防火涂料”</td></tr>
<tr><td rowspan="3">2</td><td>13 规范</td><td>030408002</td><td>控制电缆</td><td>1. 名称；
2. 型号；
3. 规格；
4. 材质；
5. 敷设方式、部位；
6. 电压等级（kV）；
7. 地形</td><td>按设计图示尺寸以长度计算（含预留长度及附加长度）（计量单位：m）</td><td>1. 电缆敷设；
2. 揭（盖）盖板</td></tr>
<tr><td>08 规范</td><td>030208002</td><td>控制电缆</td><td>1. 型号；
2. 规格；
3. 敷设方式</td><td>按设计图示尺寸以长度计算（计量单位：m）</td><td>1. 揭（盖）盖板；
2. 电缆敷设；
3. 电缆头制作、安装；
4. 过路保护管敷设；
5. 防火堵洞；
6. 电缆防护；
7. 电缆防火隔板；
8. 电缆防火涂料</td></tr>
<tr><td colspan="6">说明：项目特征描述新增“名称”、“材质”、“电压等级（kV）”和“地形”，将原来的“敷设方式”扩展为“敷设方式、部位”。工程量计算规则与计量单位新增“（含预留长度及附加长度）”。工作内容删除原来的“电缆头制作、安装”、“过路保护管敷设”、“防火堵洞”、“电缆防护”、“电缆防火隔板”和“电缆防火涂料”</td></tr>
<tr><td rowspan="3">3</td><td>13 规范</td><td>030408003</td><td>电缆保护管</td><td>1. 名称；
2. 材质；
3. 规格；
4. 敷设方式</td><td rowspan="2">按设计图示尺寸以长度计算（计量单位：m）</td><td rowspan="2">保护管敷设</td></tr>
<tr><td>08 规范</td><td>030208003</td><td>电缆保护管</td><td>1. 材质；
2. 规格</td></tr>
<tr><td colspan="6">说明：项目特征描述新增“名称”和“敷设方式”</td></tr>
<tr><td rowspan="3">4</td><td>13 规范</td><td>030408004</td><td>电缆槽盒</td><td>1. 名称；
2. 材质；
3. 规格；
4. 型号</td><td>按设计图示尺寸以长度计算（计量单位：m）</td><td>槽盒安装</td></tr>
<tr><td>08 规范</td><td>—</td><td>—</td><td>—</td><td>—</td><td>—</td></tr>
<tr><td colspan="6">说明：新增项目内容</td></tr>
</table>

续表

序号	版别	项目编码	项目名称	项目特征	工程量计算规则与计量单位	工作内容
5	13规范	030408005	铺砂、盖保护板（砖）	1. 种类； 2. 规格	按设计图示尺寸以长度计算（计量单位：m）	1. 铺砂； 2. 盖板（砖）
	08规范	—	—	—	—	—
	说明：新增项目内容					
6	13规范	030408006	电力电缆头	1. 名称； 2. 型号； 3. 规格； 4. 材质、类型； 5. 安装部位； 6. 电压等级（kV）	按设计图示数量计算（计量单位：个）	1. 电力电缆头制作； 2. 电力电缆头安装； 3. 接地
	08规范	—	—	—	—	—
	说明：新增项目内容					
7	13规范	030408007	控制电缆头	1. 名称； 2. 型号； 3. 规格； 4. 材质、类型； 5. 安装方式	按设计图示数量计算（计量单位：个）	1. 电力电缆头制作； 2. 电力电缆头安装； 3. 接地
	08规范	—	—	—	—	—
	说明：新增项目内容					
8	13规范	030408008	防火堵洞	1. 名称； 2. 材质； 3. 方式； 4. 部位	按设计图示数量计算（计量单位：处）	安装
	08规范	—	—	—	—	—
	说明：新增项目内容					
9	13规范	030408009	防火隔板	1. 名称； 2. 材质； 3. 方式； 4. 部位	按设计图示尺寸以面积计算（计量单位：m^2）	安装
	08规范	—	—	—	—	—
	说明：新增项目内容					
10	13规范	030408010	防火涂料	1. 名称； 2. 材质； 3. 方式； 4. 部位	按设计图示尺寸以质量计算（计量单位：kg）	安装
	08规范	—	—	—	—	—
	说明：新增项目内容					

续表

序号	版别	项目编码	项目名称	项目特征	工程量计算规则与计量单位	工作内容
11	13 规范	030408011	电缆分支箱	1. 名称； 2. 型号； 3. 规格； 4. 基础形式、材质、规格	按设计图示数量计算（计量单位：台）	1. 本体安装； 2. 基础制作、安装
	08 规范	—	—	—	—	—
	说明：新增项目内容					
12	13 规范	—	—	—	—	—
	08 规范	030208004	电缆桥架	1. 型号、规格； 2. 材质； 3. 类型	按设计图示尺寸以长度计算（计量单位：m）	1. 制作、除锈、刷油； 2. 安装
	说明：删除原来项目内容					
13	13 规范	—	—	—	—	—
	08 规范	030208005	电缆支架	1. 材质； 2. 规格	按设计图示质量计算（计量单位：t）	1. 制作、除锈、刷油； 2. 安装
	说明：删除原来项目内容					

注：1. 电缆穿刺线夹按电缆头编码列项。
2. 电缆井、电缆排管、顶管，应按现行国家标准《市政工程工程量计算规范》GB 50857—2013 相关项目编码列项。
3. 电缆敷设预留长度及附加长度如表 1-19 所示。

1.1.9 防雷及接地装置

防雷及接地装置工程量清单项目设置、项目特征描述的内容、计量单位及工程量计算规则等的变化对照情况，见表 1-9。

防雷及接地装置（编码：030409） 表 1-9

序号	版别	项目编码	项目名称	项目特征	工程量计算规则与计量单位	工作内容
1	13 规范	030409001	接地极	1. 名称； 2. 材质； 3. 规格； 4. 土质； 5. 基础接地形式	按设计图示数量计算（计量单位：根或块）	1. 接地极（板、桩）制作、安装； 2. 基础接地网安装； 3. 补刷（喷）油漆
	08 规范	—	—	—	—	—
	说明：新增项目内容					
2	13 规范	030409002	接地母线	1. 名称； 2. 材质； 3. 规格； 4. 安装部位； 5. 安装形式	按设计图示尺寸以长度计算（含附加长度）（计量单位：m）	1. 接地母线制作、安装； 2. 补刷（喷）油漆
	08 规范	—	—	—	—	—
	说明：新增项目内容					

续表

<table>
<tr><th>序号</th><th>版别</th><th>项目编码</th><th>项目名称</th><th>项目特征</th><th>工程量计算规则与计量单位</th><th>工作内容</th></tr>
<tr><td rowspan="3">3</td><td>13 规范</td><td>030409003</td><td>避雷引下线</td><td>1. 名称；
2. 材质；
3. 规格；
4. 安装部位；
5. 安装形式；
6. 断接卡子、箱材质、规格</td><td>按设计图示尺寸以长度计算（含附加长度）（计量单位：m）</td><td>1. 避雷引下线制作、安装；
2. 断接卡子、箱制作、安装；
3. 利用主钢筋焊接；
4. 补刷（喷）油漆</td></tr>
<tr><td>08 规范</td><td>—</td><td>—</td><td>—</td><td>—</td><td>—</td></tr>
<tr><td colspan="6">说明：新增项目内容</td></tr>
<tr><td rowspan="3">4</td><td>13 规范</td><td>030409004</td><td>均压环</td><td>1. 名称；
2. 材质；
3. 规格；
4. 安装形式</td><td>按设计图示尺寸以长度计算（含附加长度）（计量单位：m）</td><td>1. 均压环敷设；
2. 钢铝窗接地；
3. 柱主筋与圈梁焊接；
4. 利用圈梁钢筋焊接；
5. 补刷（喷）油漆</td></tr>
<tr><td>08 规范</td><td>—</td><td>—</td><td>—</td><td>—</td><td>—</td></tr>
<tr><td colspan="6">说明：新增项目内容</td></tr>
<tr><td rowspan="3">5</td><td>13 规范</td><td>030409005</td><td>避雷网</td><td>1. 名称；
2. 材质；
3. 规格；
4. 安装形式；
5. 混凝土块标号</td><td>按设计图示尺寸以长度计算（含附加长度）（计量单位：m）</td><td>1. 避雷网制作、安装；
2. 跨接；
3. 混凝土块制作；
4. 补刷（喷）油漆</td></tr>
<tr><td>08 规范</td><td>—</td><td>—</td><td>—</td><td>—</td><td>—</td></tr>
<tr><td colspan="6">说明：新增项目内容</td></tr>
<tr><td rowspan="3">6</td><td>13 规范</td><td>030409006</td><td>避雷针</td><td>1. 名称；
2. 材质；
3. 规格；
4. 安装形式、高度</td><td>按设计图示数量计算（计量单位：根）</td><td>1. 避雷针制作、安装；
2. 跨接；
3. 补刷（喷）油漆</td></tr>
<tr><td>08 规范</td><td>—</td><td>—</td><td>—</td><td>—</td><td>—</td></tr>
<tr><td colspan="6">说明：新增项目内容</td></tr>
<tr><td rowspan="3">7</td><td>13 规范</td><td>030409007</td><td>半导体少长针消雷装置</td><td rowspan="2">1. 型号；
2. 高度</td><td rowspan="2">按设计图示数量计算（计量单位：套）</td><td>本体安装</td></tr>
<tr><td>08 规范</td><td>030209003</td><td>半导体少长针消雷装置</td><td>安装</td></tr>
<tr><td colspan="6">说明：工作内容将原来的“安装”扩展为“本体安装”</td></tr>
<tr><td rowspan="3">8</td><td>13 规范</td><td>030409008</td><td>等电位端子箱、测试板</td><td>1. 名称；
2. 材质；
3. 规格</td><td>按设计图示数量计算（计量单位：台或块）</td><td>按设计图示数量计算</td></tr>
<tr><td>08 规范</td><td>—</td><td>—</td><td>—</td><td>—</td><td>—</td></tr>
<tr><td colspan="6">说明：新增项目内容</td></tr>
</table>

续表

序号	版别	项目编码	项目名称	项目特征	工程量计算规则与计量单位	工作内容
9	13规范	030409009	绝缘垫	1. 名称； 2. 材质； 3. 规格	按设计图示尺寸以展开面积计算（计量单位：m^2）	1. 制作； 2. 安装
	08规范	—	—	—	—	—
	说明：新增项目内容					
10	13规范	030409010	浪涌保护器	1. 名称； 2. 规格； 3. 安装形式； 4. 防雷等级	按设计图示数量计算（计量单位：个）	1. 本体安装； 2. 接线； 3. 接地
	08规范	—	—	—	—	—
	说明：新增项目内容					
11	13规范	030409011	降阻剂	1. 名称； 2. 类型	按设计图示以质量计算（计量单位：kg）	1. 挖土； 2. 施放降阻剂； 3. 回填土； 4. 运输
	08规范	—	—	—	—	—
	说明：新增项目内容					
12	13规范	—	—	—	—	—
	08规范	030209001	接地装置	1. 接地母线材质、规格； 2. 接地极材质、规格	按设计图示尺寸以长度计算（计量单位：项）	1. 接地极（板）制作、安装； 2. 接地母线敷设； 3. 换土或化学处理； 4. 接地跨接线； 5. 构架接地
	说明：删除原来项目内容					
13	13规范	—	—	—	—	—
	08规范	030209002	避雷装置	1. 受雷体名称、材质、规格、技术要求（安装部位）； 2. 引下线材质、规格、技术要求（引下形式）； 3. 接地极材质、规格、技术要求； 4. 接地母线材质、规格、技术要求； 5. 均压环材质、规格、技术要求	按设计图示尺寸以长度计算（计量单位：项）	1. 避雷针（网）制作、安装； 2. 引下线敷设、断接卡子制作、安装； 3. 拉线制作、安装； 4. 接地极（板、桩）制作、安装； 5. 极间连线； 6. 油漆（防腐）； 7. 换土或化学处理； 8. 钢铝窗接地； 9. 均压环敷设； 10. 柱主筋与圈梁焊接
	说明：删除原来项目内容					

注：1. 利用桩基础作接地极，应描述桩台下桩的根数，每桩台下需焊接柱筋根数，其工程量按柱引下线计算；利用基础钢筋作接地极按均压环项目编码列项。
2. 利用柱筋作引下线的，需描述柱筋焊接根数。
3. 利用圈梁筋作均压环的，需描述圈梁筋焊接根数。
4. 使用电缆、电线作接地线，应按表1-8、1-12相关项目编码列项。
5. 接地母线、引下线、避雷网附加长度如表1-20所示。

1.1.10 10kV以下架空配电线路

10kV以下架空配电线路工程量清单项目设置、项目特征描述的内容、计量单位及工程量计算规则等的变化对照情况，见表1-10。

10kV以下架空配电线路（编码：030410） **表1-10**

序号	版别	项目编码	项目名称	项目特征	工程量计算规则与计量单位	工作内容
1	13规范	030410001	电杆组立	1. 名称； 2. 材质； 3. 规格； 4. 类型； 5. 地形； 6. 土质； 7. 底盘、拉盘、卡盘规格； 8. 拉线材质、规格、类型； 9. 现浇基础类型、钢筋类型、规格，基础垫层要求； 10. 电杆防腐要求	按设计图示数量计算（计量单位：根或基）	1. 施工定位； 2. 电杆组立； 3. 土（石）方挖填； 4. 底盘、拉盘、卡盘安装； 5. 电杆防腐； 6. 拉线制作、安装； 7. 现浇基础、基础垫； 8. 工地运输
	08规范	030210001	电杆组立	1. 材质； 2. 规格； 3. 类型； 4. 地形	按设计图示数量计算（计量单位：根）	1. 工地运输； 2. 土（石）方挖填； 3. 底盘、拉盘、卡盘安装； 4. 木电杆防腐； 5. 电杆组立； 6. 横担安装； 7. 拉线制作、安装
	说明：项目特征描述新增“名称”、“土质”、“底盘、拉盘、卡盘规格”、“拉线材质、规格、类型”、“现浇基础类型、钢筋类型、规格，基础垫层要求”和“电杆防腐要求”。工程量计算规则与计量单位将原来的“根”修改为“根或基”。工作内容新增“施工定位”和“现浇基础、基础垫”，将原来的“木电杆防腐”简化为“电杆防腐”，删除原来的“横担安装”					
2	13规范	030410002	横担组装	1. 名称； 2. 材质； 3. 规格； 4. 类型； 5. 电压等级（kV）； 6. 瓷瓶型号、规格； 7. 金具品种规格	按设计图示数量计算（计量单位：组）	1. 横担安装； 2. 瓷瓶、金具组装
	08规范	—	—	—	—	—
	说明：新增项目内容					
3	13规范	030410003	导线架设	1. 名称； 2. 型号； 3. 规格； 4. 地形； 5. 跨越类型	按设计图示尺寸以单线长度计算（含预留长度）（计量单位：km）	1. 导线架设； 2. 导线跨越及进户线架设； 3. 工地运输

续表

序号	版别	项目编码	项目名称	项目特征	工程量计算规则与计量单位	工作内容
3	08 规范	030210002	导线架设	1. 型号（材质）； 2. 规格； 3. 地形	按设计图示尺寸以长度计算（计量单位：km）	1. 导线架设； 2. 导线跨越及进户线架设； 3. 进户横担安装
	说明：项目特征描述新增“名称”和“跨越类型”，将原来的“型号（材质）”简化为“型号”。工程量计算规则与计量单位新增“（含预留长度）”。工作内容新增“工地运输”，删除原来的“进户横担安装”					
4	13 规范	030410004	杆上设备	1. 名称； 2. 型号； 3. 规格； 4. 电压等级（kV）； 5. 支撑架种类、规格； 6. 接线端子材质、规格； 7. 接地要求	按设计图示数量计算（计量单位：台或组）	1. 支撑架安装； 2. 本体安装； 3. 焊压接线端子、接线； 4. 补刷（喷）油漆； 5. 接地
	08 规范	—	—	—	—	—
	说明：新增项目内容					

注：1. 杆上设备调试，应按表 1-14 相关项目编码列项。
2. 架空导线预留长度如表 1-21 所示。

1.1.11 配管、配线

配管、配线工程量清单项目设置、项目特征描述的内容、计量单位及工程量计算规则等的变化对照情况，见表 1-11。

配管、配线（编码：030411） **表 1-11**

序号	版别	项目编码	项目名称	项目特征	工程量计算规则与计量单位	工作内容
1	13 规范	030411001	配管	1. 名称； 2. 材质； 3. 规格； 4. 配置形式； 5. 接地要求； 6. 钢索材质、规格	按设计图示尺寸以长度计算（计量单位：m）	1. 电线管路敷设； 2. 钢索架设（拉紧装置安装）； 3. 预留沟槽； 4. 接地
	08 规范	030212001	电气配管	1. 名称； 2. 材质； 3. 规格； 4. 配置形式及部位	按设计图示尺寸以延长米计算。不扣除管路中间的接线箱（盒）、灯头盒、开关盒所占长度（计量单位：m）	1. 刨沟槽； 2. 钢索架设（拉紧装置安装）； 3. 支架制作、安装； 4. 电线管路敷设； 5. 接线盒（箱）、灯头盒、开关盒、插座盒安装； 6. 防腐油漆； 7. 接地
	说明：项目名称简化为“配管”。项目特征描述新增“接地要求”和“钢索材质、规格”，将原来的“配置形式及部位”简化为“配置形式”。工程量计算规则与计量单位将原来的内容简化为“按设计图示尺寸以长度计算（计量单位：m）”。工作内容新增“预留沟槽”，删除原来的“刨沟槽”、“支架制作、安装”、“接线盒（箱）、灯头盒、开关盒、插座盒安装”和“防腐油漆”					

续表

序号	版别	项目编码	项目名称	项目特征	工程量计算规则与计量单位	工作内容
2	13规范	030411002	线槽	1. 名称； 2. 材质； 3. 规格	按设计图示尺寸以长度计算（计量单位：m）	1. 本体安装； 2. 补刷（喷）油漆
	08规范	030212002	线槽	1. 材质； 2. 规格	按设计图示尺寸以延长米计算（计量单位：m）	1. 安装； 2. 油漆
	说明：项目特征描述新增“名称”。工程量计算规则与计量单位将原来的“以延长米计算”修改为“以长度计算”。工作内容将原来的“安装”扩展为“本体安装”，“油漆”修改为“补刷（喷）油漆”					
3	13规范	030411003	桥架	1. 名称； 2. 型号； 3. 规格； 4. 材质； 5. 类型； 6. 接地方式	按设计图示尺寸以长度计算（计量单位：m）	1. 本体安装； 2. 接地
	08规范	—	—	—	—	—
	说明：新增项目内容					
4	13规范	030411004	配线	1. 名称； 2. 配线形式； 3. 型号； 4. 规格； 5. 材质； 6. 配线部位； 7. 配线线制； 8. 钢索材质、规格	按设计图示尺寸以单线长度计算（含预留长度）（计量单位：m）	1. 配线； 2. 钢索架设（拉紧装置安装）； 3. 支持体（夹板、绝缘子、槽板等）安装
	08规范	030212003	电气配线	1. 配线形式； 2. 导线型号、材质、规格； 3. 敷设部位或线制	按设计图示尺寸以单线延长米计算（计量单位：m）	1. 支持体（夹板、绝缘子、槽板等）安装； 2. 支架制作、安装； 3. 钢索架设（拉紧装置安装）； 4. 配线； 5. 管内穿线
	说明：项目名称简化为“配线”。项目特征描述新增“名称”和“钢索材质、规格”，将原来的“导线型号、材质、规格”拆分为“型号”、“规格”和“材质”，“敷设部位或线制”拆分为“配线部位”和“配线线制”。工程量计算规则与计量单位将原来的“以单线延长米计算”修改为“以单线长度计算”。工作内容删除原来的“支架制作、安装”和“管内穿线”					
5	13规范	030411005	接线箱	1. 名称； 2. 材质； 3. 规格； 4. 安装形式	按设计图示数量计算（计量单位：个）	本体安装
	08规范	—	—	—	—	—
	说明：新增项目内容					

续表

序号	版别	项目编码	项目名称	项目特征	工程量计算规则与计量单位	工作内容
6	13规范	030411006	接线盒	1. 名称； 2. 材质； 3. 规格； 4. 安装形式	按设计图示数量计算（计量单位：个）	本体安装
	08规范	—	—	—	—	—
	说明：新增项目内容					

注：1. 配管、线槽安装不扣除管路中间的接线箱（盒）、灯头盒、开关盒所占长度。

2. 配管名称指电线管、钢管、防爆管、塑料管、软管、波纹管等。

3. 配管配置形式指明配、暗配、吊顶内、钢结构支架、钢索配管、埋地敷设、水下敷设、砌筑沟内敷设等。

4. 配线名称指管内穿线、瓷夹板配线、塑料夹板配线、绝缘子配线、槽板配线、塑料护套配线、线槽配线、车间带形母线等。

5. 配线形式指照明线路，动力线路，木结构，顶棚内，砖、混凝土结构，沿支架、钢索、屋架、梁、柱、墙，以及跨屋架、梁、柱。

6. 配线保护管遇到下列情况之一时，应增设管路接线盒和拉线盒：

（1）管长度每超过30m，无弯曲；

（2）管长度每超过20m，有1个弯曲；

（3）管长度每超过15m，有2个弯曲；

（4）管长度每超过8m，有3个弯曲。

垂直敷设的电线保护管遇到下列情况之一时，应增设固定导线用的拉线盒：

（1）管内导线截面为50mm^2及以下，长度每超过30m；

（2）管内导线截面为70～95mm^2，长度每超过20m；

（3）管内导线截面为120～240mm^2，长度每超过18m。

在配管清单项目计量时，设计无要求时上述规定可以作为计量接线盒、拉线盒的依据。

7. 配管安装中不包括凿槽、刨沟，应按表1-13相关项目编码列项。

8. 配线进入箱、柜、板的预留长度如表1-22所示。

1.1.12 照明器具安装

照明器具安装工程量清单项目设置、项目特征描述的内容、计量单位及工程量计算规则等的变化对照情况，见表1-12。

照明器具安装（编码：030412）　　表1-12

序号	版别	项目编码	项目名称	项目特征	工程量计算规则与计量单位	工作内容
1	13规范	030412001	普通灯具	1. 名称； 2. 型号； 3. 规格； 4. 类型	按设计图示数量计算（计量单位：套）	本体安装
	08规范	030213001	普通吸顶灯及其他灯具	1. 名称、型号； 2. 规格		1. 支架制作、安装； 2. 组装； 3. 油漆
	说明：项目名称更名为“普通灯具”。项目特征描述新增“类型”，将原来的“名称、型号”拆分为“名称”和“型号”。工作内容新增“本体安装”，删除原来的“支架制作、安装”、“组装”和“油漆”					
2	13规范	030412002	工厂灯	1. 名称； 2. 型号； 3. 规格； 4. 安装形式	按设计图示数量计算（计量单位：套）	本体安装

续表

序号	版别	项目编码	项目名称	项目特征	工程量计算规则与计量单位	工作内容
2	08 规范	030213002	工厂灯	1. 名称、安装； 2. 规格； 3. 安装形式及高度	按设计图示数量计算（计量单位：套）	1. 支架制作、安装； 2. 安装； 3. 油漆
	说明：项目特征描述新增“型号”，将原来的“名称、安装”简化为“名称”，“安装形式及高度”简化为“安装形式”。工作内容将原来“支架制作、安装”和“安装”归并为“本体安装”，删除原来的“油漆”					
3	13 规范	030412003	高度标志（障碍）灯	1. 名称； 2. 型号； 3. 规格； 4. 安装部位； 5. 安装高度	按设计图示数量计算（计量单位：套）	本体安装
	08 规范	—	—	—	—	—
	说明：新增项目内容					
4	13 规范	030412004	装饰灯	1. 名称； 2. 型号； 3. 规格； 4. 安装形式	按设计图示数量计算（计量单位：套）	本体安装
	08 规范	030213003	装饰灯	1. 名称； 2. 型号； 3. 规格； 4. 安装高度		1. 支架制作、安装； 2. 安装
	说明：项目特征描述新增“安装形式”，删除原来的“安装高度”。工作内容将原来“支架制作、安装”和“安装”的内容统一为归并为“本体安装”					
5	13 规范	030412005	荧光灯	1. 名称； 2. 型号； 3. 规格； 4. 安装形式	按设计图示数量计算（计量单位：套）	本体安装
	08 规范	030213004	荧光灯			安装
	说明：工作内容将原来的“安装”扩展为“本体安装”					
6	13 规范	030412006	医疗专用灯	1. 名称； 2. 型号； 3. 规格	按设计图示数量计算（计量单位：套）	本体安装
	08 规范	030213005	医疗专用灯			安装
	说明：工作内容将原来的“安装”扩展为“本体安装”					
7	13 规范	030412007	一般路灯	1. 名称； 2. 型号； 3. 规格； 4. 灯杆材质、规格； 5. 灯架形式及臂长； 6. 附件配置要求； 7. 灯杆形式（单、双）； 8. 基础形式、砂浆配合比； 9. 杆座材质、规格； 10. 接线端子材质、规格； 11. 编号； 12. 接地要求	按设计图示数量计算（计量单位：套）	1. 基础制作、安装； 2. 立灯杆； 3. 杆座安装； 4. 灯架及灯具附件安装； 5. 焊、压接线端子； 6. 补刷（喷）油漆； 7. 灯杆编号； 8. 接地

续表

序号	版别	项目编码	项目名称	项目特征	工程量计算规则与计量单位	工作内容
7	08规范	030213006	一般路灯	1. 名称； 2. 型号； 3. 灯杆材质及高度； 4. 灯架形式及臂长； 5. 灯杆形式（单、双）	按设计图示数量计算（计量单位：套）	1. 基础制作、安装； 2. 立灯杆； 3. 杆座安装； 4. 灯架安装； 5. 引下线支架制作、安装； 6. 焊压接线端子； 7. 铁构件制作、安装； 8. 除锈、刷油； 9. 灯杆编号； 10. 接地
	说明：项目特征描述新增“规格”、“附件配置要求”、“基础形式、砂浆配合比”、“杆座材质、规格”、“接线端子材质、规格”、“编号”和“接地要求”，将原来的“灯杆材质及高度”修改为“灯杆材质、规格”。工作内容新增“补刷（喷）油漆”，将原来的“灯架安装”修改为“灯架及灯具附件安装”，“焊压接线端子”修改为“焊、压接线端子”，删除原来的“引下线支架制作、安装”、“铁构件制作、安装”和“除锈、刷油”					
8	13规范	030412008	中杆灯	1. 名称； 2. 灯杆的材质及高度； 3. 灯架的型号、规格； 4. 附件配置； 5. 光源数量； 6. 基础形式、浇筑材质； 7. 杆座材质、规格； 8. 接线端子材质、规格； 9. 铁构件规格； 10. 编号； 11. 灌浆配合比； 12. 接地要求	按设计图示数量计算（计量单位：套）	1. 基础浇筑； 2. 立灯杆； 3. 杆座安装； 4. 灯架及灯具附件安装； 5. 焊、压接线端子； 6. 铁构件安装； 7. 补刷（喷）油漆； 8. 灯杆编号； 9. 接地
	08规范	—	—	—	—	—
	说明：新增项目内容					
9	13规范	030412009	高杆灯	1. 名称； 2. 灯杆高度； 3. 灯架形式（成套或组装、固定或升降）； 4. 附件配置； 5. 光源数量； 6. 基础形式、浇筑材质； 7. 杆座材质、规格； 8. 接线端子材质、规格； 9. 铁构件规格； 10. 编号； 11. 灌浆配合比； 12. 接地要求	按设计图示数量计算（计量单位：套）	1. 基础浇筑； 2. 立灯杆； 3. 杆座安装； 4. 灯架及灯具附件安装； 5. 焊、压接线端子； 6. 铁构件安装； 7. 补刷（喷）油漆； 8. 灯杆编号； 9. 升降机构接线调试； 10. 接地

续表

<table>
<tr><th>序号</th><th>版别</th><th>项目编码</th><th>项目名称</th><th>项目特征</th><th>工程量计算规则与计量单位</th><th>工作内容</th></tr>
<tr><td rowspan="2">9</td><td>08 规范</td><td>030213008</td><td>高杆灯安装</td><td>1. 灯杆高度；
2. 灯架型式（成套或组装、固定或升降）；
3. 灯头数量；
4. 基础形式及规格</td><td>按设计图示数量计算（计量单位：套）</td><td>1. 基础浇筑（包括土石方）；
2. 立杆；
3. 灯架安装；
4. 引下线支架制作、安装；
5. 焊压接线端子；
6. 铁构件制作、安装；
7. 除锈、刷油；
8. 灯杆编号；
9. 升降机构接线调试；
10. 接地</td></tr>
<tr><td colspan="6">说明：项目名称简化为“高杆灯”。项目特征描述新增“名称”、“附件配置”、“杆座材质、规格”、“杆接线端子材质、规格”、“铁构件规格”、“编号”、“灌浆配合比”和“接地要求”，将原来的“灯架型式（成套或组装、固定或升降）”修改为“灯架形式（成套或组装、固定或升降）”，“灯头数量”修改为“光源数量”，“基础形式及规格”修改为“基础形式、浇筑材质”。工作内容新增“杆座安装”和“补刷（喷）油漆”，将原来的“基础浇筑（包括土石方）”简化为“基础浇筑”，“立杆”扩展为“立灯杆”，“灯架安装”修改为“灯架及灯具附件安装”，“焊压接线端子”修改为“焊、压接线端子”，“铁构件制作、安装”修改为“铁构件安装”，删除原来的“引下线支架制作、安装”和“除锈、刷油”</td></tr>
<tr><td rowspan="3">10</td><td>13 规范</td><td>030412010</td><td>桥栏杆灯</td><td rowspan="2">1. 名称；
2. 型号；
3. 规格；
4. 安装形式</td><td rowspan="2">按设计图示数量计算（计量单位：套）</td><td>1. 灯具安装；
2. 补刷（喷）油漆</td></tr>
<tr><td>08 规范</td><td>030213009</td><td>桥栏杆灯</td><td>1. 支架、铁构件制作、安装，油漆；
2. 灯具安装</td></tr>
<tr><td colspan="6">说明：工作内容新增“补刷（喷）油漆”，删除原来的“支架、铁构件制作、安装，油漆”</td></tr>
<tr><td rowspan="3">11</td><td>13 规范</td><td>030412011</td><td>地道涵洞灯</td><td rowspan="2">1. 名称；
2. 型号；
3. 规格；
4. 安装形式</td><td rowspan="2">按设计图示数量计算（计量单位：套）</td><td>1. 灯具安装；
2. 补刷（喷）油漆</td></tr>
<tr><td>08 规范</td><td>030213010</td><td>地道涵洞灯</td><td>1. 支架、铁构件制作、安装，油漆；
2. 灯具安装</td></tr>
<tr><td colspan="6">说明：工作内容新增“补刷（喷）油漆”，删除原来的“支架、铁构件制作、安装，油漆”</td></tr>
<tr><td>12</td><td>13 规范</td><td>—</td><td>—</td><td>—</td><td>—</td><td>—</td></tr>
</table>

续表

序号	版别	项目编码	项目名称	项目特征	工程量计算规则与计量单位	工作内容
12	08 规范	030213007	广场灯安装	1. 灯杆的材质及高度； 2. 灯架的型号； 3. 灯头数量； 4. 基础形式及规格	按设计图示数量计算（计量单位：套）	1. 基础浇筑（包括土石方）； 2. 立灯杆； 3. 杆座安装； 4. 灯架安装； 5. 引下线支架制作、安装； 6. 焊压接线端子； 7. 铁构件制作、安装； 8. 除锈、刷油； 9. 灯杆编号； 10. 接地
	说明：删除原来项目内容					

注：1. 普通灯具包括圆球吸顶灯、半圆球吸顶灯、方形吸顶灯、软线吊灯、座灯头、吊链灯、防水吊灯、壁灯等。
2. 工厂灯包括工厂罩灯、防水灯、防尘灯、碘钨灯、投光灯、泛光灯、混光灯、密闭灯等。
3. 高度标志（障碍）灯包括烟囱标志灯、高塔标志灯、高层建筑屋顶障碍指示灯等。
4. 装饰灯包括吊式艺术装饰灯、吸顶式艺术装饰灯、荧光艺术装饰灯、几何型组合艺术装饰灯、标志灯、诱导装饰灯、水下（上）艺术装饰灯、点光源艺术灯、歌舞厅灯具、草坪灯具等。
5. 医疗专用灯包括病房指示灯、病房暗脚灯、紫外线杀菌灯、无影灯等。
6. 中杆灯是指安装在高度小于或等于 19m 的灯杆上的照明器具。
7. 高杆灯是指安装在高度大于 19m 的灯杆上的照明器具。

1.1.13 附属工程

附属工程工程量清单项目设置、项目特征描述的内容、计量单位及工程量计算规则等的变化对照情况，见表 1-13。

附属工程（编码：030413） **表 1-13**

序号	版别	项目编码	项目名称	项目特征	工程量计算规则与计量单位	工作内容
1	13 规范	030413001	铁构件	1. 名称； 2. 材质； 3. 规格	按设计图示尺寸以质量计算（计量单位：kg）	1. 制作； 2. 安装； 3. 补刷（喷）油漆
	08 规范	—	—	—	—	—
	说明：新增项目内容					
2	13 规范	030413002	凿（压）槽	1. 名称； 2. 规格； 3. 类型； 4. 填充（恢复）方式； 5. 混凝土标准	按设计图示尺寸以长度计算（计量单位：m）	1. 开槽； 2. 恢复处理
	08 规范	—	—	—	—	—
	说明：新增项目内容					

续表

序号	版别	项目编码	项目名称	项目特征	工程量计算规则与计量单位	工作内容
3	13 规范	030413003	打洞（孔）	1. 名称； 2. 规格； 3. 类型； 4. 填充（恢复）方式； 5. 混凝土标准	按设计图示数量计算（计量单位：个）	1. 开孔、洞； 2. 恢复处理
	08 规范	—	—	—	—	—
	说明：新增项目内容					
4	13 规范	030413004	管道包封	1. 名称； 2. 规格； 3. 混凝土强度等级	按设计图示长度计算（计量单位：m）	1. 灌注； 2. 养护
	08 规范	—	—	—	—	—
	说明：新增项目内容					
5	13 规范	030413005	人（手）孔砌筑	1. 名称； 2. 规格； 3. 类型	按设计图示数量计算（计量单位：个）	砌筑
	08 规范	—	—	—	—	—
	说明：新增项目内容					
6	13 规范	030413006	人（手）孔防水	1. 名称； 2. 类型； 3. 规格； 4. 防水材质及做法	按设计图示防水面积计算（计量单位：m^2）	防水
	08 规范	—	—	—	—	—
	说明：新增项目内容					

注：铁构件适用于电气工程的各种支架、铁构件的制作安装。

1.1.14 电气调整试验

电气调整试验工程量清单项目设置、项目特征描述的内容、计量单位及工程量计算规则等的变化对照情况，见表 1-14。

电气调整试验（编码：030414） **表 1-14**

序号	版别	项目编码	项目名称	项目特征	工程量计算规则与计量单位	工作内容
1	13 规范	040414001	电力变压器系统	1. 名称； 2. 型号； 3. 容量（kV·A）	按设计图示系统计算（计量单位：系统）	系统调试
	08 规范	030211001	电力变压器系统	1. 型号； 2. 容量（kV·A）		
	说明：项目特征描述新增“名称”					

续表

序号	版别	项目编码	项目名称	项目特征	工程量计算规则与计量单位	工作内容
2	13 规范	030414002	送配电装置系统	1. 名称； 2. 型号； 3. 电压等级（kV）； 4. 类型	按设计图示系统计算（计量单位：系统）	系统调试
	08 规范	030211002	送配电装置系统	1. 型号； 2. 电压等级（kV）		
	说明：项目特征描述新增“名称”和“类型”					
3	13 规范	030414003	特殊保护装置	1. 名称； 2. 类型	按设计图示数量计算（计量单位：台、套）	调试
	08 规范	030211003	特殊保护装置	类型	按设计图示数量计算（计量单位：系统）	
	说明：项目特征描述新增“名称”。工程量计算规则与计量单位将原来的“系统”修改为“台、套”					
4	13 规范	030414004	自动投入装置	1. 名称； 2. 类型	按设计图示系统计算（计量单位：系统、台、套）	系统调试
	08 规范	030211004	自动投入装置	类型	按设计图示系统计算（计量单位：套）	
	说明：项目特征描述新增“名称”。工程量计算规则与计量单位将原来的“套”修改为“系统、台、套”					
5	13 规范	030414005	中央信号装置	1. 名称； 2. 类型	按设计图示系统计算（计量单位：系统、台、套）	调试
	08 规范	030211005	中央信号装置、事故照明切换装置、不间断电源	类型	按设计图示系统计算（计量单位：系统）	
	说明：项目名称简化为“中央信号装置”。项目特征描述新增“名称”。工程量计算规则与计量单位将原来的“系统”修改为“系统、台、套”					
6	13 规范	030414006	事故照明切换装置	1. 名称； 2. 类型	按设计图示系统计算（计量单位：系统）	调试
	08 规范	—	—	—	—	—
	说明：新增项目内容					
7	13 规范	030414007	不间断电源	1. 名称； 2. 类型； 3. 容量	按设计图示系统计算（计量单位：系统）	调试
	08 规范	—	—	—	—	—
	说明：新增项目内容					
8	13 规范	030414008	母线	1. 名称； 2. 电压等级（kV）	按设计图示数量计算（计量单位：段）	调试
	08 规范	030211006	母线	电压等级		
	说明：项目特征描述新增“名称”					

续表

序号	版别	项目编码	项目名称	项目特征	工程量计算规则与计量单位	工作内容
9	13 规范	030414009	避雷器	1. 名称； 2. 电压等级（kV）	按设计图示系统计算（计量单位：组）	系统调试
	08 规范	030211007	避雷器、电容器	电压等级		
	说明：项目名称简化为“避雷器”。项目特征描述新增“名称”					
10	13 规范	030414010	电容器	1. 名称； 2. 电压等级（kV）	按设计图示系统计算（计量单位：组）	系统调试
	08 规范	—	—	—	—	—
	说明：新增项目内容					
11	13 规范	030414011	接地装置	1. 名称； 2. 类别	1. 按设计图示系统计算（计量单位：系统）； 2. 按设计图示数量计算（计量单位：组）	接地电阻测试
	08 规范	330211008	接地装置	类别	按设计图示系统计算（计量单位：系统）；	
	说明：项目特征描述新增“名称”。工程量计算规则与计量单位新增“按设计图示数量计算（计量单位：组）”					
12	13 规范	030414012	电抗器、消弧线圈	1. 名称； 2. 类别	按设计图示数量计算（计量单位：台）	调试
	08 规范	030211009	电抗器、消弧线圈、电除尘器	1. 名称、型号； 2. 规格		
	说明：项目名称简化为“电抗器、消弧线圈”。项目特征新增“类别”，将原来的“名称、型号”简化为“名称”，删除原来的“规格”					
13	13 规范	030414013	电除尘器	1. 名称； 2. 型号； 3. 规格	按设计图示系统计算（计量单位：组）	系统调试
	08 规范	—	—	—	—	—
	说明：新增项目内容					
14	13 规范	030414014	硅整流设备、可控硅整流装置	1. 名称； 2. 类别； 3. 电压（V）； 4. 电流（A）	按设计图示系统计算（计量单位：系统）	调试
	08 规范	030211010	硅整流设备、可控硅整流装置	1. 名称、型号； 2. 电流（A）		
	说明：项目特征新增“类别”和“电压（V）”，将原来的“名称、型号”简化为“名称”					

续表

序号	版别	项目编码	项目名称	项目特征	工程量计算规则与计量单位	工作内容
15	13 规范	030414015	电缆试验	1. 名称； 2. 电压等级（kV）	按设计图示系统计算（计量单位：系统）	调试
	08 规范	—	—	—	—	—
	说明：新增项目内容					

注：1. 功率大于 10kW 电动机及发电机的启动调试用的蒸汽、电力和其他动力能源消耗及变压器空载试运转的电力消耗及设备需烘干处理应说明。
2. 配合机械设备及其他工艺的单体试车，应按《通用安装工程工程量计算规范》GB 50856—2013 附录 N 措施项目相关项目编码列项。
3. 计算机系统调试应按《通用安装工程工程量计算规范》GB 50856—2013 附录 F 自动化控制仪表安装工程相关项目编码列项。

1.1.15 相关问题及说明

（1）电气设备安装工程适用于 10kV 以下变配电设备及线路的安装工程、车间动力电气设备及电气照明、防雷及接地装置安装、配管配线、电气调试等。

（2）挖土、填土工程，应按现行国家标准《房屋建筑与装饰工程工程量计算规范》GB 50854—2013 相关项目编码列项。

（3）开挖路面，应按现行国家标准《市政工程工程量计算规范》GB 50857—2013 相关项目编码列项。

（4）过梁、墙、楼板的钢（塑料）套管，应按《通用安装工程工程量计算规范》GB 50856—2013 附录 K 采暖、给排水、燃气工程相关项目编码列项。

（5）除锈、刷漆（补刷漆除外）、保护层安装，应按《通用安装工程工程量计算规范》GB 50856—2013 附录 M 刷油、防腐蚀、绝热工程相关项目编码列项。

（6）由国家或地方检测验收部门进行的检测验收应按《通用安装工程工程量计算规范》GB 50856—2013 附录 N 措施项目编码列项。

（7）本附录中的预留长度及附加长度如表 1-15～表 1-22 所示。

软母线安装预留长度（单位：m/根）　　表 1-15

项目	耐张	跳线	引下线、设备连接线
预留长度	2.5	0.8	0.6

硬母线配置安装预留长度（单位：m/根）　　表 1-16

项目	预留长度	说明
带形、槽形母线终端	0.3	从最后一个支持点算起
带形、槽形母线与分支线连接	0.5	分支线预留
带形母线与设备连接	0.5	从设备端子接口算起
多片重型母线与设备连接	1.0	从设备端子接口算起
槽形母线与设备连接	0.5	从设备端子接口算起

盘、箱、柜的外部进出线预留长度（单位：m/根） 表 1-17

项目	预留长度	说明
各种箱、柜、盘、板、盒	高＋宽	盘面尺寸
单独安装的铁壳开关、自动开关、刀开关、启动器、箱式电阻器、变阻器	0.5	从安装对象中心算起
继电器、控制开关、信号灯、按钮、熔断器等小电器	0.3	从安装对象中心算起
分支接头	0.2	分支线预留

滑触线安装预留长度（单位：m/根） 表 1-18

项目	预留长度	说明
圆钢、铜母线与设备连接	0.2	从设备接线端子接口算起
圆钢、铜滑触线终端	0.5	从最后一个固定点算起
角钢滑触线终端	1.0	从最后一个支持点算起
扁钢滑触线终端	1.3	从最后一个固定点算起
扁钢母线分支	0.5	分支线预留
扁钢母线与设备连接	0.5	从设备接线端子接口算起
轻轨滑触线终端	0.8	从最后一个支持点算起
安全节能及其他滑触线终端	0.5	从最后一个固定点算起

电缆敷设预留及附加长度 表 1-19

项目	预留（附加）长度	说明
电缆敷设弛度、波形弯度、交叉	2.5%	按电缆全长计算
电缆进入建筑物	2.0m	规范规定最小值
电缆进入沟内或吊架时引上（下）预留	1.5m	规范规定最小值
变电所进线、出线	1.5m	规范规定最小值
电力电缆终端头	1.5m	检修余量最小值
电缆中间接头盒	两端各留 2.0m	检修余量最小值
电缆进控制、保护屏及模拟盘、配电箱等	高＋宽	按盘面尺寸
高压开关柜及低压配电盘、箱	2.0m	盘下进出线
电缆至电动机	0.5m	从电动机接线盒算起
厂用变压器	3.0m	从地坪算起
电缆绕过梁柱等增加长度	按实计算	按被绕物的断面情况计算增加长度
电梯电缆与电缆架固定点	每处 0.5m	规范规定最小值

接地母线、引下线、避雷网附加长度（单位：m） 表 1-20

项目	附加长度	说明
接地母线、引下线、避雷网附加长度	3.9%	按接地母线、引下线、避雷网全长计算

架空导线预留长度（单位：m/根）　　　　**表 1-21**

项目		预留长度
高压	转角	2.5
	分支、终端	2.0
低压	分支、终端	0.5
	交叉跳线转角	1.5
与设备连线		0.5
进户线		2.5

配线进入箱、柜、板的预留长度（单位：m/根）　　　　**表 1-22**

项目	预留长度（m）	说明
各种开关箱、柜、板	高+宽	盘面尺寸
单独安装（无箱、盘）的铁壳开关、闸刀开关、启动器、线槽进出线盒等	0.3	从安装对象中心算起
由地面管子出口引至动力接线箱	1.0	从管口计算
电源与管内导线连接（管内穿线与软、硬母线接点）	1.5	从管口计算
出户线	1.5	从管口计算

1.2　工程量清单编制实例

1.2.1　实例 1-1

1. 背景资料

某会议室照明系统中一回路如图 1-1 和图 1-2 所示。

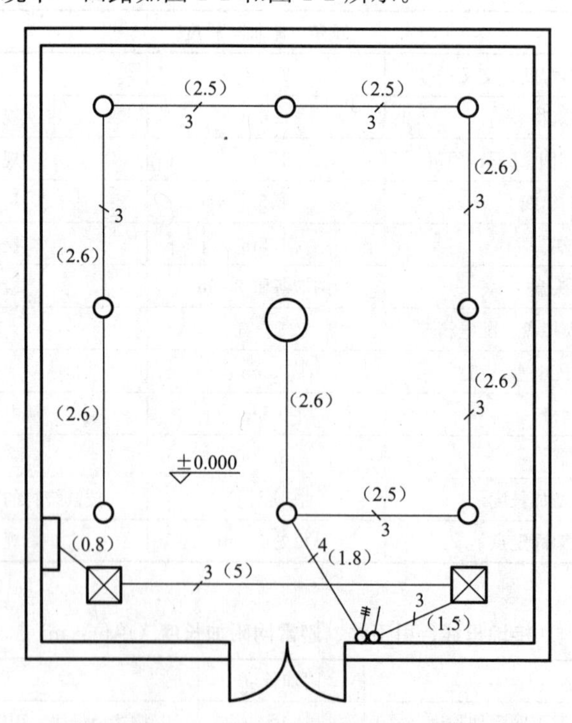

图 1-1　某会议室照明平面图

序号	图例	名称、型号、规格	备注
1		装饰灯 XDCZ—50，8×100W	吸顶安装
2	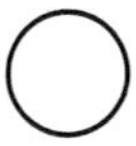	装饰灯 FZS—164，1×100W	
3		单联单控开关（暗装）250V/10A，86 型	安装高度 1.4m
4		三联单控开关（暗装）250V/10A，86 型	
5		排风扇 300mm×300mm，1×60W	吸顶
6		楼层配电箱 AL，300mm×200mm×120mm（宽×高×厚）	箱底标高 1.6m

图 1-2 图例

（1）设计说明

1）照明配电箱 AZM 电源由本层总配电箱引来，配电箱为嵌墙暗装。

2）管路均为镀锌电线管（T20，$\delta=1.2$）沿墙、顶板暗配，顶管敷管标高 4.50m。管内穿难燃铜芯双塑线 ZR—BVV—2.5mm^2。

3）开关控制装饰灯 FZS—164 为隔一控一，接线盒（灯头盒、风扇盒）、开关盒均为钢质镀锌（86H）吸顶暗装。

4）管路旁括号内数据为该管的水平长度，单位为“m”。

（2）计算说明

1）根据所给图纸，从层间配电箱出线（包括配电箱本体）开始计算至各用电负载止（包括用电设备）。

2）计算配管、配线时，不考虑接线盒、灯头盒、开关盒所占的长度。

3）计算过程和结果均保留两位小数。

4）配电箱由投标人购置。

2. 问题

根据以上背景资料及现行国家标准《建设工程工程量清单计价规范》GB 50500—2013、《通用安装工程工程量计算规范》GB 50856—2013，试列出该电气安装工程分部分项工程量清单。

3. 参考答案（表 1-23 和表 1-24）

清单工程量计算表 **表 1-23**

工程名称：某工程

序号	项目编码	清单项目名称	计算式	工程量合计	计量单位
1	030411001001	配管	镀锌电线管 TC20，沿砖、混凝土结构暗配：(4.5−1.6−0.2)+0.8+5+1.5+(4.5−1.4)×2+1.8+2.6+2.5+2.6×2+2.5×2+2.6×2=38.50(m)	38.50	m

续表

序号	项目编码	清单项目名称	计算式	工程量合计	计量单位
2	030411004001	配线	电气配线管内穿线，ZRBV－1.5mm^2： 方法一： (4.5－1.6－0.2)×2＋0.8×2＋(0.3＋0.2)×2＋5×3＋1.5×3＋(4.5－1.4)×7＋1.8×4＋2.6×2＋(2.5＋2.6＋2.6＋2.5＋2.5＋2.6)×3＋2.6×2＝112.7(m) 方法二： 1. 二线： [(4.5－1.6－0.2)＋0.8＋2.6＋2.6]×2＝8.7×2＝17.40(m) 2. 三线： [5＋(4.5－1.4)＋1.5＋2.5＋2.6×2＋2.5×2＋2.6]×3＝24.90×3＝74.70(m) 3. 四线：[(4.5－1.4)＋1.8]×4＝4.9×4＝19.60(m) 4. 配电箱预留：(0.3＋0.2)×2＝1.0(m) 5. 小计： 17.40＋74.70＋19.60＋1.0＝112.7(m)	112.7	m
3	030412004001	装饰灯	装饰灯 XDCZ－50 安装，8×100W 1	1	套
4	030412004001	装饰灯	装饰灯 FZS－164 安装，1×100W 8	8	套
5	030404034001	照明开关	单联单控开关安装，250V/10A 1	1	个
6	030404034002	照明开关	三联单控开关安装，250V/10A 1	1	个
7	030404033001	排风扇	排风扇 300mm×300mm，1×60W 2	2	套
8	030404017001	配电箱	配电箱 AL，300mm×200mm×120mm（宽×高×厚） 1	1	台
9	030411006001	接线盒	镀锌灯头盒 86H，暗装 11	11	个
10	030411006002	接线盒	镀锌开关盒 86H，暗装 2	2	个

分部分项工程和单价措施项目清单与计价表 **表 1-24**

工程名称：某工程

序号	项目编码	项目名称	项目特征描述	计量单位	工程量	金额（元）		
						综合单价	合价	其中 暂估价
1	030411001001	配管	1. 名称：电线管； 2. 材质：镀锌； 3. 规格：T20，δ＝1.2； 4. 配置形式：暗配	m	38.50			

续表

序号	项目编码	项目名称	项目特征描述	计量单位	工程量	金额（元）		
						综合单价	合价	其中
								暂估价
2	030411004001	配线	1. 名称：难燃铜芯双塑线； 2. 配线形式：照明线路穿管； 3. 型号：ZR－BVV； 4. 规格：2.5mm^2； 5. 材质：铜芯	m	113.2			
3	030412004001	装饰灯	1. 名称：装饰灯； 2. 型号：XDCZ－50； 3. 规格：1×100W； 4. 安装形式：吸顶	套	1			
4	030412004001	装饰灯	1. 名称：装饰灯； 2. 型号：FZS－164； 3. 规格：1×100W； 4. 安装形式：吸顶	套	8			
5	030404034001	照明开关	1. 名称：单相单联单控开关； 2. 规格：250V/10A、86 型； 3. 安装方式：安装	个	1			
6	030404034002	照明开关	1. 名称：单相三联单控开关； 2. 规格：250V/10A、86 型； 3. 安装方式：安装	个	1			
7	030404033001	排风扇	1. 名称：排风扇； 2. 规格：300mm×300mm、1×60W； 3. 安装方式：吸顶	套	2			
8	030404017001	配电箱	1. 名称：楼层配电箱 AL； 2. 规格：300mm×200mm×120mm（宽×高×厚）； 3. 安装方式：嵌墙暗装，箱底标高 1.6m	台	1			
9	030411006001	接线盒	1. 名称：灯头盒、风扇接线盒； 2. 材质：钢质镀锌； 3. 规格：86H； 4. 安装形式：暗装	个	11			
10	030411006002	接线盒	1. 名称：开关盒； 2. 材质：钢质镀锌； 3. 规格：86H； 4. 安装形式：暗装	个	2			

1.2.2 实例 1-2

1. 背景资料

图 1-3～图 1-5 为某复式结构住宅局部照明系统回路。

（1）设计说明

1）照明配电箱 JM 为嵌入式安装。

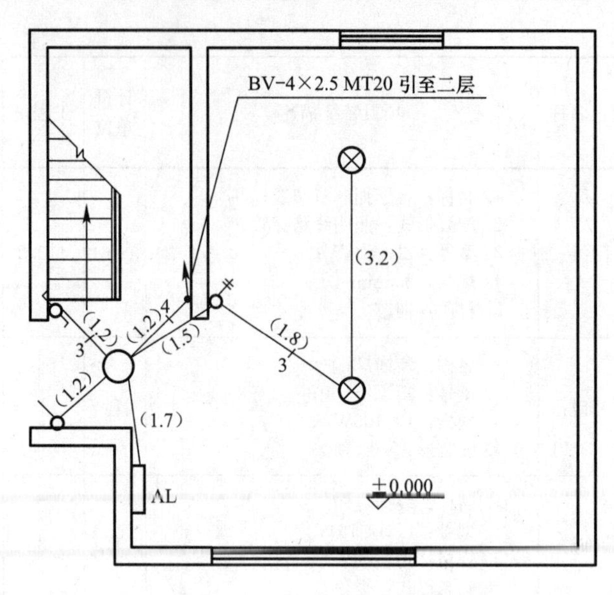

图 1-3　一层平面图（局部）

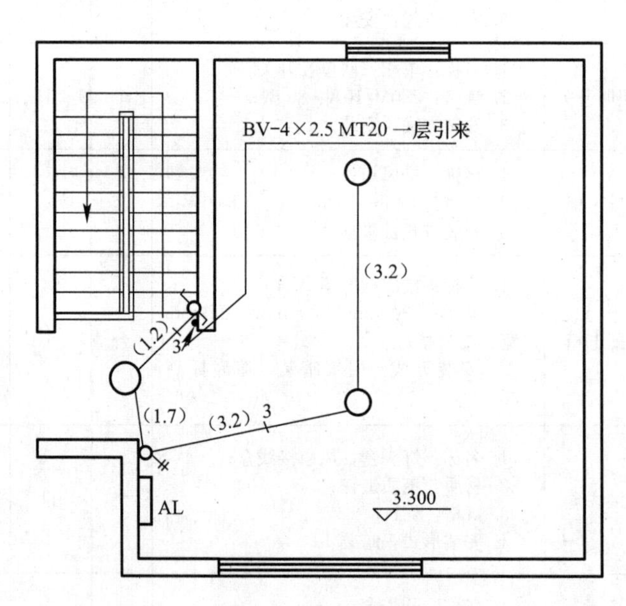

图 1-4　二层平面图

序号	图例	名称、型号、规格	备注
1	▭	照明配电箱 AL，600×400×120（宽×高×厚，mm）	箱底标高 1.6m
2	⊗	装饰灯 FZS—164，1×100W	吸顶
3	○	圆球罩灯 JXD1—1，1×40W	

图 1-5　图例（一）

序号	图例	名称、型号、规格	备注
4		单控暗开关，250V/10A	安装高度 1.3m
5		双联单控暗开关，250V/10A	
6		单联双控暗开关，250V/10A	

图 1-5 图例（二）

2）管路均采用镀锌电线管（TC20，δ=1.2），沿顶板、墙暗配。

3）一、二层顶板内敷管标高分别为 3.20m 和 6.50m，管内穿绝缘导线 BV2.5mm^2。

4）管路旁括号内数据为该管的水平长度，单位为“m”。

（2）计算说明

1）计算配管、配线时，不考虑接线盒、灯头盒、开关盒所占的长度。

2）计算结果保留小数点后两位有效数字，第三位四舍五入。

3）配电箱由投标人购置。

2. 问题

根据以上背景资料及现行国家标准《建设工程工程量清单计价规范》GB 50500—2013、《通用安装工程工程量计算规范》GB 50856—2013，试列出该电气照明系统分部分项工程量清单。

3. 参考答案（表 1-25 和表 1-26）

清单工程量计算表 **表 1-25**

工程名称：某工程

序号	项目编码	清单项目名称	计算式	工程量合计	计量单位
1	030411001001	配管	镀锌钢管 MT20，暗配工程量： 一层： (1.7＋3.2－1.6－0.4)＋(1.2＋3.2－1.3)＋(1.2＋3.2－1.3)＋(1.2＋0.1＋1.3)＋(1.5＋3.2－1.3)＋(1.8＋3.2－1.3)＋3.2 ＝22.0(m) 二层：(1.2＋3.2－1.3)＋(1.7＋3.2－1.3)＋(3.2＋3.2－1.3)＋3.2＝15(m) 小计：22＋15＝37.00(m)	37.00	m
2	030411004001	配线	管内穿线 BV2.5mm^2 工程量： 二线： [(1.7＋3.2－1.6－0.4)＋(1.2＋3.2－1.3)＋(1.5＋3.2－1.3)＋3.2＋(1.7＋3.2－1.3)＋3.2]×2 ＝19.4×2＝38.8(m) 三线： [(1.2＋3.2－1.3)＋(1.8＋3.2－1.3)＋(1.2＋3.2－1.3)＋(3.2＋3.2－1.3)]×3＝15×3＝45(m) 四线：(1.2＋0.1＋1.3)×4＝10.40(m) 配线箱预留量：(0.6＋0.4)×2＝2.0(m) 小计：38.8＋45＋10.4＋2.0＝96.20 (m)	96.20	m

续表

序号	项目编码	清单项目名称	计算式	工程量合计	计量单位
3	030412004001	装饰灯	装饰灯 FZS－164 1×100W 4	4	套
4	030412001001	普通灯具	普通吸顶灯及其他灯具，圆球罩灯 JXD1－1、1×40W 2	2	套
5	030404034001	照明开关	单联单控暗开关，250V/10A 1	1	个
6	030404034002	照明开关	双联单控暗开关，250V/10A 2	2	个
7	030404034003	照明开关	单联双控暗开关，250V/10A 2	2	个
8	030404017001	配电箱	照明配电箱 AL，嵌入式安装，600×400×120（宽×高×厚，mm） 1	1	台
9	030411006001	接线盒	镀锌灯头盒 86H，暗装 6	6	个
10	030411006002	接线盒	镀锌开关盒 86H，暗装 5	5	个

分部分项工程和单价措施项目清单与计价表 **表 1-26**

工程名称：某工程

序号	项目编码	项目名称	项目特征描述	计量单位	工程量	金额（元）		
						综合单价	合价	其中 暂估价
1	030411001001	配管	1. 名称：电线管； 2. 材质：镀锌； 3. 规格：MT20，δ=1.2； 4. 配置形式：沿顶板、墙暗配	m	37.00			
2	030411004001	配线	1. 名称：管内穿线； 2. 配线形式：照明线路； 3. 型号：ZR－BVV； 4. 规格：2.5mm^2； 5. 材质：铜芯	m	96.20			
3	030412004001	装饰灯	1. 名称：装饰灯； 2. 型号：FZS－164； 3. 规格：1×100W； 4. 安装形式：吸顶安装	套	4			
4	030412001001	普通灯具	1. 名称：圆球罩灯； 2. 型号：JXD1－1； 3. 规格：1×100W； 4. 类型：吸顶安装	套	2			

续表

序号	项目编码	项目名称	项目特征描述	计量单位	工程量	金额（元）		
						综合单价	合价	其中
								暂估价
5	030404034001	照明开关	1. 名称：单相单联单控开关； 2. 规格：250V/10A、86 型； 3. 安装方式：暗装	个	1			
6	030404034002	照明开关	1. 名称：双联单控开关； 2. 规格：250V/10A、86 型； 3. 安装方式：暗装	个	2			
7	030404034003	照明开关	1. 名称：单联双控开关； 2. 规格：250V/10A、86 型； 3. 安装方式：暗装	个	2			
8	030411006002	配电箱	1. 名称：照明配电箱 AL； 2. 规格：600mm×400mm×120mm（宽×高×厚）； 3. 安装方式：嵌墙暗装，箱底标高 1.6m	台	1			
9	030404017001	接线盒	1. 名称：灯头盒； 2. 材质：钢质镀锌； 3. 规格：86H； 4. 安装形式：暗装	个	6			
10	030411006001	接线盒	1. 名称：开关接线盒； 2. 材质：钢质镀锌； 3. 规格：86H； 4. 安装形式：暗装	个	5			

1.2.3 实例 1-3

1. 背景资料

图 1-6 和图 1-7 为某控制室照明系统回路。

（1）设计说明

1）照明配电箱 AL 由本层总配电箱引来，配电箱为嵌入式安装。

2）管路均为镀锌焊接钢管 SC15 沿墙、楼板暗配，顶管敷管标高 4.50m，管内穿绝缘导线 ZR—BV—500—4×2.5mm^2。

3）灯头盒、开关盒采用钢质镀锌 86H 型。

4）管路旁括号内数据为该管的水平长度，单位为“m”。

（2）计算说明

1）计算配管、配线时，不考虑接线盒、灯头盒、开关盒所占的长度。

2）计算结果保留小数点后两位有效数字，第三位四舍五入。

2. 问题

根据以上背景资料及现行国家标准《建设工程工程量清单计价规范》GB 50500—

2013、《通用安装工程工程量计算规范》GB 50856—2013，试列出该电气安装工程分部分项工程量清单。

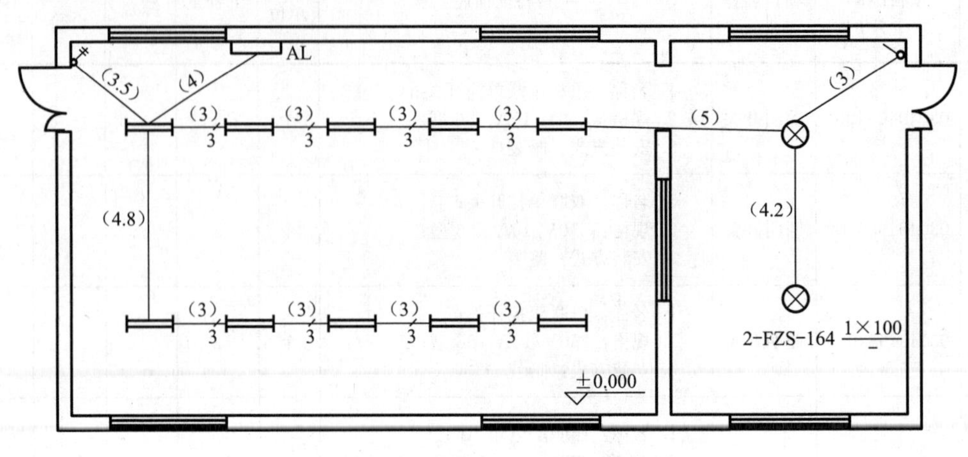

图 1-6　控制室照明平面图

序号	图例	名称、型号、规格	备注
1	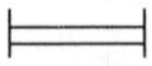	双管荧光灯 YG2－2×40W	吸顶
2		装饰灯 FZS－164 1×100W	
3		单联单控暗开关，B31/1，250V/10A	安装高度 1.4m
4		双联单控暗开关，B32/1，250V/10A	
5		照明配电箱 AL，400×200×120（宽×高×厚，mm）	箱底高度 1.6m

图 1-7　图例

3. 参考答案（表 1-27 和表 1-28）

清单工程量计算表　　**表 1-27**

工程名称：某工程

序号	项目编码	清单项目名称	计算式	工程量合计	计量单位
1	030411001001	配管	镀锌钢管 SC15： (4.5－1.6－0.2)＋(4.5－1.4)＋4＋3.5＋4.8＋3×8＋5＋4.2＋3＋(4.5－1.4)＝57.4(m)	57.4	m
2	030411004001	配线	阻燃绝缘导线 ZRBV－500－2.5mm^2： 2.7×2＋(4.5－1.4)×2＋4×3＋3.5×2＋4×3＋3×4×3＋3×4×2＋5×2＋4.2×2＋[3＋(4.5－1.4)]×2 ＝5.4＋6.2＋31＋36＋24＋10＋8.4＋12.2 ＝133.2(m)	133.2	m

续表

序号	项目编码	清单项目名称	计算式	工程量合计	计量单位
3	030412005001	荧光灯	荧光灯 YG2—2 双管 40W、吸顶灯安装： 10	10	套
4	030412004001	装饰灯	FZS—164、1×100W、吸顶灯安装： 2	2	套
5	030404034001	照明开关	单联单控暗开关 B31/1，250V/10A、86 型： 1	1	套
6	030404034002	照明开关	双联单控开关 B32/1，250V/10A、86 型： 1	1	套
7	030404017001	配电箱	照明配电箱 AL，嵌墙暗装 400mm×200mm×120mm（宽×高×厚）： 1	1	台
8	030411006001	接线盒	灯头盒，暗配： 12	12	个
9	030411006002	接线盒	开关盒，暗配： 2	2	个

分部分项工程和单价措施项目清单与计价表 **表 1-28**

工程名称：某工程

序号	项目编码	项目名称	项目特征描述	计量单位	工程量	金额（元）		
						综合单价	合价	其中
								暂估价
1	030411001001	配管	1. 名称：电焊管； 2. 材质：镀锌； 3. 规格：SC15； 4. 配置形式：暗配	m	57.4			
2	030411004001	配线	1. 名称：管内穿线； 2. 配线形式：照明线路； 3. 型号：ZRBV； 4. 规格：16mm^2； 5. 材质：铜芯	m	133.2			
3	030412005001	荧光灯	1. 名称：双管荧光灯； 2. 型号：YG—2； 3. 规格：2×40W； 4. 安装形式：吸顶安装	套	10			
4	030412004001	装饰灯	1. 名称：装饰灯； 2. 型号：FZS—164； 3. 规格：1×100W； 4. 安装形式：吸顶安装	套	2			
5	030404034001	照明开关	1. 名称：单相单联单控开关； 2. 规格：250V/10A、86 型； 3. 安装方式：暗装	套	1			

续表

序号	项目编码	项目名称	项目特征描述	计量单位	工程量	金额（元）		
						综合单价	合价	其中
								暂估价
6	030404034002	照明开关	1. 名称：单相双联单控开关； 2. 规格：250V/10A、86 型； 3. 安装方式：暗装	套	1			
7	030404017001	配电箱	1. 名称：照明配电箱 AL； 2. 规格：400mm×200mm×120mm（宽×高×厚）； 3. 安装方式：嵌墙暗装，底边距地 1.6m	个	1			
8	030411006001	接线盒	1. 名称：灯头盒； 2. 材质：钢质镀锌； 3. 规格：86H； 4. 安装形式：暗装	个	12			
9	030411006002	接线盒	1. 名称：开关盒； 2. 材质：钢质镀锌； 3. 规格：86H； 4. 安装形式：暗装	个	2			

1.2.4 实例 1-4

1. 背景资料

图 1-8 为某住宅小区总体电缆工程中电缆沟的结构，电缆工程相关情况如表 1-29 所示。

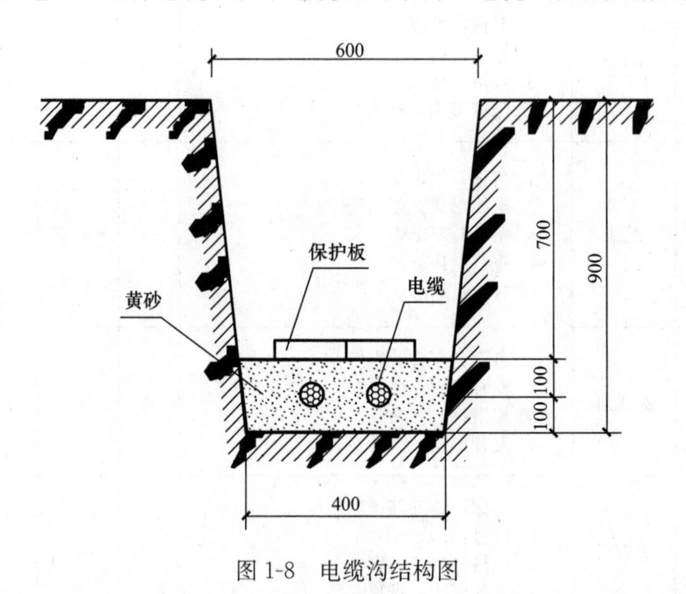

图 1-8 电缆沟结构图

（1）设计说明

1）两根电缆的起点、终点和走向完全相同。

2）图中尺寸单位为“mm”。

（2）计算说明

1）仅计算电力电缆、电缆护钢管的工程量。

2）计算结果保留小数点后两位有效数字，第三位四舍五入。

2. 问题

根据以上背景资料及现行国家标准《建设工程工程量清单计价规范》GB 50500—2013、《通用安装工程工程量计算规范》GB 50856—2013，试列出该工程电力电缆、电缆保护管项目的分部分项工程量清单。

电缆工程相关情况 **表 1-29**

项目		参数或说明	损耗率（%）
电缆	型号	$YJV_{22}4\times240+1\times120mm^2$	1
	电压等级	1kV	
	根数	2	
	敷设地点	园区内原绿化区域（施工前树木已移植）	
	沟长	96m	
	定货情况	生产厂全部按要求规格和长度定制	
	总消耗量	242.4m	
	其中：敷设的附加长度和预留长度	30m	
	终端头型式	户内热缩式	2
过路电缆保护焊接钢管 SC150 总耗量		20.6m	3

3. 参考答案（表 1-30 和表 1-31）

清单工程量计算表 **表 1-30**

工程名称：某工程

序号	项目编码	清单项目名称	计算式	工程量合计	计量单位
1	030408001001	电力电缆	电缆 $YJV_{22}4\times240+1\times120mm^2$ 242.4/(1+1%)−30=210(m)	210.00	m
2	030408003001	电缆保护钢管	过路电缆保护焊接钢管 SC150 20.6÷(1+3%)=20(m)	20.00	m

分部分项工程和单价措施项目清单与计价表 **表 1-31**

工程名称：某工程

序号	项目编码	项目名称	项目特征描述	计量单位	工程量	金额（元）		
						综合单价	合价	其中 暂估价
1	030408001001	电力电缆	1. 名称：铠装交联聚乙烯绝缘聚氯乙烯护套电力电缆； 2. 型号：YJV22； 3. 规格：$4\times240+1\times120mm^2$； 4. 材质：铜芯； 5. 敷设方式、部位：电缆沟铺砂、盖保护板； 6. 电压等级：1kV	m	210.00			

续表

序号	项目编码	项目名称	项目特征描述	计量单位	工程量	金额（元）		
						综合单价	合价	其中
								暂估价
2	030408003001	电缆保护管	1. 名称：焊接钢管； 2. 材质：钢； 3. 规格：SC150； 4. 敷设方式：电缆沟铺砂、直埋	m	20.00			

1.2.5 实例 1-5

1. 背景资料

图 1-9 和图 1-10 为某综合楼底层会议室的照明平面图。

（1）设计说明

1）照明配电箱 AL 电源由本层总配电箱引来。

2）管路为镀锌电线管 $\phi20$ 或 $\phi25$ 沿墙、楼板暗配，顶管敷设标高出雨篷为 4m 外，其余均为 5m。

3）管内穿绝缘导线 BV-500、2.5mm^2，管内穿线管径选择：3 根线选用 $\phi20$ 镀锌电线管，4～5 根线选用 $\phi25$ 镀锌电线管。

4）管路旁括号内数据为该管的水平长度，单位为“m”。

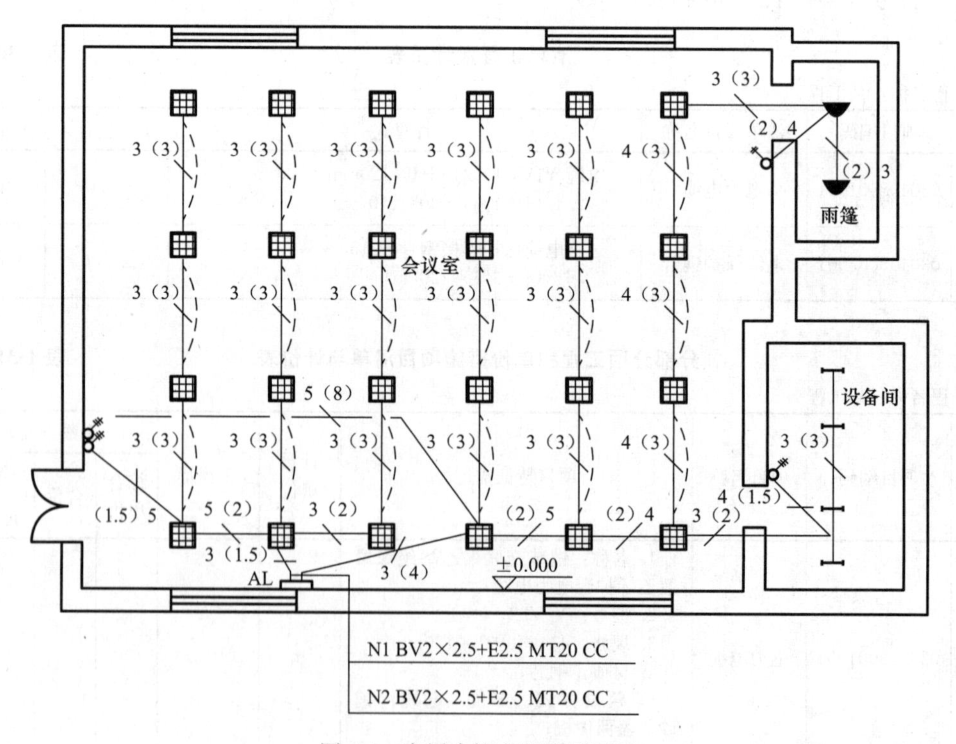

图 1-9 底层会议室照明平面图

序号	图例	名称、型号、规格	备注
1		照明配电箱 AL，500×300×150（宽×高×厚，mm）	箱底高度 1.5m
2		格栅荧光灯盘 XD512—Y，3×20W	吸顶
3		单管荧光灯 YG2—1，1×40W	
4		半圆球吸顶灯 JXD2—1，1×18W	
5		双联单控暗开关，B52/1，250V/10A	安装高度 1.3m
6		三联单控暗开关，B53/1 250V/10A	

图 1-10 图例

（2）计算说明

1）所有管路内均带一根专用接地线（PE 线）。

2）计算结果保留小数点后两位有效数字，第三位四舍五入。

2. 问题

根据以上背景资料及现行国家标准《建设工程工程量清单计价规范》GB 50500—2013、《通用安装工程工程量计算规范》GB 50856—2013，试列出该电气照明系统管、线项目分部分项工程量清单。

3. 参考答案（表 1-32 和表 1-33）

清单工程量计算表 **表 1-32**

工程名称：某工程

序号	项目编码	清单项目名称	计算式	工程量合计	计量单位
1	030411001001	配管	ϕ20 钢管暗配： (5－1.5－0.3)×2＋1.5＋4＋3×15＋2＋2＋3＋3＋(5－4)＋2＝69.9（m）	69.9	m
2	030411001002	配管	ϕ25 钢管暗配： (5－1.3)＋1.5＋(5－1.3)＋8＋2＋2＋2＋(5－1.3)＋1.5＋3×3＋(4－1.3)＋2＝41.8(m)	41.8	m
3	030411004001	配线	BV—500、2.5mm^2： 三线：69.9×3＋(0.3＋0.5)×3×2＝214.5（m） 其中 0.3＋0.5 为单线出配电箱预留长度。 四线：[2＋(5－1.3)＋1.5＋3×3＋(4－1.3)＋2]×4＝83.6（m） 五线：[(5－1.3)＋1.5＋(5－1.3)＋8＋2＋2] ×5＝104.5（m） 总长度：214.5＋83.6＋104.5＝402.6（m）	402.6	m

续表

序号	项目编码	清单项目名称	计算式	工程量合计	计量单位
4	030412005001	荧光灯	格栅荧光灯盘安装，XD512—Y3×20 吸顶安装： 24 套	24	套
5	030412005002	荧光灯	单管荧光灯安装，YG2—1、1×40W 吸顶安装： 2 套	2	套
6	030412001001	普通灯具	半圆球吸顶灯安装，JDX2—1、1×18W 吸顶安装： 2 套	2	套
7	030404017001	配电箱	照明配电箱安装，AZM、500mm×300mm×150mm（宽×高×厚）： 1 台	1	台
8	030404034001	照明开关	双联单控暗开关安装，B52/1，250V/10A： 2 个	2	个
9	030404034002	照明开关	三联单控暗开关安装，B53/1，250V/10A： 2 个	2	个
10	030411006001	接线盒	接线盒，暗装： 28 个	28	个
11	030411006002	接线盒	开关盒，暗装： 4 个	4	个

分部分项工程和单价措施项目清单与计价表 **表 1-33**

工程名称：某工程

序号	项目编码	项目名称	项目特征描述	计量单位	工程量	金额（元）		
						综合单价	合价	其中
								暂估价
1	030411001001	配管	1. 名称：电线管； 2. 材质：镀锌； 3. 规格：TC20； 4. 配置形式：沿墙、楼板暗装	m	69.9			
2	030411001002	配管	1. 名称：电线管； 2. 材质：镀锌； 3. 规格：TC25； 4. 配置形式：沿墙、楼板暗装	m	41.8			
3	030411004001	配线	1. 名称：照明线路； 2. 配线形式：穿管； 3. 型号：BV； 4. 规格：2×2.5+E2.5； 5. 材质：铜芯	m	402.6			
4	030412005001	荧光灯	1. 名称：格栅荧光灯盘； 2. 型号：XD512—Y； 3. 规格：3×20W； 4. 安装形式：吸顶安装	套	24			

续表

序号	项目编码	项目名称	项目特征描述	计量单位	工程量	金额（元）		
						综合单价	合价	其中 暂估价
5	030412005002	荧光灯	1. 名称：单管荧光灯； 2. 型号：YG2—1； 3. 规格：1×40W； 4. 安装形式：吸顶安装	套	2			
6	030412001001	普通灯具	1. 名称：半圆球吸顶灯； 2. 型号：JDX2—1； 3. 规格：1×18W； 4. 类型：吸顶安装	套	2			
7	030404017001	配电箱	1. 名称：照明配电箱 AL； 2. 规格：500mm×300mm×150mm（宽×高×厚）； 3. 安装方式：嵌墙暗装	台	1			
8	030404034001	照明开关	1. 名称：双联单控暗开关； 2. 规格：B52/1，250V/10A，86型； 3. 安装方式：暗装	个	2			
9	030404034002	照明开关	1. 名称：三联单控暗开关； 2. 规格：B53/1，250V/10A，86型； 3. 安装方式：暗装	个	2			
10	030411006001	接线盒	1. 名称：灯头盒； 2. 材质：钢质镀锌； 3. 规格：86H； 4. 安装形式：暗装	个	28			
11	030411006002	接线盒	1. 名称：开关盒； 2. 材质：钢质镀锌； 3. 规格：86H； 4. 安装形式：暗装	个	4			

1.2.6 实例 1-6

1. 背景资料

某建筑照明、插座平面布置图，如图 1-11 和图 1-12 所示。

（1）设计说明

1）导管埋入混凝土深度均按 80mm 计，管口进箱按 20mm 计。

2）PVC 管为刚性阻燃型。

（2）计算说明

1）计算配管、配线时，不考虑接线盒、灯头盒、开关盒所占的长度。

2）计算结果保留小数点后两位有效数字，第三位四舍五入。

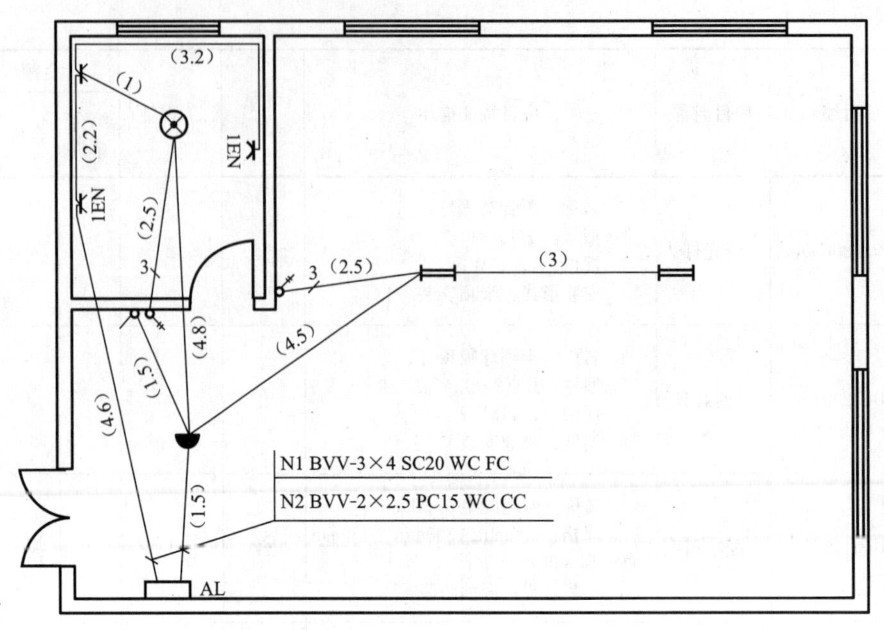

注：1.开关、插座均为暗装。
2.图中未标注的导线根数均为2。

图 1-11　某建筑照明、插座平面布置图

图例	名称、型号、规格	备注
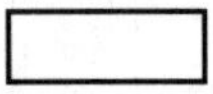	暗装照明配电箱 AL	暗装，中心距地 1.8m
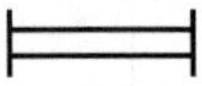	格栅荧光灯，XD512—Y，2×20W	吸顶安装
	防水吸顶灯，PROX—C22WA，ϕ300，22W	吸顶安装
	半圆球吸顶灯，XDCZ—50，ϕ300、32W	吸顶安装
	单相二孔暗插座，15A	暗装，距地 2.5m
1EN	单相三孔防溅暗插座，15A	暗装，距地 1.5m
	单联单控跷板开关，B31/1，250V/10A	距地 1.5m 暗装
	双联单控跷板开关，B32/1，250V/10A	距地 1.5m 暗装

图 1-12　图例

2. 问题

根据以上背景资料及现行国家标准《建设工程工程量清单计价规范》GB 50500—2013、《通用安装工程工程量计算规范》GB 50856—2013，试列出该工程电气安装项目的

分部分项工程量清单。

3. 参考答案（表 1-34 和表 1-35）

清单工程量计算表 表 1-34

工程名称：某工程

序号	项目编码	清单项目名称	计算式	工程量合计	计量单位
1	030411001001	配管	刚性阻燃管砖混暗配、PVC15，WL1： 0.02(进箱)+[3－(1.8+0.24/2)]+0.08(埋深)+1.5+4.5+3+2.5+0.08(埋深)+1.5(高)+1.5+0.08(埋深)+1.5(高)+4.8+1+0.08(埋深)+0.5(高)+2.5+0.08(埋深)+1.5(高) =27.80（m）	27.80	m
2	030411001002	配管	钢管砖混暗配、SC20，WX1： 0.02(进箱)+(1.8－0.24/2)(高)+0.08(埋深)+4.6+0.08×2(埋深)+1.5×2(高)+2.2+3.2+0.08(埋深)+1.5(高) =16.52（m）	16.52	m
3	030411004001	配线	管内穿线、BV—2.5mm^2，导线 BV—2.5WL1： (27.8+0.292+0.24)×2+2.5+2.5+1.5×2+0.08×2 =64.82（m）	64.82	m
4	030411004002	配线	管内穿线、BV—4mm^2，导线 BV—4WX1： (16.52+0.292+0.24)×3=51.16（m）	51.16	m
5	030412005001	荧光灯	格栅荧光灯 XD512—Y，2×20W： 2	2	套
6	030412001001	普通灯具	防水吸顶灯，PROX—C22WA，ϕ300，22W： 1	1	套
7	030412001002	普通灯具	半圆球吸顶灯，XDCZ—50，ϕ300，32W： 1	1	套
8	030404034001	照明开关	单联单控板式暗开关，B31/1，250/10A： 1	1	套
9	030404034002	照明开关	双联单控板式暗开关，B32/1，250V/10A： 2	2	套
10	030404035001	插座	单相相暗插座 2 孔，250V/15A； 1	1	套
11	030404035002	插座	单相暗插座（防溅）3 孔，250V/15A： 2	2	套
12	030404017001	配电箱	照明配线箱 AL： 1	1	台
13	030411006001	接线盒	灯头盒，86 型，暗装： 4	4	个
14	030411006002	接线盒	开关（插座）盒，86 型，暗装： 6	6	个

分部分项工程和单价措施项目清单与计价表 **表 1-35**

工程名称：某工程

序号	项目编码	项目名称	项目特征描述	计量单位	工程量	金额（元）		
						综合单价	合价	其中 暂估价
1	030411001001	配管	1. 名称：钢性阻燃管； 2. 材质：PVC； 3. 规格：PC15； 4. 配置形式：沿墙、顶板暗配	m	27.80			
2	030411001002	配管	1. 名称：焊接钢管； 2. 材质：镀锌； 3. 规格：SC20； 4. 配置形式：沿墙、地暗配	m	16.52			
3	030411004001	配线	1. 名称：管内穿线； 2. 配线形式：照明线路； 3. 型号：BV； 4. 规格：2.5mm^2； 5. 材质：铜芯	m	64.82			
4	030411004004	配线	1. 名称：管内穿线； 2. 配线形式：插座线； 3. 型号：BV； 4. 规格：4mm^2； 5. 材质：铜芯	m	51.16			
5	030412005001	荧光灯	1. 名称：格栅荧光灯； 2. 型号：XD512—Y； 3. 规格：2×20W； 4. 安装形式：吸顶	套	2			
6	030412001001	普通灯具	1. 名称：防水吸顶灯； 2. 型号：PROX—C22WA； 3. 规格：22W； 4. 安装形式：吸顶	套	1			
7	030412001002	普通灯具	1. 名称：半圆吸顶灯； 2. 型号：XDCZ—50； 3. 规格：ϕ300、32W； 4. 安装形式：吸顶	套	1			
8	030404034001	照明开关	1. 名称：单联单控跷板式暗开关； 2. 规格：250V/10A、86 型； 3. 安装方式：暗装	套	1			
9	030404034002	照明开关	1. 名称：双联单控跷板式暗开关； 2. 规格：250V/10A、86 型； 3. 安装方式：暗装	套	2			
10	030404035001	插座	1. 名称：单相双孔暗插座； 2. 规格：250V/15A； 3. 安装方式：暗装，距地 1.5m	套	1			

续表

序号	项目编码	项目名称	项目特征描述	计量单位	工程量	金额（元）		
						综合单价	合价	其中 暂估价
11	030404035002	插座	1. 名称：单相三孔防溅暗插座； 2. 规格：250V/15A； 3. 安装方式：暗装，距地 2.5m	套	2			
12	030404017001	配电箱	1. 名称：楼层配电箱 AL； 2. 规格：292mm×240mm×106mm（宽×高×厚）； 3. 安装方式：嵌墙暗装，中心距地 1.8m	台	1			
13	030411006001	接线盒	1. 名称：灯头盒； 2. 材质：钢质镀锌； 3. 规格：86H； 4. 安装形式：暗装	个	4			
14	030411006002	接线盒	1. 名称：开关盒、插座盒； 2. 材质：钢质镀锌； 3. 规格：86H； 4. 安装形式：暗装	个	6			

1.2.7 实例 1-7

1. 背景资料

某水泵房电气安装工程，平面布置图及配电系统，如图 1-13～图 1-16 所示。

（1）设计说明

1）电源由室外引来。

2）从动力配电箱 AP 引至照明配电箱 AL、水泵的电源线采用埋地穿管敷设，动力配电箱出口管标高＋0.100m，埋地管线标高－0.100m，接至水泵电机的管口标高＋0.300m。

3）照明线水平配管敷设于天棚上，天棚标高 3.500m，照明开关安装距地面 1.5m。

4）管路旁括号内数据为该管的水平长度，单位为“m”。

（2）计算说明

1）动力配电箱电源进线工程量不计算

2）考虑到照明开关分支处装设 1 个接线盒。

3）计算配管、配线时，不考虑接线盒、灯头盒、开关盒所占的长度。

4）计算结果保留小数点后两位有效数字，第三位四舍五入。

2. 问题

根据以上背景资料及现行国家标准《建设工程工程量清单计价规范》GB 50500—2013、《通用安装工程工程量计算规范》GB 50856—2013，试列出该工程电气安装项目的分部分项工程量清单。

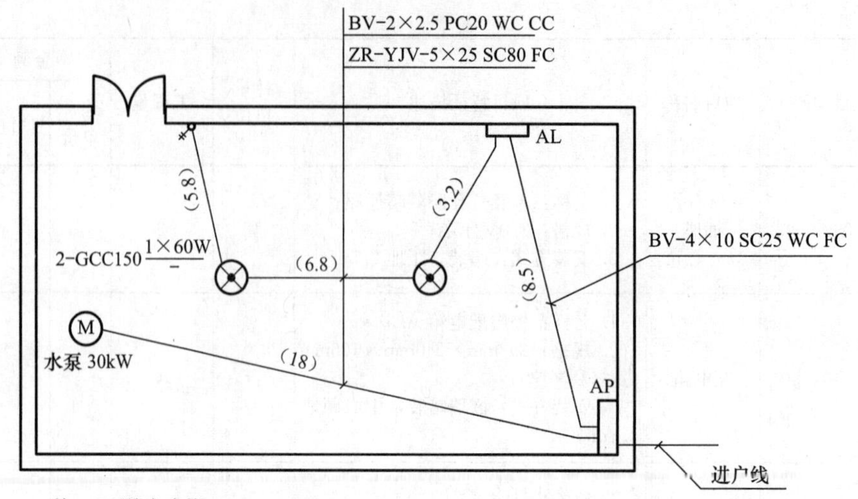

图 1-13　某水泵房电气平面布置图

图例	名称、型号、规格	备注
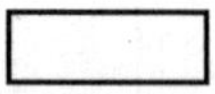 (矩形)	暗装照明配电箱 AL，500mm×300mm×200mm（宽×高×厚）	嵌入式暗装，底边距地面 1.6m
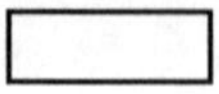 (矩形)	暗装动力配电箱 AP，1000mm×1500mm×600mm（宽×高×厚）	落地安装于 10# 基础槽钢上
 (灯具符号)	防水吸顶灯 PROX—C22WA，ϕ300，22W	吸顶安装
 (开关符号)	双联单控跷板开关，B32/1，250V/10A	暗装

图 1-14　图例

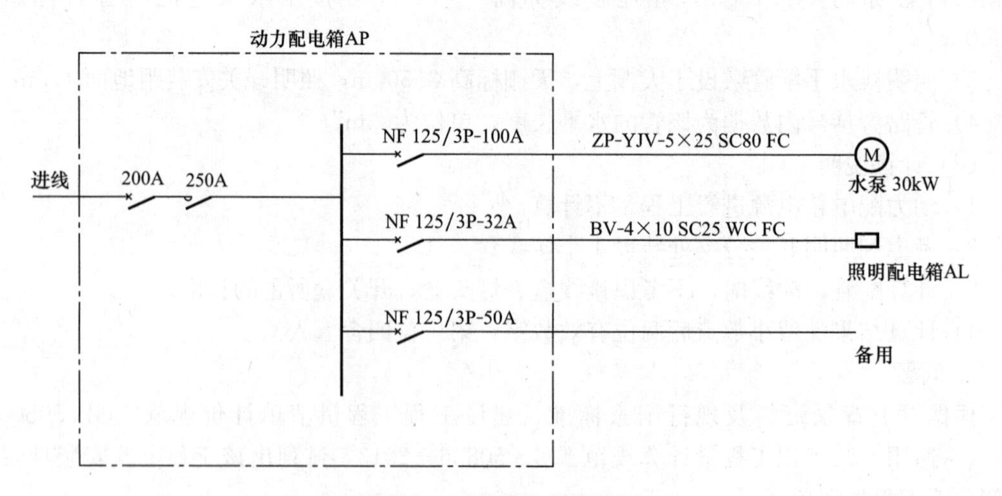

图 1-15　动力配电箱系统图

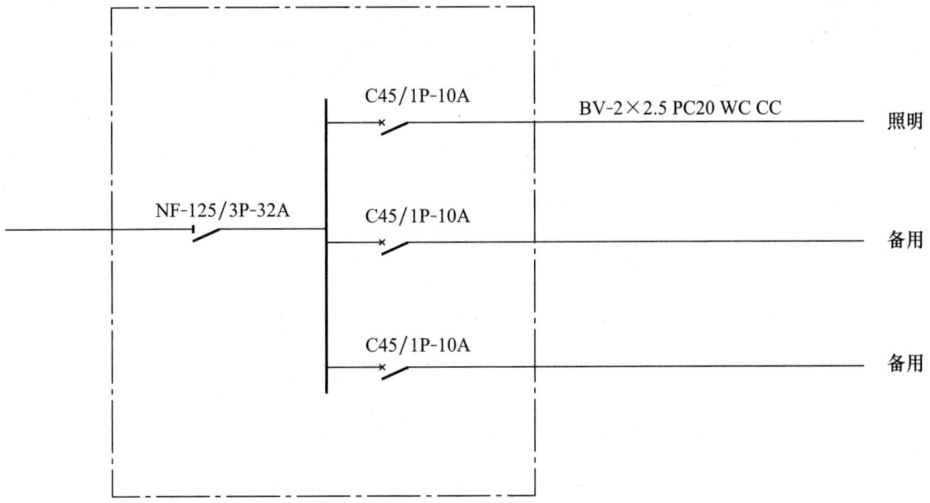

照明配电箱AL

NF-125/3P-32A

C45/1P-10A

BV-2×2.5 PC20 WC CC

照明

C45/1P-10A

备用

C45/1P-10A

备用

图 1-16 照明配电箱系统图

3. 参考答案（表 1-36 和表 1-37）

清单工程量计算表 **表 1-36**

工程名称：某工程

序号	项目编码	清单项目名称	计算式	工程量合计	计量单位
1	030411001001	配管	钢管 SC80： 0.1+0.1+18+0.1+0.3=18.60（m）	18.60	m
2	030411001002	配管	钢管 SC25： 0.1+0.1+8.5+0.1+1.6=10.40（m）	10.40	m
3	030411001003	配管	阻燃 PVC 管 ϕ20： (3.5−1.6−0.3)+5.8+3.2+6.8+(3.5−1.5)=19.40（m）	19.40	m
4	030411004001	配线	铜芯塑料线 BV—10mm^2： (1+1.5+10.4+0.5+0.3)×4=54.80（m）	54.80	m
5	030411004002	配线	铜芯塑料线 BV—2.5mm^2： 19.4×2+(0.5+0.3)×2=40.40（m）	40.40	m
6	030408001001	电力电缆	交联电缆 ZR—YJV—5×25： (18.6+1.5+1+1.5+0.5)×(1+2.5%)=23.68（m）	23.68	m
7	030408006001	电缆头	电缆头 ZR—YJV—5×25： 2	2	个
8	030412001001	普通灯具	防水吸顶灯 PROX—C22WA，22W： 1+1	2	套
9	030404034001	照明开关	双联单控跷板开关，B32/1，250V/10A： 1	1	套
10	030404017001	配电箱	动力配电箱 AP，1000mm×1500mm×600mm： 1	1	台

续表

序号	项目编码	清单项目名称	计算式	工程量合计	计量单位
11	030404017002	配电箱	照明配电箱 AL，500mm×300mm×200mm：1	1	台
12	030411006001	接线盒	接线盒，86 型，暗装： 灯头盒（1+1）	2	个
13	030411006002	接线盒	接线盒，86 型，暗装： 接线盒 1	1	个
14	030411006003	接线盒	开关盒，86 型，暗装： 1	1	个

分部分项工程和单价措施项目清单与计价表 表 1-37

工程名称：某工程

序号	项目编码	项目名称	项目特征描述	计量单位	工程量	金额（元）		
						综合单价	合价	其中
								暂估价
1	030411001001	配管	1. 名称：电线管； 2. 材质：镀锌； 3. 规格：SC80； 4. 配置形式：暗配	m	18.60			
2	030411001002	配管	1. 名称：电线管； 2. 材质：镀锌； 3. 规格：SC25； 4. 配置形式：暗配	m	10.40			
3	030411001003	配管	1. 名称：钢性阻燃管； 2. 材质：PVC； 3. 规格：PC20； 4. 配置形式：沿墙、顶板暗配	m	19.40			
4	030411004001	配线	1. 名称：管内穿线； 2. 配线形式：照明线； 3. 型号：BV； 4. 规格：10mm²； 5. 材质：铜芯	m	54.80			
5	030411004002	配线	1. 名称：管内穿线； 2. 配线形式：插座线； 3. 型号：BV； 4. 规格：2.5mm²； 5. 材质：铜芯	m	40.40			
6	030408001001	电力电缆	1. 名称：铜芯交联聚乙烯绝缘聚氯乙烯护套电力电缆； 2. 型号：YJV； 3. 规格：5×2.5mm²； 4. 材质：铜芯； 5. 敷设方式、部位：穿管敷设； 6. 电压等级（kV）：3.5kV	m	23.68			

续表

序号	项目编码	项目名称	项目特征描述	计量单位	工程量	金额（元）		
						综合单价	合价	其中
								暂估价
7	030408006001	电力电缆头	1. 名称：电缆终端头制安； 2. 型号：ZR—YJV，户内干包式； 3. 规格：5×25mm^2； 4. 安装部位：户内； 5. 电压等级（kV）：3.5kV	个	2			
8	030412001001	普通灯具	1. 名称：防水吸顶灯； 2. 型号：PROX—C22WA； 3. 规格：22W； 4. 安装形式：吸顶	套	2			
9	030404034001	照明开关	1. 名称：双联单控跷板暗开关； 2. 规格：250V/10A、86 型； 3. 安装方式：暗装	套	1			
10	030404017001	配电箱	1. 名称：动力配电箱 AP； 2. 规格：1000mm×1500mm×600mm（宽×高×厚）； 3. 安装方式：落地安装	台	1			
11	030404017002	配电箱	1. 名称：照明配电箱 AL； 2. 规格：500mm×300mm×200mm（宽×高×厚）； 3. 安装方式：嵌墙暗装，底边距地 1.6m	台	1			
12	030411006001	接线盒	1. 名称：灯头盒； 2. 材质：钢质镀锌； 3. 规格：86H； 4. 安装形式：暗装	个	2			
13	030411006001	接线盒	1. 名称：接线盒； 2. 材质：钢质镀锌； 3. 规格：86H； 4. 安装形式：暗装	个	1			
14	030411006002	接线盒	1. 名称：开关盒； 2. 材质：钢质镀锌； 3. 规格：86H； 4. 安装形式：暗装	个	1			

1.2.8 实例 1-8

1. 背景资料

某变电所变配电工程的平面图和高低压配电系统图，如图 1-17～图 1-19 所示。

(1) 设计说明

1) 图中③号高压成套配电柜到变压器的电缆管线的清单工程量设定为：焊接钢管 SC100 沿砖、混凝土结构暗配长度为 9m；电力电缆 YJV—10kV—370mm^2 穿管敷设长度为 10m，其另应增加的附加长度为 3.5m。

2）电力电缆敷设 YJV—10kV—3×70 损耗率为 1%；户内热缩式电力电缆终端头 10kV，YJV3×70mm² 制作安装损耗率为 2%。

3）该工程变配电装置中的全部母线，均由生产厂家制作安装。

（2）计算说明

1）仅计算③高压成套配电柜到变压器的电缆管线工程量。

2）计算结果保留小数点后两位有效数字，第三位四舍五入。

2. 问题

根据以上背景资料及现行国家标准《建设工程工程量清单计价规范》GB 50500—2013、《通用安装工程工程量计算规范》GB 50856—2013，试列出该工程变配电装置安装、电缆管线安装项目的分部分项工程量清单。

3. 参考答案（表 1-38 和表 1-39）

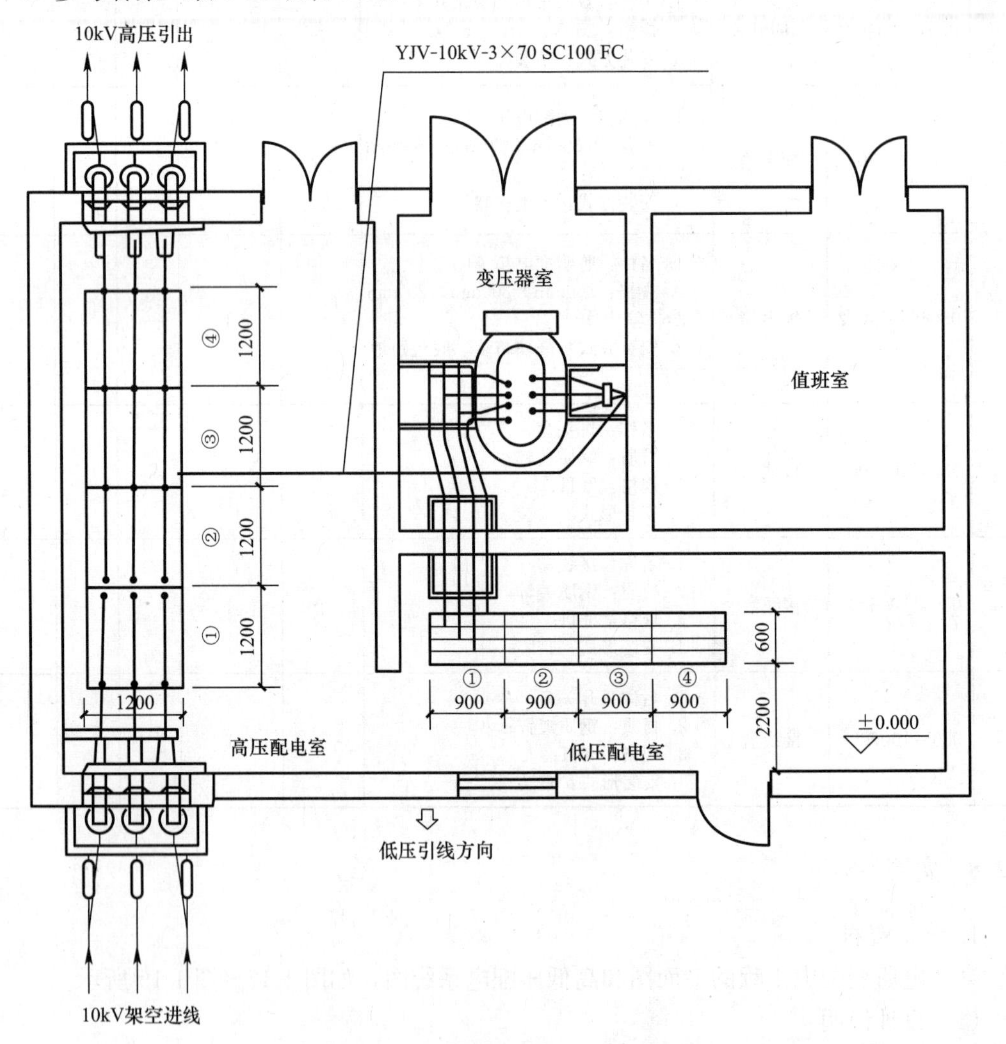

图 1-17　变电所变配电平面图

说明：基础槽钢均采用 10# 槽钢制作。

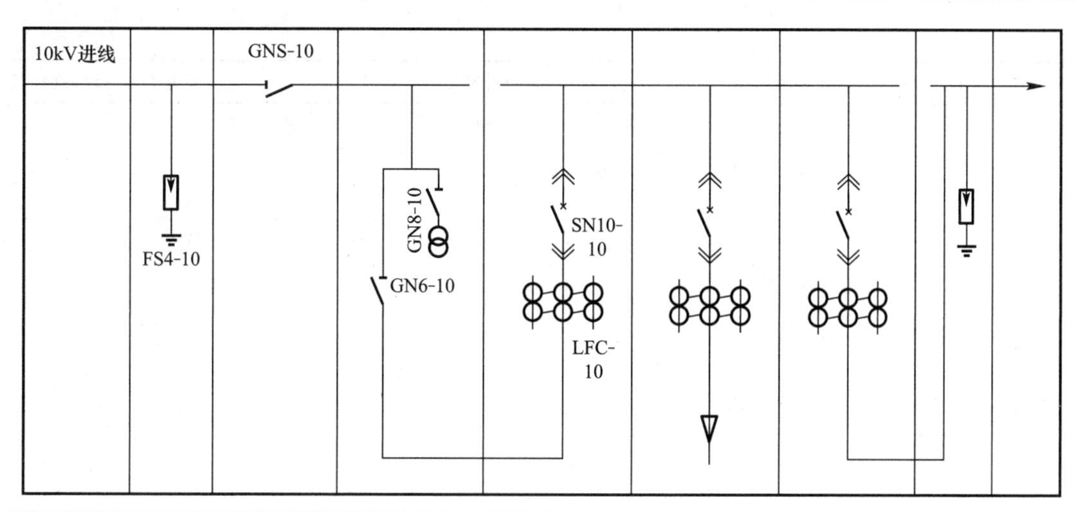

配电柜编号				①	②	③	④		
电器、开关柜型号		FS4—10	GN8—10	GG—1A—65	GG—1A—15	GG—1A—11	GG—1A—11	FS4—10	
外形尺寸（高×宽×深）				2200×1200×1200	1200×1200×1200	2200×1200×1200	2200×1200×1200		
用途	架空进线	避雷器	进线隔离开关	电压互感器柜	总进线柜	变压器柜	架空出线柜	避雷器	架空出线

图 1-18 变电所变配电高压配电系统图

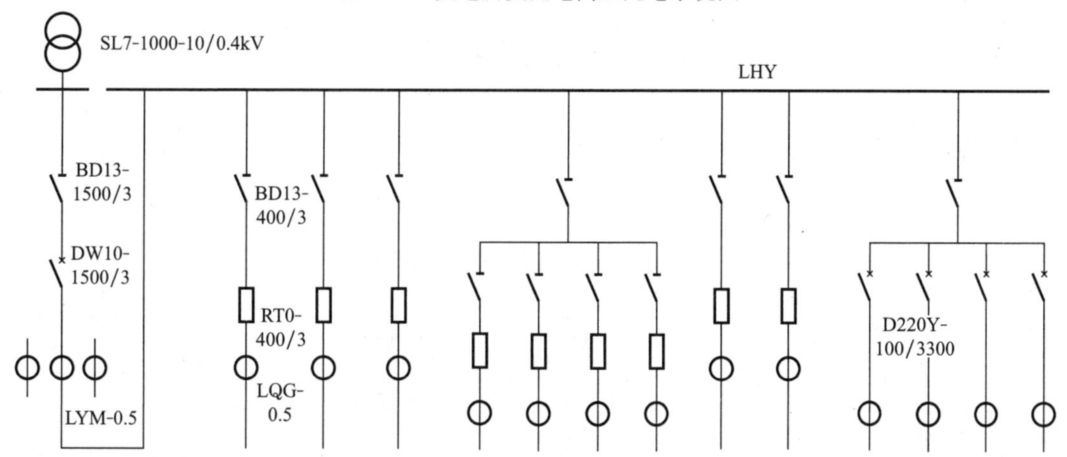

开关柜编号	①	②			③				④					
开关柜型号	PGL—1—04	PGL—1—23			PGL—1—20				PGL—1—41					
外形尺寸（高×宽×深）	2000×900×600	2000×900×600			2000×900×600				2000×900×600					
回路编号		1	2	3	4	5	6	7	8	9	10	11	12	13

图 1-19 变电所变配电低压配电系统图

清单工程量计算表 **表 1-38**

工程名称：某变电所变配电工程

序号	项目编码	清单项目名称	计算式	工程量合计	计量单位
1	030401001001	油浸电力变压器	型号 SL7—1000—10/0.4： 1	1	台

续表

序号	项目编码	清单项目名称	计算式	工程量合计	计量单位
2	030402017001	高压成套配电柜	电压互感器柜：GG—1A—65，2200mm×1200mm×1200mm（高×宽×深），基础槽钢10号制作安装4.8m： 1	1	台
3	030402017002	高压成套配电柜	总进线柜、电压互感器柜：GG—1A—15，2200mm×1200mm×1200mm（高×宽×深），基础槽钢10号制作安装4.8m： 2	2	台
4	030402017003	高压成套配电柜	变压器柜、架空出线柜：GG—1A—11，2200mm×1200mm×1200mm（高×宽×深），基础槽钢10号制作安装9.6m： 2	2	台
5	030404004001	低压开关柜	型号：PGL—1—04，2000mm×900mm×600mm（高×宽×深），基础槽钢10号制作安装3m： 1	1	台
6	030404004002	低压开关柜	型号：PGL—1—23，2000mm×900mm×600mm（高×宽×深），基础槽钢10号制作安装3m： 1	1	台
7	030404004003	低压开关柜	型号：PGL—1—20，2000mm×900mm×600mm（高×宽×深），基础槽钢10号制作安装3m： 1	1	台
8	030404004004	低压开关柜	型号型号：PGL—1—41，2000mm×900mm×600mm（高×宽×深），基础槽钢10号制作安装3m： 1	1	台
9	030402006001	隔离开关	型号：GN8—10，户内安装： 1	1	台
10	030402010001	避雷器	型号：FS4—10，电压等级：10kV： 2	2	组
11	030411001001	配管	钢管SC100，沿砖、混凝土结构暗配： 9	9	m
12	030408001001	电力电缆	型号：YJV—10kV—3×70，穿管敷设： (10+3.5)/(1+1%)=13.37(m)	13.37	m
13	030408006001	电力电缆头	户内热缩式电力电缆终端头制作安装10kV、YJV 3×70mm^2： 2	2	个

分部分项工程和单价措施项目清单与计价表 **表 1-39**

工程名称：某变电所变配电工程

序号	项目编码	项目名称	项目特征描述	计量单位	工程量	金额（元）		
						综合单价	合价	其中
								暂估价
1	030401001001	油浸电力变压器	1. 名称：油浸电力变压器； 2. 型号：SL7—1000—10/0.4； 3. 容量（kV·A）：1000kV·A； 4. 电压（kV）：10kV	台	1			

续表

序号	项目编码	项目名称	项目特征描述	计量单位	工程量	金额（元）		
						综合单价	合价	其中
								暂估价
2	030402017001	高压成套配电柜	1. 名称：电压互感器柜； 2. 型号：GG—1A—65； 3. 规格：2200mm × 1200mm × 1200mm（高×宽×深）； 4. 母线配置方式：单母线； 5. 基础型钢形式、规格：槽钢 10 号，4.8m	台	1			
3	030402017002	高压成套配电柜	1. 名称：总进线柜、电压互感器柜； 2. 型号：GG—1A—15； 3. 规格：2200mm × 1200mm × 1200mm（高×宽×深）； 4. 母线配置方式：单母线； 5. 基础型钢形式、规格：槽钢 10 号，4.8m	台	1			
4	030402017003	高压成套配电柜	1. 名称：变压器柜、架空出线柜； 2. 型号：GG—1A—11； 3. 规格：2200mm × 1200mm × 1200mm（高×宽×深）； 4. 母线配置方式：单母线； 5. 基础型钢形式、规格：槽钢 10 号，9.6m	台	2			
5	030404004001	低压开关柜	1. 名称：低压开关柜； 2. 型号：PGL—1—04； 3. 规格：2000mm × 900mm × 600mm（高×宽×深）； 4. 基础型钢形式、规格：基础槽钢 10 号制作安装 3m	台	1			
6	030404004002	低压开关柜	1. 名称：低压开关柜； 2. 型号：PGL—1—23； 3. 规格：2000mm × 900mm × 600mm（高×宽×深）； 4. 基础型钢形式、规格：基础槽钢 10 号制作安装 3m	台	1			
7	030404004003	低压开关柜	1. 名称：低压开关柜； 2. 型号：PGL—1—20； 3. 规格：2000mm × 900mm × 600mm（高×宽×深）； 4. 基础型钢形式、规格：基础槽钢 10 号制作安装 3m	台	1			
8	030404004004	低压开关柜	1. 名称：低压开关柜； 2. 型号：PGL—1—41； 3. 规格：2000mm × 900mm × 600mm（高×宽×深）； 4. 基础型钢形式、规格：基础槽钢 10 号制作安装 3m	台	1			

续表

序号	项目编码	项目名称	项目特征描述	计量单位	工程量	金额（元）		
						综合单价	合价	其中
								暂估价
9	030402006001	隔离开关	1. 名称：户内隔离开关； 2. 型号：GN8—10； 3. 电压等级（kV）：10kV	台	1			
10	030402010001	避雷器	1. 名称：阀式避雷器； 2. 型号：FS4—10； 3. 电压等级：10kV	组	2			
11	030411001001	配管	1. 名称：焊接钢管； 2. 材质：钢； 3. 规格：SC100； 4. 配置形式：沿砖、混凝土结构暗配	m	9			
12	030408001001	电力电缆	1. 名称：交联聚乙烯绝缘聚氯乙烯护套电力电缆； 2. 型号：YJV； 3. 规格：3×70mm²； 4. 材质：铜芯； 5. 敷设方式、部位：穿管敷设； 6. 电压等级（kV）：10kV	m	13.37			
13	030408006001	电力电缆头	1. 名称：户内热缩式电力电缆终端头； 2. 型号：YJV； 3. 规格：70mm²、三芯； 4. 材质、类型：铜芯，干包； 5. 安装部位：电缆终端； 6. 电压等级（kV）：10kV	个	2			

1.2.9 实例 1-9

1. 背景资料

某化工厂合成车间动力安装工程，如图 1-20 和图 1-21 所示。

（1）设计说明

1）AP1 为定型动力配电箱，电源由室外电缆引入，基础型钢采用 10# 槽钢（单位重量为 10kg/m）。

2）所有埋地管标高均为－0.200m，其至 AP1 动力配电箱出口处的管口高出地坪 0.10m，设备基础顶标高为＋0.500m，埋地管管口高出基础顶面 0.10m，导线出管口后的预留长度为 1m，并安装 1 根同口径 0.8m 长的金属软管。

3）木制配电板引至滑触线的管、线与其电源管、线相同，其至滑触线处管口标高为＋6.000m，导线出管口后的预留长度为 1.0m。

4）滑触线支架采用螺栓固定，两端设置信号灯。滑触线伸出两端支架的长度为

1.0m。

5）图中尺寸除标高及括号内以外，其余均以 mm 计。

6）滑触线支架安装高度为+6.000m。

7）管路旁括号内数据为该管的水平长度，单位为“m”。

（2）计算说明

1）金属软管的工程量不计算。

2）计算结果保留小数点后两位有效数字，第三位四舍五入。

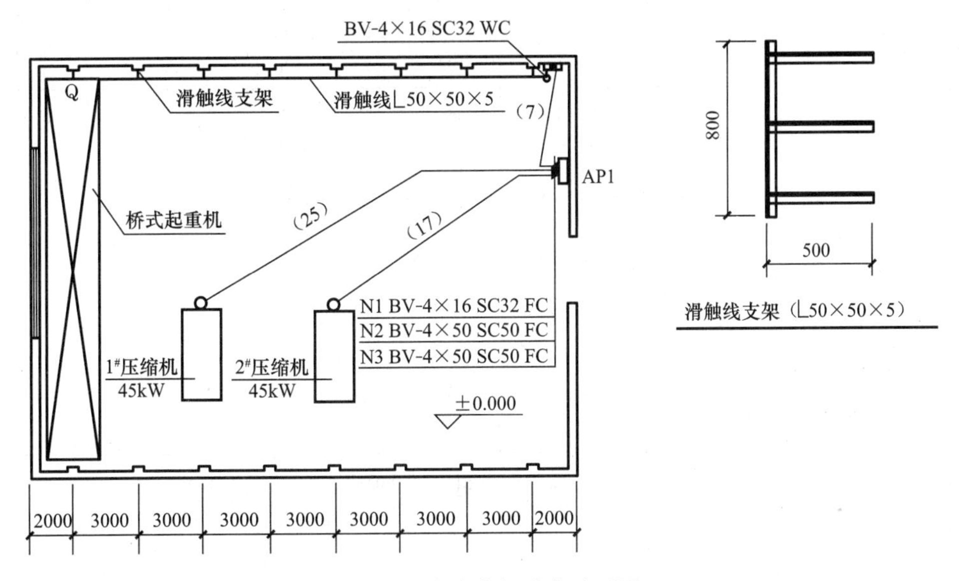

图 1-20　合成车间动力平面图

序号	图例	名称、盘号、规格	安装高度
1		动力配电箱 AP1，1700×800×300（高×宽×厚，mm）	落地
2		木制配电板 500×350×30（高×宽×厚，mm）； 板上安装滑触线电源开关 1 个； （铁壳开关 HH3—100/3）	挂墙明装下口离地 1.5m
3		角钢滑触线 L50×50×5； 支架螺栓固定	离地 6m

图 1-21　图例

2. 问题

根据以上背景资料及现行国家标准《建设工程工程量清单计价规范》GB 50500—2013、《通用安装工程工程量计算规范》GB 5856—2013，试列出该电气安装工程分部分项工程量清单。

3. 参考答案（表1-40和表1-41）

清单工程量计算表 **表1-40**

工程名称：某工程

序号	项目编码	清单项目名称	计算式	工程量合计	计量单位
1	030411001001	配管	钢管SC32： （0.1＋0.2＋7＋0.2＋1.5）＋（6－1.5－0.5）＝9＋4＝13.00（m）	13.00	m
2	030411001002	配管	钢管SC50： 25＋17＋（0.2＋0.5＋0.1＋0.2＋0.1）×2＝42＋2.2＝44.20（m）	44.20	m
3	030411004001	配线	导线BV—4×16mm^2： 13×4＋（1.7＋0.8＋0.5/2＋0.3＋0.5/2＋0.3＋1）×4＝70.40（m）	70.40	m
4	030411004002	配线	导线BV—4×50mm^2： 44.2×4＋（1.7＋0.8）×2×4＝196.80（m）	196.80	m
5	030407001001	滑触线	角钢滑触线∟50×50×5： （7×3＋1＋1）×3＝69.00（m）	69.00	m
6	030404019001	控制开关	负荷铁壳开关HH3—100/3： 1个	1	个
7	030404017001	配电箱	AP1动力配电箱，1700mm×800mm×300mm（高×宽×厚）： 1个	1	个
8	030406006002	低压交流异步电动机	电动机检查接线与调试，YX3—225M—2、45kW： 2台	2	台

分部分项工程和单价措施项目清单与计价表 **表1-41**

工程名称：某工程

序号	项目编码	项目名称	项目特征描述	计量单位	工程量	金额（元）		
						综合单价	合价	其中 暂估价
1	030411001001	配管	1. 名称：电线管； 2. 材质：镀锌； 3. 规格：SC32； 4. 配置形式：暗配	m	13.00			
2	030411001002	配管	1. 名称：电线管； 2. 材质：镀锌； 3. 规格：SC50； 4. 配置形式：暗配	m	44.20			
3	030411004001	配线	1. 名称：管内穿线； 2. 配线形式：动力线路； 3. 型号：BV； 4. 规格：4×16mm^2； 5. 材质：铜芯	m	70.40			

续表

序号	项目编码	项目名称	项目特征描述	计量单位	工程量	金额（元）		
						综合单价	合价	其中 暂估价
4	030411004002	配线	1. 名称：管内穿线； 2. 配线形式：动力线路； 3. 型号：BV； 4. 规格：$4\times50mm^2$； 5. 材质：铜芯	m	196.80			
5	030407001001	滑触线	1. 名称：吊车裸滑触线； 2. 型号：角钢； 3. 规格：L50×50×5； 4. 材质：钢质； 5. 支架形式、材质：E形、钢质； 6. 移动软电缆材质、规格、安装部位：铜芯 BV—4×16； 7. 拉紧装置类型：花篮螺栓 M14—270 拉紧装置	m	69			
6	030404019001	控制开关	1. 名称：负荷铁壳开关； 2. 型号：HH3； 3. 规格：额定电流 100A	个	1			
7	030404017001	配电箱	1. 名称：动力配电箱 AP1； 2. 规格：1700mm × 800mm × 300mm（高×宽×厚）； 3. 安装方式：落地式	个	1			
8	030406006002	低压交流异步电动机	1. 名称：电机检查接线及调试； 2. 型号：YX3—225M—2； 3. 容量（kW）：45kW； 4. 控制保护方式：电磁控制、欠压保护	台	2			

1.2.10 实例 1-10

1. 背景资料

某车间电气动力安装工程如图 1-22 所示。

（1）设计说明

1）动力配电箱 AP1、照明配电箱 AL 均为定型配电箱，嵌墙暗装，箱底标高为+1.40m。动力配电箱 AP2 挂墙明装，底边标高为+1.5m，配电板上仅装置 1 个铁壳开关。动力配电箱 AP1 尺寸：600mm×400mm×250mm（宽×高×厚），照明配电箱尺寸：500mm×400mm×220mm（宽×高×厚），动力配电箱 AP2 尺寸：400mm×300mm×25mm（宽×高×厚）。

2）所有电缆、导线均穿镀锌钢保护管敷设。保护管除 N6 为沿墙、柱明配外，其他均为暗配，埋地保护管标高为−0.200m。N6 自配电板上部引至滑触线的电源配管，在②柱标高+6.000m 处，接一长度为 0.5m 的弯管。

3）两设备基础面标高+0.3m，至设备电机处的配管管口高出基础面 0.2m，至排烟装置处的管口标高为+6.000m。均连接一根长 0.8m 同管径的镀锌金属软管。

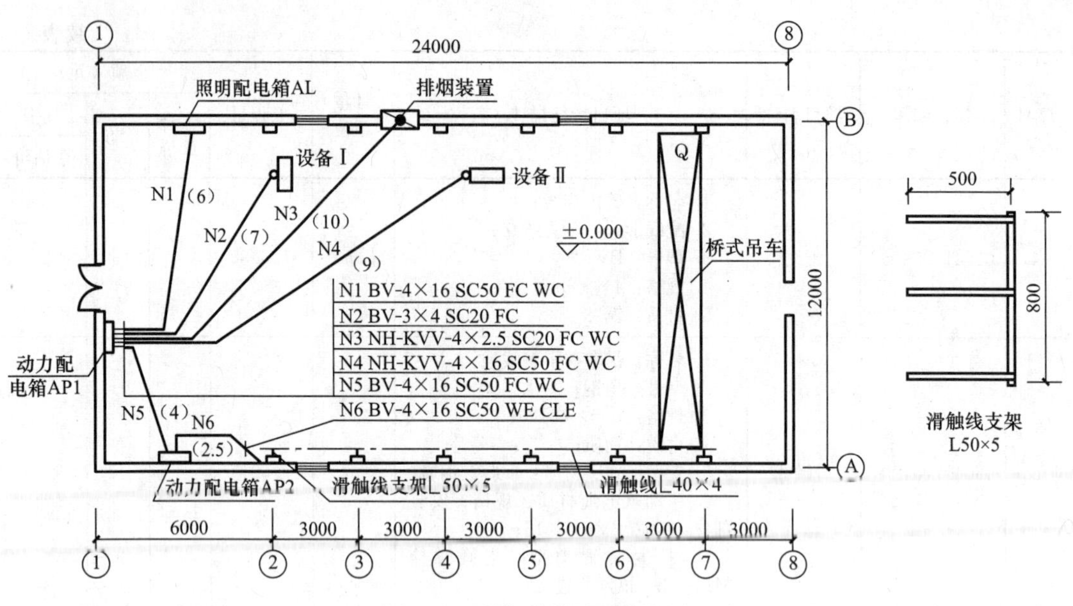

图 1-22　电气动力平面布置图

4）滑触线支架（L50×50×5，每米重 3.77kg）采用螺栓固定；滑触线（L40×40×4，每米重 2.422kg）两端设置指示灯。滑触线支架安装在柱上标高 6.000m 处，采用吊车裸滑触线、花篮螺栓 M14—270 拉紧装置。

5）室内外地坪标高相同（±0.000），图中尺寸标注均为“mm”。

6）图中管路旁括号内数字表示该管的平面长度，单位为“m”。

（2）计算说明

1）电缆计算预留长度时不计算电缆敷设驰度、波形弯度和交叉的附加长度。连接各设备处电缆、导线的预留长度为 1.0m，与滑触线连接处预留长度为 1.5m。电缆在头为户内干包式，其附加长度不计。

2）计算配管、配线时，不考虑接线盒、灯头盒、开关盒所占的长度。

3）计算结果保留小数点后两位有效数字，第三位四舍五入。

2. 问题

根据以上背景资料及现行国家标准《建设工程工程量清单计价规范》GB 50500—2013、《通用安装工程工程量计算规范》GB 50856—2013，试列出该工程电气安装分部分项工程量清单。

3. 参考答案（表 1-42 和表 1-43）

清单工程量计算表　　表 1-42

工程名称：某工程

序号	项目编码	清单项目名称	计算式	工程量合计	计量单位
1	030411001001	配管	钢管暗配 SC20： N2：7+（0.2+1.4）+0.2+0.3+0.2=9.30 N3：10+（0.2+1.4）+0.2+6.0=17.80 小计：9.30+17.80=27.10（m）	27.10	m

续表

序号	项目编码	清单项目名称	计算式	工程量合计	计量单位
2	030411001002	配管	钢管暗配 SC50： N1：6+(0.2+1.4)×2=9.20 N4：9+(0.2+1.4)+0.2+0.3+0.2=11.30 N5：4+(0.2+1.4)+(0.2+1.5)=7.30 小计：9.20+11.30+7.30=27.80（m）	27.80	m
3	030411001003	配管	钢管明配 SC50： N6：2.5+（6−1.5−0.3）+0.5=7.20（m）	7.20	m
4	030411001004	配管	金属软管 SC20： 0.8+0.8=1.60（m）	1.60	m
5	030411001005	配管	金属软管 SC50： 0.80m	0.80	m
6	030408001001	电缆敷设	电缆敷设 NH—KVV—4×16： N4：11.3+2+1.0=14.30（m）	14.30	m
7	030408002001	控制电缆敷设	控制电缆敷设 NH—KVV—4×2.5： N3：17.8+2+1.0=20.80（m）	20.80	m
8	030411004001	配线	导线穿管敷设 4×16mm^2： N1：(9.2+0.6+0.4+0.5+0.4)×4=44.40（m） N5：(7.3+0.6+0.4+0.4+0.3)×4=36.00（m） N6：(7.2+0.4+0.3+1.5)×4=37.60（m） 小计：44.40+36.00+37.60=118.00（m）	118.00	m
9	030411004002	配线	导线穿管敷设 3×4mm^2： N2：[9.3+（0.4+0.6）+1.0]×3=33.90（m）	33.90	m
10	030408006001	电力电缆头	电缆终端头制安，户内干包式 16mm^2： N4：1+1=2（个）	2	个
11	030408007001	控制电缆头	电缆终端头制安，户内干包式 2.5mm^2： N3：1+1=2（个）	2	个
12	030404017001	配电箱	动力配电箱 TP1，嵌墙暗装： 1台	1	台
13	030404017002	配电箱	动力配电箱 AP2，挂墙明装： 1台	1	台
14	030404017003	配电箱	照明配电箱 AL 1台	1	台
15	030407001001	滑触线	滑触线安装 L40×40×4： (3×5+1+1)×3=51.00（m）	51.00	m

注：滑触线安装预留长度见《通用安装工程工程量计算规范》(GB 50856—2013）表 D.15.7-4。

分部分项工程和单价措施项目清单与计价表　　表 1-43

工程名称：某工程

序号	项目编码	项目名称	项目特征描述	计量单位	工程量	金额（元）		
						综合单价	合价	其中
								暂估价
1	030411001001	配管	1. 名称：焊接钢管； 2. 材质：镀锌； 3. 规格：SC20； 4. 配置形式：暗配	m	27.10			
2	030411001002	配管	1. 名称：焊接钢管； 2. 材质：镀锌； 3. 规格：SC50； 4. 配置形式：暗配	m	27.80			
3	030411001003	配管	1. 名称：焊接钢管； 2. 材质：镀锌； 3. 规格：SC50； 4. 配置形式：明配	m	7.20			
4	030411001004	配管	1. 名称：金属软管； 2. 材质：镀锌； 3. 规格：SC20； 4. 配置形式：明配	m	1.60			
5	030411001005	配管	1. 名称：金属软管； 2. 材质：镀锌； 3. 规格：SC50； 4. 配置形式：明配	m	0.80			
6	030408001001	电缆敷设	1. 名称：耐火型控制电缆； 2. 型号：NH—KVV； 3. 规格：4×16； 4. 材质：铜芯； 5. 敷设方式、部位：穿管、暗敷	m	14.30			
7	030408002001	控制电缆敷设	1. 名称：耐火型控制电缆； 2. 型号：NH—KVV； 3. 规格：4×2.5； 4. 材质：铜芯； 5. 敷设方式、部位：穿管、暗敷	m	20.80			
8	030408006001	电力电缆头	1. 名称：电缆终端头制安； 2. 型号：干包式； 3. 规格：4×16mm^2； 4. 安装部位：户内； 5. 安装方式：穿管、暗敷 6. 电压等级（kV）：3.5	个	2			
9	030408007001	控制电缆头	1. 名称：电缆终端头制安； 2. 型号：干包式； 3. 规格：4×2.5mm^2； 4. 安装部位：户内； 5. 安装方式：穿管、暗敷 6. 电压等级（kV）：3.5	个	2			

续表

序号	项目编码	项目名称	项目特征描述	计量单位	工程量	金额（元）		
						综合单价	合价	其中 暂估价
10	030411004001	配线	1. 名称：铜芯聚氯乙烯绝缘电线； 2. 配线形式：线路穿管； 3. 型号：BV 4. 规格：4×16mm^2； 5. 材质：铜芯	m	118.00			
11	030411004002	配线	1. 名称：铜芯聚氯乙烯绝缘电线； 2. 配线形式：线路穿管； 3. 型号：BV 4. 规格：3×4mm^2； 5. 材质：铜芯	m	33.90			
12	030404017001	配电箱	1. 名称：动力配电箱 AP1； 2. 规格：600mm × 400mm × 250mm； 3. 安装方式：嵌墙安装	台	1			
13	030404017002	配电箱	1. 名称：动力配电箱 AP2； 2. 规格：400mm × 300mm × 25mm； 3. 安装方式：挂墙明装	台	1			
14	030404017003	配电箱	1. 名称：照明配电箱 AL； 2. 规格：500mm × 400mm × 220mm； 3. 安装方式：嵌墙安装	台	1			
15	030407001001	滑触线	1. 名称：吊车裸滑触线； 2. 型号：角钢； 3. 规格：L40×40×4； 4. 材质：钢； 5. 支架形式、材质：E形、钢； 6. 移动软电缆材质、规格、安装部位：铜芯 BV—4×16； 7. 拉紧装置类型：花篮螺栓 M14—270 拉紧装置	m	51.00			

注：支架基础铁件及螺栓是否浇注需说明。

1.2.11 实例 1-11

1. 背景资料

某综合楼防雷接地系统平面图如图 1-23 所示。

（1）设计说明

1）图示标高以室外地坪为±0.000 计算。

2）避雷网均采用热镀锌扁钢－25×4，沿混凝土块敷设，混凝土块强度等级为 C15，Ⓒ～Ⓓ/③～④部分标高为 24m，其余部分标高均为 21m。

3）引下线利用建筑物柱内主筋引下，每一处引下线均需焊接 2 根主筋 ϕ16。每一引下线离地坪 1.8m 处设一断接卡子，采用热镀锌扁钢－25×4 制作。断接卡箱采用镀锌薄钢

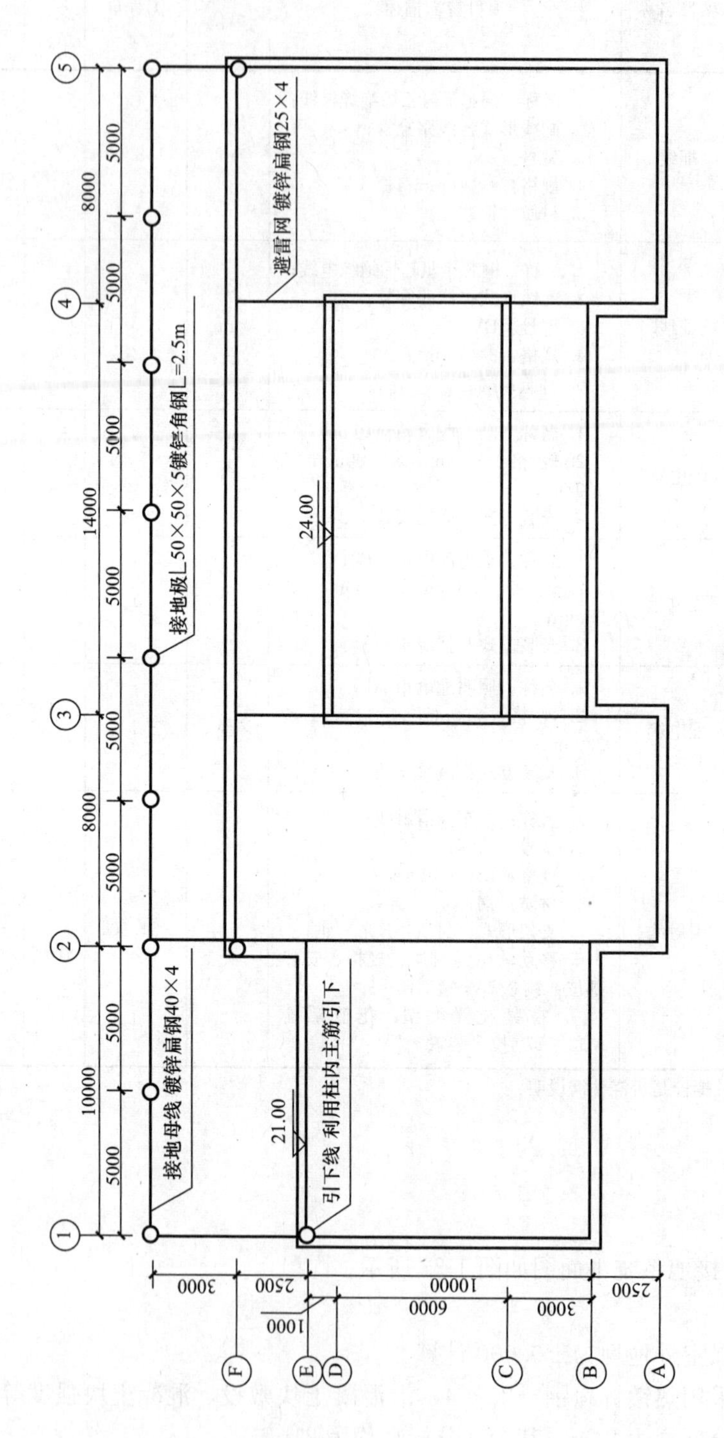

图1-23 综合楼防雷接地系统平面图

板制作，规格为150mm×150mm。

4）户外接地母线均采用热镀锌扁钢—40×4，埋深0.7m。

5）接地极采用热镀锌镀锌角钢L50×50×5制作，长度为5m，普通土。

6）接地电阻要求小于10Ω。

7）图中标高单位为“m”，其余均为“mm”。

（2）计算说明

1）户外接地母线敷设以断接卡子1.8m处作为接地母线与引下线分界点。

2）不考虑墙厚，也不考虑引下线与避雷网、引下线与断接卡子的连接耗量。

3）计算结果保留小数点后两位有效数字，第三位四舍五入。

2. 问题

根据以上背景资料及现行国家标准《建设工程工程量清单计价规范》GB 50500—2013、《通用安装工程工程量计算规范》GB 50856—2013，试列出该防雷及接地装置工程分部分项工程量清单。

3. 参考答案（表1-44和表1-45）

清单工程量计算表 **表1-44**

工程名称：某楼防雷接地工程

序号	项目编码	清单项目名称	计算式	工程量合计	计量单位
1	030409001001	接地极	9	9	根
2	030409002001	接地母线	户外接地母线敷设： [(5×8)+(3+2.5)+3+3+(0.7+1.8)×3]×(1+3.9%) =59×1.039=61.30（m）	61.30	m
3	030409003001	避雷引下线	引下线利用建筑物柱内主筋引下： （21－1.8）×3=57.60（m）	57.60	m
4	030409005001	避雷网	避雷网敷设： [(2.5+10+2.5)×4+10+(10+8+14+8)×2+14×2+(24−21)×4]×(1+3.9%) =190×1.039=197.41（m）	197.41	m
5	030414011001	接地装置	接地电阻测试，接地网 1	1	系统

分部分项工程和单价措施项目清单与计价表 **表1-45**

工程名称：某楼防雷接地工程

序号	项目编码	项目名称	项目特征描述	计量单位	工程量	金额（元）		
						综合单价	合价	其中
								暂估价
1	030409001001	接地极	1. 名称：接地极； 2. 材质：热镀锌扁钢； 3. 规格：L50×50×5； 4. 土质：普通土	根	9			

续表

序号	项目编码	项目名称	项目特征描述	计量单位	工程量	金额（元）		
						综合单价	合价	其中 暂估价
2	030409002001	接地母线	1. 名称：接地母线； 2. 材质：热浸镀锌扁钢； 3. 规格：－40×4； 4. 安装部位：户外； 5. 安装形式：埋深 0.7m	m	61.30			
3	030409003001	避雷引下线	1. 名称：避雷引下线； 2. 材质：钢筋； 3. 规格：2 根、ϕ16； 4. 安装部位：建筑物柱内主筋； 5. 安装形式； 6. 断接卡子、箱材质、规格：热浸镀锌扁钢，－25×4；镀锌薄钢板，150mm×150mm	m	57.60			
4	030409005001	避雷网	1. 名称：避雷网； 2. 材质：镀锌扁钢； 3. 规格：－25×4； 4. 安装形式：屋面明装； 5. 混凝土块标号：C15	m	197.41			
5	030414011001	接地装置	1. 名称：接地电阻测试； 2. 类别：接地网	系统	1			

1.2.12 实例 1-12

1. 背景资料

某氮气站动力安装工程如图 1-24 所示。

（1）设计说明

1）AP1、AP2 均为定型动力配电箱，落地式安装。其尺寸为 900mm×2000mm×600mm（宽×高×厚）；基础型钢用 10# 槽钢制作，其重量为 10kg/m。

2）AP1 至 AP2 电缆沿桥架敷设，其余电缆均穿电线管敷设，埋地电线管标高为－0.200m，埋地电线管至动力配电箱出口处高出地坪＋0.100m。

3）四台设备基础标高均为＋0.300m，至设备电机处的配管管口高出基础面 0.2m，均连接 1 根长 0.8m 同管径的金属软管。

4）钢质托盘式电缆桥架（200mm×100mm）的水平长度为 22m。

5）管路旁括号内数据为该管的水平长度，单位为“m”。

（2）计算说明

1）计算电缆长度时不计算电缆敷设弛度、波形弯度和交叉的附加长度，连接电机处，出管口后电缆的预留长度为 1m。

2）不计算金属软管、电缆头。

3）计算结果保留小数点后两位有效数字，第三位四舍五入。

2. 问题

根据以上背景资料及现行国家标准《建设工程工程量清单计价规范》GB 50500—2013、

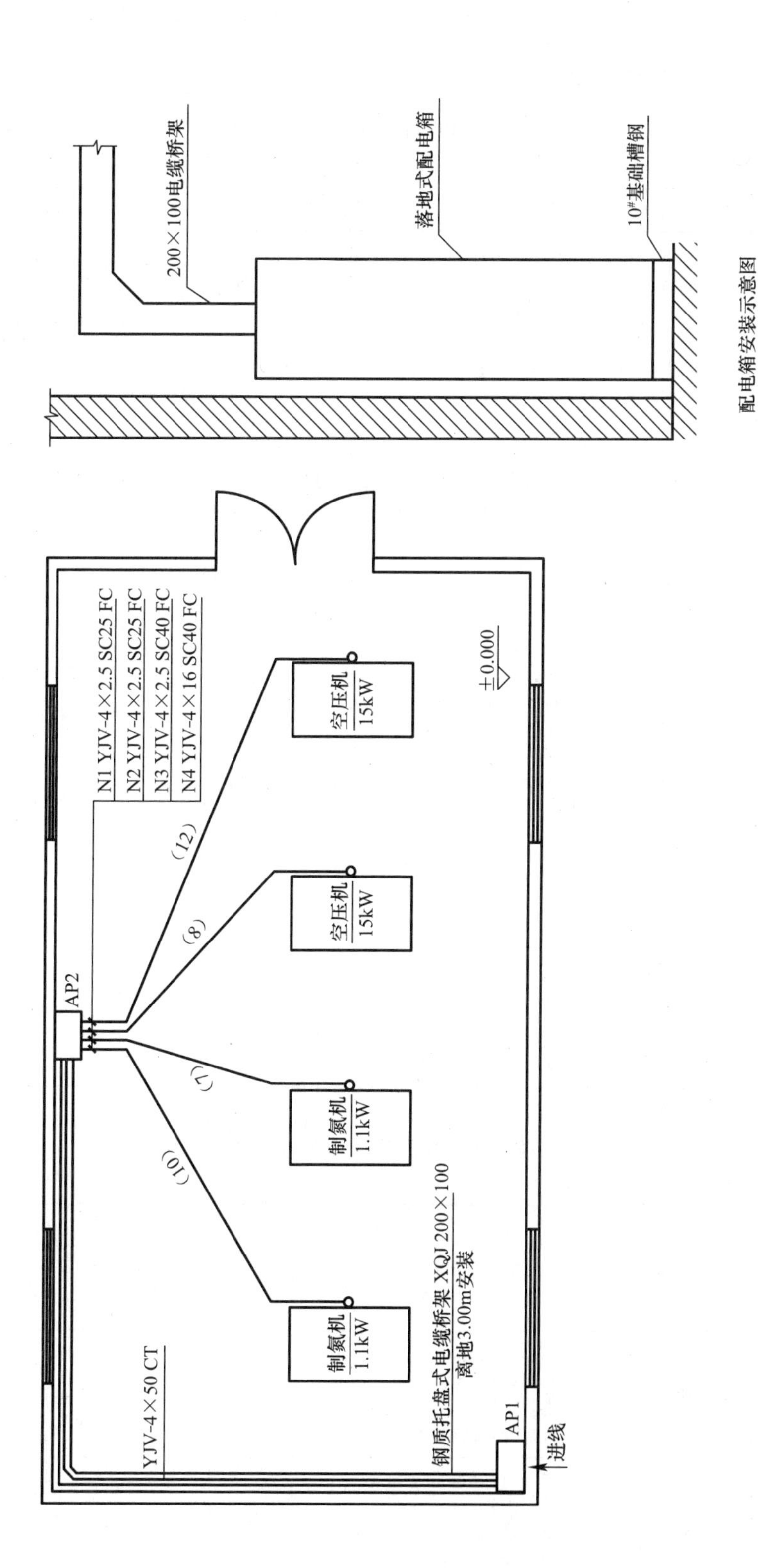

图1-24 氮气站动力平面图

《通用安装工程工程量计算规范》GB 50856—2013，试列出该电气安装工程分部分项工程量清单。

3. 参考答案（表 1-46 和表 1-47）

清单工程量计算表 **表 1-46**

工程名称：某工程

序号	项目编码	清单项目名称	计算式	工程量合计	计量单位
1	030411001001	配管	钢管（TC25，δ=1.2 钢管暗敷）： 10+7+(0.2+0.1)×2+(0.2+0.3+0.2)×2 =19（m）	19	m
2	030411001002	配管	钢管（TC40，δ=1.2 钢管暗敷）： 8+12+(0.2+0.1)×2+(0.2+0.3+0.2)×2 =22（m）	22	m
3	030408001001	电力电缆	电缆（YJV4×2.5 穿管敷设）： 10+7+(0.2+0.1)×2+(0.2+0.3+0.2)×2 =19（m）	19	m
4	030408001002	电力电缆	电缆（YJV4×16 穿管敷设）： 8+12+(0.2+0.1)×2+(0.2+0.3+0.2)×2 =22（m）	22	m
5	030408001003	电力电缆	电缆（YJV4×50 沿桥架敷设）： 22+[3−(2+0.1)]×2=23.8（m）	23.8	m
6	030411003001	桥架	钢质托盘式电缆桥架（200mm×100mm）： 22+[3−(2+0.1)]×2=23.8（m）	23.8	m
7	030404017001	配电箱	动力配电箱 AP1、AP2，900mm×2000mm×600mm（宽×高×厚）： 2	2	台
8	030406006001	低压交流异步电动机	电机检查接线及调试，1.1kW： 2	2	台
9	030406006002	低压交流异步电动机	电机检查接线及调试，15kW： 2	2	台

分部分项工程和单价措施项目清单与计价表 **表 1-47**

工程名称：某工程

序号	项目编码	项目名称	项目特征描述	计量单位	工程量	金额（元）		
						综合单价	合价	其中 暂估价
1	030411001001	配管	1. 名称：电线管； 2. 材质：镀锌； 3. 规格：T25，δ=1.2； 4. 配置形式：暗配	m	19			
2	030411001002	配管	1. 名称：电线管； 2. 材质：镀锌； 3. 规格：T40，δ=1.2； 4. 配置形式：暗配	m	22			

续表

序号	项目编码	项目名称	项目特征描述	计量单位	工程量	金额（元）		
						综合单价	合价	其中 暂估价
3	030408001001	电力电缆	1. 名称：铜芯交联聚乙烯绝缘聚氯乙烯护套电力电缆； 2. 型号：YJV； 3. 规格：$4\times2.5mm^2$； 4. 材质：铜芯； 5. 敷设方式、部位：穿管敷设	m	19			
4	030408001002	电力电缆	1. 名称：铜芯交联聚乙烯绝缘聚氯乙烯护套电力电缆； 2. 型号：YJV； 3. 规格：$4\times16mm^2$； 4. 材质：铜芯； 5. 敷设方式、部位：穿管敷设	m	22			
5	030408001003	电力电缆	1. 名称：铜芯交联聚乙烯绝缘聚氯乙烯护套电力电缆； 2. 型号：YJV； 3. 规格：$4\times50mm^2$； 4. 材质：铜芯； 5. 敷设方式、部位：沿桥架敷设	m	23.8			
6	030411003001	桥架	1. 名称：钢质托盘式电缆桥架； 2. 型号：XQJ； 3. 规格：200mm×100mm； 4. 材质：钢质； 5. 类型：托盘式	m	23.8			
7	030404017001	配电箱	1. 名称：动力配电箱； 2. 型号：PD1、PD2； 3. 规格：900mm×2000mm×600mm（宽×高×厚）； 4. 安装方式：落地式	台	2			
8	030406006001	低压交流异步电动机	1. 名称：电机检查接线及调试； 2. 型号：Y2—802—2； 3. 容量（kW）：1.1kW； 4. 控制保护方式：电磁控制、过流保护	台	2			
9	030406006002	低压交流异步电动机	1. 名称：电机检查接线及调试； 2. 型号：Y2—160M2—2； 3. 容量（kW）：15kW； 4. 控制保护方式：电磁控制、欠压保护	台	2			

1.2.13　实例 1-13

1. 背景资料

某工厂自备锅炉动力工程平面图，如图 1-25 所示。

（1）设计说明

1）室内外地坪无高差，进户处重复接地。

2）循环泵、炉排风机、液位计处线管管口高出地坪 0.5m，鼓风机、引风机电机处管口高出地坪 2m，所有电动机和液位计处的预留线均为 1.00m。

3）动力配电箱 AP 为暗装，底边距地面 1.40m，箱体尺寸宽×高×厚为 400mm×300mm×200mm。

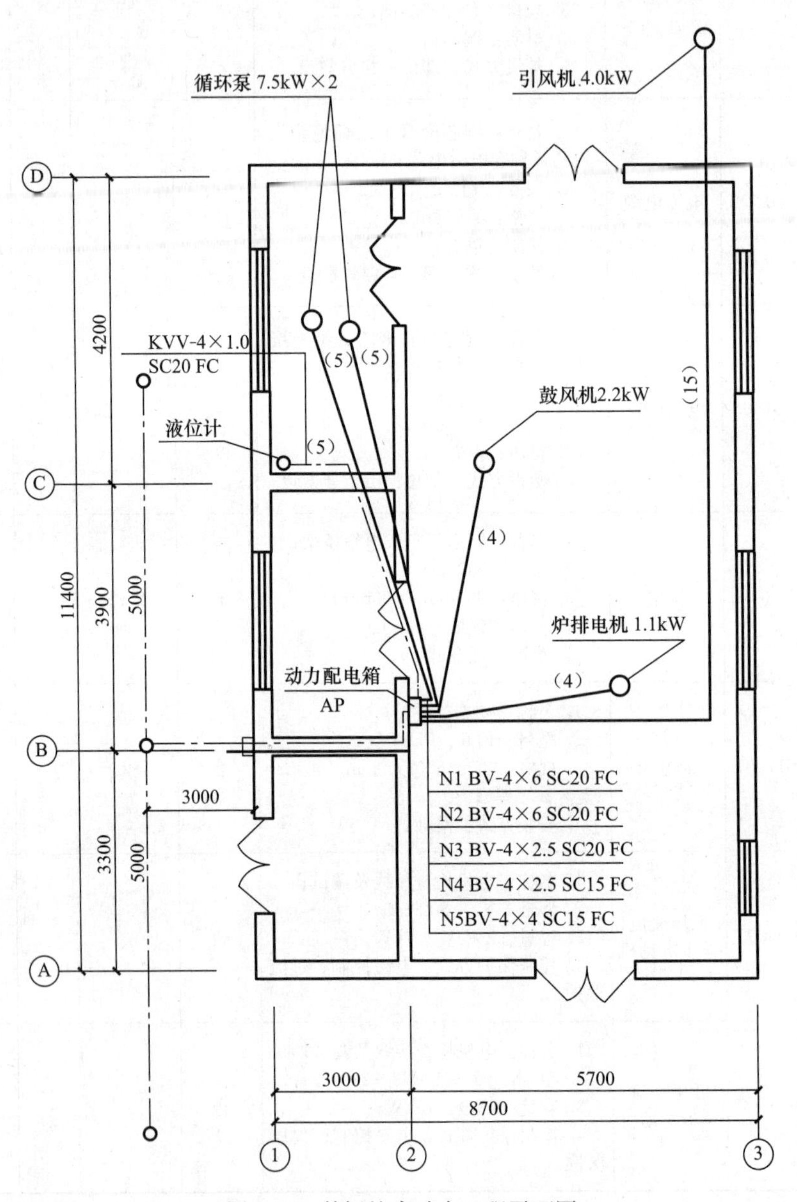

图 1-25　某锅炉房动力工程平面图

4）接地装置为镀锌钢管 DN50，L=2.5m，埋深 0.7m（普通土），接地母线采用－60×6 热浸镀锌扁钢（进外墙皮后，户内接地母线的水平部分长度为 4m，进动力配电箱内预留 0.5m)。

5）管路旁括号内数据为该管的水平长度，单位为“m”。

（2）计算说明

1）电源进线不计算，电动机检查接线不计算，接线盒不计算。

2）计算配管、配线时，不考虑接线盒、灯头盒、开关盒所占的长度。

3）计算结果保留小数点后两位有效数字，第三位四舍五入。

2. 问题

根据以上背景资料及现行国家标准《建设工程工程量清单计价规范》GB 50500—2013、《通用安装工程工程量计算规范》GB 50856—2013，试列出该电气安装分部分项工程量清单。

3. 参考答案（表 1-48 和表 1-49）

清单工程量计算表　　　　**表 1-48**

工程名称：某工程

序号	项目编码	清单项目名称	计算式	工程量合计	计量单位
1	030411001001	配管	液位计：1.4+0.2+5+0.2+0.5=7.30（m） 循环泵二台：（1.4+0.2+5+0.2+0.5）×2=14.60（m） 引风机：1.4+0.2+15+0.2+2=18.80（m） 小计：7.30+14.60+18.80=40.70（m）	40.70	m
2	030411001002	配管	鼓风机：1.4+0.2+4+0.2+2=7.80（m） 炉排风机：1.4+0.2+4+0.2+0.5=6.30（m） 小计：7.80+6.30=14.10（m）	14.10	m
3	030411004001	配线	循环泵两台： 14.6×4+(0.7+1)×8=72.00（m）	72.00	m
4	030411004002	配线	引风机：(18.8+0.7+1)×4=82.00（m）	82.00	m
5	030411004003	配线	鼓风机、炉排风机： (7.8+6.3+1+1+0.7+0.7)×4=70.00（m）	70.00	m
6	030408002001	控制电缆 KVV4×1	液位计： (7.3+1+2.0)×(1+2.5%)=10.56（m）	10.56	m
7	030409001001	接地极	1+1+1	3	根
8	030409002001	接地母线	(5+5+3+4+0.7+1.4+0.5)×1.039=20.36（m）	20.36	m
9	030414011001	接地装置	1	1	系统
10	030404017001	动力配电箱	1	1	台

分部分项工程和单价措施项目清单与计价表　　表 1-49

工程名称：某工程

序号	项目编码	项目名称	项目特征描述	计量单位	工程量	金额（元）		
						综合单价	合价	其中
								暂估价
1	030411001001	配管	1. 名称：焊接钢管； 2. 材质：镀锌； 3. 规格：SC20； 4. 配置形式：暗配	m	40.70			
2	030411001002	配管	1. 名称：焊接钢管； 2. 材质：镀锌； 3. 规格：SC15； 4. 配置形式：暗配	m	14.10			
3	030411004001	配线	1. 名称：塑料铜芯线； 2. 配线形式：穿管； 3. 型号：BV； 4. 规格：$4\times6mm^2$； 5. 材质：铜芯	m	72.00			
4	030411004002	配线	1. 名称：塑料铜芯线； 2. 配线形式：穿管； 3. 型号：BV； 4. 规格：$4\times4mm^2$； 5. 材质：铜芯	m	82.00			
5	030411004003	配线	1. 名称：塑料铜芯线； 2. 配线形式：穿管； 3. 型号：BV； 4. 规格：$4\times2.5mm^2$； 5. 材质：铜芯	m	70.00			
6	030408002001	控制电缆	1. 名称：铜芯聚氯乙烯绝缘聚氯乙烯护套控制电缆； 2. 型号：KVV； 3. 规格：$4\times1mm^2$； 4. 材质：铜芯； 5. 敷设方式、部位； 6. 电压等级（kV）	m	10.56			
7	030409001001	接地极	1. 名称：钢管接地极； 2. 材质：镀锌； 3. 规格：$DN50$； 4. 土质：普通土	根	3			
8	030409002001	接地母线	1. 名称：接地母线； 2. 材质：热浸镀锌扁钢； 3. 规格：－60mm×6mm； 4. 安装部位：户内； 5. 安装形式：暗装	m	20.36			

续表

序号	项目编码	项目名称	项目特征描述	计量单位	工程量	金额（元）		
						综合单价	合价	其中 暂估价
9	030414011001	接地装置	1. 名称：独立接地装置接地电阻测试； 2. 类别：接地网	系统	1			
10	030404017001	动力配电箱	1. 名称：动力配电箱 AP； 2. 规格：400mm×300mm×200mm； 3. 安装方式：暗装	台	1			

1.2.14 实例 1-14

1. 背景资料

某工厂管理用房电气照明工程，配电系统图、平面图如图 1-26～图 1-28 所示。

（1）设计说明

1）照明配电箱 AL 电源由室外引来，配电箱为嵌入式安装，安装中心距地面 1.6m，工程量不计算进线部分；

2）翘板开关中心距地 1.3m 暗装，五孔插座中心距地 0.3m 暗装；

3）管路系统用 PVC 半硬质管沿墙、顶板暗配，顶板内敷设管道标高 3.5m；

4）管路旁括号内数据为该管的水平长度，单位为“m”。

（2）计算说明

1）系统图中 N4、N5 回路插座管线埋地深度为 200mm。

2）线缆工程量计算时，不考虑预留长度。

3）计算配管、配线时，不考虑接线盒、灯头盒、开关盒所占的长度。

4）计算结果保留小数点后两位有效数字，第三位四舍五入。

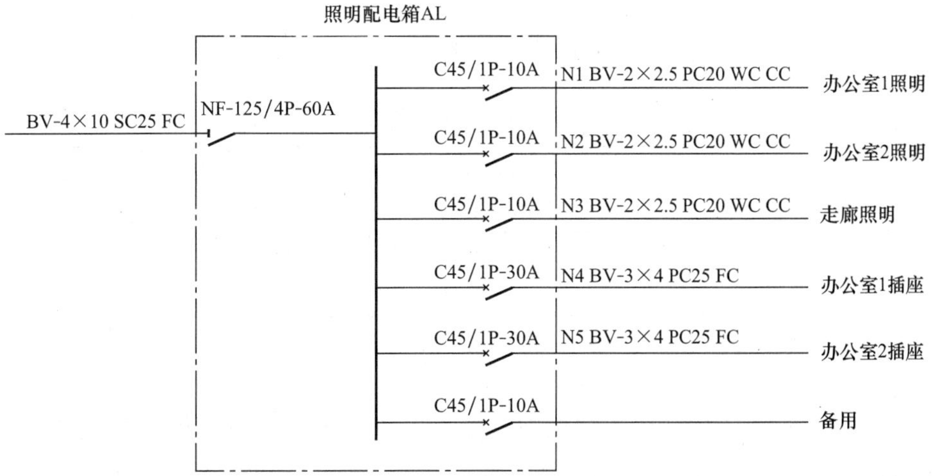

图 1-26 电气照明系统图

注：1.开关、插座均为暗装。
2.图中未标注导线的根数均为2。

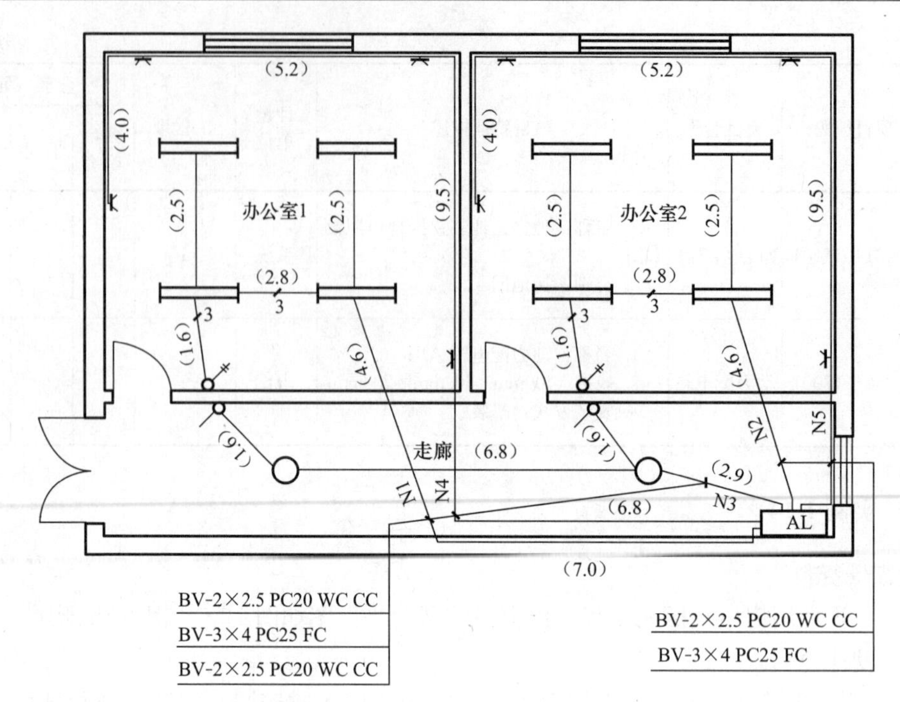

图 1-27　某工厂管理用房电气照明平面图

序号	图例	名称、型号、规格	备注
1		照明配电箱 AL，600×400×200（宽×高×厚，mm）	中心距地 1.6m
2		成套双管荧光灯 YG2—2，2×32W	吸顶
3		吸顶灯 XDCZ—50，1×40W	吸顶
4		五孔暗装插座，B4/10S，250V/10A	中心距地 0.3m
5		单联翘板式暗开关 B6B1/1，250V/16A	中心距地 1.3m
6		双联翘板式暗开关，B6B2/1，250V/16A	中心距地 1.3m
7		铜芯塑料线 BV—500—2.5mm^2	
8		铜芯塑料线 BV—500—4mm^2	
9		PVC 塑料管 $\phi 20$	
10		PVC 塑料管 $\phi 25$	

图 1-28　图例

2. 问题

根据以上背景资料及现行国家标准《建设工程工程量清单计价规范》GB 50500—2013、《通用安装工程工程量计算规范》GB 50856—2013，试列出该工程电气安装项目的分部分项工程量清单。

3. 参考答案（表 1-50 和表 1-51）

清单工程量计算表 **表 1-50**

工程名称：某工程

序号	项目编码	清单项目名称	计算式	工程量合计	计量单位
1	030411001001	配管	N1、N2、N3 回路： 1. PVC 半硬质塑料管 ϕ20 沿墙、顶板暗配； 2. 灯头盒暗装 10 个； 3. 开关盒暗装 4 个。 N1：(3.5－1.6－0.4)＋7.0＋4.6＋2.5＋2.8＋2.5＋1.6＋(3.5－1.3)＝24.70（m） 灯头盒安装 4 个，开关盒安装 1 个； N2：(3.5－1.6－0.4)＋4.6＋2.5＋2.8＋2.5＋1.6＋(3.5－1.3)＝17.70（m） 灯头盒安装 4 个，开关盒安装 1 个； N3：(3.5－1.6－0.4)＋2.9＋6.8＋2×(1.6＋3.5－1.3)＝18.80（m） 灯头盒安装 2 个，开关盒安装 2 个 小计： 17.70＋24.70＋18.80＝61.20（m）	61.20	m
2	030411001002	配管	N4、N5 回路： 1. PVC 半硬质塑料管 ϕ25 沿地面下 0.2m 暗配： 2. 插座盒暗装 8 个； N4：1.6＋0.2＋6.8＋9.5＋5.2＋4＋7×(0.2＋0.3)＝30.80（m） 插座盒安装 4 个； N5：1.6＋0.2＋9.5＋5.2＋4＋7×(0.2＋0.3)＝24.00（m） 插座盒安装 4 个； 小计：24.00＋30.80＝54.80（m）	54.80	m
3	030411004001	配线	N1、N2、N3 回路，管内穿线 BV—2.5： N1＝24.7×2＋2.8＋1.6＋(3.5－1.3)＝56（m）（不含预留量） N2＝17.7×2＋2.8＋1.6＋(3.5－1.3)＝42（m）（不含预留量） N3＝18.8×2＝37.6（m）（不含预留量） 小计：42＋56＋37.6＝135.60（m）	135.60	m
4	030411004002	配线	N4、N5 回路，管内穿线 BV—4： N4：30.8×3＝92.40（m）（不含预留量） N5：24×3＝72.00（m）（不含预留量） 小计：72＋92.4＝164.40（m）	164.40	m
5	030412001001	普通灯具	吸顶灯 XDCZ—50，1×40W： 1＋1＝2	2	套
6	030412005001	荧光灯	成套双管荧光灯 YG2—2，2×32W： 4×2＝8	8	套
7	030404017001	配电箱	照明配电箱箱体 AL（嵌入式），600mm×400mm×200mm（宽×高×厚）： 1	1	台

续表

序号	项目编码	清单项目名称	计算式	工程量合计	计量单位
8	030404034001	照明开关	单联翘板式暗开关 B6B1/1，250V/16A： 1+1=2	2	个
9	030404034002	照明开关	双联翘板式暗开关 B6B2/1，250V/16A： 1+1=2	2	个
10	030404035003	插座	五孔暗装插座 B4/10S，250V/10A： 8	8	个
11	030411006001	接线盒	灯头盒： 10	10	个
12	030411006002	接线盒	开关接线盒： 4	4	个
13	030411006003	接线盒	插座接线盒： 8	8	个

分部分项工程和单价措施项目清单与计价表 **表 1-51**

工程名称：某工程

序号	项目编码	项目名称	项目特征描述	计量单位	工程量	金额（元）		
						综合单价	合价	其中
								暂估价
1	030411001001	配管	1. 名称：钢性阻燃管； 2. 材质：PVC； 3. 规格：PC20； 4. 配置形式：沿墙、顶板暗配	m	61.20			
2	030411001002	配管	1. 名称：钢性阻燃管； 2. 材质：PVC； 3. 规格：PC25； 4. 配置形式：沿地面下 0.2m 暗配	m	54.80			
3	030411004001	配线	1. 名称：管内穿线； 2. 配线形式：照明线路； 3. 型号：BV； 4. 规格：2.5mm^2； 5. 材质：铜芯	m	135.60			
4	030411004002	配线	1. 名称：管内穿线； 2. 配线形式：插座线路； 3. 型号：BV； 4. 规格：4mm^2； 5. 材质：铜芯	m	164.40			
5	030412001001	普通灯具	1. 名称：半圆吸顶灯； 2. 型号：XDCZ—50； 3. 规格：ϕ300、40W	套	2			

续表

序号	项目编码	项目名称	项目特征描述	计量单位	工程量	金额（元）		
						综合单价	合价	其中 暂估价
6	030412005001	荧光灯	1. 名称：成套双管荧光灯； 2. 型号：XD512—Y； 3. 规格：2×32W； 4. 安装形式：吸顶	套	8			
7	030404017001	配电箱	1. 名称：照明配电箱 AL； 2. 规格：600mm×400mm×200mm（宽×高×厚）； 3. 安装方式：嵌墙暗装，中心距地1.8m	台	1			
8	030404034001	照明开关	1. 名称：单联翘板式暗开关； 2. 规格：250V/16A、86 型； 3. 安装方式：暗装	个	2			
9	030404034002	照明开关	1. 名称：双联翘板式暗开关； 2. 规格：250V/16A、86 型； 3. 安装方式：暗装	个	2			
10	030404035001	插座	1. 名称：单相五孔暗插座； 2. 规格：250V/10A； 3. 安装方式：暗装，距地 0.3m	个	8			
11	030411006001	接线盒	1. 名称：灯头盒； 2. 材质：钢质镀锌； 3. 规格：86H； 4. 安装形式：暗装	个	10			
12	030411006002	接线盒	1. 名称：开关接线盒； 2. 材质：钢质镀锌； 3. 规格：86H； 4. 安装形式：暗装	个	4			
13	030411006003	接线盒	1. 名称：插座接线盒； 2. 材质：钢质镀锌； 3. 规格：86H； 4. 安装形式：暗装	个	8			

1.2.15　实例 1-15

1. 背景资料

某水泵站电气安装工程如图 1-29 所示。

（1）设计说明

1）配电室内设 4 台 PLG 型低压开关柜，其尺寸（mm）宽×高×厚：1000×2000×600，安装在 10# 基础槽钢（槽钢顶标高+0.1000m）上。

2）电缆沟内设 15 个电缆支架，尺寸见支架详图所示。

3）三台水泵动力电缆 D1、D2、D3 分别由 AN2、AN3、AN4 低压开关柜引出，沿电缆沟内支架敷设，出电缆沟再改穿埋地钢管（钢管埋地深度—0.2m）配至 1#、2#、3# 水泵电动机。其中：D1、D2、D3 回路，沟内电缆水平长度分别为 2m、3m、4m；配管长度为 15m、12m、13m。连接水泵电机处电缆预留长度按 1.0m 计。

4）嵌装式照明配电箱 AL，其尺寸（mm）宽×高×厚：500×400×220，箱底标高 1.400m。

5）水泵房内设吸顶式工厂罩灯，由配电箱 AL 集中分别控制，以 BV－3×2.5mm² 导线穿 ϕ15 氯乙烯硬质塑料管沿墙、顶板暗配。顶板敷管标高为＋3.000m。

6）配管水平长度见图示括号内数字，单位为“m”。

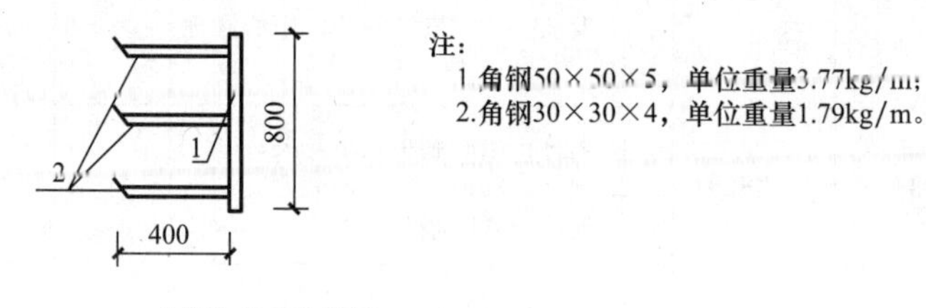

电缆沟内支架详图

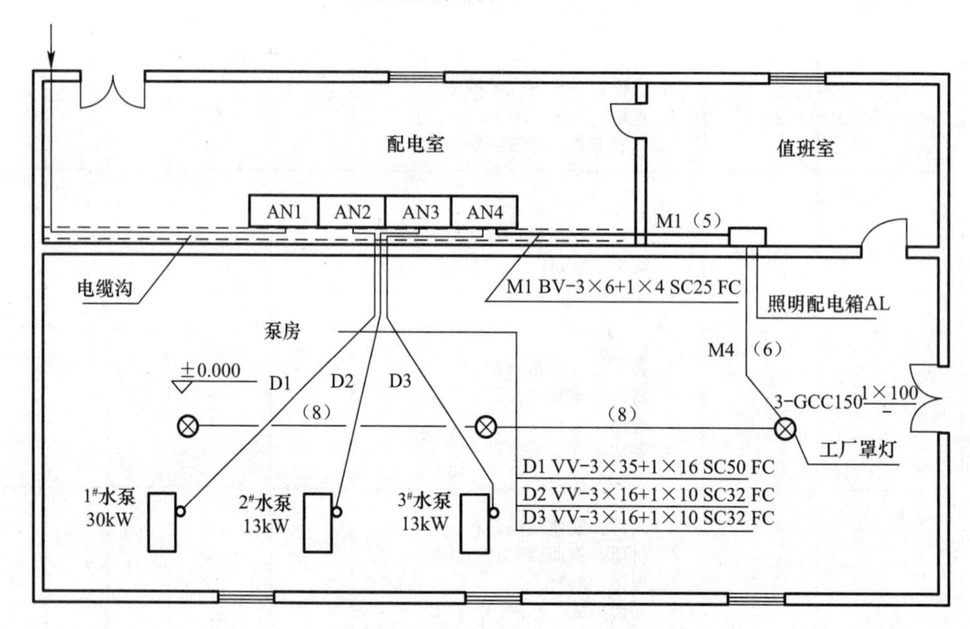

图 1-29　水泵房部分电气平面图

（2）计算说明

1）电缆工程量计算时，不考虑电缆敷设驰度、波形弯度和终端电缆头的附加长度。

2）计算配管、配线时，不考虑接线盒、灯头盒、开关盒所占的长度。

3）仅计算配线、配管、工厂灯、配电箱、铁构件的工程量。

4）计算结果保留小数点后两位有效数字，第三位四舍五入。

2. 问题

根据以上背景资料及现行国家标准《建设工程工程量清单计价规范》GB 50500—

2013、《通用安装工程工程量计算规范》GB 50856—2013，试列出该电气安装工程要求计算的分部分项工程量清单。

3. 参考答案（表 1-52 和表 1-53）

清单工程量计算表 表 1-52

工程名称：某工程

序号	项目编码	清单项目名称	计算式	工程量合计	计量单位
1	030411001001	配管	钢管暗配 SC50： 该项不表达计算过程	15	m
2	030411001002	配管	钢管暗配 SC32： 该项不表达计算过程	25	m
3	030411001003	配管	钢管暗配 SC25： 5+0.1+0.1+1.4=6.60（m）	6.60	m
4	030411001004	配管	塑料管暗配 PC15： M4：3.0−1.4−0.4+6+8+8=23.20（m）	23.20	m
5	030408001001	电缆敷设	电缆敷设 VV—3×35+1×16： D1：2+0.1+0.2+1.5+2+15+1=21.80（m）	21.80	m
6	030408001002	电缆敷设	电缆敷设 VV—3×16+1×10： D2：2+0.1+0.2+1.5+3+12+1=19.8（m） D3：2+0.1+0.2+1.5+4+13+1=21.8（m） 小计：19.80+21.80=41.60（m）	41.60	m
7	030411004001	配线	塑料铜芯线 $6mm^2$： [1+2+0.1+0.2+5+3−1.4+0.5+0.4]×3=32.40（m）	32.40	m
8	030411004002	配线	塑料铜芯线 $4mm^2$： 1+2+0.1+0.2+5+3−1.4+0.5+0.4=10.80（m）	10.80	m
9	030411004003	配线	塑料铜芯线 $2.5mm^2$： (3−1.4−0.4+6+8+8+0.5+0.4)×3+(3−1.4−0.4+6+8+0.5+0.4)×3+(3−1.4−0.4+6+0.5+0.4)×3=144.90（m）	144.90	m
10	030412002001	工厂灯	工厂罩灯 GCC150 3	3	套
11	030404017001	配电箱	照明配电箱 AL 1	1	台
12	030413001001	铁构件	(0.4×3×1.79+0.8×3.77)×15=77.46（kg）	77.46	kg

分部分项工程和单价措施项目清单与计价表　　表 1-53

工程名称：某工程

序号	项目编码	项目名称	项目特征描述	计量单位	工程量	金额（元）		
						综合单价	合价	其中
								暂估价
1	030411001001	配管	1. 名称：电焊钢管； 2. 材质：镀锌； 3. 规格：SC50； 4. 配置形式：暗配	m	15			
2	030411001002	配管	1. 名称：电焊钢管； 2. 材质：镀锌； 3. 规格：SC32； 4. 配置形式：暗配	m	25			
3	030411001003	配管	1. 名称：电焊钢管； 2. 材质：镀锌； 3. 规格：SC25； 4. 配置形式：暗配	m	6.60			
4	030411001004	配管	1. 名称：聚氯乙烯硬质塑料管； 2. 材质：PVC； 3. 规格：PC15； 4. 配置形式：暗配	m	23.20			
5	030408001001	电缆敷设	1. 名称：铜芯聚氯乙烯绝缘聚氯乙烯护套电力电缆； 2. 型号：VV； 3. 规格：3×35+1×16； 4. 材质：铜芯； 5. 敷设方式、部位：电缆沟、支架；穿管、暗敷	m	21.80			
6	030408001002	电缆敷设	1. 名称：铜芯聚氯乙烯绝缘聚氯乙烯护套电力电缆； 2. 型号：VV； 3. 规格：3×16+1×10； 4. 材质：铜芯； 5. 敷设方式、部位：电缆沟、支架；穿管、暗敷	m	41.60			
7	030411004001	配线	1. 名称：铜芯聚氯乙烯绝缘电线； 2. 配线形式：穿管； 3. 型号：BV 4. 规格：6mm^2； 5. 材质：铜芯	m	32.40			

续表

序号	项目编码	项目名称	项目特征描述	计量单位	工程量	金额（元）		
						综合单价	合价	其中 暂估价
8	030411004002	配线	1. 名称：铜芯聚氯乙烯绝缘电线； 2. 配线形式：穿管； 3. 型号：BV 4. 规格：$4mm^2$； 5. 材质：铜芯	m	10.80			
9	030411004003	配线	1. 名称：铜芯聚氯乙烯绝缘电线； 2. 配线形式：穿管； 3. 型号：BV 4. 规格：$2.5mm^2$； 5. 材质：铜芯	m	144.90			
10	030412002001	工厂灯	1. 名称：工厂罩灯； 2. 型号：GCC150； 3. 规格：1×100W； 4. 安装形式：吸顶安装	套	3			
11	030404017001	配电箱	1. 名称：照明配电箱 AL； 2. 规格：500mm×400mm×220mm； 3. 安装方式：嵌墙安装	台	1			
12	030413001001	铁构件	1. 名称：电缆支架； 2. 材质：角钢； 3. 规格：L50×50×5、L30×30×4	kg	77.46			

1.2.16 实例 1-16

1. 背景资料

某小区配电室及泵房电力平面图如图 1-30 和图 1-31 所示。

（1）设计说明

1）配电室电源引自小区变压器室，内设 5 台 BGM 型低压开关柜，规格为 1000mm×2000mm×600mm，落地安装在 10# 基础槽钢上。

2）四台水泵电源 WP1、WP2、WP3、WP4 分别来自低压开关柜 BGM2、BGM3、BGM4、BGM5。

3）值班室设照明配电箱 AL，电源来自 BGM5 低压开关柜，规格为 500mm×400mm×220mm，墙内暗装，底边距地 1.4m。AL 分两个同路 WL1、WL2，WL1 供值班室及配电室照明，WL2 供泵房照明。图中未标注线路为 3 根线穿 PC20，4～6 根线穿 PC25。

4）水泵房内设吸顶式工厂罩灯，由配电箱 AL 集中控制。值班室及配电室内采用荧光灯照明。暗装开关底边距地 1.4m。

5）泵房、配电室、值班室室内地面标高±0.000，顶板敷管标高 3.600m。

6）图中标注尺寸均以 mm 计。

7）管路旁括号内数据为该管的水平长度，单位为“m”。

（2）计算说明

1）入户电源不予考虑。

2）线缆配管埋地深度为200mm，水泵接线处线管距底面高度为300mm。

3）电力电缆在低压开关柜、配电箱处预留长度按2m，水泵处预留长度为0.5m。

4）计算配管、配线时，不考虑接线盒、灯头盒、开关盒所占的长度。

5）计算结果保留小数点后两位有效数字，第三位四舍五入。

2. 问题

根据以上背景资料及现行国家标准《建设工程工程量清单计价规范》GB 50500—2013、《通用安装工程工程量计算规范》GB 50856—2013，试列出该工程电气安装项目的分部分项工程量清单。

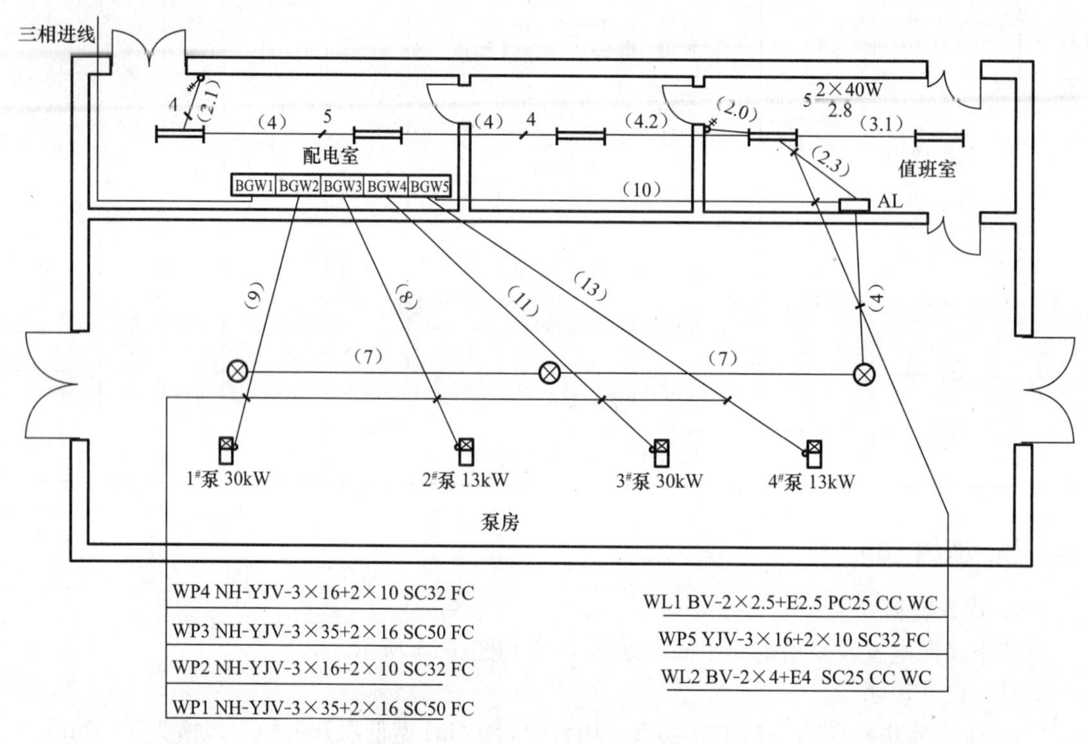

图1-30　配电室及泵房电力平面图

图例	名称、型号、规格	备注
（矩形）	暗装照明配电箱AL，500mm×400mm×220mm（宽×高×厚）	底边距地1.4m，暗装
（灯具符号）	格栅荧光灯，XD512—Y，2×20W	吸顶安装
⊗	工厂罩灯，GCC，1×32W	吸顶安装
（开关符号）	双联单控跷板开关，B5B2/1，250V/16A	距地1.4m暗装
（开关符号）	三联单控跷板开关，B5B3/1，250V/16A	距地1.4m暗装

图1-31　图例

3. 参考答案（表 1-54 和表 1-55）

清单工程量计算表 **表 1-54**

工程名称：某工程

序号	项目编码	清单项目名称	计算式	工程量合计	计量单位
1	030411001001	配管	钢管暗配 SC50，WP1、WP3： L=9+11+(0.2×2+0.3)×2=21.40（m）	21.40	m
2	030411001002	配管	钢管暗配 SC32，WP2、WP4、WP5： L=8+13+(0.2×2+0.3)×2+(10+1.4)+0.2×2=34.20（m）	34.20	m
3	030411001003	配管	钢管暗配 SC25： L=(3.6−1.4−0.4)+4+7+7=19.80（m）	19.80	m
4	030411001004	配管	1. 塑料管暗配 PC25（3 根）WL1： L_1=(3.6−1.4−0.4)+2.3+3.1+2.0+(3.6−1.4)+4.2 =15.60（m） 2. 塑料管暗配 PVC25（4 根）WL1： L_2=4+2.1+(3.6−1.4)=6.20（m） 3. 塑料管暗配 PVC25（5 根）WL1： L_3=4 4. 小计： L=15.60+6.20+4=25.80（m）	25.80	m
5	030411004001	配线	塑料铜线 BV—2×4+E4，SC25： L=[(0.5+0.4)+19.80]×3=62.10（m）	62.10	m
6	030411004002	配线	塑料铜线 BV—2×2.5+E2.5，PC25： L=［（0.5+0.4）+15.60］×3+6.20×4+4×5=94.30（m）	94.30	m
7	030408001001	电力电缆	电力电缆敷设 WP1、WP3，NH—YJV—3×35+2×16： WP1：2+9+0.2×2+0.5=11.9（m） WP3：2+11+0.2×2+0.5=13.9（m） 小计：11.9+13.9=25.80（m）	25.80	m
8	030408001002	电力电缆	电力电缆 WP2、WP4，NH—YJV—3×16+2×10： WP2：2+8+0.2×2+0.5=10.9（m） WP4：2+13+0.2×2+0.5=15.9（m） 小计：10.9+15.9=26.80（m）	26.80	m
9	030408001003	电力电缆	电力电缆 WP5，YJV—3×16+2×10： 2+10+0.2×2+1.4+2=15.80（m）	15.80	m
10	030412005001	荧光灯	格栅双管荧光灯 XD512—Y，2×20W： 5 套	5	套

续表

序号	项目编码	清单项目名称	计算式	工程量合计	计量单位
11	030412001001	普通灯具	工厂罩灯 GCC，1×32W： 3套	3	套
12	030404034001	照明开关	双联单控跷板开关，B5B2/1，250V/16A： 1套	1	套
13	030404034002	照明开关	三联单控跷板开关，B5B3/1，250V/16A： 1套	1	套
14	030404017001	配线箱	照明配电箱 AL，500mm×400mm×220mm： 1台	1	台
15	030411006001	接线盒	灯头盒 86 型，暗装： 5+3=8（个）	8	个
16	030411006002	接线盒	开关接线盒 86 型，暗装： 2个	2	个

分部分项工程和单价措施项目清单与计价表 **表 1-55**

工程名称：某工程

序号	项目编码	项目名称	项目特征描述	计量单位	工程量	金额（元）		
						综合单价	合价	其中
								暂估价
1	030411001001	配管	1. 名称：电线管； 2. 材质：镀锌； 3. 规格：SC50； 4. 配置形式：暗配	m	21.40			
2	030411001002	配管	1. 名称：电线管； 2. 材质：镀锌； 3. 规格：SC32； 4. 配置形式：暗配	m	34.20			
3	030411001003	配管	1. 名称：电线管； 2. 材质：镀锌； 3. 规格：SC25； 4. 配置形式：暗配	m	19.80			
4	030411001004	配管	1. 名称：聚氯乙烯硬质塑料管； 2. 材质：PVC； 3. 规格：PC25； 4. 配置形式：暗配	m	25.80			
5	030411004001	配线	1. 名称：塑料铜芯线； 2. 配线形式：穿管； 3. 型号：BV； 4. 规格：(2×4+1×4) mm^2； 5. 材质：铜芯	m	62.10			

续表

序号	项目编码	项目名称	项目特征描述	计量单位	工程量	金额（元）		
						综合单价	合价	其中 暂估价
6	030411004002	配线	1. 名称：塑料铜芯线； 2. 配线形式：穿管； 3. 型号：BV； 4. 规格：（2×2.5＋1×2.5）mm^2； 5. 材质：铜芯	m	94.30			
7	030408001001	电力电缆	1. 名称：铜芯交联聚乙烯绝缘聚氯乙烯护套耐火电缆； 2. 型号：NH—YJV； 3. 规格：（3×35＋2×16）mm^2； 4. 材质：铜芯； 5. 敷设方式、部位：穿管敷设	m	25.80			
8	030408001002	电力电缆	1. 名称：铜芯交联聚乙烯绝缘聚氯乙烯护套耐火电缆； 2. 型号：NH—YJV； 3. 规格：（3×16＋2×10）mm^2； 4. 材质：铜芯； 5. 敷设方式、部位：穿管敷设	m	26.80			
9	030408001003	电力电缆	1. 名称：铜芯交联聚乙烯绝缘聚氯乙烯护套电力电缆； 2. 型号：YJV； 3. 规格：（3×16＋2×10）mm^2； 4. 材质：铜芯； 5. 敷设方式、部位：穿管敷设	m	15.80			
10	030412005001	荧光灯	1. 名称：格栅双管荧光灯； 2. 型号：XD512—Y； 3. 规格：2×20W； 4. 安装形式：吸顶安装	套	5			
11	030412002001	工厂灯	工厂罩灯 GCC，1×100W 1. 名称：装饰灯； 2. 型号：GCC； 3. 规格：1×100W； 4. 安装形式：吸顶安装	套	3			
12	030404034001	照明开关	1. 名称：双联单控跷板开关； 2. 规格：250V/16A、86 型； 3. 安装方式：暗装	套	1			
13	030404034002	照明开关	1. 名称：三联单控跷板开关； 2. 规格：250V/16A、86 型； 3. 安装方式：暗装	套	1			

续表

序号	项目编码	项目名称	项目特征描述	计量单位	工程量	金额（元）		
						综合单价	合价	其中
								暂估价
14	030404017001	配线箱	1. 名称：照明配电箱 AL； 2. 规格：500mm×400mm×220mm（宽×高×厚）； 3. 安装方式：嵌墙暗装，底边距地 1.4m	台	1			
15	030411006001	接线盒	1. 名称：灯头盒； 2. 材质：钢质镀锌； 3. 规格：86H； 4. 安装形式，暗装	个	8			
16	030411006002	接线盒	1. 名称：开关接线盒； 2. 材质：钢质镀锌； 3. 规格：86H； 4. 安装形式：暗装	个	2			

2 建筑智能化工程

《通用安装工程工程量计算规范》GB 50856—2013（以下简称“13 规范”）、《建设工程工程量清单计价规范》GB 50500—2008（以下简称“08 规范”）。“13 规范”在项目编码、项目名称、项目特征、计量单位、工程量计算规则、工作内容等方面，均有变化。

1. 清单项目变化

“13 规范”在“08 规范”的基础上，建筑智能化工程增加 42 个项目，减少 14 个项目，具体如下：

（1）计算机应用、网络系统工程：增加了存储设备，插箱、机柜，互联电缆，收发器，网络服务器，计算机应用、网络系统接地等 6 个项目。

（2）综合布线系统工程：合并“08 规范”中一些子目，补充了一些项目，例如：配线架、跳线架、跳块、线管理器等。

（3）建筑设备自动化系统工程：将“08 规范”C. 12. 3 楼宇、小区多表远传系统和 C. 12. 4 楼宇、小区自控系统共 13 个项目，调整为 E. 3 建筑设备自动化系统工程和 E. 4 建筑信息综合管理系统，设置 9 个项目。

（4）建筑信息综合管理系统：设置 8 个项目。

（5）有线电视、卫星接收系统工程：增加卫星电视天线、馈线系统，射频同轴电缆，同轴电缆接头，终端调试等 4 个项目。

（6）音频、视频系统工程：增加了视频系统设备、视频系统调试等 2 个项目。

（7）安全防范系统工程：调整合并了原规范中一些项目，增加了安全检查设备，另外设置了分系统调试、全系统联调和安防工程的试运行项目。删除了控制台和监视器柜 1 个项目。

（8）“08 规范”通信系统设备一节 8 个项目删除。

2. 应注意的问题

（1）如主项项目工程与需综合项目工程量不对应，项目特征应描述综合项目的规格、数量。

（2）由国家或地方检测验收部门进行的检测验收应按“13 规范”附录 N 措施项目相关项目编码列项。

（3）设备需投标人购置应在招标文件中予以说明。

（4）各类线、缆预留长度参照“13 规范”附录 D 电气设备安装工程中各线缆预留长度及附加长度表执行。

2.1 工程量计算依据六项变化及说明

2.1.1 计算机应用、网络系统工程

计算机应用、网络系统工程工程量清单项目设置、项目特征描述的内容、计量单位及

了程量计算规则等的变化对照情况，见表 2-1。

计算机应用、网络系统工程（编码：030501） **表 2-1**

序号	版别	项目编码	项目名称	项目特征	工程量计算规则与计量单位	工作内容
1	13 规范	030501001	输入设备	1. 名称； 2. 类别； 3. 规格； 4. 安装方式	按设计图示数量计算（计量单位：台）	1. 本体安装； 2. 单体调试
		030501002	输出设备			
	08 规范	031202001	终端设备	1. 名称； 2. 类型		1. 本体安装； 2. 单体测试
		031202002	附属设备	1. 名称； 2. 功能； 3. 规格		
	说明：项目名称更名为“输入设备”和“输出设备”。项目特征描述新增“类别”和“安装方式”，删除原来的“功能”。工作内容将原来的“单体测试”修改为“单体调试”					
2	13 规范	030501003	控制设备	1. 名称； 2. 类别； 3. 路数； 4. 规格	按设计图示数量计算（计量单位：台）	1. 本体安装； 2. 单体调试
	08 规范	031202003	网络终端设备	1. 名称； 2. 功能； 3. 服务范围		1. 安装； 2. 软件安装； 3. 单体调试
	说明：项目名称更名为“控制设备”。项目特征描述新增“类别”、“路数”和“规格”，删除原来的“功能”和“服务范围”。工作内容将原来的“安装”和“软件安装”归并为“本体安装”，“单体测试”修改为“单体调试”					
3	13 规范	030501004	存储设备	1. 名称； 2. 类别； 3. 规格； 4. 容量； 5. 通道数	按设计图示数量计算（计量单位：台）	1. 本体安装； 2. 单体调试
	08 规范	—	—	—	—	—
	说明：新增项目内容					
4	13 规范	030501005	插箱、机柜	1. 名称； 2. 类别； 3. 规格	按设计图示数量计算（计量单位：台）	1. 本体安装； 2. 接电源线、保护地线、功能地线
	08 规范	—	—	—	—	—
	说明：新增项目内容					
5	13 规范	030501006	互联电缆	1. 名称； 2. 类别； 3. 规格	按设计图示数量计算（计量单位：条）	制作、安装
	08 规范	—	—	—	—	—
	说明：新增项目内容					

续表

序号	版别	项目编码	项目名称	项目特征	工程量计算规则与计量单位	工作内容
6	13 规范	030501007	接口卡	1. 名称； 2. 类别； 3. 传输效率	按设计图示数量计算（计量单位：台）	1. 本体安装； 2. 单体调试
	08 规范	031202004	接口卡	1. 名称； 2. 类型； 3. 传输效率	按设计图示数量计算（计量单位：台或套）	1. 安装； 2. 单体调试
	说明：项目特征描述将原来的“类型”修改为“类别”。工程量计算规则与计量单位将原来的“台或套”修改为“台”。工作内容将原来的“安装”扩展为“本体安装”					
7	13 规范	030501008	集线器	1. 名称； 2. 类别； 3. 堆叠单元量	按设计图示数量计算（计量单位：台）	1. 本体安装； 2. 单体调试
	08 规范	031202005	网络集线器	1. 名称； 2. 类型； 3. 堆叠单元量	按设计图示数量计算（计量单位：台或套）	1. 安装； 2. 单体调试
	说明：项目名称简化为“集线器”。项目特征描述将原来的“类型”修改为“类别”。工程量计算规则与计量单位将原来的“台或套”修改为“台”。工作内容将原来的“安装”扩展为“本体安装”					
8	13 规范	030501009	路由器	1. 名称； 2. 类别； 3. 规格； 4. 功能	按设计图示数量计算（计量单位：台）	1. 本体安装； 2. 单体调试
	08 规范	031202007	路由器	1. 名称； 2. 功能	按设计图示数量计算（计量单位：台或套）	1. 安装； 2. 单体调试
	说明：项目特征描述新增“类别”和“规格”。工程量计算规则与计量单位将原来的“台或套”修改为“台”。工作内容将原来的“安装”扩展为“本体安装”					
9	13 规范	030501010	收发器	1. 名称； 2. 类别； 3. 规格； 4. 功能	按设计图示数量计算（计量单位：套）	1. 本体安装； 2. 单体调试
	08 规范	—	—	—	—	—
	说明：新增项目内容					
10	13 规范	030501011	防火墙	1. 名称； 2. 类别； 3. 规格； 4. 功能	按设计图示数量计算（计量单位：套）	1. 本体安装； 2. 单体调试
	08 规范	031202008	防火墙	1. 名称； 2. 类型； 3. 功能	按设计图示数量计算（计量单位：台或套）	1. 安装； 2. 单体调试
	说明：项目特征描述新增“规格”，将原来的“类型”修改为“类别”。工程量计算规则与计量单位将原来的“台或套”修改为“台”。工作内容将原来的“安装”扩展为“本体安装”					
11	13 规范	030501012	交换机	1. 名称； 2. 功能； 3. 层数	按设计图示数量计算台（计量单位：台）	1. 本体安装； 2. 单体调试

续表

<table>
<tr><th>序号</th><th>版别</th><th>项目编码</th><th>项目名称</th><th>项目特征</th><th>工程量计算规则与计量单位</th><th>工作内容</th></tr>
<tr><td rowspan="2">11</td><td>08 规范</td><td>031202006</td><td>局域网
交换机</td><td>1. 名称；
2. 功能；
3. 层数（交换机）</td><td>按设计图示数量计算（计量单位：台或套）</td><td>1. 安装；
2. 单体调试</td></tr>
<tr><td colspan="6">说明：项目名称简化为“交换机”。项目特征描述将原来的“层数（交换机）”简化为“层数”。工程量计算规则与计量单位将原来的“台或套”修改为“台”。工作内容将原来的“安装”扩展为“本体安装”</td></tr>
<tr><td rowspan="3">12</td><td>13 规范</td><td>030501013</td><td>网络服务器</td><td>1. 名称；
2. 类别；
3. 规格</td><td>按设计图示数量计算（计量单位：套）</td><td>1. 本体安装；
2. 插件安装；
3. 接信号线、电源线、地线</td></tr>
<tr><td>08 规范</td><td>—</td><td>—</td><td>—</td><td>—</td><td>—</td></tr>
<tr><td colspan="6">说明：新增项目内容</td></tr>
<tr><td rowspan="3">13</td><td>13 规范</td><td>030501014</td><td>计算机应用、网络系统
接地</td><td>1. 名称；
2. 类别；
3. 规格</td><td>按设计图示数量计算（计量单位：系统）</td><td>1. 安装焊接；
2. 检测</td></tr>
<tr><td>08 规范</td><td>—</td><td>—</td><td>—</td><td>—</td><td>—</td></tr>
<tr><td colspan="6">说明：新增项目内容</td></tr>
<tr><td rowspan="4">14</td><td rowspan="2">13 规范</td><td>030501015</td><td>计算机应用、网络系统
系统联调</td><td rowspan="2">1. 名称；
2. 类别；
3. 用户数</td><td rowspan="3">按设计图示数量计算（计量单位：系统）</td><td>系统调试</td></tr>
<tr><td>030501016</td><td>计算机应用、网络系统
试运行</td><td>试运行</td></tr>
<tr><td>08 规范</td><td>031202011</td><td>网络调试
及试运行</td><td>1. 名称；
2. 信息点数量</td><td>1. 系统测试；
2. 系统试运行；
3. 系统验证测试</td></tr>
<tr><td colspan="6">说明：项目名称更名为“计算机应用、网络系统系统联调”和“计算机应用、网络系统试运行”。项目特征描述新增“类别”和“用户数”，删除原来的“信息点数量”。工作内容将原来的“系统试运行”简化为“试运行”，删除原来的“系统验证测试”</td></tr>
<tr><td rowspan="3">15</td><td>13 规范</td><td>030501017</td><td>软件</td><td>1. 名称；
2. 类别；
3. 规格；
4. 容量</td><td rowspan="2">按设计图示数量计算（计量单位：套）</td><td>1. 安装；
2. 调试；
3. 试运行</td></tr>
<tr><td>08 规范</td><td>031202010</td><td>服务器系
统软件</td><td>1. 名称；
2. 功能</td><td>1. 安装；
2. 调试</td></tr>
<tr><td colspan="6">说明：项目名称简化为“软件”。项目特征描述新增“类别”、“规格”和“容量”，删除原来的“功能”。工作内容新增“试运行”</td></tr>
</table>

2.1.2 综合布线系统工程

综合布线系统工程工程量清单项目设置、项目特征描述的内容、计量单位及工程量计算规则等的变化对照情况，见表 2-2。

综合布线系统工程（编码：030502） 表 2-2

<table>
<tr><th>序号</th><th>版别</th><th>项目编码</th><th>项目名称</th><th>项目特征</th><th>工程量计算规则与计量单位</th><th>工作内容</th></tr>
<tr><td rowspan="4">1</td><td>13 规范</td><td>030502001</td><td>机柜、机架</td><td>1. 名称；
2. 材质；
3. 规格；
4. 安装方式</td><td rowspan="2">按设计图示数量计算（计量单位：台）</td><td>1. 本体安装；
2. 相关固定件的连接</td></tr>
<tr><td rowspan="2">08 规范</td><td>031101023</td><td>列头柜、列中柜、尾柜、空机架</td><td>1. 名称；
2. 规格；
3. 型号</td><td>1. 制作；
2. 安装；
3. 除锈、刷油</td></tr>
<tr><td>031101024</td><td>电源分配架</td><td>1. 规格；
2. 型号</td><td>按设计图示数量计算（计量单位：架）</td><td>1. 安装；
2. 测试</td></tr>
<tr><td colspan="6">说明：项目名称更名为“机柜、机架”。项目特征描述新增“材质”和“安装方式”。工程量计算规则与计量单位将原来的“架”修改为“台”。工作内容新增“相关固定件的连接”，将原来的“安装”扩展为“本体安装”，删除原来的“制作”、“除锈、刷油”和“测试”</td></tr>
<tr><td rowspan="3">2</td><td>13 规范</td><td>030502002</td><td>抗震底座</td><td>1. 名称；
2. 材质；
3. 规格；
4. 安装方式</td><td>按设计图示数量计算（计量单位：台）</td><td>1. 本体安装；
2. 底盒安装</td></tr>
<tr><td>08 规范</td><td>031103016</td><td>抗震底座</td><td>1. 规格；
2. 程式</td><td>按设计图示数量计算（计量单位：个）</td><td>制作、安装</td></tr>
<tr><td colspan="6">说明：项目特征描述新增“名称”、“材质”和“安装方式”，删除原来的“程式”。工程量计算规则与计量单位将原来的“个”修改为“台”。工作内容将原来的“制作、安装”修改为“本体安装”和“底盒安装”</td></tr>
<tr><td rowspan="4">3</td><td>13 规范</td><td>030502003</td><td>分线接线箱（盒）</td><td>1. 名称；
2. 材质；
3. 规格；
4. 安装方式</td><td rowspan="3">按设计图示数量计算（计量单位：个）</td><td>1. 本体安装；
2. 底盒安装</td></tr>
<tr><td rowspan="2">08 规范</td><td>031102057</td><td>分线箱</td><td rowspan="2">1. 规格；
2. 程式；
3. 容量</td><td rowspan="2">制作、安装、测试</td></tr>
<tr><td>03102058</td><td>分线盒</td></tr>
<tr><td colspan="6">说明：项目名称归并为“分线接线箱（盒）”。项目特征描述新增“名称”、“材质”和“安装方式”，删除原来的“程式”和“容量”。工作内容将原来的“制作、安装、测试”修改为“本体安装”和“底盒安装”</td></tr>
<tr><td rowspan="3">4</td><td>13 规范</td><td>030502004</td><td>电视、电话插座</td><td>1. 名称；
2. 安装方式；
3. 底盒材质、规格</td><td>按设计图示数量计算（计量单位：个）</td><td>1. 本体安装；
2. 底盒安装</td></tr>
<tr><td>08 规范</td><td>—</td><td>—</td><td>—</td><td>—</td><td>—</td></tr>
<tr><td colspan="6">说明：新增项目内容</td></tr>
<tr><td rowspan="3">5</td><td>13 规范</td><td>030502005</td><td>双绞线缆</td><td>1. 名称；
2. 规格；
3. 线缆对数；
4. 敷设方式</td><td rowspan="2">按设计图示尺寸以长度计算（计量单位：m）</td><td>1. 敷设；
2. 标记；
3. 卡接</td></tr>
<tr><td>08 规范</td><td>031103017</td><td>4 对对绞电缆</td><td>1. 规格；
2. 程式；
3. 敷设环境</td><td>1. 敷设、测试；
2. 卡接（配线架侧）</td></tr>
<tr><td colspan="6">说明：项目名称更名为“双绞线缆”。项目特征描述新增“名称”、“线缆对数”和“敷设方式”，删除原来的“程式”和“敷设环境”。工作内容新增“标记”，将原来的“敷设、测试”简化为“敷设”，“卡接（配线架侧）”简化为“卡接”</td></tr>
</table>

续表

<table>
<tr><th>序号</th><th>版别</th><th>项目编码</th><th>项目名称</th><th>项目特征</th><th>工程量计算规则与计量单位</th><th>工作内容</th></tr>
<tr><td rowspan="4">6</td><td>13 规范</td><td>030502006</td><td>大对数电缆</td><td>1. 名称；
2. 规格；
3. 线缆对数；
4. 敷设方式</td><td rowspan="3">按设计图示尺寸以长度计算（计量单位：m）</td><td>1. 敷设；
2. 标记；
3. 卡接</td></tr>
<tr><td rowspan="2">08 规范</td><td>031103018</td><td>大对数非屏蔽电缆</td><td rowspan="2">1. 规格；
2. 程式；
3. 敷设环境</td><td rowspan="2">1. 敷设、测试；
2. 卡接（配线架侧）</td></tr>
<tr><td>031103019</td><td>大对数屏蔽电缆</td></tr>
<tr><td colspan="6">说明：项目名称归并为“大对数电缆”。项目特征描述新增“名称”、“线缆对数”和“敷设方式”，删除原来的“程式”和“敷设环境”。工作内容新增“标记”，将原来的“敷设、测试”简化为“敷设”，“卡接（配线架侧）”简化为“卡接”</td></tr>
<tr><td rowspan="3">7</td><td>13 规范</td><td>030502007</td><td>光缆</td><td>1. 名称；
2. 规格；
3. 线缆对数；
4. 敷设方式</td><td rowspan="2">按设计图示尺寸以长度计算（计量单位：m）</td><td>1. 敷设；
2. 标记；
3. 卡接</td></tr>
<tr><td>08 规范</td><td>031103020</td><td>光缆</td><td>1. 规格；
2. 程式；
3. 敷设环境</td><td>敷设、测试</td></tr>
<tr><td colspan="6">说明：项目特征描述新增“名称”、“线缆对数”和“敷设方式”，删除原来的“程式”和“敷设环境”。工作内容新增“标记”和“卡接”，将原来的“敷设、测试”简化为“敷设”</td></tr>
<tr><td rowspan="4">8</td><td>13 规范</td><td>030502008</td><td>光纤束、光缆外护套</td><td>1. 名称；
2. 规格；
3. 安装方式</td><td rowspan="3">按设计图示尺寸以长度计算（计量单位：m）</td><td>1. 气流吹放；
2. 标记</td></tr>
<tr><td rowspan="2">08 规范</td><td>031103021</td><td>光缆护套</td><td>1. 规格；
2. 程式；
3. 敷设环境</td><td>敷设</td></tr>
<tr><td>031103022</td><td>光纤束</td><td>1. 规格；
2. 程式</td><td>气流吹放、测试</td></tr>
<tr><td colspan="6">说明：项目名称归并为“光纤束、光缆外护套”。项目特征描述新增“名称”和“安装方式”，删除原来的“程式”和“敷设环境”。工作内容新增“标记”，将原来的“气流吹放、测试”简化为“气流吹放”，删除原来的“敷设”</td></tr>
<tr><td rowspan="4">9</td><td>13 规范</td><td>030502009</td><td>跳线</td><td>1. 名称；
2. 类别；
3. 规格</td><td rowspan="3">按设计图示数量计算（计量单位：条）</td><td>1. 插接跳线；
2. 整理跳线</td></tr>
<tr><td rowspan="2">08 规范</td><td>031103031</td><td>电缆跳线</td><td rowspan="2">1. 名称、型号；
2. 规格</td><td rowspan="2">制作、测试</td></tr>
<tr><td>031103032</td><td>光纤跳线</td></tr>
<tr><td colspan="6">说明：项目名称归并为“跳线”。项目特征描述新增“类别”，将原来的“名称、型号”简化为“名称”。工作内容新增“插接跳线”和“整理跳线”，删除原来的“制作、测试”</td></tr>
<tr><td rowspan="3">10</td><td>13 规范</td><td>030502010</td><td>配线架</td><td>1. 名称；
2. 规格；
3. 容量</td><td>按设计图示数量计算（计量单位：个）</td><td>安装、卡接</td></tr>
<tr><td>08 规范</td><td>—</td><td>—</td><td>—</td><td>—</td><td>—</td></tr>
<tr><td colspan="6">说明：新增项目内容</td></tr>
</table>

续表

<table>
<tr><th>序号</th><th>版别</th><th>项目编码</th><th>项目名称</th><th>项目特征</th><th>工程量计算规则与计量单位</th><th>工作内容</th></tr>
<tr><td rowspan="3">11</td><td>13规范</td><td>030502011</td><td>跳线架</td><td>1. 名称；
2. 规格；
3. 容量</td><td>按设计图示数量计算（计量单位：个）</td><td>安装、卡接</td></tr>
<tr><td>08规范</td><td>—</td><td>—</td><td>—</td><td>—</td><td>—</td></tr>
<tr><td colspan="6">说明：新增项目内容</td></tr>
<tr><td rowspan="9">12</td><td>13规范</td><td>030502012</td><td>信息插座</td><td>1. 名称；
2. 类别；
3. 规格；
4. 安装方式；
5. 底盒材质、规格</td><td>按设计图示数量计算（计量单位：个或块）</td><td>1. 端接模块；
2. 安装面板</td></tr>
<tr><td rowspan="7">08规范</td><td>031103007</td><td>信息插座底盒（接线盒）</td><td>1. 规格；
2. 程式；
3. 安装地点</td><td rowspan="7">按设计图示数量计算（计量单位：个）</td><td>安装</td></tr>
<tr><td>031103023</td><td>单口非屏蔽八位模块式信息插座</td><td rowspan="4">1. 规格；
2. 型号</td><td rowspan="4">安装、卡接</td></tr>
<tr><td>031103024</td><td>单口屏蔽八位模块式信息插座</td></tr>
<tr><td>031103025</td><td>双口非屏蔽八位模块式信息插座</td></tr>
<tr><td>031103026</td><td>双口屏蔽八位模块式信息插座</td></tr>
<tr><td>031103027</td><td>双口光纤信息插座</td><td rowspan="2">1. 规格；
2. 型号</td><td rowspan="2">安装</td></tr>
<tr><td>031103028</td><td>四口光纤信息插座</td></tr>
<tr><td colspan="6">说明：项目名称归并为“信息插座”。项目特征描述新增“名称”、“类别”和“底盒材质、规格”，删除原来的“程式”和“型号”。工程量计算规则与计量单位将原来的“个”修改为“个或块”。工作内容新增“端接模块”和“安装面板”，删除原来的“安装”和“安装、卡接”</td></tr>
<tr><td rowspan="3">13</td><td>13规范</td><td>030502013</td><td>光纤盒</td><td>1. 名称；
2. 类别；
3. 规格；
4. 安装方式</td><td rowspan="2">按设计图示数量计算（计量单位：个或块）</td><td>1. 端接模块；
2. 安装面板</td></tr>
<tr><td>08规范</td><td>031103029</td><td>光纤连接盘</td><td>1. 规格；
2. 型号</td><td>安装、卡接</td></tr>
<tr><td colspan="6">说明：项目名称更名为“光纤盒”。项目特征描述新增“名称”、“类别”和“安装方式”，删除原来的“型号”。工作内容新增“端接模块”和“安装面板”，删除原来的“安装、卡接”</td></tr>
</table>

续表

序号	版别	项目编码	项目名称	项目特征	工程量计算规则与计量单位	工作内容
14	13规范	030502014	光纤连接	1. 方法； 2. 模式	按设计图示数量计算（计量单位：芯或端口）	1. 接续； 2. 测试
	08规范	031103030	光纤连接		按设计图示数量计算（计量单位：芯）	接续、测试
	说明：工程量计算规则与计量单位将原来的“芯”修改为“芯或端口”。工作内容将原来的“接续、测试”拆分为“接续”和“测试”					
15	13规范	030502015	光缆终端盒	光缆芯数	按设计图示数量计算（计量单位：个）	1. 接续； 2. 测试
	08规范	—	—	—	—	—
	说明：新增项目内容					
16	13规范	030502016	布放尾纤	1. 名称； 2. 规格； 3. 安装方式	按设计图示数量计算（计量单位：根）	1. 接续； 2. 测试
	08规范	—	—	—	—	—
	说明：新增项目内容					
17	13规范	030502017	线管理器	1. 名称； 2. 规格； 3. 安装方式	按设计图示数量计算（计量单位：个）	本体安装
	08规范	—	—	—	—	—
	说明：新增项目内容					
18	13规范	030502018	跳块	1. 名称； 2. 规格； 3. 安装方式	按设计图示数量计算（计量单位：个）	安装、卡接
	08规范	—	—	—	—	—
	说明：新增项目内容					
19	13规范	030502019	双绞线缆测试	1. 测试类别； 2. 测试内容	按设计图示数量计算（计量单位：链路或点、芯）	测试
	08规范	031103033	电缆链路系统测试		按设计图示数量计算（计量单位：链路）	
	说明：项目名称更名为“双绞线缆测试”。工程量计算规则与计量单位将原来的“链路”修改为“链路或点、芯”					
20	13规范	030502020	光纤测试	1. 测试类别； 2. 测试内容	按设计图示数量计算（计量单位：链路或点、芯）	测试
	08规范	03103034	光纤链路系统测试		按设计图示数量计算（计量单位：链路）	
	说明：项目名称简化为“光纤测试”。工程量计算规则与计量单位将原来的“链路”修改为“链路或点、芯”					

2.1.3 建筑设备自动化系统工程

建筑设备自动化系统工程工程量清单项目设置、项目特征描述的内容、计量单位及工程量计算规则等的变化对照情况，见表2-3。

建筑设备自动化系统工程（编码：030503）　　　　**表 2-3**

<table>
<tr><th>序号</th><th>版别</th><th>项目编码</th><th>项目名称</th><th>项目特征</th><th>工程量计算规则与计量单位</th><th>工作内容</th></tr>
<tr><td rowspan="3">1</td><td>13 规范</td><td>030503001</td><td>中央管理系统</td><td>1. 名称；
2. 类别；
3. 功能；
4. 控制点数量</td><td>按设计图示数量计算（计量单位：系统或套）</td><td>1. 本体组装、连接；
2. 系统软件安装；
3. 单体调整；
4. 系统联调；
5. 接地</td></tr>
<tr><td>08 规范</td><td>031204001</td><td>中央管理系统</td><td>1. 名称；
2. 控制点数量</td><td>按设计图示数量计算（计量单位：台）</td><td>1. 本体安装；
2. 系统软件安装；
3. 单体调整</td></tr>
<tr><td colspan="6">说明：项目特征描述新增“类别”和“功能”。工程量计算规则与计量单位将原来的“台”修改为“系统或套”。工作内容新增“系统联调”和“接地”，将原来的“本体安装”修改为“本体组装、连接”</td></tr>
<tr><td rowspan="3">2</td><td>13 规范</td><td>030503002</td><td>通信网络控制设备</td><td>1. 名称；
2. 类别；
3. 规格</td><td>按设计图示数量计算（计量单位：台或套）</td><td>1. 本体安装；
2. 软件安装；
3. 单体调试；
4. 联调联试；
5. 接地</td></tr>
<tr><td>08 规范</td><td>031204002</td><td>控制网络通信设备</td><td>1. 名称；
2. 类别</td><td>按设计图示数量计算（计量单位：台）</td><td>1. 本体安装；
2. 软件安装；
3. 单体调试</td></tr>
<tr><td colspan="6">说明：项目名称更名为“通信网络控制设备”。项目特征描述新增“规格”。工程量计算规则与计量单位将原来的“台”修改为“台或套”。工作内容新增“联调联试”和“接地”</td></tr>
<tr><td rowspan="4">3</td><td rowspan="2">13 规范</td><td>030503003</td><td>控制器</td><td>1. 名称；
2. 类别；
3. 功能；
4. 控制点数量</td><td rowspan="2">按设计图示数量计算（计量单位：台或套）</td><td>1. 本体安装；
2. 软件安装；
3. 单体调试；
4. 联调联试；
5. 接地</td></tr>
<tr><td>030503004</td><td>控制箱</td><td>1. 名称；
2. 类别；
3. 功能；
4. 控制器、控制模块规格、体积；
5. 控制器、控制模块数量</td><td>1. 本体安装、标识；
2. 控制器、控制模块组装；
3. 单体调试；
4. 联调联试；
5. 接地</td></tr>
<tr><td>08 规范</td><td>031204003</td><td>控制器</td><td>1. 名称；
2. 类别；
3. 功能；
4. 控制点数量</td><td>按设计图示数量计算（计量单位：台）</td><td>1. 本体安装；
2. 控制箱安装；
3. 软件安装；
4. 单体调试</td></tr>
<tr><td colspan="6">说明：项目名称拆分为“控制器”和“控制箱”。项目特征描述“控制箱”新增“控制器、控制模块规格、体积”和“控制器、控制模块数量”，删除原来的“控制点数量”。工程量计算规则与计量单位将原来的“台”修改为“台或套”。工作内容“控制器”新增“联调联试”和“接地”，删除原来的“控制箱安装”；“控制箱”新增“控制器、控制模块组装”、“联调联试”和“接地”，将原来的“本体安装”扩展为“本体安装、标识”，删除原来的“控制箱安装”和“软件安装”</td></tr>
</table>

续表

<table>
<tr><th>序号</th><th>版别</th><th>项目编码</th><th>项目名称</th><th>项目特征</th><th>工程量计算规则与计量单位</th><th>工作内容</th></tr>
<tr><td rowspan="3">4</td><td>13 规范</td><td>030503005</td><td>第三方通信设备接口</td><td>1. 名称；
2. 类别；
3. 接口点数</td><td>按设计图示数量计算（计量单位：台或套）</td><td>1. 本体安装、连接；
2. 接口软件安装调试；
3. 单体调试；
4. 联调联试</td></tr>
<tr><td>08 规范</td><td>031204004</td><td>第三方设备通信接口</td><td>1. 名称；
2. 类别</td><td>按设计图示数量计算（计量单位：个）</td><td>1. 本体安装；
2. 单体调试</td></tr>
<tr><td colspan="6">说明：项目名称更名为“第三方通信设备接口”。项目特征描述新增“接口点数”。工程量计算规则与计量单位将原来的“个”修改为“台或套”。工作内容新增“接口软件安装调试”和“联调联试”，将原来的“本体安装”扩展为“本体安装、连接”</td></tr>
<tr><td rowspan="5">5</td><td>13 规范</td><td>030503006</td><td>传感器</td><td>1. 名称；
2. 类别；
3. 功能；
4. 规格</td><td rowspan="4">按设计图示数量计算（计量单位：支或台）</td><td>1. 本体安装和连接；
2. 通电检查；
3. 单体调整测试；
4. 系统联调</td></tr>
<tr><td rowspan="3">08 规范</td><td>031204005</td><td>空调系统传感器及变送器</td><td rowspan="3">1. 名称；
2. 类型；
3. 功能</td><td rowspan="3">1. 本体安装；
2. 调整测试</td></tr>
<tr><td>031204006</td><td>照明及变配电系统传感器及变送器</td></tr>
<tr><td>031204007</td><td>给排水系统传感器及变送器</td></tr>
<tr><td colspan="6">说明：项目名称归并为“传感器”。项目特征描述新增“规格”。工作内容新增“通电检查”和“系统联调”，将原来的“本体安装”扩展为“本体安装和连接”，“调整测试”修改为“单体调整测试”</td></tr>
<tr><td rowspan="4">6</td><td rowspan="2">13 规范</td><td>030503007</td><td>电动调节阀执行机构</td><td rowspan="2">1. 名称；
2. 类别；
3. 功能；
4. 规格</td><td rowspan="2">按设计图示数量计算（计量单位：个）</td><td rowspan="2">1. 本体安装和连线；
2. 单体测试</td></tr>
<tr><td>030503008</td><td>电动、电磁阀门</td></tr>
<tr><td>08 规范</td><td>031204008</td><td>阀门及执行机构</td><td>1. 名称；
2. 类型；
3. 规格；
4. 控制点数量</td><td>按设计图示数量计算（计量单位：台或个）</td><td>1. 本体安装；
2. 单体测试</td></tr>
<tr><td colspan="6">说明：项目名称拆分为“电动调节阀执行机构”和“电动、电磁阀门”。项目特征描述新增和“功能”，将原来的“类型”修改为“类别”，删除原来的“控制点数量”。工程量计算规则与计量单位将原来的“台或个”修改为“个”。工作内容将原来的“本体安装”扩展为“本体安装和连接”</td></tr>
<tr><td>7</td><td>13 规范</td><td>030503009</td><td>建筑设备自控化系统调试</td><td>1. 名称；
2. 类别；
3. 功能；
4. 控制点数量</td><td>按设计图示数量计算（计量单位：台或户）</td><td>整体调试</td></tr>
</table>

续表

序号	版别	项目编码	项目名称	项目特征	工程量计算规则与计量单位	工作内容
7	08规范	031204009	住宅（小区）智能化设备	1. 名称； 2. 类型； 3. 控制点数量	按设计图示数量计算（计量单位：台或套）	1. 本体安装； 2. 智能箱安装； 3. 软件安装； 4. 系统调试
	说明：项目名称更名为“建筑设备自控化系统调试”。项目特征描述新增“功能”，将原来的“类型”修改为“类别”。工程量计算规则与计量单位将原来的“台或套”修改为“台或户”。工作内容将原来的“系统调试”修改为“整体调试”，删除原来的“本体安装”、“智能箱安装”和“软件安装”					
8	13规范	030503010	建筑设备自控化系统试运行	名称	按设计图示数量计算（计量单位：系统）	试运行
	08规范	031204010	住宅（小区）智能化系统	1. 名称； 2. 类型		1. 系统试运行； 2. 系统验证测试
	说明：项目名称更名为“建筑设备自控化系统试运行”。项目特征描述删除原来的“类型”。工作内容将原来“系统试运行”简化为“试运行”，删除原来的“系统验证测试”					

2.1.4 建筑信息综合管理系统工程

建筑信息综合管理系统工程工程量清单项目设置、项目特征描述的内容、计量单位及工程量计算规则等的变化对照情况，见表2-4。

建筑信息综合管理系统工程（编号：030504） **表2-4**

序号	版别	项目编码	项目名称	项目特征	工程量计算规则与计量单位	工作内容
1	13规范	030504001	服务器	1. 名称； 2. 类别； 3. 规格； 4. 安装方式	按设计图示数量计算（计量单位：台）	安装调试
2		030504002	服务器显示设备			
3		030504003	通信接口输入输出设备		按设计图示数量计算（计量单位：个）	本体安装、调试
4		030504004	系统软件	1. 测试类别； 2. 测试内容	按系统所需集成点数及图示数量计算（计量单位：套）	安装、调试
5		030504005	基础应用软件			
6		030504006	应用软件接口			
7		030504007	应用软件二次		按系统所需集成点数及图示数量计算（计量单位：项或点）	按系统点数进行二次软件开发和定制、进行调试
8		030504008	各系统联动试运行		按系统所需集成点数及图示数量计算（计量单位：系统）	调试、试运行

2.1.5 有线电视、卫星接收系统工程

有线电视、卫星接收系统工程工程量清单项目设置、项目特征描述的内容、计量单位

及工程量计算规则等的变化对照情况，见表2-5。

有线电视、卫星接收系统工程（编码：030505）　　表2-5

序号	版别	项目编码	项目名称	项目特征	工程量计算规则与计量单位	工作内容
1	13规范	030505001	共用天线	1. 名称； 2. 规格； 3. 电视设备箱型号规格； 4. 天线杆、基础种类	按设计图示数量计算（计量单位：副）	1. 电视设备箱安装； 2. 天线杆基础安装； 3. 天线杆安装； 4. 天线安装
	08规范	031205001	电视共用天线	1. 名称； 2. 型号		1. 本体安装； 2. 单体调试
	说明：项目名称简化为“共用天线”。项目特征描述新增“规格”、“电视设备箱型号规格”和“天线杆、基础种类”，删除原来的“型号”。工作内容新增“电视设备箱安装”、“天线杆基础安装”、“天线杆安装”和“天线安装”，删除原来的“本体安装”和“单体调试”					
2	13规范	030505002	卫星电视天线、馈线系统	1. 名称； 2. 规格； 3. 地点； 4. 楼高； 5. 长度	按设计图示数量计算（计量单位：副）	安装、调测
	08规范	—	—	—	—	—
	说明：新增项目内容					
3	13规范	030505003	前端机柜	1. 名称； 2. 规格	按设计图示数量计算（计量单位：个）	1. 本体安装； 2. 连接电源； 3. 接地
	08规范	031205002	前端机柜	名称		
	说明：项目特征描述新增“规格”					
4	13规范	030505004	电视墙	1. 名称； 2. 监视器数量	按设计图示数量计算（计量单位：套）	1. 机架、监视器安装； 2. 信号分配系统安装； 3. 连接电源； 4. 接地
	08规范	031205003	电视墙		按设计图示数量计算（计量单位：个）	
	说明：工程量计算规则与计量单位将原来的“个”修改为“套”					
5	13规范	030505005	射频同轴电缆	1. 名称； 2. 规格； 3. 敷设方式	按设计图示尺寸以长度计算（计量单位：m）	线缆敷设
	08规范	—	—	—	—	—
	说明：新增项目内容					
6	13规范	030505006	同轴电缆接头	1. 规格； 2. 方式	按设计图示数量计算（计量单位：个）	电缆接头
	08规范	—	—	—	—	—
	说明：新增项目内容					

续表

序号	版别	项目编码	项目名称	项目特征	工程量计算规则与计量单位	工作内容
7	13规范	030505007	前端射频设备	1. 名称； 2. 类别； 3. 频道数量	按设计图示数量计算（计量单位：套）	1. 本体安装； 2. 单体调试
	08规范	031205004	前端射频设备	1. 名称； 2. 类型； 3. 频道数量		
	说明：项目特征描述将原来的“类型”修改为“类别”					
8	13规范	030505008	卫星地面站接收设备	1. 名称； 2. 类别	按设计图示数量计算（计量单位：台）	1. 本体安装； 2. 单体调试； 3. 全站系统调试
	08规范	031205005	微型地面站接收设备	1. 名称； 2. 类型		
	说明：项目名称更名为“卫星地面站接收设备”。项目特征描述将原来的“类型”修改为“类别”					
9	13规范	030505009	光端设备安装、调试	1. 名称； 2. 类别； 3. 类型； 4. 容量	按设计图示数量计算（计量单位：台）	1. 本体安装； 2. 单体调试
	08规范	031205006	光端设备	1. 名称； 2. 类别； 3. 类型		
	说明：项目名称扩展为“光端设备安装、调试”。项目特征描述新增“容量”					
10	13规范	030505010	有线电视系统管理设备	1. 名称； 2. 类别	按设计图示数量计算（计量单位：台）	1. 本体安装； 2. 系统调试
	08规范	031205007	有线电视系统管理设备			
	说明：各项目内容未作修改					
11	13规范	030505011	播控设备安装、调试	1. 名称； 2. 功能； 3. 规格	按设计图示数量计算（计量单位：台）	1. 本体安装； 2. 系统调试
	08规范	031205008	播控设备			1. 播控台安装； 2. 控制设备安装； 3. 播控台调试
	说明：项目名称扩展为“播控设备安装、调试”。工作内容将原来的“播控台安装”和“控制设备安装”归并为“本体安装”，“播控台调试”修改为“系统调试”					
12	13规范	030505012	干线设备	1. 名称； 2. 功能； 3. 安装位置	按设计图示数量计算（计量单位：个）	1. 本体安装； 2. 系统调试
	08规范	031205009	传输网络设备			1. 本体安装； 2. 单体调试
	说明：项目名称更名为“干线设备”。工作内容将原来的“单体调试”修改为“系统调试”					
13	13规范	030505013	分配网络	1. 名称； 2. 功能； 3. 规格； 4. 安装方式	按设计图示数量计算（计量单位：个）	1. 本体安装； 2. 电缆接头制作、布线； 3. 单体调试

续表

序号	版别	项目编码	项目名称	项目特征	工程量计算规则与计量单位	工作内容
13	08 规范	031205010	分配网络设备	1. 名称； 2. 功能； 3. 安装形式	按设计图示数量计算（计量单位：个）	1. 本体安装； 2. 电缆头制作、安装； 3. 电缆接线盒埋设； 4. 网络终端调试； 5. 楼板、墙壁穿孔
	说明：项目名称简化为“分配网络”。项目特征描述新增“规格”，将原来的“安装形式”修改为“安装方式”。工作内容新增“单体调试”，将原来的“电缆头制作、安装”修改为“电缆接头制作、布线”，删除原来的“电缆接线盒埋设”、“网络终端调试”和“楼板、墙壁穿孔”					
14	13 规范	030505014	终端调试	1. 名称； 2. 功能	按设计图示数量计算（计量单位：个）	调试
	08 规范	—	—	—		
	说明：新增项目内容					

2.1.6 音频、视频系统工程

音频、视频系统工程工程量清单项目设置、项目特征描述的内容、计量单位及工程量计算规则等的变化对照情况，见表 2-6。

音频、视频系统工程（编码：030506） **表 2-6**

序号	版别	项目编码	项目名称	项目特征	工程量计算规则与计量单位	工作内容
1	13 规范	030506001	扩声系统设备	1. 名称； 2. 类别； 3. 规格； 4. 安装方式	按设计图示数量计算（计量单位：台）	1. 本体安装； 2. 单体调试
	08 规范	031206001	扩声系统设备	1. 名称； 2. 类别； 3. 回路数； 4. 功能		安装
	说明：项目特征描述新增“规格”和“安装方式”，删除原来的“回路数”和“功能”。工作内容新增“单体调试”，将原来的“安装”扩展为“本体安装”					
2	13 规范	030506002	扩声系统调试	1. 名称； 2. 类别； 3. 功能	按设计图示数量计算（计量单位：只或副、台、系统）	1. 设备连接构成系统； 2. 调试、达标； 3. 通过 DSP 实现多种功能
		030506003	扩声系统试运行	1. 名称； 2. 试运行时间	按设计图示数量计算（计量单位：系统）	试运行
	08 规范	031206002	扩声系统	1. 名称； 2. 类别； 3. 功能	按设计图示数量计算（计量单位：只或副、系统）	1. 单体调试； 2. 试运行
	说明：项目名称拆分为“扩声系统调试”和“扩声系统试运行”。项目特征描述新增“试运行时间”。工程量计算规则与计量单位的“扩声系统试运行”将原来的“只或副、系统”修改为“系统”。工作内容“扩声系统调试”新增“设备连接构成系统”和“通过 DSP 实现多种功能”，将原来的“单体调试”修改为“调试、达标”，删除原来的“试运行”；“扩声系统试运行”删除原来的“单体调试”					

续表

序号	版别	项目编码	项目名称	项目特征	工程量计算规则与计量单位	工作内容
3	13规范	030506004	背景音乐系统设备	1. 名称； 2. 类别； 3. 规格； 4. 安装方式	按设计图示数量计算（计量单位：台）	1. 本体安装； 2. 单体调试
	08规范	031206003	背景音乐系统设备	1. 名称； 2. 类别； 3. 回路数； 4. 功能		安装
	说明：项目特征描述新增“规格”和“安装方式”，删除原来的“回路数”和“功能”。工作内容新增“单体调试”，将原来的“安装”扩展为“本体安装”					
4	13规范	030506005	背景音乐系统调试	1. 名称； 2. 类别； 3. 功能； 4. 公共广播语言清晰度及相应声学特性指标要求	按设计图示数量计算（计量单位：台或系统）	1. 设备连接构成系统； 2. 试听、调试； 3. 系统试运行； 4. 公共广播达到语言清晰度及相应声学特性指标
		030506006	背景音乐系统试运行	1. 名称； 2. 试运行时间	按设计图示数量计算（计量单位：系统）	试运行
	08规范	031206004	背景音乐系统	1. 名称； 2. 类型； 3. 功能	按设计图示数量计算（计量单位：台或系统）	1. 单体调试； 2. 试运行
	说明：项目名称拆分为“背景音乐系统调试”和“背景音乐系统试运行”。项目特征描述新增“类别”、“公共广播语言清晰度及相应声学特性指标要求”和“试运行时间”，将原来的“类型”修改为“类别”。工程量计算规则与计量单位的“背景音乐系统试运行”将原来的“台或系统”修改为“系统”。工作内容“背景音乐系统调试”新增“设备连接构成系统”和“公共广播达到语言清晰度及相应声学特性指标”，将原来的“单体调试”修改为“试听、调试”，“试运行”扩展为“系统试运行”；“背景音乐系统试运行”删除原来的“单体调试”					
5	13规范	030506007	视频系统设备	1. 名称； 2. 类别； 3. 规格； 4. 功能、用途； 5. 安装方式	按设计图示数量计算（计量单位：台）	1. 本体安装； 2. 单体调试
	08规范	—	—	—	—	—
	说明：新增项目内容					
6	13规范	030506008	视频系统调试	1. 名称； 2. 类别； 3. 功能	按设计图示数量计算（计量单位：系统）	1. 设备连接构成系统； 2. 调试； 3. 达到相应系统设计标准； 4. 实现相应系统设计功能
	08规范	—	—	—	—	—
	说明：新增项目内容					

2.1.7 安全防范系统工程

安全防范系统工程工程量清单项目设置、项目特征描述的内容、计量单位及工程量计算规则等的变化对照情况，见表 2-7。

安全防范系统工程（编码：030507）　　表 2-7

序号	版别	项目编码	项目名称	项目特征	工程量计算规则与计量单位	工作内容
1	13 规范	030507001	入侵探测设备	1. 名称； 2. 类别； 3. 探测范围； 4. 安装方式	按设计图示数量计算（计量单位：套）	1. 本体安装； 2. 单体调试
	08 规范	031208001	入侵探测器	1. 名称； 2. 类别		
	说明：项目名称更名为“入侵探测设备”。项目特征描述新增“探测范围”和“安装方式”					
2	13 规范	030507002	入侵报警控制器	1. 名称； 2. 类别； 3. 路数； 4. 安装方式	按设计图示数量计算（计量单位：套）	1. 本体安装； 2. 单体调试
	08 规范	031208002	入侵报警控制器	1. 名称； 2. 类别； 3. 回路数		
	说明：项目特征描述新增“安装方式”，将原来的“回路数”修改为“路数”					
3	13 规范	030507003	入侵报警中心显示设备	1. 名称； 2. 类别； 3. 安装方式	按设计图示数量计算（计量单位：套）	1. 本体安装； 2. 单体调试
	08 规范	031208003	报警中心设备	1. 名称； 2. 类别		
	说明：项目名称更名为“入侵报警中心显示设备”。项目特征描述新增“安装方式”					
4	13 规范	030507004	入侵报警信号传输设备	1. 名称； 2. 类别； 3. 功率； 4. 安装方式	按设计图示数量计算（计量单位：套）	1. 本体安装； 2. 单体调试
	08 量规范	031208004	报警信号传输设备	1. 名称； 2. 类别； 3. 功率		
	说明：项目名称更名为“入侵报警信号传输设备”。项目特征描述新增“安装方式”					
5	13 规范	030507005	出入口目标识别设备	1. 名称； 2. 规格	按设计图示数量计算（计量单位：套）	1. 本体安装； 2. 单体调试
	08 规范	031208005	出入口目标识别设备	1. 名称； 2. 类型	按设计图示数量计算（计量单位：台）	1. 本体安装； 2. 系统调试
		030507006	出入口控制设备	1. 名称； 2. 规格	按设计图示数量计算（计量单位：台）	1. 本体安装； 2. 单体调试
		031208006	出入口控制设备	1. 名称； 2. 类型		1. 本体安装； 2. 系统调试
	说明：项目名称归并为“出入口目标识别设备”。工程量计算规则与计量单位将原来的“台”和“套”归并为“台”					

续表

<table>
<tr><th>序号</th><th>版别</th><th>项目编码</th><th>项目名称</th><th>项目特征</th><th>工程量计算规则与计量单位</th><th>工作内容</th></tr>
<tr><td rowspan="3">6</td><td>13 规范</td><td>030507007</td><td>出入口执行机构设备</td><td>1. 名称；
2. 类别；
3. 规格</td><td rowspan="2">按设计图示数量计算（计量单位：台）</td><td>1. 本体安装；
2. 单体调试</td></tr>
<tr><td>08 规范</td><td>031208007</td><td>出入口执行机构设备</td><td>1. 名称；
2. 类别</td><td>1. 本体安装；
2. 系统调试</td></tr>
<tr><td colspan="6">说明：项目特征描述新增“规格”。工作内容将原来的“系统调试”修改为“单体调试”</td></tr>
<tr><td rowspan="3">7</td><td>13 规范</td><td>030507008</td><td>监控摄像设备</td><td>1. 名称；
2. 类别；
3. 安装方式</td><td rowspan="2">按设计图示数量计算（计量单位：台）</td><td>1. 本体安装；
2. 单体调试</td></tr>
<tr><td>08 规范</td><td>031208008</td><td>电视监控摄像设备</td><td>1. 名称；
2. 类型；
3. 类别</td><td>1. 本体安装；
2. 云台安装；
3. 镜头安装；
4. 保护罩安装；
5. 支架安装；
6. 调试；
7. 试运行</td></tr>
<tr><td colspan="6">说明：项目名称简化为“监控摄像设备”。项目特征描述新增“安装方式”，删除原来的“类型”。工作内容将原来的“调试”修改为“单体调试”，删除原来的“云台安装”、“镜头安装”、“保护罩安装”、“支架安装”、“调试”和“试运行”</td></tr>
<tr><td rowspan="3">8</td><td>13 规范</td><td>030507009</td><td>视频控制设备</td><td>1. 名称；
2. 类别；
3. 路数；
4. 安装方式</td><td>按设计图示数量计算（计量单位：台或套）</td><td>1. 本体安装；
2. 单体调试</td></tr>
<tr><td>08 规范</td><td>031208009</td><td>视频控制设备</td><td>1. 名称；
2. 类型；
3. 回路数</td><td>按设计图示数量计算（计量单位：台）</td><td>1. 本体安装；
2. 单体调试；
3. 试运行</td></tr>
<tr><td colspan="6">说明：项目特征描述新增“安装方式”，将原来的“类型”修改为“类别”，“回路数”修改为“路数”。工程量计算规则与计量单位将原来的“台”修改为“台或套”。工作内容删除原来的“试运行”</td></tr>
<tr><td rowspan="3">9</td><td>13 规范</td><td>030507010</td><td>音频、视频及脉冲分配器</td><td>1. 名称；
2. 类别；
3. 路数；
4. 安装方式</td><td>按设计图示数量计算（计量单位：台或套）</td><td>1. 本体安装；
2. 单体调试</td></tr>
<tr><td>08 规范</td><td>031208011</td><td>音频、视频及脉冲分配器</td><td>1. 名称；
2. 回路数</td><td>按设计图示数量计算（计量单位：台）</td><td>1. 本体安装；
2. 单体调试；
3. 试运行</td></tr>
<tr><td colspan="6">说明：项目特征描述新增“类别”和“安装方式”，将原来的“回路数”修改为“路数”。工程量计算规则与计量单位将原来的“台”修改为“台或套”。工作内容删除原来的“试运行”</td></tr>
<tr><td rowspan="3">10</td><td>13 规范</td><td>030507011</td><td>视频补偿器</td><td rowspan="2">1. 名称；
2. 通道量</td><td>按设计图示数量计算（计量单位：台或套）</td><td>1. 本体安装；
2. 单体调试</td></tr>
<tr><td>08 规范</td><td>031208012</td><td>视频补偿器</td><td>按设计图示数量计算（计量单位：台）</td><td>1. 本体安装；
2. 单体调试；
3. 试运行</td></tr>
<tr><td colspan="6">说明：工程量计算规则与计量单位将原来的“台”修改为“台或套”。工作内容删除原来的“试运行”</td></tr>
</table>

续表

序号	版别	项目编码	项目名称	项目特征	工程量计算规则与计量单位	工作内容
11	13规范	030507012	视频传输设备	1. 名称； 2. 类别； 3. 规格	按设计图示数量计算（计量单位：台或套）	1. 本体安装； 2. 单体调试
	08规范	031208013	视频传输设备	1. 名称； 2. 类型	按设计图示数量计算（计量单位：台）	1. 本体安装； 2. 单体调试； 3. 试运行
	说明：项目特征描述新增“规格”，将原来的“类型”修改为“类别”。工程量计算规则与计量单位将原来的“台”修改为“台或套”。工作内容删除原来的“试运行”					
12	13规范	030507013	录像设备	1. 名称； 2. 类别； 3. 规格； 4. 存储容量、格式	按设计图示数量计算（计量单位：台或套）	1. 本体安装； 2. 单体调试
	08规范	031208014	录像、记录设备	1. 名称； 2. 类型； 3. 规格	按设计图示数量计算（计量单位：台）	1. 本体安装； 2. 单体调试； 3. 试运行
	说明：项目名称更改为“录像设备”。项目特征描述新增“存储容量、格式”，将原来的“类型”修改为“类别”。工程量计算规则与计量单位将原来的“台”修改为“台或套”。工作内容删除原来的“试运行”					
13	13规范	030507014	显示设备	1. 名称； 2. 类别； 3. 规格	1. 按设计图示数量计算（计量单位：台）； 2. 以平方米计量，按设计图示面积计算（计量单位：m^2）	1. 本体安装； 2. 单体调试
	08规范	031208015	监控中心设备	1. 名称； 2. 类型； 3. 规格	按设计图示数量计算（计量单位：台）	1. 本体安装； 2. 单体调试； 3. 试运行
		031208016	CRT显示终端	1. 名称； 2. 类型		
		031208017	模拟盘	1. 名称； 2. 类型		
	说明：项目名称归并为“显示设备”。项目特征描述将原来的“类型”修改为“类别”。工程量计算规则与计量单位新增“以平方米计量，按设计图示面积计算（计量单位：m^2）”。工作内容删除原来的“试运行”					
14	13规范	030507015	安全检查设备	1. 名称； 2. 规格； 3. 类别； 4. 程式； 5. 通道数	1. 按设计图示数量计算（计量单位：台）； 2. 以平方米计量，按设计图示面积计算（计量单位：m^2）	1. 本体安装； 2. 单体调试
	08规范	—	—	—	—	—
	说明：新增项目内容					

续表

序号	版别	项目编码	项目名称	项目特征	工程量计算规则与计量单位	工作内容
15	13 规范	030507016	停车场管理设备	1. 名称； 2. 类别； 3. 规格	1. 按设计图示数量计算（计量单位：台）； 2. 以平方米计量，按设计图示面积计算（计量单位：m^2）	1. 本体安装； 2. 单体调试
	08 规范	031207001	车辆检测识别设备	1. 名称； 2. 类型	按设计图示数量计算（计量单位：套）	
		031207002	出入口设备			
		031207003	显示和信号设备	1. 名称； 2. 类别； 3. 规格		
		031207004	监控管理中心设备	名称	按设计图示数量计算（计量单位：系统）	1. 安装； 2. 软件安装； 3. 系统联试； 4. 系统试运行
	说明：项目名称归并为“停车场管理设备”。工程量计算规则与计量单位新增“以平方米计量，按设计图示面积计算（计量单位：m^2）”，将原来的“系统”和“套”归并为“台”。工作内容将原来的“安装”和“软件安装”归并为“本体安装”，“系统联试”修改为“单体调试”，删除原来的“系统试运行”					
16	13 规范	030507017	安全防范分系统调试	1. 名称； 2. 类别； 3. 通道数	按设计内容（计量单位：系统）	各分系统调试
		030507018	安全防范全系统调试	系统内容		1. 各分系统的联动、参数设置； 2. 全系统联调
		030507019	安全防范系统工程试运行	1. 名称； 2. 类别		系统试运行
	08 规范	031208018	安全防范系统	1. 名称； 2. 类型	按设计图示数量计算（计量单位：系统）	1. 联调测试； 2. 系统试验运行； 3. 验交
	说明：项目名称拆分为“安全防范分系统调试”、“安全防范全系统调试”和“安全防范系统工程试运行”。项目特征描述新增“通道数”和“系统内容”，将原来的“类型”修改为“类别”。工程量计算规则与计量单位将原来的“按设计图示数量计算”修改为“按设计内容”。工作内容新增“各分系统的联动、参数设置”，“联调测试”修改为“全系统联调”或“各分系统调试”，“系统试验运行”修改为“系统试运行”，删除原来的“验交”					
17	13 规范	—	—	—	—	—
	08 规范	031208010	控制台和监视器柜	1. 名称； 2. 类型	按设计图示数量计算（计量单位：台）	安装
	说明：删除原来项目内容					

2.1.8 相关问题及说明

（1）土方工程，应按现行国家标准《房屋建筑与装饰工程工程量计算规范》GB 50854

相关项目编码列项。

（2）开挖路面工程，应按现行国家标准《市政工程工程量计算规范》GB 50857 相关项目编码列项。

（3）配管工程，线槽，桥架，电气设备，电气器件，接线箱、盒，电线，接地系统，凿（压）槽，打孔，打洞，人孔，手孔，立杆工程，应按《通用安装工程工程量计算规范》GB 50856—2013 附录 D 电气设备安装工程相关项目编码列项。

（4）蓄电池组、六孔管道、专业通信系统工程，应按《通用安装工程工程量计算规范》GB 50856—2013 附录 L 通信设备及线路工程相关项目编码列项。

（5）机架等项目的除锈、刷油应按《通用安装工程工程量计算规范》GB 50856—2013 附录 M 刷油、防腐蚀、绝热工程相关项目编码列项。

（6）如主项项目工程与需综合项目工程量不对应，项目特征应描述综合项目的型号、规格、数量。

（7）由国家或地方检测验收部门进行的检测验收应按《通用安装工程工程量计算规范》GB 50856—2013 附录 N 措施项目相关项目编码列项。

2.2 工程量清单编制实例

2.2.1 实例 2-1

1. 背景资料

某消防水泵房照明和弱电系统平面图，如图 2-1 和图 2-2 所示。

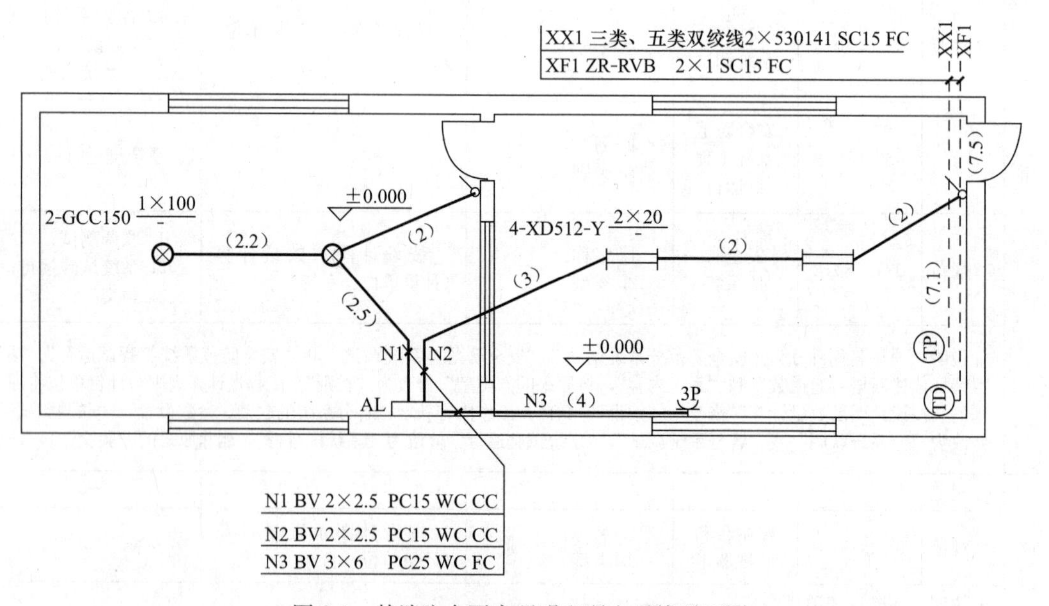

图 2-1 某消防水泵房照明和弱电系统平面图

（1）设计说明

1）PVC 管采用刚性阻燃冷弯电线管。

2）弱电按配管埋深按 0.5m 考虑。

图例	说明
 ▭	照明配电箱 AL，300mm×150mm×250mm（宽×深×高），暗装，中心距地 1.5m
⊗	吸顶灯 100W
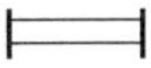 ⊢⊣	双管日光灯 40W，吸顶安装
	三孔暗装空调插座，30A，距地 1.8m
	单联板式暗开关，10A，距地 1.3m
(TP)	消防电话插座，暗装在混凝土墙上，距地 0.3m
(TD)	双孔信息插座，暗装在混凝土墙上，距地 0.3m

图 2-2　图例

3）管路旁括号内数据为该管的水平长度，单位为“m”。

（2）计算说明

1）弱电室外管线不计。

2）照明系统工程量不计算。

3）计算配管、配线时，不考虑接线盒、灯头盒、开关盒所占的长度。

4）计算结果保留小数点后两位有效数字，第三位四舍五入。

2. 问题

根据以上背景资料及现行国家标准《建设工程工程量清单计价规范》GB 50500—2013、《通用安装工程工程量计算规范》GB 50856—2013，试列出该工程弱电管线安装项目的分部分项工程量清单。

3. 参考答案（表 2-8 和表 2-9）

清单工程量计算表　　　　**表 2-8**

工程名称：某工程

序号	项目编码	清单项目名称	计算式	工程量合计	计量单位
1	030411001001	配管	SC15 暗配：XX1：7.1＋0.5＋0.3＝7.9（m） SC15 暗配：XP1：7.5＋0.5＋0.3＝8.3（m） 小计：7.9＋8.3＝16.2（m）	16.20	m
2	030502005001	五类双绞线	7.9m	7.90	m
3	030411004001	配线	ZR－RVB2×1： 8.30m	8.30	m
4	030904006001	消防报警电话插孔	个	1	个
5	030502012001	信息插座	双口，个	1	个

分部分项工程和单价措施项目清单与计价表 **表 2-9**

工程名称：某工程

序号	项目编码	项目名称	项目特征描述	计量单位	工程量	金额（元）		
						综合单价	合价	其中
								暂估价
1	030411001001	配管	1. 名称：电线管； 2. 材质：镀锌； 3. 规格：SC15； 4. 配置形式：暗配	m	16.20			
2	030502005001	双绞线	1. 名称：超五类线缆 2. 线缆对数：4 对 3. 敷设方式：管内敷设	m	7.90			
3	030411004001	配线	1. 名称：管内穿线； 2. 配线形式：插座线； 3. 型号：BV； 4. 规格：$1mm^2$； 5. 材质：铜芯	m	8.30			
4	030904006001	消防报警电话插孔	1. 名称：消防报警电话插孔； 2. 规格：双孔； 3. 安装方式：暗装	个	1			
5	030502012001	信息插座	1. 名称：信息插座 2. 类别：8 位模块式 3. 规格：双口 4. 安装方式：暗装 5. 底盒材质、规格：已预留	个	1			

2.2.2 实例 2-2

1. 背景资料

某普通住宅综合布线系统布置平面图，如图 2-3 和图 2-4 所示。

（1）设计说明

1）引入线为 2 根 5 类 4 对双绞电缆和 1 根 75Ω 同轴电缆。电话和数据接入分别用 1 根 5 类双绞电缆。

2）用户室内配线共 10 根 5 类 4 对双绞电缆和 3 根同轴电缆。其中，电话出线口 6 个，数据出线口 4 个，有线电视出线口 3 个。室内采用地板下和墙体内预埋硬 PVC 管或钢管相结合的布线方式。

3）配线装置（ADO/DD）应安装在户内适当位置，既便于施工和维护，又不妨碍家居布局和装修的美观，不宜安装在起居室（厅）的主墙面上。配线装置旁需配置电源插座，如安装 220V/15A 单相带保护接地的电源插座。两者的安装距离应≥200mm。

4）电话和数据不得共用 1 根 5 类双绞线缆。

5）配线装置、信息插座应采用嵌墙暗装，缆线均应通过地板下、吊顶内以及墙体内穿管暗配和预埋。

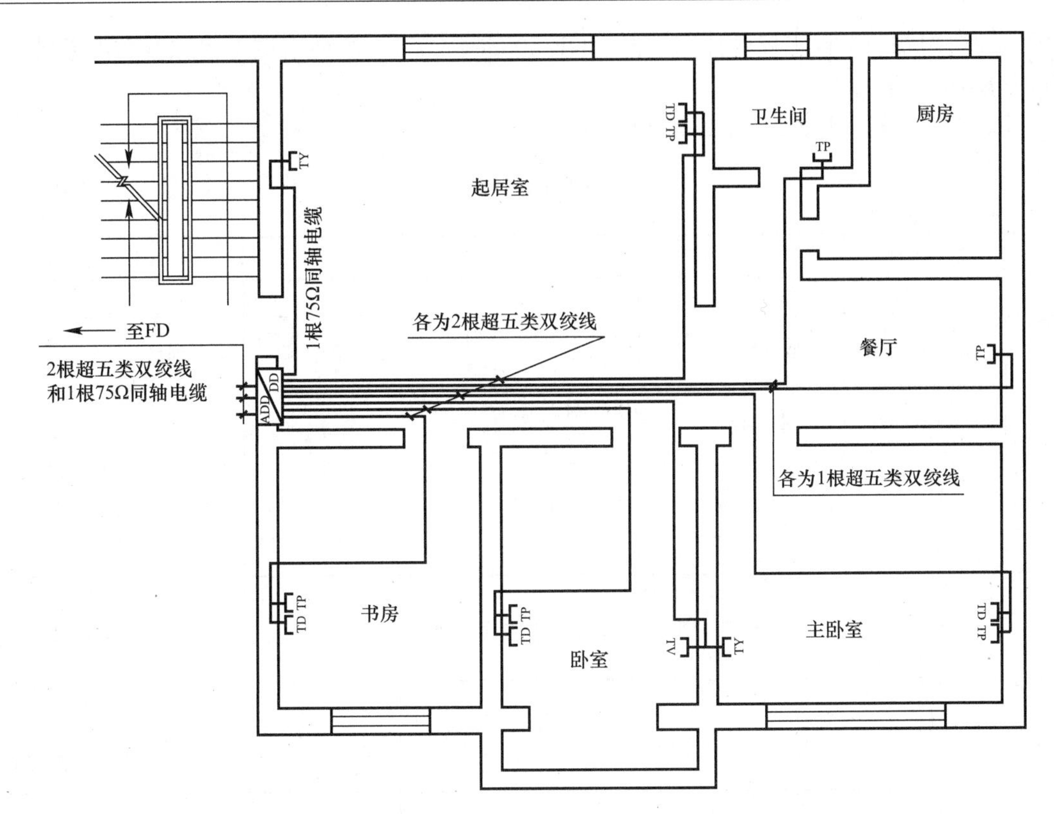

图 2-3 某普通住宅综合布线系统布置平面图

图例	说明
TP	电话信息插座，暗装在混凝土墙内，距地 0.3m
TV	电视插座，暗装在混凝土墙内，距地 0.3m
TO	综合布线信息插座，双口，暗装在混凝土墙内，距地 0.3m
FD	综合布线楼层配线架
DP	分界点
ADD/DD	配线架，12 口

图 2-4 图例

6）在 ADO/DD 上应预留出线端口，起居室和主卧室等宜增设 1～2 个信息插座。

（2）计算说明

1）超 5 类双绞电缆长度为 186m，75Ω 同轴电缆长度为 38m。

2）计算结果保留小数点后两位有效数字，第三位四舍五入。

2. 问题

根据以上背景资料及现行国家标准《建设工程工程量清单计价规范》GB 50500—

2013、《通用安装工程工程量计算规范》GB 50856—2013，试列出该工程综合布线系统的分部分项工程量清单。

3. 参考答案（表 2-10 和表 2-11）

清单工程量计算表　　表 2-10

工程名称：某工程

序号	项目编码	清单项目名称	计算式	工程量合计	计量单位
1	030502010001	配线架	12 口：1	1	个
2	030502005001	双绞线缆	超五类双绞线，4 对 186m	186	m
3	030505005001	射频同轴电缆	射频同轴电缆，75Ω 38m	38	m
4	030502004001	电视插座	单口：3	3	个
5	030502004002	电话插座	双口：6	6	个
6	030502012001	信息插座	双口：4	4	个

分部分项工程和单价措施项目清单与计价表　　表 2-11

工程名称：某工程

序号	项目编码	项目名称	项目特征描述	计量单位	工程量	金额（元）		
						综合单价	合价	其中
								暂估价
1	030502010001	配线架	1. 名称：配线架； 2. 规格：12 口	个	1			
2	030502005001	双绞线缆	1. 名称：超五类线缆； 2. 线缆对数：4 对； 3. 敷设方式：管内敷设	m	186			
3	030505005001	射频同轴电缆	1. 名称：射频同轴电缆； 2. 规格：75Ω； 3. 敷设方式：管内敷设	m	38			
4	030502004001	电视插座	1. 名称：电视插座； 2. 安装方式：嵌墙暗装； 3. 底盒材质、规格：PVC，86H	个	3			
5	030502004002	电话插座	1. 名称：电话插座； 2. 安装方式：嵌墙暗装； 3. 底盒材质、规格：PVC，86H	个	6			
6	030502012001	信息插座	1. 名称：信息插座； 2. 类别：超五类； 3. 规格：2 口； 4. 安装方式：嵌墙暗装； 5. 底盒材质、规格：PVC，86H	个	4			

2.2.3　实例 2-3

1. 背景资料

本工程建筑面积 34812m^2。地下二层，主要为车库、冷冻机房、变配电站及物业办公等；地上二十八层，一层主要为大堂、茶座、餐厅、消防控制室、大厦管理室，二层为会议室、计算机网络机房、电话机房等，三层～七层为开放型办公室，八层～十层为开放型办公室（需进行二次装修）。

（1）设计说明

本工程的综合布线系统支持计算机网络系统（骨干万兆互连，千兆到桌面）、公共显示系统。

1）计算机网络系统工程：建小区宽带局域网并与因特网相联。网络中每个信息点速率应能达到 10Mbps 专用带宽。

2）综合布线系统：综合布线系统由工作区、配线子系统、干线子系统、建筑群子系统、设备间、进线间等组成，详见综合布线系统如图 2-5～图 2-8 所示。主要设备及材料表，如表 2-12 所示。

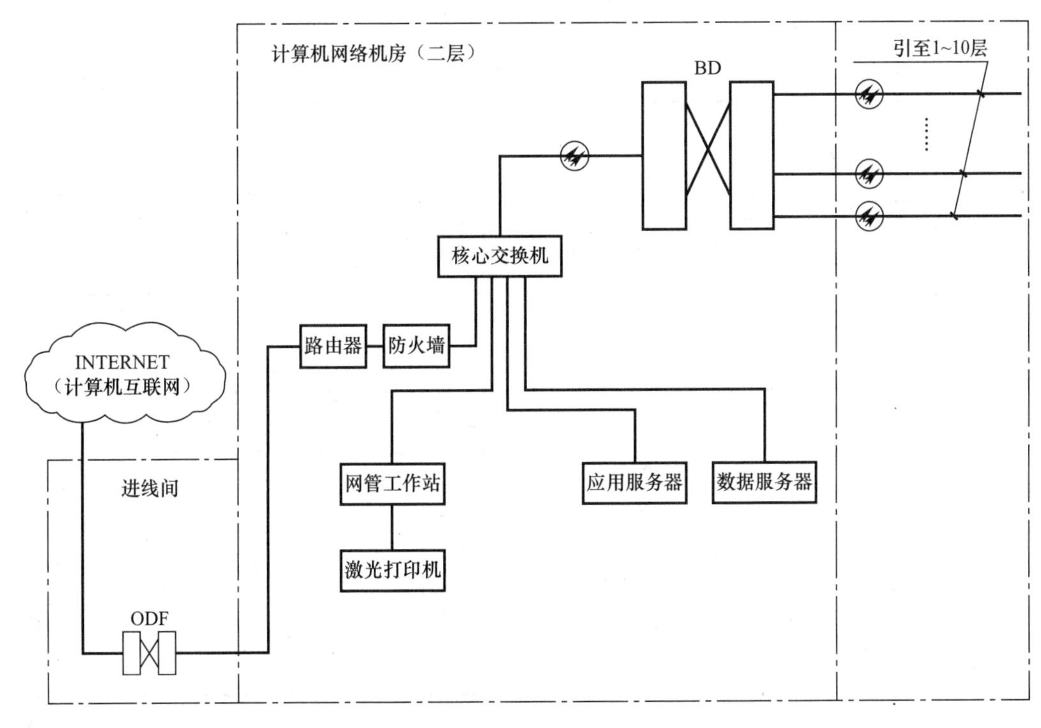

图 2-5　计算机网络机房综合布线系统图

① 系统组成：

a. 工作区：办公部分每个工作区面积按 5m² 设计，每个工作区设置一组信息点（即 1 个数据点）；每个中小型会议室设置 3 个数据信息点，大型会议室设置 6 个数据信息点；一层大堂为公共显示系统设置 1 个数据信息点；其他场所根据需要设置一定数量的信息点。水平电缆采用六类 4 对双绞线缆；出线端口采用六类连接器件。

本工程数据信息点共 1130 个。

b. 配线子系统：采用六类非屏蔽（UTP）4 对双绞线缆。

c. 干线子系统：采用 6 芯单模光缆支持数据传输。

d. 建筑群子系统：由城市 INTERNET 网引入 1 根 6 芯单模光缆。

图例	说明	图例	说明
BD	建筑物配线架	SB	模块配线架式的供电设备
FD	楼层配线架（含跳线连接）	CP	集合点配线箱
ODF	光纤配线架		光纤或光缆
LIU	光纤连接盘	TO	信息插座
SW	网络交换机	AP	无线接入点

图 2-6　办公楼综合布线系统图

注：由 BD 至各 LIU 光缆上标注的数字为 6 芯光缆的根数，光缆采用多模光缆。

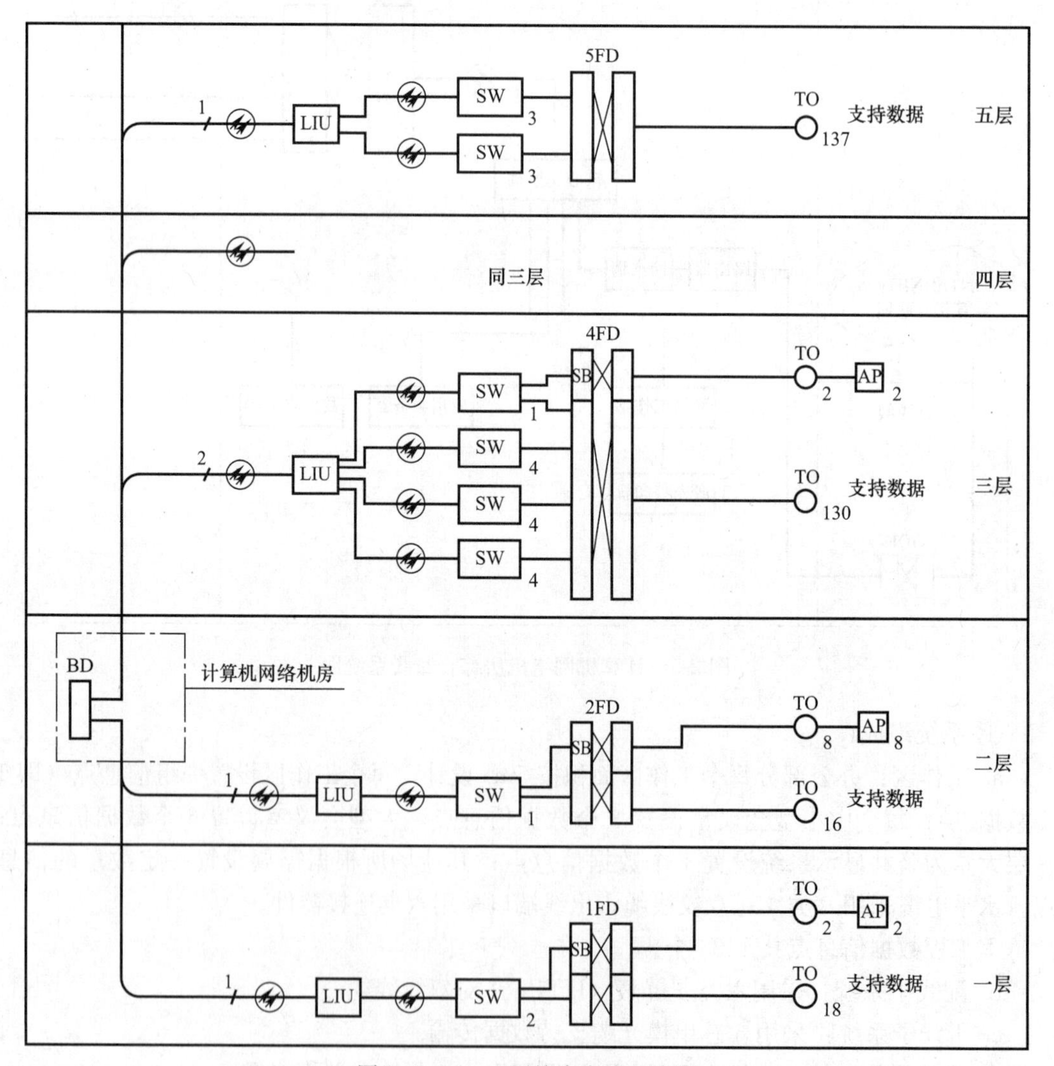

图 2-7　一～五层综合布线系统图

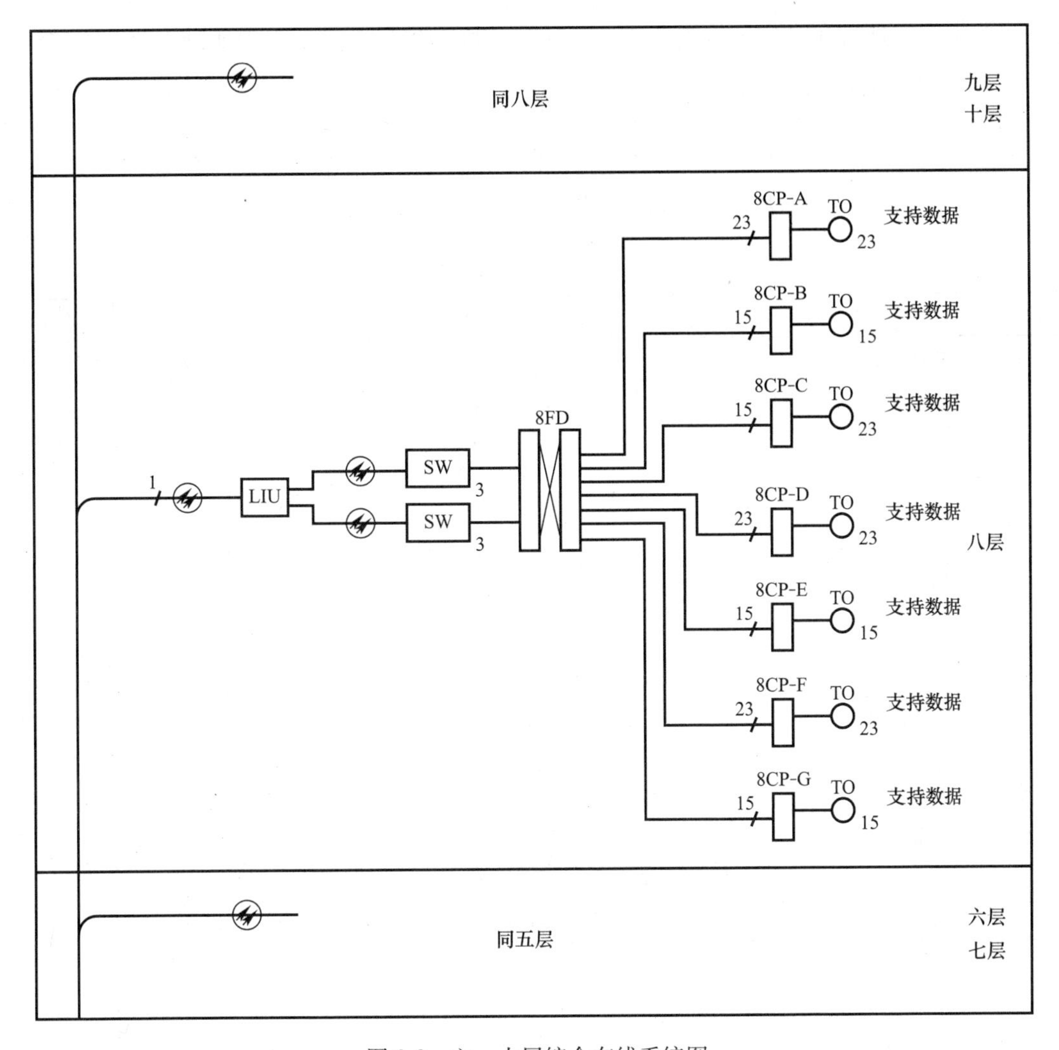

图 2-8　六～十层综合布线系统图

e. 设备间：计算机网络机房设在二层。计算机网络机房（30m^2）设有网络交换机、路由器、数据服务器、应用服务器、BD 等。

f. 进线间：设在一层，面积约 18m^2，设有 ODF、MDF 等。

g. 弱电间：在各层设有弱电间，安装楼层配线设备等。

② 配线设备选用：

a. FD 采用六类 RJ45 模块配线架用于支持数据，采用模块配线架式的供电设备用于支持无线接入点（SW 具有为无线接入点供电功能）。

b. CP 采用六类 RJ45 配线架用于支持数据和语音。

c. BD 采用光纤配线架用于支持数据。

d. 除注明者外，设备均有投标人采购。

③ 布线：

a. 水平布线：水平电缆沿金属线槽、网络地板敷设或穿镀锌钢管敷设。

b. 垂直干线布线：光缆沿金属线槽敷设或穿镀锌钢管敷设。

④ 系统接地方式及接地电阻要求：系统采用联合接地方式，其接地电阻要求≤1Ω。

（2）计算说明

1）综合布线配管的工程量不计算。

2）按照主要设备及材料表中项目及数量，编制工程量清单。

3）计算结果保留小数点后两位有效数字，第三位四舍五入。

主要设备及材料表　　表 2-12

序号	清单项目名称	型号及规格	计量单位	数量
一、计算机网络系统				
1	核心交换机	千兆以太网，24 口，一主一备双备份	2	台
2	服务器	单机支持 500 个用户	2	台
3	服务器	单机支持 80 个用户	1	台
4	路由器	双线 8 口	1	台
5	防火墙	动态检测	1	台
6	光纤收发器	全双工 FC	20	台
7	标准机柜	BA123	20	台
8	系统软件	2.5GB	1	套
9	应用软件	2.2GB	1	套
二、综合布线系统				
1	六类 UTP 双绞线缆	4 对，管内敷设	m	1260
2	六类 UTP 双绞线缆	4 对，桥架内敷设	m	1050
3	单模室内光缆	6 芯	m	1308
4	机架	建筑物配线架	个	1
5	光纤配线架	24 口、双工	套	1
6	配线架	楼层配线架（含跳线连接）	条	10
7	配线架	楼层配线架（含跳线连接，模块配线架式的供电设备）	个	3
8	配线架	RJ45 非屏蔽配线架，6 类、24 口、含模块	套	262
9	线管理器	1U	个	412
10	光纤盒（连接盘）	12 口	套	10
11	双口信息插座	双口	个	1130
12	无线接入点	无线接入点，扩展型 AP，太网交换口、路由、NAT、DHCP 等功能，机柜中安装	个	14
13	跳线	2 芯	根	75
14	跳线	6 类、RJ45－RJ45	根	1130
15	机柜	42U	个	1
16	机柜	15U	个	10
17	光纤连接	熔接法	芯	150
18	双绞线缆测试	六类	点	1130
19	光纤测试	链路测试	芯	75

2. 问题

根据以上背景资料及现行国家标准《建设工程工程量清单计价规范》GB 50500—2013、《通用安装工程工程量计算规范》GB 50856—2013，试列出该工程计算机网络系统分部分项工程量清单。

3. 参考答案（表 2-13 和表 2-14）

清单工程量计算表 **表 2-13**

工程名称：某工程

序号	项目编码	清单项目名称	计算式	工程量合计	计量单位
一、计算机网络系统					
1	030501012001	核心交换机	千兆以太网，24 口，一主一备双备份	2	台
2	030501013001	服务器	单机支持 500 个用户	2	台
3	030501013002	服务器	单机支持 80 个用户	1	台
4	030501009001	路由器	双线 8 口	1	台
5	030501011001	防火墙	动态检测	1	台
6	030501010001	光纤收发器	全双工 FC	20	台
7	030501005001	标准机柜	BA123	20	台
8	030501017001	系统软件	2.5GB	1	套
9	030501017002	应用软件	2.2GB	1	套
二、综合布线系统					
1	030502005001	六类 UTP 双绞线缆	4 对，管内敷设	1260	m
2	030502005002	六类 UTP 双绞线缆	4 对，桥架内敷设	1050	m
3	030502007001	单模室内光缆	6 芯	1308	m
4	030502001001	机架	建筑物配线架	1	个
5	030502001002	光纤配线架	24 口、双工	1	套
6	030502010001	配线架	楼层配线架（含跳线连接）	10	条
7	030502010002	配线架	楼层配线架（含跳线连接，模块配线架式的供电设备）	3	个
8	030502010003	配线架	RJ45 非屏蔽配线架，6 类、24 口、含模块	262	套
9	030502017001	线管理器	1U	412	个
10	030502013001	光纤盒（连接盘）	12 口	10	套
11	030502012001	双口信息插座	双口	1130	个
12	0305020021001 *	无线接入点	无线接入点，扩展型 AP，太网交换口、路由、NAT、DHCP 等功能，机柜中安装	14	个
13	030502009001	跳线	2 芯	75	根
14	030502009002	跳线	6 类、RJ45－RJ45	1130	根
15	030502001001	机柜	42U	1	个
16	030502001002	机柜	15U	10	个
17	030502014001	光纤连接	熔接法	150	芯
18	030502019001	双绞线缆测试	六类	1130	点
19	030502020001	光纤测试	链路测试	75	芯

注：* 为自编码。

分部分项工程和单价措施项目清单与计价表 表 2-14

工程名称：某工程

序号	项目编码	项目名称	项目特征描述	计量单位	工程量	金额（元）		
						综合单价	合价	其中 暂估价
一、计算机网络系统								
1	030501012001	交换机	1. 名称：核心交换机； 2. 功能：万兆以太网、冗余组件、链路聚合； 3. 层数：3层	台	2			
2	030501013001	网络服务器	1. 名称：网络服务器； 2. 类别：企业级	台	2			
3	030501013002	网络服务器	1. 名称：网络服务器； 2. 类别：工作组级	台	1			
4	030501009001	路由器	1. 名称：路由器； 2. 类别：桌面型； 3. 规格：双线8口； 4. 功能：8口桌面型	台	2			
5	030501011001	防火墙	1. 名称：防火墙； 2. 功能：动态检测	台	1			
6	030501010001	光纤收发器	1. 名称：光纤收发器； 2. 类别：全双工 FC	台	20			
7	030501005001	插箱、机柜	1. 名称：标准机柜； 2. 规格：BA123	台	20			
8	030501017001	软件	1. 名称：系统软件； 2. 容量：2.5GB	套	1			
9	030501017002	软件	1. 名称：应用软件； 2. 容量：2.2GB	套	1			
二、综合布线系统								
1	030502005001	六类 UTP 双绞线缆	1. 名称：六类双绞线缆； 2. 线缆对数：4对； 3. 敷设方式：管内敷设	m	1260			
2	030502005002	六类 UTP 双绞线缆	1. 名称：六类双绞线缆； 2. 线缆对数：4对； 3. 敷设方式：线槽敷设	m	1050			
3	030502007001	单模室内光缆	1. 名称：四芯多模光缆； 2. 线缆对数：四芯； 3. 敷设方式：室外管道内敷设	m	1308			
4	030502001001	机架	1. 名称：建筑物配线架； 2. 安装方式：机柜中安装	个	1			
5	030502001002	光纤配线架	1. 名称：机架； 2. 安装方式：机柜中安装	套	1			

续表

序号	项目编码	项目名称	项目特征描述	计量单位	工程量	金额（元）		
						综合单价	合价	其中 暂估价
6	030502010001	配线架	1. 名称：楼层配线架，（含跳线连接）； 2. 规格：24 口	条	10			
7	030502010002	配线架	1. 名称：楼层配线架，（含跳线连接，模块配线架式的供电设备）； 2. 规格：24 口	个	3			
8	030502010003	配线架	1. 名称：RJ45 非屏蔽配线架； 2. 规格：24 口	套	262			
9	030502017001	线管理器	1. 名称：线管理器； 2. 安装部位：机柜中安装	个	412			
10	030502013001	光纤盒（连接盘）	1. 名称：连接盘； 2. 类别：光纤连接盘	套	10			
11	030502012001	双口信息插座	1. 名称：信息插座； 2. 类别：8 位模块式； 3. 规格：双口； 4. 安装方式：壁装； 5. 底盒材质、规格：已预留	个	1130			
12	0305020021001 *	无线接入点	1. 名称：无线接入点； 2. 类别：扩展型 AP； 3. 功能：太网交换口、路由、NAT、DHCP； 4. 安装方式：机柜中安装	个	14			
13	030502009001	跳线	1. 名称：数据跳线； 2. 类别：ST－ST、SFF－SFF 单模光纤跳线	根	75			
14	030502009002	跳线	1. 名称：数据跳线； 2. 类别：非屏蔽六类双绞线 RJ45－RJ45 跳线	根	1130			
15	030502001001	机柜	1. 名称：机柜； 2. 材质：镀锌碳钢； 3. 规格：42U； 4. 安装方式：壁挂式安装	个	1			
16	030502001002	机柜	1. 名称：机柜； 2. 材质：镀锌碳钢； 3. 规格：30U； 4. 安装方式：壁挂式安装	个	10			
17	030502014001	光纤连接	1. 方法：溶接法； 2. 模式：多模	芯	150			

续表

序号	项目编码	项目名称	项目特征描述	计量单位	工程量	金额（元）		
						综合单价	合价	其中 暂估价
18	030502019001	双绞线缆测试	1. 测试类别：六类双绞线； 2. 测试内容：电缆链路系统测试	点	1130			
19	030502020001	光纤测试	1. 测试类别：光纤； 2. 测试内容：光纤链路系统测试	芯	75			

3　通风与空调工程

《通用安装工程工程量计算规范》GB 50856—2013（以下简称“13 规范”）、《建设工程工程量清单计价规范》GB 50500—2008（以下简称“08 规范”）。“13 规范”在项目编码、项目名称、项目特征、计量单位、工程量计算规则、工作内容等方面，均有变化。

1. 清单项目变化

“13 规范”在“08 规范”的基础上，通风与空调工程增加 9 个项目，减少 1 个项目，具体如下：

增加的项目：包括增加表冷器，弯头导流叶片，风管检查孔，温度、风量测定孔，人防过滤吸收器，人防超压自动排气阀，人防手动密闭阀，风管漏光试验、漏风试验等 9 个项目。减少的项目：通风机。

（1）通风及空调设备及部件制作安装：增加表冷器，减少通风机。

（2）通风管道制作安装：增加弯头导流叶片，风管检查孔，温度、风量测定孔。

（3）通风管道部件制作安装：增加人防过滤吸收器，人防超压自动排气阀，人防手动密闭阀。

项目名称“碳钢调节阀制作安装”改为“碳钢阀门”，“塑料风管阀门”改为“塑料阀门”，“柔性接口及伸缩节制作安装”改为“柔性接口”。

（4）通风工程检测、调试：增加风管漏光试验、漏风试验。

（5）“13 规范”将项目名称中带有制作、安装的字眼全部删除。

2. 应注意的问题

（1）玻璃钢通风管道、复合型风管按设计图示外径尺寸以展开面积计算。

（2）型钢刷漆应包含所有支吊架及风管加固型钢、角钢法兰等（包括软接法兰型钢）。

（3）风管漏光试验、漏风试验面积按实际检测面积为准（现场签证或检测报告）。

（4）装有风口的支风管长度应是风口至主风管中心线的长度。

（5）采暖、空调设备需投标人购置应在招标文件中予以说明。

3.1　工程量计算依据六项变化及说明

3.1.1　通风及空调设备及部件制作安装

通风及空调设备及部件制作安装工程量清单项目、设置项目特征描述的内容、计量单位及工程量计算规则等的变化对照情况，见表 3-1。

3.1.2　通风管道制作安装

通风管道制作安装工程量清单项目设置、项目特征描述的内容、计量单位及工程量计算规则等的变化对照情况，见表 3-2。

通风及空调设备及部件制作安装（编码：030701） **表 3-1**

<table>
<tr><th>序号</th><th>版别</th><th>项目编码</th><th>项目名称</th><th>项目特征</th><th>工程量计算规则与计量单位</th><th>工作内容</th></tr>
<tr><td rowspan="3">1</td><td>13 规范</td><td>030701001</td><td>空气加热器（冷却器）</td><td>1. 名称；
2. 型号；
3. 规格；
4. 质量；
5. 安装形式；
6. 支架形式、材质</td><td rowspan="2">按设计图示数量计算（计量单位：台）</td><td rowspan="2">1. 本体安装、调试；
2. 设备支架制作、安装；
3. 补刷（喷）油漆</td></tr>
<tr><td>08 规范</td><td>030901001</td><td>空气加热器（冷却器）</td><td>1. 规格；
2. 质量；
3. 支架材质、规格；
4. 除锈、刷油设计要求</td></tr>
<tr><td colspan="6">说明：项目特征描述新增“名称”、“型号”和“安装形式”，删除原来的“除锈、刷油设计要求”</td></tr>
<tr><td rowspan="3">2</td><td>13 规范</td><td>030701002</td><td>除尘设备</td><td>1. 名称；
2. 型号；
3. 规格；
4. 质量；
5. 安装形式；
6. 支架形式、材质</td><td rowspan="2">按设计图示数量计算（计量单位：台）</td><td>1. 本体安装、调试；
2. 设备支架制作、安装；
3. 补刷（喷）油漆</td></tr>
<tr><td>08 规范</td><td>030901003</td><td>除尘设备</td><td>1. 规格；
2. 质量；
3. 支架材质、规格；
4. 除锈、刷油设计要求</td><td>1. 安装；
2. 设备支架制作、安装；
3. 支架除锈、刷油</td></tr>
<tr><td colspan="6">说明：项目特征描述新增“名称”、“型号”和“安装形式”，删除原来的“除锈、刷油设计要求”。工作内容新增“补刷（喷）油漆”，将原来的“安装”扩展为“本体安装、调试”，删除原来的“支架除锈、刷油”</td></tr>
<tr><td rowspan="3">3</td><td>13 规范</td><td>030701003</td><td>空调器</td><td>1. 名称；
2. 型号；
3. 规格；
4. 安装形式；
5. 质量；
6. 隔振垫（器）、支架形式、材质</td><td>按设计图示数量计算（计量单位：台或组）</td><td>1. 本体安装或组装、调试；
2. 设备支架制作、安装；
3. 补刷（喷）油漆</td></tr>
<tr><td>08 规范</td><td>030901004</td><td>空调器</td><td>1. 形式；
2. 质量；
3. 安装位置</td><td>按设计图示数量计算（计量单位：台），其中分段组装式空调器按设计图纸所示质量以“kg”为计量单位</td><td>1. 安装；
2. 软管接口制作、安装</td></tr>
<tr><td colspan="6">说明：项目特征描述新增“名称”、“型号”、“规格”和“隔振垫（器）、支架形式、材质”，将原来的“形式”扩展为“安装形式”，删除原来的“安装位置”。工程量计算规则与计量单位将原来的“台”修改为“台或组”，删除原来的“其中分段组装式空调器按设计图纸所示质量以‘kg’为计量单位”。工作内容新增“设备支架制作、安装”和“补刷（喷）油漆”，将原来的“安装”修改为“本体安装或组装、调试”，删除原来的“软管接口制作、安装”</td></tr>
</table>

续表

序号	版别	项目编码	项目名称	项目特征	工程量计算规则与计量单位	工作内容
4	13规范	030701004	风机盘管	1. 名称； 2. 型号； 3. 规格； 4. 安装形式； 5. 减振器、支架形式、材质； 6. 试压要求	按设计图示数量计算（计量单位：台）	1. 本体安装、调试； 2. 支架制作、安装； 3. 试压； 4. 补刷（喷）油漆
	08规范	030901005	风机盘管	1. 形式； 2. 安装位置； 3. 支架材质、规格； 4. 除锈、刷油设计要求		1. 安装； 2. 软管接口制作、安装； 3. 支架制作、安装及除锈、刷油
	说明：项目特征描述新增"名称"、"型号"、"规格"、"减振器、支架形式、材质"和"试压要求"，将原来的"形式"扩展为"安装形式"，删除原来的"安装位置"、"支架材质、规格"和"除锈、刷油设计要求"。工作内容新增"试压"和"补刷（喷）油漆"，将原来的"安装"修改为"本体安装、调试"，"支架制作、安装及除锈、刷油"简化为"支架制作、安装"，删除原来的"软管接口制作、安装"					
5	13规范	030701005	表冷器	1. 名称； 2. 型号； 3. 规格	按设计图示数量计算（计量单位：台）	1. 本体安装； 2. 型钢制作、安装； 3. 过滤器安装； 4. 挡水板安装； 5. 调试及运转； 6. 补刷（喷）油漆
	08规范	—	—	—	—	—
	说明：新增项目内容					
6	13规范	030701006	密闭门	1. 名称； 2. 型号； 3. 规格； 4. 形式； 5. 支架形式、材质	按设计图示数量计算（计量单位：个）	1. 本体制作； 2. 本体安装； 3. 支架制作、安装
	08规范	030901006	密闭门制作安装	1. 型号； 2. 特征（带视孔或不带视孔）； 3. 支架材质、规格； 4. 除锈、刷油设计要求		1. 制作、安装； 2. 除锈、刷油
	说明：项目名称简化为"密闭门"。项目特征描述新增"名称"、"规格"和"形式"，将原来的"支架材质、规格"修改为"支架形式、材质"，删除原来的"特征（带视孔或不带视孔）"和"除锈、刷油设计要求"。工作内容新增"支架制作、安装"，将原来的"制作、安装"拆分为"本体制作"和"本体安装"，删除原来的"除锈、刷油"					

续表

<table>
<tr><th>序号</th><th>版别</th><th>项目编码</th><th>项目名称</th><th>项目特征</th><th>工程量计算规则与计量单位</th><th>工作内容</th></tr>
<tr><td rowspan="3">7</td><td>13规范</td><td>030701007</td><td>挡水板</td><td>1. 名称；
2. 型号；
3. 规格；
4. 形式；
5. 支架形式、材质</td><td>按设计图示数量计算（计量单位：个）</td><td>1. 本体制作；
2. 本体安装；
3. 支架制作、安装</td></tr>
<tr><td>08规范</td><td>030901007</td><td>挡水板制作安装</td><td>1. 材质；
2. 除锈、刷油设计要求</td><td>按设计图示数量计算（计量单位：m^2）</td><td>1. 制作、安装；
2. 除锈、刷油</td></tr>
<tr><td colspan="6">说明，项目名称简化为“挡水板”。项目特征描述新增“名称”、“型号”、“规格”、“形式”和“支架形式、材质”，删除原来的“材质”和“除锈、刷油设计要求”。工程量计算规则与计量单位将原来的“m^2”修改为“个”。工作内容新增“支架制作、安装”，将原来的“制作、安装”拆分为“本体制作”和“本体安装”，删除原来的“除锈、刷油”</td></tr>
<tr><td rowspan="3">8</td><td>13规范</td><td>030701008</td><td>滤水器、溢水盘</td><td>1. 名称；
2. 型号；
3. 规格；
4. 形式；
5. 支架形式、材质</td><td>按设计图示数量计算（计量单位：个）</td><td>1. 本体制作；
2. 本体安装；
3. 支架制作、安装</td></tr>
<tr><td>08规范</td><td>030901008</td><td>滤水器、溢水盘制作安装</td><td>1. 特征；
2. 用途；
3. 除锈、刷油设计要求</td><td>按设计图示数量计算（计量单位：kg）</td><td>1. 制作、安装；
2. 除锈、刷油</td></tr>
<tr><td colspan="6">说明：项目名称简化为“滤水器、溢水盘”。项目特征描述新增“名称”、“型号”、“规格”、“形式”和“支架形式、材质”，删除原来的“特征”、“用途”和“除锈、刷油设计要求”。工程量计算规则与计量单位将原来的“kg”修改为“个”。工作内容新增“支架制作、安装”，将原来的“制作、安装”拆分为“本体制作”和“本体安装”，删除原来的“除锈、刷油”</td></tr>
<tr><td rowspan="3">9</td><td>13规范</td><td>030701009</td><td>金属壳体</td><td>1. 名称；
2. 型号；
3. 规格；
4. 形式；
5. 支架形式、材质</td><td>按设计图示数量计算（计量单位：个）</td><td>1. 本体制作；
2. 本体安装；
3. 支架制作、安装</td></tr>
<tr><td>08规范</td><td>030901009</td><td>金属壳体制作安装</td><td>1. 特征；
2. 用途；
3. 除锈、刷油设计要求</td><td>按设计图示数量计算（计量单位：kg）</td><td>1. 制作、安装；
2. 除锈、刷油</td></tr>
<tr><td colspan="6">说明：项目名称简化为“金属壳体”。项目特征描述新增“名称”、“型号”、“规格”、“形式”和“支架形式、材质”，删除原来的“特征”、“用途”和“除锈、刷油设计要求”。工程量计算规则与计量单位将原来的“kg”修改为“个”。工作内容新增“支架制作、安装”，将原来的“制作、安装”拆分为“本体制作”和“本体安装”，删除原来的“除锈、刷油”</td></tr>
</table>

续表

序号	版别	项目编码	项目名称	项目特征	工程量计算规则与计量单位	工作内容
10	13规范	030701010	过滤器	1. 名称； 2. 型号； 3. 规格； 4. 类型； 5. 框架形式、材质	1. 按设计图示数量计算（计量单位：台）； 2. 按设计图示尺寸以过滤面积计算（计量单位：m^2）	1. 本体安装； 2. 框架制作、安装； 3. 补刷（喷）油漆
	08规范	030901010	过滤器	1. 型号； 2. 过滤功效； 3. 除锈、刷油设计要求	按设计图示数量计算（计量单位：台）	1. 安装； 2. 框架制作、安装； 3. 除锈、刷油
	说明：项目特征描述新增“名称”、“规格”、“类型”和“框架形式、材质”，删除原来的“过滤功效”和“除锈、刷油设计要求”。工程量计算规则与计量单位新增“按设计图示尺寸以过滤面积计算（计量单位：m^2）”。工作内容新增“补刷（喷）油漆”，将原来的“安装”扩展为“本体安装”，删除原来的“除锈、刷油”					
11	13规范	030701011	净化工作台	1. 名称； 2. 型号； 3. 规格； 4. 类型	按设计图示数量计算（计量单位：台）	1. 本体安装； 2. 补刷（喷）油漆
	08规范	030901011	净化工作台	类型		安装
	说明：项目特征描述新增“名称”、“型号”和“规格”。工作内容新增“补刷（喷）油漆”，将原来的“安装”扩展为“本体安装”					
12	13规范	030701012	风淋室	1. 名称； 2. 型号； 3. 规格； 4. 类型； 5. 质量	按设计图示数量计算（计量单位：台）	1. 本体安装； 2. 补刷（喷）油漆
	08规范	030901012	风淋室	质量		安装
	说明：项目特征描述新增“名称”、“型号”、“规格”和“类型”。工作内容新增“补刷（喷）油漆”，将原来的“安装”扩展为“本体安装”					
13	13规范	030701013	洁净室	1. 名称； 2. 型号； 3. 规格； 4. 类型； 5. 质量	按设计图示数量计算（计量单位：台）	1. 本体安装； 2. 补刷（喷）油漆
	08规范	030901013	洁净室	质量		安装
	说明：项目特征描述新增“名称”、“型号”、“规格”和“类型”。工作内容新增“补刷（喷）油漆”，将原来的“安装”扩展为“本体安装”					
14	13规范	030701014	除湿机	1. 名称； 2. 型号； 3. 规格； 4. 类型	按设计图示数量计算（计量单位：台）	本体安装
	08规范	—	—	—	—	—
	说明：新增项目内容					

续表

序号	版别	项目编码	项目名称	项目特征	工程量计算规则与计量单位	工作内容
15	13 规范	030701015	人防过滤吸收器	1. 名称； 2. 规格； 3. 形式； 4. 材质； 5. 支架形式、材质	按设计图示数量计算（计量单位：台）	1. 过滤吸收器安装； 2. 支架制作、安装
	08 规范	—	—	—	—	—
	说明：新增项目内容					

注：通风空调设备安装的地脚螺栓按设备自带考虑。

通风管道制作安装（编码：030702） **表 3-2**

序号	版别	项目编码	项目名称	项目特征	工程量计算规则与计量单位	工作内容
1	13 规范	030702001	碳钢通风管道	1. 名称； 2. 材质； 3. 形状； 4. 规格； 5. 板材厚度； 6. 管件、法兰等附件及支架设计要求； 7. 接口形式	按设计图示内径尺寸以展开面积计算（计量单位：m^2）	1. 风管、管件、法兰、零件、支吊架制作、安装； 2. 过跨风管落地支架制作、安装
	08 规范	030902001	碳钢通风管道制作安装	1. 材质； 2. 形状； 3. 周长或直径； 4. 板材厚度； 5. 接口形式； 6. 风管附件、支架设计要求； 7. 除锈、刷油、防腐、绝热及保护层设计要求	1. 按设计图示以展开面积计算（计量单位：m^2），不扣除检查孔、测定孔、送风口、吸风口等所占面积；风管长度一律以设计图示中心线长度为准（主管与支管以其中心线交点划分），包括弯头、三通、变径管、天圆地方等管件的长度，但不包括部件所占的长度。风管展开面积不包括风管、管口重叠部分面积。直径和周长按图示尺寸为准展开； 2. 渐缩管：圆形风管按平均直径，矩形风管按平均周长	1. 风管、管件、法兰、零件、支吊架制作、安装； 2. 弯头导流叶片制作、安装； 3. 过跨风管落地支架制作、安装； 4. 风管检查孔制作； 5. 温度、风量测定孔制作； 6. 风管保温及保护层； 7. 风管、法兰、法兰加固框、支吊架、保护层除锈、刷油
	说明：项目名称简化为“碳钢通风管道”。项目特征描述新增“名称”和“规格”，将原来的“风管附件、支架设计要求”修改为“管件、法兰等附件及支架设计要求”，删除原来的“周长或直径”和“除锈、刷油、防腐、绝热及保护层设计要求”。工程量计算规则与计量单位简化说明。工作内容删除原来的“弯头导流叶片制作、安装”、“风管检查孔制作”、“温度、风量测定孔制作”、“风管保温及保护层”和“风管、法兰、法兰加固框、支吊架、保护层除锈、刷油”					
2	13 规范	030702002	净化通风管道	1. 名称； 2. 材质； 3. 形状； 4. 规格； 5. 板材厚度； 6. 管件、法兰等附件及支架设计要求； 7. 接口形式	按设计图示内径尺寸以展开面积计算（计量单位：m^2）	1. 风管、管件、法兰、零件、支吊架制作、安装； 2. 过跨风管落地支架制作、安装

续表

<table>
<tr><th>序号</th><th>版别</th><th>项目编码</th><th>项目名称</th><th>项目特征</th><th>工程量计算规则与计量单位</th><th>工作内容</th></tr>
<tr><td rowspan="2">2</td><td>08 规范</td><td>030902002</td><td>净化通风管制作安装</td><td>1. 材质；
2. 形状；
3. 周长或直径；
4. 板材厚度；
5. 接口形式；
6. 风管附件、支架设计要求；
7. 除锈、刷油、防腐、绝热及保护层设计要求</td><td>1. 按设计图示以展开面积计算（计量单位：m^2），不扣除检查孔、测定孔、送风口、吸风口等所占面积；风管长度一律以设计图示中心线长度为准（主管与支管以其中心线交点划分），包括弯头、三通、变径管、天圆地方等管件的长度，但不包括部件所占的长度。风管展开面积不包括风管、管口重叠部分面积。直径和周长按图示尺寸为准展开；
2. 渐缩管：圆形风管按平均直径，矩形风管按平均周长</td><td>1. 风管、管件、法兰、零件、支吊架制作、安装；
2. 弯头导流叶片制作、安装；
3. 过跨风管落地支架制作、安装；
4. 风管检查孔制作；
5. 温度、风量测定孔制作；
6. 风管保温及保护层；
7. 风管、法兰、法兰加固框、支吊架、保护层除锈、刷油</td></tr>
<tr><td colspan="6">说明：项目名称简化为“净化通风管道”。项目特征描述新增“名称”和“规格”，将原来的“风管附件、支架设计要求”修改为“管件、法兰等附件及支架设计要求”，删除原来的“周长或直径”和“除锈、刷油、防腐、绝热及保护层设计要求”。工程量计算规则与计量单位简化说明。工作内容删除原来的“弯头导流叶片制作、安装”、“风管检查孔制作”、“温度、风量测定孔制作”、“风管保温及保护层”和“风管、法兰、法兰加固框、支吊架、保护层除锈、刷油”</td></tr>
<tr><td rowspan="3">3</td><td>13 规范</td><td>030702003</td><td>不锈钢板通风管道</td><td>1. 名称；
2. 形状；
3. 规格；
4. 板材厚度；
5. 管件、法兰等附件及支架设计要求；
6. 接口形式</td><td>按设计图示内径尺寸以展开面积计算（计量单位：m^2）</td><td>1. 风管、管件、法兰、零件、支吊架制作、安装；
2. 过跨风管落地支架制作、安装</td></tr>
<tr><td>08 规范</td><td>030902003</td><td>不锈钢板风管制作安装</td><td>1. 形状；
2. 周长或直径；
3. 板材厚度；
4. 接口形式；
5. 支架法兰的材质、规格；
6. 除锈、刷油、防腐、绝热及保护层设计要求</td><td>1. 按设计图示以展开面积计算（计量单位：m^2），不扣除检查孔、测定孔、送风口、吸风口等所占面积；风管长度一律以设计图示中心线长度为准（主管与支管以其中心线交点划分），包括弯头、三通、变径管、天圆地方等管件的长度，但不包括部件所占的长度。风管展开面积不包括风管、管口重叠部分面积。直径和周长按图示尺寸为准展开；
2. 渐缩管：圆形风管按平均直径，矩形风管按平均周长</td><td>1. 风管制作、安装；
2. 法兰制作、安装；
3. 吊托支架制作、安装；
4. 风管保温、保护层；
5. 保护层及支架、法兰除锈、刷油</td></tr>
<tr><td colspan="6">说明：项目名称更名为“不锈钢板通风管道”。项目特征描述新增“名称”和“规格”，将原来的“支架法兰的材质、规格”修改为“管件、法兰等附件及支架设计要求”，删除原来的“周长或直径”和“除锈、刷油、防腐、绝热及保护层设计要求”。工程量计算规则与计量单位简化说明。工作内容新增“过跨风管落地支架制作、安装”，将原来的“风管制作、安装”扩展为“风管、管件、法兰、零件、支吊架制作、安装”，删除原来的“法兰制作、安装”、“吊托支架制作、安装”、“风管保温、保护层”和“保护层及支架、法兰除锈、刷油”</td></tr>
</table>

续表

序号	版别	项目编码	项目名称	项目特征	工程量计算规则与计量单位	工作内容
4	13规范	030702004	铝板通风管道	1. 名称； 2. 形状； 3. 规格； 4. 板材厚度； 5. 管件、法兰等附件及支架设计要求； 6. 接口形式	按设计图示内径尺寸以展开面积计算（计量单位：m^2）	1. 风管、管件、法兰、零件、支吊架制作、安装； 2. 过跨风管落地支架制作、安装
	08规范	030902004	铝板通风管道制作安装	1. 形状； 2. 周长或直径； 3. 板材厚度； 4. 接口形式； 5. 支架法兰的材质、规格； 6. 除锈、刷油、防腐、绝热及保护层设计要求	1. 按设计图示以展开面积计算（计量单位：m^2），不扣除检查孔、测定孔、送风口、吸风口等所占面积；风管长度一律以设计图示中心线长度为准（主管与支管以其中心线交点划分），包括弯头、三通、变径管、天圆地方等管件的长度，但不包括部件所占的长度。风管展开面积不包括风管、管口重叠部分面积。直径和周长按图示尺寸为准展开； 2. 渐缩管：圆形风管按平均直径，矩形风管按平均周长	1. 风管制作、安装； 2. 法兰制作、安装； 3. 吊托支架制作、安装； 4. 风管保温、保护层； 5. 保护层及支架、法兰除锈、刷油
	说明：项目名称简化为“铝板通风管道”。项目特征描述新增“名称”和“规格”，将原来的“支架法兰的材质、规格”修改为“管件、法兰等附件及支架设计要求”，删除原来的“周长或直径”和“除锈、刷油、防腐、绝热及保护层设计要求”。工程量计算规则与计量单位简化说明。工作内容新增“过跨风管落地支架制作、安装”，将原来的“风管制作、安装”扩展为“风管、管件、法兰、零件、支吊架制作、安装”，删除原来的“法兰制作、安装”、“吊托支架制作、安装”、“风管保温、保护层”和“保护层及支架、法兰除锈、刷油”					
5	13规范	030702005	塑料通风管道	1. 名称； 2. 形状； 3. 规格； 4. 板材厚度； 5. 管件、法兰等附件及支架设计要求； 6. 接口形式	按设计图示内径尺寸以展开面积计算（计量单位：m^2）	1. 风管、管件、法兰、零件、支吊架制作、安装； 2. 过跨风管落地支架制作、安装
	08规范	030902005	塑料通风管道制作安装	1. 形状； 2. 周长或直径； 3. 板材厚度； 4. 接口形式； 5. 支架法兰的材质、规格； 6. 除锈、刷油、防腐、绝热及保护层设计要求	1. 按设计图示以展开面积计算（计量单位：m^2），不扣除检查孔、测定孔、送风口、吸风口等所占面积；风管长度一律以设计图示中心线长度为准（主管与支管以其中心线交点划分），包括弯头、三通、变径管、天圆地方等管件的长度，但不包括部件所占的长度。风管展开面积不包括风管、管口重叠部分面积。直径和周长按图示尺寸为准展开； 2. 渐缩管：圆形风管按平均直径，矩形风管按平均周长	1. 风管制作、安装； 2. 法兰制作、安装； 3. 吊托支架制作、安装； 4. 风管保温、保护层； 5. 保护层及支架、法兰除锈、刷油

续表

序号	版别	项目编码	项目名称	项目特征	工程量计算规则与计量单位	工作内容
5	说明：项目名称简化为“塑料通风管道”。项目特征描述新增“名称”和“规格”，将原来的“支架法兰的材质、规格”修改为“管件、法兰等附件及支架设计要求”，删除原来的“周长或直径”和“除锈、刷油、防腐、绝热及保护层设计要求”。工程量计算规则与计量单位简化说明。工作内容新增“过跨风管落地支架制作、安装”，将原来的“风管制作、安装”扩展为“风管、管件、法兰、零件、支吊架制作、安装”，删除原来的“法兰制作、安装”、“吊托支架制作、安装”、“风管保温、保护层”和“保护层及支架、法兰除锈、刷油”					
6	13 规范	030702006	玻璃钢通风管道	1. 名称； 2. 形状； 3. 规格； 4. 板材厚度； 5. 支架形式、材质； 6. 接口形式	按设计图示外径尺寸以展开面积计算（计量单位：m^2）	1. 风管、管件安装； 2. 支吊架制作、安装； 3. 过跨风管落地支架制作、安装
	08 规范	030902006	玻璃钢通风管道	1. 形状； 2. 厚度； 3. 周长或直径	1. 按设计图示以展开面积计算（计量单位：m^2），不扣除检查孔、测定孔、送风口、吸风口等所占面积；风管长度一律以设计图示中心线长度为准（主管与支管以其中心线交点划分），包括弯头、三通、变径管、天圆地方等管件的长度，但不包括部件所占的长度。风管展开面积不包括风管、管口重叠部分面积。直径和周长按图示尺寸为准展开； 2. 渐缩管：圆形风管按平均直径，矩形风管按平均周长	1. 制作、安装； 2. 支吊架制作、安装； 3. 风管保温、保护层； 4. 保护层及支架、法兰除锈、刷油
	说明：项目特征描述新增“名称”、“规格”、“支架形式、材质”和“接口形式”，将原来的“厚度”扩展为“板材厚度”，删除原来的“周长或直径”。工程量计算规则与计量单位简化说明。工作内容新增“过跨风管落地支架制作、安装”，将原来的“制作、安装”修改为“风管、管件安装”，删除原来的“风管保温、保护层”和“保护层及支架、法兰除锈、刷油”					
7	13 规范	030702007	复合型风管	1. 名称； 2. 材质； 3. 形状； 4. 规格； 5. 板材厚度； 6. 接口形式； 7. 支架形式、材质	按设计图示外径尺寸以展开面积计算（计量单位：m^2）	1. 风管、管件安装； 2. 支吊架制作、安装； 3. 过跨风管落地支架制作、安装
	08 规范	030902007	复合型风管制作安装	1. 材质； 2. 形状（圆形、矩形）； 3. 周长或直径； 4. 支（吊）架材质、规格； 5. 除锈、刷油设计要求	1. 按设计图示以展开面积计算（计量单位：m^2），不扣除检查孔、测定孔、送风口、吸风口等所占面积；风管长度一律以设计图示中心线长度为准（主管与支管以其中心线交点划分），包括弯头、三通、变径管、天圆地方等管件的长度，但不包括部件所占的长度。风管展开面积不包括风管、管口重叠部分面积。直径和周长按图示尺寸为准展开； 2. 渐缩管：圆形风管按平均直径，矩形风管按平均周长	1. 制作、安装； 2. 托、吊支架制作、安装、除锈、刷油

续表

序号	版别	项目编码	项目名称	项目特征	工程量计算规则与计量单位	工作内容
7	说明：项目名称简化为“复合型风管”。项目特征描述新增“名称”、“规格”、“板材厚度”和“接口形式”，将原来的“形状（圆形、矩形）”简化为“形状”，“支（吊）架材质、规格”修改为“支架形式、材质”，删除原来的“周长或直径”和“除锈、刷油设计要求”。工程量计算规则与计量单位简化说明。工作内容新增“过跨风管落地支架制作、安装”，将原来的“制作、安装”修改为“风管、管件安装”，“托、吊支架制作、安装、除锈、刷油”修改为“支吊架制作、安装”					
8	13 规范	030702008	柔性软风管	1. 名称； 2. 材质； 3. 规格； 4. 风管接头、支架形式、材质	1. 以米计量，按设计图示中心线以长度计算（计量单位：m）； 2. 以节计量，按设计图示数量计算（计量单位：节）	1. 风管安装； 2. 风管接头安装； 3. 支吊架制作、安装
	08 规范	030902008	柔性软风管	1. 材质； 2. 规格； 3. 保温套管设计要求	按设计图示中心线长度计算（计量单位：m），包括弯头、三通、变径管、天圆地方等管件的长度，但不包括部件所占的长度	1. 安装； 2. 风管接头安装
	说明：项目特征描述新增“名称”和“风管接头、支架形式、材质”，删除原来的“保温套管设计要求”。工程量计算规则与计量单位新增“以节计量，按设计图示数量计算（计量单位：节）”，删除原来的“包括弯头、三通、变径管、天圆地方等管件的长度，但不包括部件所占的长度”。工作内容新增“支吊架制作、安装”，将原来的“安装”扩展为“风管安装”					
9	13 规范	030702009	弯头导流叶片	1. 名称； 2. 材质； 3. 规格； 4. 形式	1. 以面积计量，按设计图示以展开面积平方米计算（计量单位：m^2）； 2. 以组计量，按设计图示数量计算（计量单位：组）	1. 制作； 2. 组装
	08 规范	—	—	—	—	—
	说明：新增项目内容					
10	13 规范	030702010	风管检查孔	1. 名称； 2. 材质； 3. 规格	1. 以千克计量，按风管检查孔质量计算（计量单位：kg）； 2. 以个计量，按设计图示数量计算（计量单位：个）	1. 制作； 2. 安装
	08 规范	—	—	—	—	—
	说明：新增项目内容					
11	13 规范	030702011	温度、风量测定孔	1. 名称； 2. 材质； 3. 规格； 4. 设计要求	按设计图示数量计算（计量单位：个）	1. 制作； 2. 安装
	08 规范	—	—	—	—	—
	说明：新增项目内容					

注：1. 风管展开面积，不扣除检查孔、测定孔、送风口、吸风口等所占面积；风管长度一律以设计图示中心线长度为准（主管与支管以其中心线交点划分），包括弯头、三通、变径管、天圆地方等管件的长度，但不包括部件所占的长度。风管展开面积不包括风管、管口重叠部分面积。风管渐缩管：圆形风管按平均直径；矩形风管按平均周长。
2. 穿墙套管按展开面积计算，计入通风管道工程量中。
3. 通风管道的法兰垫料或封口材料，按图纸要求应在项目特征中描述。
4. 净化通风管的空气洁净度按 100000 级标准编制，净化通风管使用的型钢材料如要求镀锌时，工作内容应注明支架镀锌。
5. 弯头导流叶片数量，按设计图纸或规范要求计算。
6. 风管检查孔、温度测定孔、风量测定孔数量，按设计图纸或规范要求计算。

3.1.3　通风管道部件制作安装

通风管道部件制作安装工程量清单项目设置、项目特征描述的内容、计量单位及工程量计算规则等的变化对照情况，见表 3-3。

通风管道部件制作安装（编码：030703）　　表 3-3

序号	版别	项目编码	项目名称	项目特征	工程量计算规则与计量单位	工作内容
1	13 规范	030703001	碳钢阀门	1. 名称； 2. 型号； 3. 规格； 4. 质量； 5. 类型； 6. 支架形式、材质	按设计图示数量计算（计量单位：个）	1. 阀体制作； 2. 阀体安装； 3. 支架制作、安装
	08 规范	030903001	碳钢调节阀制作安装	1. 类型； 2. 规格； 3. 周长； 4. 质量； 5. 除锈、刷油设计要求	1. 按设计图示数量计算（包括空气加热器上通阀、空气加热器旁通阀、圆形瓣式启动阀、风管蝶阀、风管止回阀、密闭式斜插板阀、矩形风管三通调节阀、对开多叶调节阀、风管防火阀、各型风罩调节阀制作安装等）（计量单位：个）； 2. 若调节阀为成品时，制作不再计算	1. 安装； 2. 制作； 3. 除锈、刷油
	说明：项目名称更名为“碳钢阀门”。项目特征描述新增“名称”、“型号”和“支架形式、材质”，删除原来的“周长”和“除锈、刷油设计要求”。工程量计算规则与计量单位简化说明。工作内容新增“支架制作、安装”，将原来的“安装”扩展为“阀体安装”，将原来的“制作”扩展为“阀体制作”。删除原来的“除锈、刷油”					
2	13 规范	030703002	柔性软风管阀门	1. 名称； 2. 规格； 3. 材质； 4. 类型	按设计图示数量计算（计量单位：个）	阀体安装
	08 规范	030903002	柔性软风管阀门	1. 材质； 2. 规格		安装
	说明：项目特征描述新增“名称”和“类型”。工作内容将原来的“安装”扩展为“阀体安装”					
3	13 规范	030703003	铝蝶阀	1. 名称； 2. 规格； 3. 质量； 4. 类型	按设计图示数量计算（计量单位：个）	阀体安装
	08 规范	030903003	铝蝶阀	规格		安装
	说明：项目特征描述新增“名称”、“质量”和“类型”。工作内容将原来的“安装”扩展为“阀体安装”					

续表

序号	版别	项目编码	项目名称	项目特征	工程量计算规则与计量单位	工作内容
4	13规范	030703004	不锈钢蝶阀	1. 名称； 2. 规格； 3. 质量； 4. 类型	按设计图示数量计算（计量单位：个）	阀体安装
	08规范	030903004	不锈钢蝶阀	规格		安装
	说明：项目特征描述新增“名称”、“质量”和“类型”。工作内容将原来的“安装”扩展为“阀体安装”					
5	13规范	030703005	塑料阀门	1. 名称； 2. 型号； 3. 规格； 4. 类型	按设计图示数量计算（计量单位：个）	阀体安装
	08规范	030903005	塑料风管阀门制作安装	1. 类型； 2. 形状； 3. 质量	按设计图示数量计算（包括塑料蝶阀、塑料插板阀、各型风罩塑料调节阀）（计量单位：个）	安装
	说明：项目名称简化为“塑料阀门”。项目特征描述新增“名称”、“型号”和“规格”，删除原来的“形状”和“质量”。工程量计算规则与计量单位删除原来的“（包括塑料蝶阀、塑料插板阀、各型风罩塑料调节阀）”。工作内容将原来的“安装”扩展为“阀体安装”					
6	13规范	030703006	玻璃钢蝶阀	1. 名称； 2. 型号； 3. 规格； 4. 类型	按设计图示数量计算（计量单位：个）	阀体安装
	08规范	030903006	玻璃钢蝶阀	1. 类型； 2. 直径或周长		安装
	说明：项目特征描述新增“名称”、“型号”和“规格”，删除原来的“直径或周长”。工作内容将原来的“安装”扩展为“阀体安装”					
7	13规范	030703007	碳钢风口、散流器、百叶窗	1. 名称； 2. 型号； 3. 规格； 4. 质量； 5. 类型； 6. 形式	按设计图示数量计算（计量单位：个）	1. 风口制作、安装； 2. 散流器制作、安装； 3. 百叶窗安装
	08规范	030903007	碳钢风口、散流器制作安装（百叶窗）	1. 类型； 2. 规格； 3. 形式； 4. 质量； 5. 除锈、刷油设计要求	1. 按设计图示数量计算（包括百叶风口、矩形送风口、矩形空气分布器、风管插板风口、旋转吹风口、圆形散流器、方形散流器、流线型散流器、送吸风口、活动算式风口、网式风口、钢百叶窗等）（计量单位：个）； 2. 百叶窗按设计图示以框内面积计算； 3. 风管插板风口制作已包括安装内容； 4. 若风口、分布器、散流器、百叶窗为成品时，制作不再计算	1. 风口制作、安装； 2. 散流器制作、安装； 3. 百叶窗安装； 4. 除锈、刷油
	说明：项目名称更名为“碳钢风口、散流器、百叶窗”。项目特征描述新增“名称”和“型号”，删除原来的“除锈、刷油设计要求”。工程量计算规则与计量单位简化说明。工作内容删除原来的“除锈、刷油”					

续表

<table>
<tr><th>序号</th><th>版别</th><th>项目编码</th><th>项目名称</th><th>项目特征</th><th>工程量计算规则与计量单位</th><th>工作内容</th></tr>
<tr><td rowspan="3">8</td><td>13 规范</td><td>030703008</td><td>不锈钢风口、散流器、百叶窗</td><td>1. 名称；
2. 型号；
3. 规格；
4. 质量；
5. 类型；
6. 形式</td><td>按设计图示数量计算（计量单位：个）</td><td>1. 风口制作、安装；
2. 散流器制作、安装；
3. 百叶窗安装</td></tr>
<tr><td>08 规范</td><td>030903008</td><td>不锈钢风口、散流器制作安装（百叶窗）</td><td>1. 类型；
2. 规格；
3. 形式；
4. 质量；
5. 除锈、刷油设计要求</td><td>1. 按设计图示数量计算（包括风口、分布器、散流器、百叶窗）（计量单位：个）；
2. 若风口、分布器、散流器、百叶窗为成品时，制作不再计算</td><td>制作、安装</td></tr>
<tr><td colspan="6">说明：项目名称更名为“不锈钢风口、散流器、百叶窗”。项目特征描述新增“名称”和“型号”，删除原来的“除锈、刷油设计要求”。工程量计算规则与计量单位简化说明。工作内容新增“散流器制作、安装”和“百叶窗安装”，将原来的“制作、安装”扩展为“风口制作、安装”</td></tr>
<tr><td rowspan="3">9</td><td>13 规范</td><td>030703009</td><td>塑料风口、散流器、百叶窗</td><td>1. 名称；
2. 型号；
3. 规格；
4. 质量；
5. 类型；
6. 形式</td><td>按设计图示数量计算（计量单位：个）</td><td>1. 风口制作、安装；
2. 散流器制作、安装；
3. 百叶窗安装</td></tr>
<tr><td>08 规范</td><td>030903009</td><td>塑料风口、散流器制作安装（百叶窗）</td><td>1. 类型；
2. 规格；
3. 形式；
4. 质量；
5. 除锈、刷油设计要求</td><td>1. 按设计图示数量计算（包括风口、分布器、散流器、百叶窗）（计量单位：个）；
2. 若风口、分布器、散流器、百叶窗为成品时，制作不再计算</td><td>制作、安装</td></tr>
<tr><td colspan="6">说明：项目名称更名为“塑料风口、散流器、百叶窗”。项目特征描述新增“名称”和“型号”，删除原来的“除锈、刷油设计要求”。工程量计算规则与计量单位简化说明。工作内容新增“散流器制作、安装”和“百叶窗安装”，将原来的“制作、安装”扩展为“风口制作、安装”</td></tr>
<tr><td rowspan="3">10</td><td>13 规范</td><td>030703010</td><td>玻璃钢风口</td><td>1. 名称；
2. 型号；
3. 规格；
4. 类型；
5. 形式</td><td>按设计图示数量计算（计量单位：个）</td><td rowspan="2">风口安装</td></tr>
<tr><td>08 规范</td><td>030903010</td><td>玻璃钢风口</td><td>1. 类型；
2. 规格</td><td>按设计图示数量计算（包括玻璃钢百叶风口、玻璃钢矩形送风口）（计量单位：个）</td></tr>
<tr><td colspan="6">说明：项目特征描述新增“名称”、“型号”和“形式”。工程量计算规则与计量单位删除原来的“（包括玻璃钢百叶风口、玻璃钢矩形送风口）”</td></tr>
</table>

续表

<table>
<tr><th>序号</th><th>版别</th><th>项目编码</th><th>项目名称</th><th>项目特征</th><th>工程量计算规则与计量单位</th><th>工作内容</th></tr>
<tr><td rowspan="3">11</td><td>13 规范</td><td>030703011</td><td>铝及铝合金风口、散流器</td><td>1. 名称；
2. 型号；
3. 规格；
4. 类型；
5. 形式</td><td rowspan="2">按设计图示数量计算（计量单位：个）</td><td>1. 风口制作、安装；
2. 散流器制作、安装</td></tr>
<tr><td>08 规范</td><td>030903011</td><td>铝及铝合金风口、散流器制作安装</td><td>1. 类型；
2. 规格；
3. 质量</td><td>1. 制作；
2. 安装</td></tr>
<tr><td colspan="6">说明：项目名称简化为“铝及铝合金风口、散流器”。项目特征描述新增“名称”、“型号”和“形式”，删除原来的“质量”。工作内容将原来的“制作”和“安装”修改为“风口制作、安装”和“散流器制作、安装”</td></tr>
<tr><td rowspan="3">12</td><td>13 规范</td><td>030703012</td><td>碳钢风帽</td><td>1. 名称；
2. 规格；
3. 质量；
4. 类型；
5. 形式；
6. 风帽筝绳、泛水设计要求</td><td>按设计图示数量计算（计量单位：个）</td><td>1. 风帽制作、安装；
2. 筒形风帽滴水盘制作、安装；
3. 风帽筝绳制作、安装；
4. 风帽泛水制作、安装</td></tr>
<tr><td>08 规范</td><td>030903012</td><td>碳钢风帽制作安装</td><td>1. 类型；
2. 规格；
3. 形式；
4. 质量；
5. 风帽附件设计要求；
6. 除锈、刷油设计要求</td><td>1. 按设计图示数量计算（计量单位：个）；
2. 若风帽为成品时，制作不再计算</td><td>1. 风帽制作、安装；
2. 筒形风帽滴水盘制作、安装；
3. 风帽筝绳制作、安装；
4. 风帽泛水制作、安装；
5. 除锈、刷油</td></tr>
<tr><td colspan="6">说明：项目名称简化为“碳钢风帽”。项目特征描述新增“名称”和“风帽筝绳、泛水设计要求”，删除原来的“风帽附件设计要求”和“除锈、刷油设计要求”。工程量计算规则与计量单位删除原来的“若风帽为成品时，制作不再计算”。工作内容删除原来的“除锈、刷油”</td></tr>
<tr><td rowspan="3">13</td><td>13 规范</td><td>030703013</td><td>不锈钢风帽</td><td>1. 名称；
2. 规格；
3. 质量；
4. 类型；
5. 形式；
6. 风帽筝绳、泛水设计要求</td><td>按设计图示数量计算（计量单位：个）</td><td>1. 风帽制作、安装；
2. 筒形风帽滴水盘制作、安装；
3. 风帽筝绳制作、安装；
4. 风帽泛水制作、安装</td></tr>
<tr><td>08 规范</td><td>030903013</td><td>不锈钢风帽制作安装</td><td>1. 类型；
2. 规格；
3. 形式；
4. 质量；
5. 风帽附件设计要求；
6. 除锈、刷油设计要求</td><td>1. 按设计图示数量计算（计量单位：个）；
2. 若风帽为成品时，制作不再计算</td><td>1. 风帽制作、安装；
2. 筒形风帽滴水盘制作、安装；
3. 风帽筝绳制作、安装；
4. 风帽泛水制作、安装；
5. 除锈、刷油</td></tr>
<tr><td colspan="6">说明：项目名称简化为“不锈钢风帽”。项目特征描述新增“名称”和“风帽筝绳、泛水设计要求”，删除原来的“风帽附件设计要求”和“除锈、刷油设计要求”。工程量计算规则与计量单位删除原来的“若风帽为成品时，制作不再计算”。工作内容删除原来的“除锈、刷油”</td></tr>
</table>

续表

<table>
<tr><th>序号</th><th>版别</th><th>项目编码</th><th>项目名称</th><th>项目特征</th><th>工程量计算规则与计量单位</th><th>工作内容</th></tr>
<tr><td rowspan="3">14</td><td>13 规范</td><td>030703014</td><td>塑料风帽</td><td>1. 名称；
2. 规格；
3. 质量；
4. 类型；
5. 形式；
6. 风帽筝绳、泛水设计要求</td><td>按设计图示数量计算（计量单位：个）</td><td>1. 风帽制作、安装；
2. 筒形风帽滴水盘制作、安装；
3. 风帽筝绳制作、安装；
4. 风帽泛水制作、安装</td></tr>
<tr><td>08 规范</td><td>030903014</td><td>塑料风帽制作安装</td><td>1. 类型；
2. 规格；
3. 形式；
4. 质量；
5. 风帽附件设计要求；
6. 除锈、刷油设计要求</td><td>1. 按设计图示数量计算（计量单位：个）；
2. 若风帽为成品时，制作不再计算</td><td>1. 风帽制作、安装；
2. 筒形风帽滴水盘制作、安装；
3. 风帽筝绳制作、安装；
4. 风帽泛水制作、安装；
5. 除锈、刷油</td></tr>
<tr><td colspan="6">说明：项目名称简化为“塑料风帽”。项目特征描述新增“名称”和“风帽筝绳、泛水设计要求”，删除原来的“风帽附件设计要求”和“除锈、刷油设计要求”。工程量计算规则与计量单位删除原来的“若风帽为成品时，制作不再计算”。工作内容删除原来的“除锈、刷油”</td></tr>
<tr><td rowspan="3">15</td><td>13 规范</td><td>030703015</td><td>铝板伞形风帽</td><td>1. 名称；
2. 规格；
3. 质量；
4. 类型；
5. 形式；
6. 风帽筝绳、泛水设计要求</td><td>按设计图示数量计算（计量单位：个）</td><td>1. 板伞形风帽制作、安装；
2. 风帽筝绳制作、安装；
3. 风帽泛水制作、安装</td></tr>
<tr><td>08 规范</td><td>030903015</td><td>铝板伞形风帽制作安装</td><td>1. 类型；
2. 规格；
3. 形式；
4. 质量；
5. 风帽附件设计要求；
6. 除锈、刷油设计要求</td><td>1. 按设计图示数量计算（计量单位：个）；
2. 若伞形风帽为成品时，制作不再计算</td><td>1. 板伞形风帽制作安装；
2. 风帽筝绳制作、安装；
3. 风帽泛水制作、安装</td></tr>
<tr><td colspan="6">说明：项目名称简化为“铝板伞形风帽”。项目特征描述新增“名称”和“风帽筝绳、泛水设计要求”，删除原来的“风帽附件设计要求”和“除锈、刷油设计要求”。工程量计算规则与计量单位删除原来的“若伞形风帽为成品时，制作不再计算”。工作内容将原来的“板伞形风帽制作安装”修改为“板伞形风帽制作、安装”</td></tr>
<tr><td rowspan="3">16</td><td>13 规范</td><td>030703016</td><td>玻璃钢风帽</td><td>1. 名称；
2. 规格；
3. 质量；
4. 类型；
5. 形式；
6. 风帽筝绳、泛水设计要求</td><td>按设计图示数量计算（计量单位：个）</td><td rowspan="2">1. 玻璃钢风帽安装；
2. 筒形风帽滴水盘安装；
3. 风帽筝绳安装；
4. 风帽泛水安装</td></tr>
<tr><td>08 规范</td><td>030903016</td><td>玻璃钢风帽安装</td><td>1. 类型；
2. 规格；
3. 风帽附件设计要求</td><td>按设计图示数量计算（包括圆伞形风帽、锥形风帽、筒形风帽）（计量单位：个）</td></tr>
<tr><td colspan="6">说明：项目名称简化为“玻璃钢风帽”。项目特征描述新增“名称”、“质量”、“形式”和“风帽筝绳、泛水设计要求”，删除原来的“风帽附件设计要求”。工程量计算规则与计量单位删除原来的“（包括圆伞形风帽、锥形风帽、筒形风帽）”</td></tr>
</table>

续表

序号	版别	项目编码	项目名称	项目特征	工程量计算规则与计量单位	工作内容
17	13 规范	030703017	碳钢罩类	1. 名称； 2. 型号； 3. 规格； 4. 质量； 5. 类型； 6. 形式	按设计图示数量计算（计量单位：个）	1. 罩类制作； 2. 罩类安装
	08 规范	030903017	碳钢罩类制作安装	1. 类型； 2. 除锈、刷油设计要求	按设计图示数量计算（包括皮带防护罩、电动机防雨罩、侧吸罩、中小型零件焊接台排气罩、整体分组式槽边侧吸罩、吹吸式槽边通风罩、条缝槽边抽风罩、泥心烘炉排气罩、升降式回转排气罩、上下吸式圆形回转罩、升降式排气罩、手锻炉排气罩）（计量单位：kg）	1. 制作、安装； 2. 除锈、刷油
	说明：项目名称简化为“碳钢罩类”。项目特征描述新增“名称”、“型号”、“规格”、“质量”和“形式”，删除原来的“除锈、刷油设计要求”。工程量计算规则与计量单位简化说明。工作内容将原来的“制作、安装”拆分为“罩类制作”和“罩类安装”，删除原来的“除锈、刷油”					
18	13 规范	030703018	塑料罩类	1. 名称； 2. 型号； 3. 规格； 4. 质量； 5. 类型； 6. 形式	按设计图示数量计算（计量单位：个）	1. 罩类制作； 2. 罩类安装
	08 规范	030903018	塑料罩类制作安装	1. 类型； 2. 形式	按设计图示数量计算（包括塑料槽边侧吸罩、塑料槽边风罩、塑料条缝槽边抽风罩）（计量单位：kg）	制作、安装
	说明：项目名称简化为“塑料罩类”。项目特征描述新增“名称”、“型号”、“规格”和“质量”。工程量计算规则与计量单位将原来的“kg”修改为“个”，删除原来的“（包括塑料槽边侧吸罩、塑料槽边风罩、塑料条缝槽边抽风罩）”。工作内容将原来的“制作、安装”拆分为“罩类制作”和“罩类安装”					
19	13 规范	030703019	柔性接口	1. 名称； 2. 规格； 3. 材质； 4. 类型； 5. 形式	按设计图示尺寸以展开面积计算（计量单位：m^2）	1. 柔性接口制作； 2. 柔性接口安装
	08 规范	030903019	柔性接口及伸缩节制作安装	1. 材质； 2. 规格； 3. 法兰接口设计要求	按设计图示数量计算（计量单位：m^2）	制作、安装
	说明：项目名称简化为“柔性接口”。项目特征描述新增“名称”、“类型”和“形式”，删除原来的“法兰接口设计要求”。工程量计算规则与计量单位将原来的“按设计图示数量计算”修改为“按设计图示尺寸以展开面积计算”。工作内容将原来的“制作、安装”拆分为“柔性接口制作”和“柔性接口安装”					

续表

序号	版别	项目编码	项目名称	项目特征	工程量计算规则与计量单位	工作内容
20	13规范	030703020	消声器	1. 名称； 2. 规格； 3. 材质； 4. 形式； 5. 质量； 6. 支架形式、材质	按设计图示数量计算（计量单位：个）	1. 消声器制作； 2. 消声器安装； 3. 支架制作安装
	08规范	030903020	消声器制作安装	类型	按设计图示数量计算（包括片式消声器、矿棉管式消声器、聚酯泡沫管式消声器、卡普隆纤维管式消声器、弧形声流式消声器、阻抗复合式消声器、微穿孔板消声器、消声弯头）（计量单位：kg）	制作、安装
	说明：项目名称简化为“消声器”。项目特征描述新增“名称”、“规格”、“材质”、“形式”、“质量”和“支架形式、材质”，删除原来的“类型”。工程量计算规则与计量单位将原来的“kg”修改为“个”，删除原来的“（包括片式消声器、矿棉管式消声器、聚酯泡沫管式消声器、卡普隆纤维管式消声器、弧形声流式消声器、阻抗复合式消声器、微穿孔板消声器、消声弯头）”。工作内容将原来的“制作、安装”拆分为“消声器制作”、“消声器安装”和“支架制作安装”					
21	13规范	030703021	静压箱	1. 名称； 2. 规格； 3. 形式； 4. 材质； 5. 支架形式、材质	1. 按设计图示数量计算（计量单位：个）； 2. 按设计图示尺寸以展开面积计算（计量单位：m^2）	1. 静压箱制作、安装； 2. 支架制作、安装
	08规范	030903021	静压箱制作安装	1. 材质； 2. 规格； 3. 形式； 4. 除锈标准、刷油防腐设计要求	按设计图示数量计算（计量单位：m^2）	1. 制作、安装； 2. 支架制作、安装； 3. 除锈、刷油、防腐
	说明：项目名称简化为“静压箱”。项目特征描述新增“名称”和“支架形式、材质”，删除原来的“除锈标准、刷油防腐设计要求”。工程量计算规则与计量单位新增“按设计图示数量计算（计量单位：个）”。工作内容将原来的“制作、安装”修改为“静压箱制作、安装”，删除原来的“除锈、刷油、防腐”					
22	13规范	030703022	人防超压自动排气阀	1. 名称； 2. 型号； 3. 规格； 4. 类型	按设计图示数量计算（计量单位：个）	安装
	08规范	—	—	—	—	—
	说明：新增项目内容					
23	13规范	030703023	人防手动密闭阀	1. 名称； 2. 型号； 3. 规格； 4. 支架形式、材质	按设计图示数量计算（计量单位：个）	1. 密闭阀安装； 2. 支架制作、安装
	08规范	—	—	—	—	—
	说明：新增项目内容					

续表

序号	版别	项目编码	项目名称	项目特征	工程量计算规则与计量单位	工作内容
24	13规范	030703024	人防其他部件	1. 名称； 2. 型号； 3. 规格； 4. 类型	按设计图示数量计算（计量单位：个或套）	安装
	08规范	—	—	—	—	—
	说明：新增项目内容					

注：1. 碳钢阀门包括：空气加热器上通阀、空气加热器旁通阀、圆形瓣式启动阀、风管蝶阀、风管止回阀、密闭式斜插板阀、矩形风管三通调节阀、对开多叶调节阀、风管防火阀、各型风罩调节阀等。
2. 塑料阀门包括：塑料蝶阀、塑料插板阀、各型风罩塑料调节阀。
3. 碳钢风口、散流器、百叶窗包括：百叶风口、矩形送风口、矩形空气分布器、风管插板风口、旋转吹风口、圆形散流器、方形散流器、流线型散流器、送吸风口、活动箅式风口、网式风口、钢百叶窗等。
4. 碳钢罩类包括：皮带防护罩、电动机防雨罩、侧吸罩、中小型零件焊接台排气罩、整体分组式槽边侧吸罩、吹吸式槽边通风罩、条缝槽边抽风罩、泥心烘炉排气罩、升降式回转排气罩、上下吸式圆形回转罩、升降式排气罩、手锻炉排气罩。
5. 塑料罩类包括：塑料槽边侧吸罩、塑料槽边风罩、塑料条缝槽边抽风罩。
6. 柔性接口包括：金属、非金属软接口及伸缩节。
7. 消声器包括：片式消声器、矿棉管式消声器、聚酯泡沫管式消声器、卡普隆纤维管式消声器、弧形声流式消声器、阻抗复合式消声器、微穿孔板消声器、消声弯头。
8. 通风部件如图纸要求制作安装或用成品部件只安装不制作，这类特征在项目特征中应明确描述。
9. 静压箱的面积计算：按设计图示尺寸以展开面积计算，不扣除开口的面积。

3.1.4 通风工程检测、调试

通风工程检测、调试工程量清单项目设置、项目特征描述的内容、计量单位及工程量计算规则等的变化对照情况，见表3-4。

通风工程检测、调试（编码：030704）　　表3-4

序号	版别	项目编码	项目名称	项目特征	工程量计算规则与计量单位	工作内容
1	13规范	030704001	通风工程检测、调试	风管工程量	按通风系统计算（计量单位：系统）	1. 通风管道风量测定； 2. 风压测定； 3. 温度测定； 4. 各系统风口、阀门调整
	08规范	030904001	通风工程检测、调试	系统	按由通风设备、管道及部件等组成的通风系统计算（计量单位：系统）	1. 管道漏光试验； 2. 漏风试验； 3. 通风管道风量测定； 4. 风压测定； 5. 温度测定； 6. 各系统风口、阀门调整
	说明：项目特征描述新增“风管工程量”，删除原来的“系统”。工程量计算规则与计量单位将原来的“按由通风设备、管道及部件等组成的通风系统计算”简化为“按通风系统计算”。工作内容删除原来的“管道漏光试验”和“漏风试验”					

续表

序号	版别	项目编码	项目名称	项目特征	工程量计算规则与计量单位	工作内容
2	13 规范	030704002	风管漏光试验、漏风试验	漏光试验、漏风试验、设计要求	按设计图纸或规范要求以展开面积计算（计量单位：m^2）	通风管道漏光试验、漏风试验
	08 规范	—	—	—	—	—
	说明：新增项目内容					

3.1.5 相关问题及说明

1. 通风空调工程适用于通风（空调）设备及部件、通风管道及部件的制作安装工程。

2. 冷冻机组站内的设备安装、通风机安装及人防两用通风机安装，应按《通用安装工程工程量计算规范》GB 50856—2013 附录 A 机械设备安装工程相关项目编码列项。

3. 冷冻机组站内的管道安装，应按《通用安装工程工程量计算规范》GB 50856—2013 附录 H 工业管道工程相关项目编码列项。

4. 冷冻站外墙皮以外通往通风空调设备的供热、供冷、供水等管道，应按《通用安装工程工程量计算规范》GB 50856—2013 附录 K 给排水、采暖、燃气工程相关项目编码列项。

5. 设备和支架的除锈、刷漆、保温及保护层安装，应按《通用安装工程工程量计算规范》GB 50856—2013 附录 M 刷油、防腐蚀、绝热工程相关项目编码列项。

3.2 工程量清单编制实例

3.2.1 实例 3-1

1. 背景资料

某化工厂内新建办公试验楼集中空调通风系统安装工程，如图 3-1 所示。该系统各部件附件数据如表 3-5 所示。

（1）设计说明

1）本图为某化工厂试验办公楼的集中空调通风管道系统，图中标注尺寸标高以 m 计，其他均以 mm 计。

2）集中通风空调系统的设备为恒温恒湿机，并配合土建砌筑混凝土基础和预埋地脚螺栓安装，外形尺寸为 1200mm×1100mm×1900mm，采用橡胶隔振垫，厚度δ=20mm。

3）风管及其管件采用镀锌薄钢板（咬口）现场制作安装，板厚 δ=0.75mm。

4）风管系统中的软管接口、风管检查孔、温度测定孔、插板式送风口为现场制安；阀件、散流器为供应成品现场安装。

5）风管法兰、加固框、支托吊架除锈后刷防锈漆两遍。

6）风管采用橡塑玻璃棉保温，保温厚度为 δ=25mm。

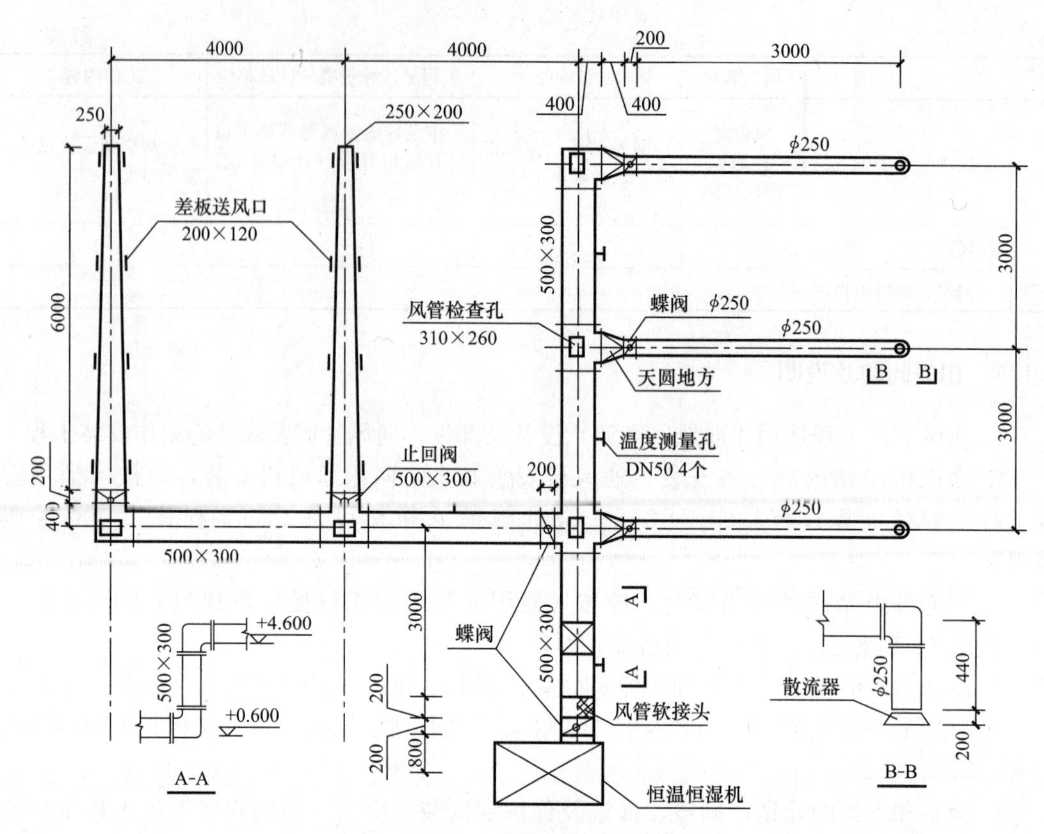

图 3-1　集中空调通风管道系统布置图

通风空调设各部件附件数据表　　　　表 3-5

序号	名称	规格型号	长度（mm）	单重（kg）
1	空调器	YSL－DHS－225	—	3000
2	矩形风管	500×300	图示	—
3	渐缩风管	500×300/250×200	图示	—
4	圆形风管	ϕ250	图示	—
5	矩形蝶阀	500×300	200	13.85
6	矩形止回阀	500×300	200	15.00
7	圆形蝶阀	ϕ250	200	3.43
8	插板送风口	200×120	—	0.88
9	铝合金圆形散流器	ϕ250	200	5.45
10	风管检查孔	310×260，T－615	—	4.00
11	温度测定孔	T－614	—	0.50
12	软管接口	500×300	200	—

（2）计算说明

1）天圆地方按大口径计算。

2）截止阀、蝶阀绝热不计算。

3）风管、法兰、加固框、支托吊架除锈后刷防锈漆不计算。

4）计算结果保留小数点后两位有效数字，第三位四舍五入。

2. 问题

根据以上背景资料及现行国家标准《建设工程工程量清单计价规范》GB 50500—2013、《通用安装工程工程量计算规范》GB 50856—2013，试列出该工程通风管道的分部分项工程量清单。

3. 参考答案（表 3-6 和表 3-7）

清单工程量计算表　　**表 3-6**

工程名称：某工程

序号	项目编码	清单项目名称	计算式	工程量合计	计量单位
1	030702001001	通风管道	通风管道 500mm×300mm，δ=0.75mm： L=3+(4.6−0.6)+3×2+4×2+0.4×2+0.8×3−0.2=24（m） S=24×(0.5+0.3)×2=38.40（m^2）	38.40	m^2
2	030702001002	通风渐缩管道	通风渐缩管道 500×300/250×200，δ=0.75mm： L=6×2=12（m） S=12×(0.5+0.3+0.25+0.2)=12×1.25=15.00（m^2）	15.00	m^2
3	030702001003	通风管道	通风管道 ϕ250，δ=0.75mm： L=3×(3+0.44)=3×3.44=10.32（m） S=10.32×3.14×0.25=8.10（m^2）	8.10	m^2
4	030703019001	柔性接口	柔性接口 500mm×300mm： S=(0.5+0.3)×2×0.2=0.32（m^2）	0.32	m^2
5	030702010001	风管检查孔	风管检查孔 310×260，T−614： 5	5	个
6	030702011001	温度测量孔	温度测量孔 T−615： 4×4=16（个）	16	个
7	030701003001	空调器	恒温恒湿机 YSL−DHS−225，1200mm×1100mm×1900mm： 1 台	1	台
8	030703001001	矩形蝶阀	矩形蝶阀 500mm×300mm： 2 个	2	个
9	030703001002	矩形止回阀	矩形止回阀 500mm×300mm： 2 个	2	个
10	030703001003	圆形蝶阀	圆形蝶阀 ϕ250： 3 个	3	个
11	030703007001	插板式送风口	插板式送风口 200mm×120mm： 4×4=16（个）	16	个
12	030703011001	铝及铝合金散流器	铝合金圆形散流器 ϕ250： 3 个	3	个

续表

序号	项目编码	清单项目名称	计算式	工程量合计	计量单位
13	031208003001	通风管道绝热	1. 矩形风管 500mm×300mm： V_1=[2×(0.5+0.3)+1.033×0.025]×1.033×0.025×24 =1.626×1.033×0.025×24 =1.008（m^3） 2. 通风渐缩管道 500mm×300mm/250mm×200mm： V_2=[(0.5+0.3+0.25+0.2)+1.033×0.025]×1.033×0.025×6×2 =1.276×1.033×0.025×6×2 =0.395（m^3） 3. 圆形风管 ϕ250： V_3=3.14×(0.25+1.033×0.025)×1.033×0.025×(3.0+0.2)×3=0.215（m^3） 4. 散流器： V_4=3.14×(0.25+1.033×0.025)×1.033×0.025×(0.20+0.44)×3=0.043（m^3） 5. 小计： V=1.008+0.395+0.215+0.043=1.66（m^3）	1.66	m^3
14	030704001001	通风工程检测、调试	通风工程检测、调试： 1	1	系统
15	030704002001	风管漏光试验、漏风试验	矩形风管漏光试验、漏风试验： S=38.40+15+0.32=53.72（m^2）	53.72	m^2
16	030704002002	风管漏光试验、漏风试验	圆形风管漏光试验、漏风试验： S=8.10（m^2）	8.10	m^2

分部分项工程和单价措施项目清单与计价表 表 3-7

工程名称：某工程

序号	项目编码	项目名称	项目特征描述	计量单位	工程量	金额（元）		
						综合单价	合价	其中
								暂估价
1	030702001001	碳钢通风管道	1. 名称：薄钢板通风管道； 2. 材质：镀锌； 3. 形状：矩形； 4. 规格：500mm×300mm； 5. 板材厚度：0.75mm； 6. 接口形式：法兰咬口连接	m^2	38.40			
2	030702001002	碳钢通风管道	1. 名称：薄钢板通风管道； 2. 材质：镀锌； 3. 形状：矩形； 4. 规格：500mm×300mm/250mm×200mm； 5. 板材厚度：0.75mm； 6. 接口形式：法兰咬口连接	m^2	15			

续表

序号	项目编码	项目名称	项目特征描述	计量单位	工程量	金额（元）		
						综合单价	合价	其中 暂估价
3	030702001002	碳钢通风管道	1. 名称：薄钢板通风管道； 2. 材质：镀锌； 3. 形状：圆形； 4. 规格：ϕ250； 5. 板材厚度：0.75mm； 6. 接口形式：法兰咬口连接	m^2	8.10			
4	030703019001	柔性接口	1. 名称：软接口； 2. 规格：500mm×300mm，L=200； 3. 材质：帆布	m^2	0.32			
5	030702010001	风管检查孔	1. 名称：风管检查孔，T－615； 2. 材质：镀锌； 3. 规格：310mm×260mm	个	5			
6	030702011001	温度测定孔	1. 名称：温度测定孔 T－614； 2. 材质：镀锌； 3. 规格：DN50	个	16			
7	030701003001	空调器	1. 名称：恒温恒湿机； 2. 型号：YSL－DHS－225； 3. 规格：1200mm×1100mm×1900mm； 4. 安装形式：落地安装； 5. 质量：3000kg； 6. 隔振垫（器）、支架形式、材质：橡胶隔振垫，20mm	台	1			
8	030703001001	矩形蝶阀	1. 名称：矩形蝶阀； 2. 规格：500mm×300mm，L=200mm	个	2			
9	030703001002	矩形止回阀	1. 名称：矩形止回阀； 2. 规格：500mm×300mm，L=200mm	个	2			
10	030703001003	圆形蝶阀	1. 名称：圆形蝶阀； 2. 规格：ϕ250，L=200mm	个	3			
11	030703007001	插板式送风口	1. 名称：插板式送风口； 2. 规格：200mm×120mm	个	16			
12	030703011001	铝及铝合金散流器	1. 名称：铝合金圆形散流器； 2. 规格：ϕ250，L=200mm	个	3			
13	031208003001	通风管道绝热	1. 绝热材料品种：橡塑玻璃棉保温； 2. 绝热厚度：25mm	m^2	1.66			
14	030704001001	通风工程检测、调试	风管工程量：通风系统	系统	1			
15	030704002001	风管漏光试验、漏风试验	漏光试验、漏风试验、设计要求：矩形风管	m^2	53.72			

续表

序号	项目编码	项目名称	项目特征描述	计量单位	工程量	金额（元）		
						综合单价	合价	其中 暂估价
16	030704002002	风管漏光试验、漏风试验	漏光试验、漏风试验、设计要求：圆形风管	m^2	8.10			

3.2.2 实例 3-2

1. 背景资料

某工程空调通风系统部分安装平面图，如图 3-2 所示。该工程主要设备材料表，如表 3-8 所示。

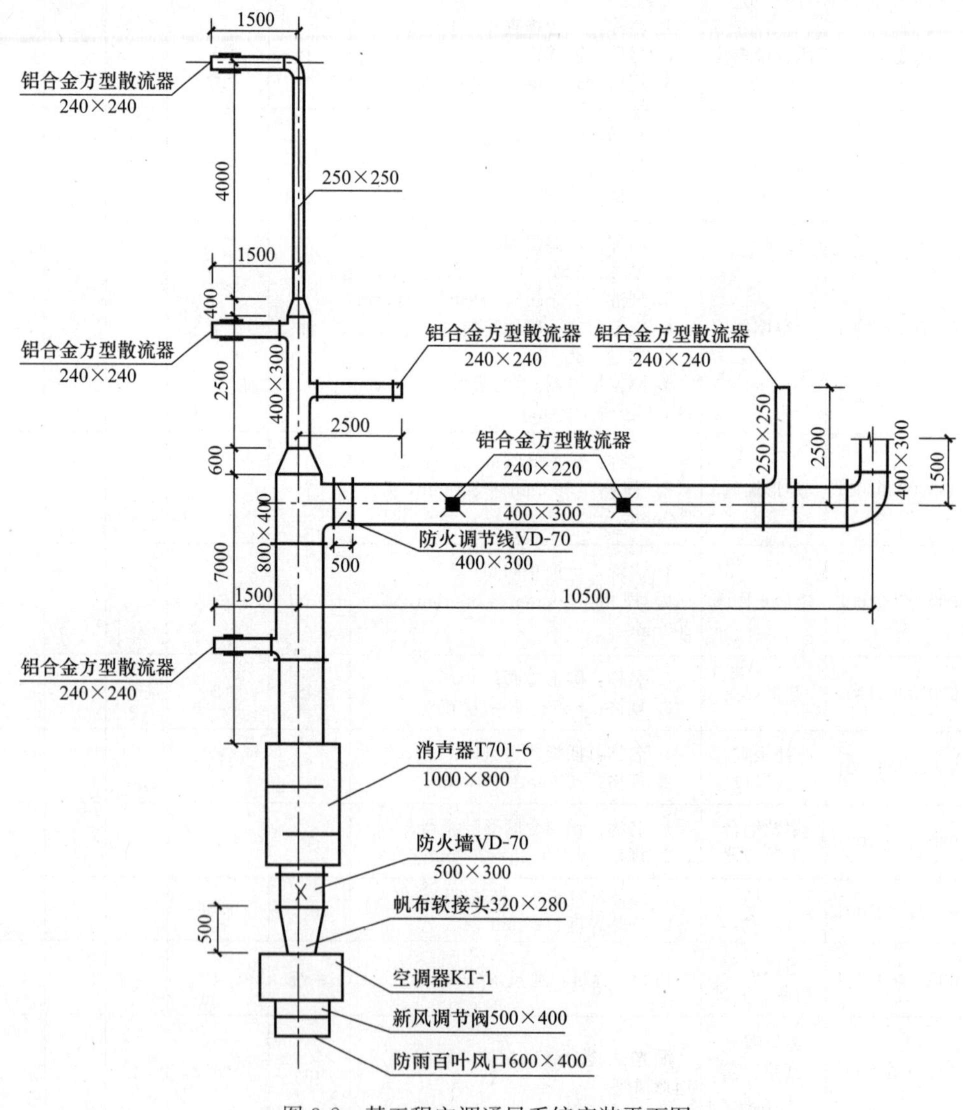

图 3-2 某工程空调通风系统安装平面图

主要设备材料表 **表 3-8**

序号	名称	单位	备注
1	镀锌钢板 δ=1.0mm	m^2	—
2	铝箔离心玻璃棉板	m^3	—
3	空调器 KT—1	台	制冷量 120kW，质量 550kg， 落地安装，橡胶隔振垫，=20mm
4	阻抗复合式消声器	个	T701—6 型，1000mm×800mm
5	VD—70 防火阀，500mm×300mm	个	成品
6	VD—70 防火阀，400mm×300mm	个	成品
7	新风调节阀，500mm×400mm	个	成品
8	铝合金防雨百叶风口，600mm×400mm	个	成品
9	铝合金方型散流器，240mm×240mm	个	成品

（1）设计说明

1）空调风管采用镀锌钢板，厚度统一为 1.0mm。风管保温材料采用铝箔离心玻璃棉板，厚度 50mm。

2）其他设备支吊架、风管垂直方向的长度均暂不考虑。

3）暂按一个系统考虑，设计要求设备支吊架需除锈，刷防锈漆、银粉漆各两遍。

（2）计算说明

1）镀锌钢板风管及管道支架的防腐涂油漆不计算。

2）风管支吊架刷油、设备保温、穿墙套管不计算。

3）计算结果保留小数点后两位有效数字，第三位四舍五入。

2. 问题

根据以上背景资料及现行国家标准《建设工程工程量清单计价规范》GB 50500—2013、《通用安装工程工程量计算规范》GB 50856—2013，试列出该工程空调通风系统的分部分项工程量清单。

3. 参考答案（表 3-9 和表 3-10）

清单工程量计算表 **表 3-9**

工程名称：某工程

序号	项目编码	清单项目名称	计算式	工程量合计	计量单位
1	030702001001	碳钢通风管道	风管 800mm×400mm： L=7.5（m） S=(0.8+0.4)×2×7.5=18.00（m^2）	18.00	m^2
2	030702001002	碳钢通风管道	风管 400mm×300mm： L=11.5−0.5+1.5+2.8=15.30（m） S=(0.4+0.3)×2×15.30=21.42（m^2）	21.42	m^2
3	030702001003	碳钢通风管道	风管 250×250： L=5.5+1.8×3+2.8×2=16.50（m） S=(0.25+0.25)×2×16.00=16.50（m^2）	16.50	m^2

续表

序号	项目编码	清单项目名称	计算式	工程量合计	计量单位
4	030702001004	碳钢通风管道	变径管 800×400/400×300： L=0.6 平均周长：(0.8＋0.4)＋(0.4＋0.3)＝1.90（m） S=1.9×0.6=1.14（m^2）	1.14	m^2
5	030702001005	碳钢通风管道	变径管 400×300/250×250： L=0.5（m） 平均周长：(0.4+0.3)＋(0.25+0.25)＝1.2（m） S=1.2×0.5=0.60（m^2）	0.60	m^2
6	030703019001	软管接口	帆布软管接口： S=(0.32＋0.28)×2×0.6=0.72（m^2）	0.72	m^2
7	030701003001	空调器	空调器 KT－1，制冷量 120kW	1	台
8	030703011001	铝合金百叶风口	铝合金防雨百叶风口 600mm×400mm： 1	1	个
9	030703001001	碳钢阀门	新风调节阀 500mm×400mm： 1	1	个
10	030703001001	碳钢阀门	防火阀 500mm×300mm： 1	1	个
11	030703001001	碳钢阀门	防火阀 400mm×300mm： 1	1	个
12	030703020001	消声器	消声器 1000mm×800mm： 1	1	个
13	030703011001	铝及铝合金方形散流器	铝合金方形散流器 240×240： 7	7	个
14	031208003001	通风管道绝热	铝箔离心玻璃棉板保温： 1. 风管 800mm×400mm： V_1=[2×(0.8+0.4)＋1.033×0.05)]×1.033×0.05×7.5=0.950（m^3） 2. 风管 400mm×300mm： V_2=[2×(0.4+0.3)＋1.033×0.05)]×1.033×0.05×15.30=1.147（m^3） 3. 风管 250mm×250mm： V_3=[2×(0.25+0.25)＋1.033×0.05)]×1.033×0.05×16.50=0.896（m^3） 4. 变径管： V_4=(1.9/2+1.033×0.05)×1.033×0.05×0.6 =0.031（m^3） 5. 变径管： V_5=(1.2/2+1.033×0.05)×1.033×0.05×0.5 =0.017（m^3） 6. 小计： V=0.950＋1.147＋0.896＋0.031＋0.017=3.04（m^3）	3.041	m^3
15	030704001001	通风管道检测调试	通风管道检测调试	1	系统

分部分项工程和单价措施项目清单与计价表 **表 3-10**

工程名称：某工程

序号	项目编码	项目名称	项目特征描述	计量单位	工程量	金额（元）		
						综合单价	合价	其中 暂估价
1	030702001001	碳钢通风管道	1. 名称：薄钢板通风管道； 2. 材质：镀锌； 3. 形状：矩形； 4. 规格：800mm×400mm； 5. 板材厚度：δ=1.0mm； 6. 接口形式：法兰咬口连接	m^2	18.00			
2	030702001002	碳钢通风管道	1. 名称：薄钢板通风管道； 2. 材质：镀锌； 3. 形状：矩形； 4. 规格：400mm×300mm； 5. 板材厚度：δ=1.0mm； 6. 接口形式：法兰咬口连接	m^2	21.42			
3	030702001003	碳钢通风管道	1. 名称：薄钢板通风管道； 2. 材质：镀锌； 3. 形状：矩形； 4. 规格：250mm×250mm； 5. 板材厚度：δ=1.0mm； 6. 接口形式：法兰咬口连接	m^2	16.50			
4	030702001004	碳钢通风管道	1. 名称：薄钢板通风管道； 2. 材质：镀锌； 3. 形状：矩形变径； 4. 规格：800mm×400mm/400mm×300mm，L=0.6m； 5. 板材厚度：δ=1.0mm； 6. 接口形式：法兰咬口连接	m^2	1.14			
5	030702001005	碳钢通风管道	1. 名称：薄钢板通风管道； 2. 材质：镀锌； 3. 形状：矩形变径； 4. 规格：400mm×300mm/250mm×250mm，L=0.4m； 5. 板材厚度：δ=1.0mm； 6. 接口形式：法兰咬口连接	m^2	0.60			
6	030703019001	柔性接口	1. 名称：帆布软管接口； 2. 规格：320mm×280mm，L=0.6m； 3. 材质：帆布	m^2	0.72			
7	030701003001	空调器	1. 名称：空调器； 2. 型号：KT—1； 3. 规格：制冷量 120kW； 4. 安装形式：落地安装； 5. 质量：550kg； 6. 隔振垫（器）、支架形式、材质：橡胶隔振垫，=20mm	台	1			

续表

序号	项目编码	项目名称	项目特征描述	计量单位	工程量	金额（元）		
						综合单价	合价	其中 暂估价
8	030703011001	铝合金百叶风口	1. 名称：铝合金防雨百叶风口； 2. 规格：600mm×400mm	个	1			
9	030703001001	碳钢阀门	1. 名称：新风调节阀； 2. 规格：500mm×400mm	个	1			
10	030703001001	碳钢阀门	1. 名称：防火阀； 2. 规格：500mm×300mm	个	1			
11	030703001001	碳钢阀门	1. 名称：防火阀； 2. 规格：400mm×300mm	个	1			
12	030703020001	消声器	1. 名称：阻抗复合式消声器； 2. 规格：1000mm×800mm	个	1			
13	030703011001	铝及铝合金方形散流器	1. 名称：铝合金方形散流器； 2. 规格：240mm×240mm	个	7			
14	031208003001	通风管道绝热	1. 绝热材料品种：铝箔离心玻璃棉板保温； 2. 绝热厚度：δ=50mm	m^3	3.041			
15	030704001001	通风管道检测调试	风管工程量：通风系统	系统	1			

3.2.3 实例3-3

1. 背景资料

某一层商铺（层高4m）空调系统安装平面图，如图3-3所示。该工程主要设备材料表，如表3-11所示。

(1) 设计说明

1) 整个空调系统（不考虑新风）设计风管采用镀锌薄钢板，厚度统一为1.0mm、咬口连接，风管项目中的法兰垫料为闭孔乳胶海绵。风管采用橡塑板保温，保温厚度为30mm。

2) 恒温恒湿机重量为1000kg，其设备支架数量为4个。

3) 风管上设有温度测试孔*DN*50共6个，风管检查孔270mm×230mm共4个。

(2) 计算说明

1) 设备保温、帆布接口保温、风管及部件刷油、穿墙套管暂不考虑。

2) 风管支托吊架及法兰加固框、设备的支架不计算。

3) 计算结果保留小数点后两位有效数字，第三位四舍五入。

2. 问题

根据以上背景资料及现行国家标准《建设工程工程量清单计价规范》GB 50500—

2013、《通用安装工程工程量计算规范》GB 50856—2013，试列出该通风工程分部分项工程量清单。

3. 参考答案（表 3-12 和表 3-13）

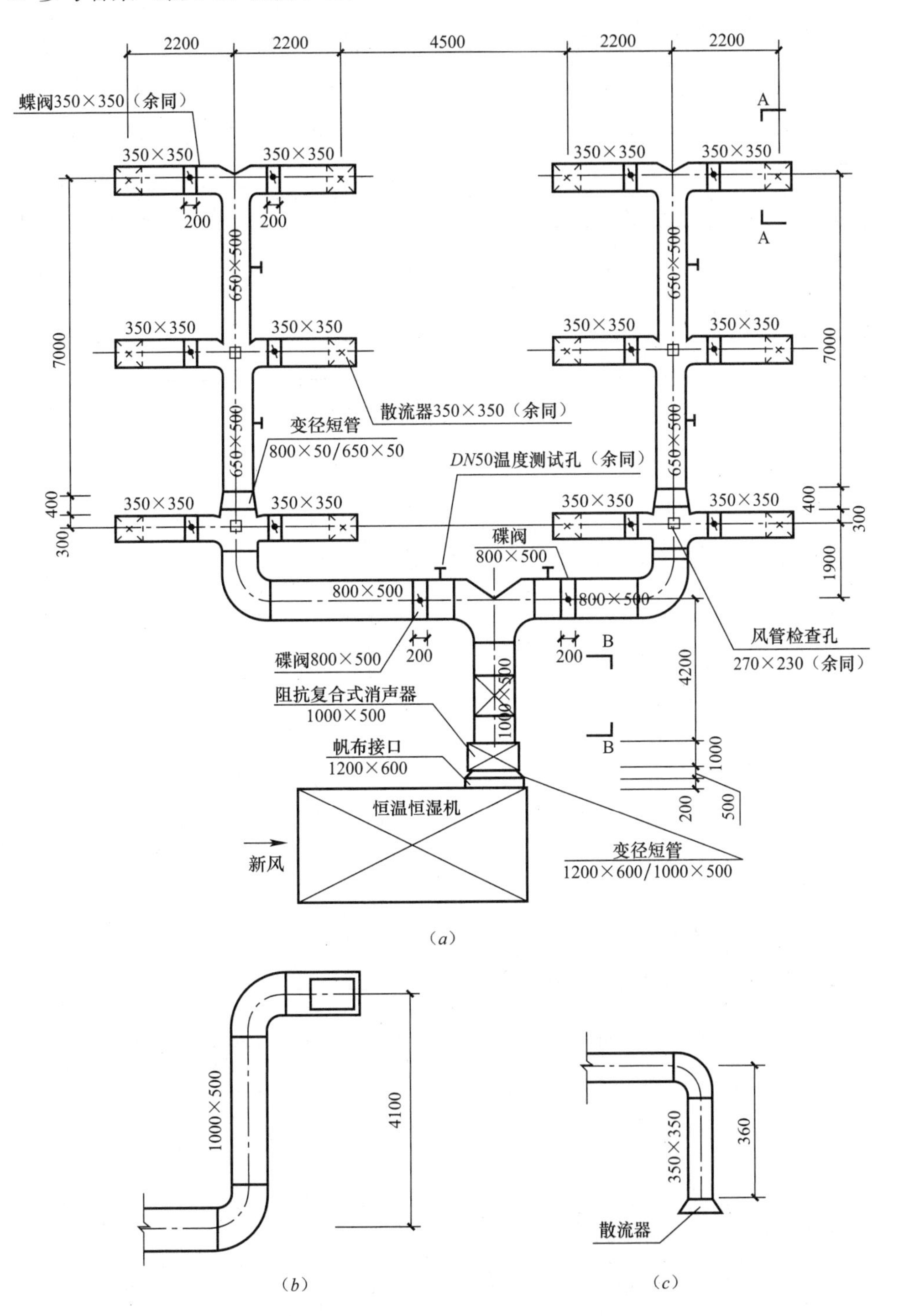

(a)

(b)

(c)

图 3-3 某商铺空调系统安装平面图

(a) 空调平面图；(b) B-B；(c) A-A

主要设备材料表　　表 3-11

序号	名称	单位	备注
1	镀锌薄钢板（厚度为 1.0mm）	m^2	—
2	橡塑板（保温厚度为 30mm）	m^3	—
3	分段组装式空调器	台	质量 1000kg，落地安装，采用橡胶隔振垫，δ=20mm
4	阻抗复合式消声器	个	质量 110kg/台，成品，1000mm×500mm
5	蝶阀	个	成品，350mm×350mm
6	蝶阀	个	成品，800mm×500mm
7	铝合金方型散流器	个	成品，350mm×350mm

清单工程量计算表　　表 3-12

工程名称：某工程

序号	项目编码	清单项目名称	计算式	工程量合计	计量单位
1	030702001001	碳钢通风管道	风管变径管 1200mm×600mm/1000mm×500mm： L=0.5（m） S=(1.2+0.6+1+0.5)×0.5=1.65(m^2)	1.65	m^2
2	030702001002	碳钢通风管道	风管 1000mm×500mm： L=4.5+4.1=8.6（m） S=(1.0+0.5)×2×8.6=25.80（m^2）	25.80	m^2
3	030702001003	碳钢通风管道	风管 800mm×500mm： L=2.2×2+4.5+1.9×2+0.3×2−0.2×2=12.90（m） S=(0.8+0.5)×2×12.90=33.54（m^2）	33.54	m^2
4	030702001004	碳钢通风管道	风管变径管 800mm×500mm/650mm×500mm： L=0.4×2=0.8（m） S=(0.8+0.5+0.65+0.5)×0.8=1.96（m^2）	1.96	m^2
5	030702001005	碳钢通风管道	风管 650mm×500mm： L=(3.5+3.5)×2=14.00（m） S=(0.65+0.5)×2×14.00=32.20（m^2）	32.20	m^2
6	030702001006	碳钢通风管道	风管 350mm×350mm： L=(2.2+0.36−0.2)×12=28.32（m） S=(0.35+0.35)×2×28.32=39.65（m^2）	39.65	m^2
7	030703019001	柔性接口	帆布接口 1200mm×600mm： S=(1.2+0.6)×2×0.2=0.72（m^2）	0.72	m^2
8	030702010001	风管检查孔	风管检查孔 270mm×230mm： 4	4	个
9	030702011001	温度测试孔	温度测试孔 DN50： 6	6	个
10	030701003001	空调器	恒温恒湿机 1	1	台
11	030703020001	消声器	消声器安装 1000mm×500mm： 1	1	个

续表

序号	项目编码	清单项目名称	计算式	工程量合计	计量单位
12	030703001001	碳钢阀门	蝶阀安装 350mm×350mm： 1	1	个
13	030703001002	碳钢阀门	蝶阀安装 800mm×500mm： 1	1	个
14	030703011001	铝及铝合金方形散流器	铝合金方形散流器安装 350mm×350mm： 12	12	个
15	031208003001	通风管道绝热	保温工程量： 1. 风管变径管 1200mm×600mm/1000mm×500mm： $V_1=[(1.2+0.6+1.0+0.5)+1.033\times0.03]\times1.033\times0.03\times0.5=0.052$ (m³) 2. 风管 1000mm×500mm： $V_2=[2\times(1+0.5)+1.033\times0.03]\times1.033\times0.03\times8.6=0.808$ (m³) 3. 风管 800mm×500mm： $V_3=[2\times(0.8+0.5)+1.033\times0.03]\times1.033\times0.03\times12.90=1.052$ (m³) 4. 风管变径管 800mm×500/650mm×500mm： $V_4=[(0.80+0.5+0.65+0.5)+1.033\times0.03]\times1.033\times0.03\times0.80=0.062$ (m³) 5. 风管 650mm×500mm： $V_5=[2\times(0.65+0.5)+1.033\times0.03]\times1.033\times0.03\times14.00=1.011$ (m³) 6. 风管 350mm×350mm： $V_6=[2\times(0.35+0.35)+1.033\times0.03]\times1.033\times0.03\times28.32=1.256$ (m³) 7. 小计： $V=0.052+0.808+1.052+0.062+1.011+1.256=4.24$ (m³)	4.24	m^3
16	030704001001	通风工程检测、调试	通风工程检测、调试： 1	1	系统

分部分项工程和单价措施项目清单与计价表　　表 3-13

工程名称：某工程

序号	项目编码	项目名称	项目特征描述	计量单位	工程量	金额（元）		
						综合单价	合价	其中 暂估价
1	030702001001	碳钢通风管道	1. 名称：薄钢板通风管道； 2. 材质：镀锌； 3. 形状：矩形变径； 4. 规格：1200mm×600mm/1000mm×500mm，$L=0.5$m； 5. 板材厚度：$\delta=1.0$mm； 6. 接口形式：法兰咬口连接	m^2	1.65			

续表

序号	项目编码	项目名称	项目特征描述	计量单位	工程量	金额（元）		
						综合单价	合价	其中
								暂估价
2	030702001002	碳钢通风管道	1. 名称：薄钢板通风管道； 2. 材质：镀锌； 3. 形状：矩形； 4. 规格：1000mm×500mm； 5. 板材厚度：δ=1.0mm； 6. 接口形式：法兰咬口连接	m^2	25.80			
3	030702001003	碳钢通风管道	1. 名称：薄钢板通风管道； 2. 材质：镀锌； 3. 形状：矩形； 4. 规格：800mm×500mm； 5. 板材厚度：δ=1.0mm； 6. 接口形式：法兰咬口连接	m^2	33.54			
4	030702001004	碳钢通风管道	1. 名称：薄钢板通风管道； 2. 材质：镀锌； 3. 形状：矩形变径； 4. 规格：800mm×500mm/650mm×500mm，L=0.8m； 5. 板材厚度：δ=1.0mm； 6. 接口形式：法兰咬口连接	m^2	1.96			
5	030702001005	碳钢通风管道	1. 名称：薄钢板通风管道； 2. 材质：镀锌； 3. 形状：矩形； 4. 规格：650mm×500mm； 5. 板材厚度：δ=1.0mm； 6. 接口形式：法兰咬口连接	m^2	32.20			
6	030702001006	碳钢通风管道	1. 名称：薄钢板通风管道； 2. 材质：镀锌； 3. 形状：矩形； 4. 规格：350mm×350mm； 5. 板材厚度：δ=1.0mm； 6. 接口形式：法兰咬口连接	m^2	39.65			
7	030703019001	柔性接口	1. 名称：帆布接口； 2. 规格：1200mm×600mm，L=0.2m； 3. 材质：帆布	m^2	0.72			
8	030702010001	风管检查孔	1. 名称：风管检查孔； 2. 材质：镀锌； 3. 规格：270mm×230mm	个	4			
9	030702011001	温度测试孔	温度测试孔 *DN*50 1. 名称：温度测定孔； 2. 材质：镀锌； 3. 规格：*DN*50	个	6			

续表

序号	项目编码	项目名称	项目特征描述	计量单位	工程量	金额（元）		
						综合单价	合价	其中 暂估价
10	030701003001	空调器	1. 名称：恒温恒湿机； 2. 安装形式：落地安装； 3. 质量：1000kg； 4. 隔振垫（器）、支架形式、材质：橡胶隔振垫，δ=20mm	台	1			
11	030703020001	消声器	1. 名称：阻抗复合式消声器； 2. 规格：1000mm×500mm	个	1			
12	030703001001	碳钢阀门	1. 名称：蝶阀； 2. 规格：350mm×350mm	个	1			
13	030703001002	碳钢阀门	1. 名称：蝶阀； 2. 规格：800mm×500mm	个	1			
14	030703011001	铝及铝合金方形散流器	1. 名称：铝合金方形散流器； 2. 规格：350mm×350mm，L=200mm	个	12			
15	031208003001	通风管道绝热	1. 绝热材料品种：橡塑板保温； 2. 绝热厚度：δ=30mm	m^3	4.24			
16	030704001001	通风工程检测、调试	风管工程量：通风系统	系统	1			

3.2.4 实例 3-4

1. 背景资料

某餐厅通风系统安装简图如图 3-4 所示。

（1）设计说明

1）整个通风系统设计采用渐缩管均匀排风，通风管道均为镀锌薄钢板（δ=1.2mm）咬口制作安装，人工除锈，银粉漆两道。

2）风管部件除圆形风管止回阀采用成品件直接安装外，其余均现场制作安装（不计算风帽以外的其他附属部分的制作安装工程量），风帽的碳钢圆伞形风帽（R=260），抽风罩为条缝槽边双侧Ⅰ型（尺寸：2000mm×1200mm×200mm），质量为 150kg。

3）整个通风管道须进行系统调试。

（2）计算说明

1）仅计算风帽、抽风罩、阀门以及通风管道的安装和除锈刷漆，其他部分不考虑。

2）计算结果保留小数点后两位有效数字，第三位四舍五入。

2. 问题

根据以上背景资料及现行国家标准《建设工程工程量清单计价规范》GB 50500—2013、《通用安装工程工程量计算规范》GB 50856—2013，试列出该通风工程安装分部分项工程量清单。

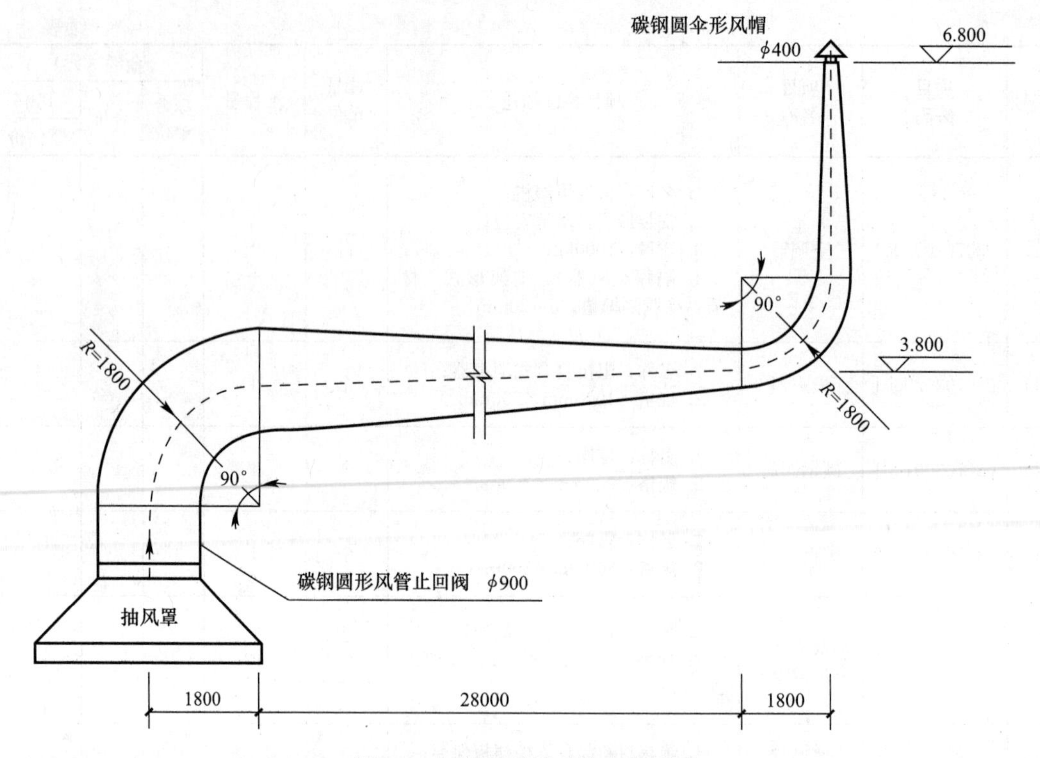

图 3-4 某餐厅通风系统安装简图

3. 参考答案（表 3-14 和表 3-15）

清单工程量计算表 **表 3-14**

工程名称：某工程

序号	项目编码	清单项目名称	计算式	工程量合计	计量单位
1	030703012001	碳钢风帽	碳钢圆伞形风帽，半径 ϕ400： 10kg	10	kg
2	030703017001	碳钢罩类	碳钢抽风罩，2000×1200×200： 150kg	150	kg
3	030702001001	碳钢通风管道	900/ϕ400 圆形碳钢通风渐缩管道： 3.14×(0.8+0.4)/2×[2×(2×3.14×1.8)/4+28+6.8−(4+1.8)] =3.14×0.6×34.652 =65.28 (m^2)	65.28	m^2
4	030703001001	碳钢阀门	ϕ800 圆形风管止回阀： 1	1	个
5	031201003001	金属结构刷油	银粉漆两道 65.28×2=130.56 (m^2)	130.56	m^2
6	030704001001	通风工程检测、调试	通风工程检测、调试： 1	1	系统

分部分项工程和单价措施项目清单与计价表　　表 3-15

工程名称：某工程

序号	项目编码	项目名称	项目特征描述	计量单位	工程量	金额（元）		
						综合单价	合价	其中 暂估价
1	030703012001	碳钢风帽	1. 名称：碳钢圆伞形风帽； 2. 规格：ϕ400； 3. 质量：10kg； 4. 类型：风帽； 5. 形式：圆伞形	kg	10			
2	030703017001	碳钢罩类	1. 名称：碳钢抽风罩； 2. 规格：2000mm×1200mm×200mm； 3. 质量：150kg； 4. 类型：条缝槽边双侧Ⅰ型	kg	150			
3	030702001001	碳钢通风管道	1. 名称：圆形碳钢通风渐缩管道； 2. 材质：镀锌； 3. 形状：圆形； 4. 规格：ϕ900/ϕ400； 5. 板材厚度：δ=1.2mm； 6. 接口形式：咬口连接	m^2	65.28			
4	030703001001	碳钢阀门	1. 名称：圆形风管止回阀； 2. 规格：ϕ800	个	1			
5	031201003001	金属结构刷油	1. 除锈级别：人工除锈； 2. 油漆品种：银粉漆； 3. 结构类型：风管型钢； 4. 涂刷遍数、漆膜厚度：两遍	m^2	130.56			
6	030704001001	通风工程检测、调试	风管工程量：通风系统	系统	1			

3.2.5　实例 3-5

1. 背景资料

某建筑局部通风空调系统安装平面图，如图 3-5 所示。

（1）设计说明

1）恒温恒湿机型号为 YSL－DHS－100（尺寸为 1150mm×900mm×165mm，重量为 250kg），落地安装并采用橡胶隔振垫（厚度为 20mm）。

2）镀锌薄钢板矩形风管采用厚度为 1.0mm 的镀锌薄钢板（法兰咬口连接）制作，人工除锈刷红丹防锈漆两遍，保温采用橡塑保温板，厚度为 30mm。

3）静压箱、防火阀、散流器均按购买成品安装考虑。

4）矩形风管安装后需要进行漏光试验、漏风试验。

（2）计算说明

1）新风机及消声静压箱支架及风机和静压箱之间的帆布接头不计。

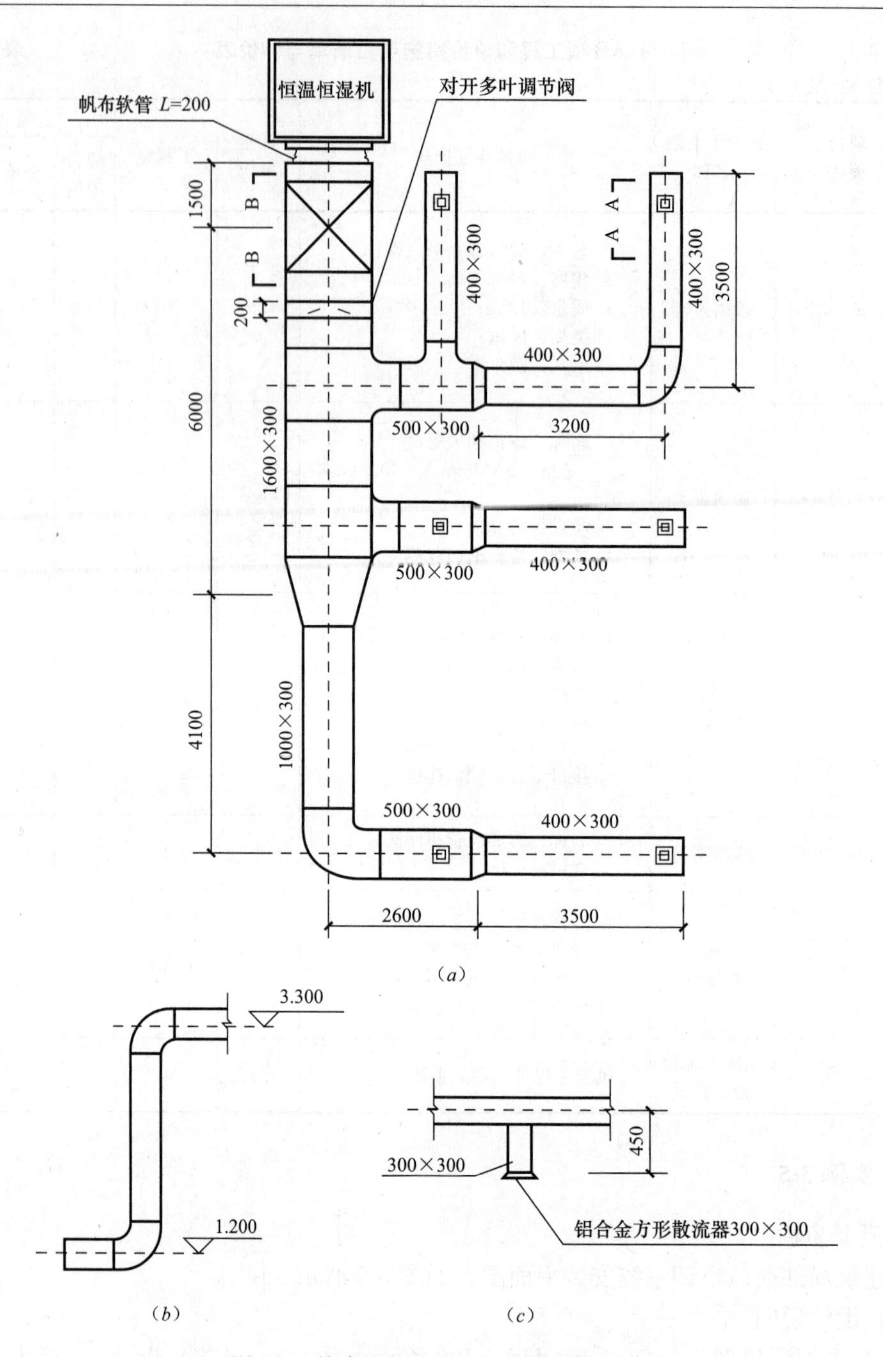

图 3-5　某建筑通风空调系统安装平面图

2）计算结果保留小数点后两位有效数字，第三位四舍五入。

2. 问题

根据以上背景资料及现行国家标准《建设工程工程量清单计价规范》GB 50500—2013、《通用安装工程工程量计算规范》GB 50856—2013，试列出该通风空调安装工程分部分项工程量清单。

3. 参考答案（表 3-16 和表 3-17）

清单工程量计算表 **表 3-16**

工程名称：某工程

序号	项目编码	清单项目名称	计算式	工程量合计	计量单位
1	030702001001	碳钢通风管道	镀锌薄钢板矩形风管 1600mm×300mm，δ=1.0mm，法兰咬口连接： L=6+1.5−0.2+(3.3−1.2)=9.4（m） S=(1.6+0.3)×2×9.4=35.72（m^2）	35.72	m^2
2	030702001002	碳钢通风管道	镀锌薄钢板矩形风管 1000mm×300mm，δ=1.0mm，法兰咬口连接： L=4.1（m） S=(1.0+0.3)×2×4.1=10.66（m^2）	10.66	m^2
3	030702001003	碳钢通风管道	镀锌薄钢板矩形风管 500mm×300mm，δ=1.0mm，法兰咬口连接： L=2.6×3=7.80（m） S=(0.5+0.3)×2×7.8=12.48（m^2）	12.48	m^2
4	030702001004	碳钢通风管道	镀锌薄钢板矩形风管 400mm×300mm，δ=1.0mm，法兰咬口连接： L=3.5×2+3.2+3.5×2=17.20（m） S=(0.4+0.3)×2×17.20=24.08（m^2）	24.08	m^2
5	030702001005	碳钢通风管道	镀锌薄钢板矩形风管 300mm×300mm，δ=1.0mm，法兰咬口连接： L=0.45×6=2.70（m） S=(0.3+0.3)×2×2.70=3.24（m^2）	3.24	m^2
6	030703019001	柔性接口	帆布软管 1600mm×300mm：L=0.2m S=(1.6+0.3)×2×0.2=0.76m^2	0.76	m^2
7	030701003001	空调器	恒温恒湿机，YSL−DHS−100，1150mm×900mm×165mm，250kg： 1	1	台
8	030703001001	碳钢阀门	对开多叶调节阀 1600mm×300mm，L=0.2m： 1	1	个
9	030703011001	铝及铝合金散流器	铝合金方形散流器 300mm×300mm： 6	6	个
10	031208003001	通风管道绝热	矩形风管橡塑玻璃棉保温 δ=30mm。 1. 矩形风管 1600mm×300mm： V_1=[2×(1.6+0.3)+1.033×0.03]×1.033×0.03×9.4=1.113（m^3） 2. 矩形风管 1000mm×300mm： V_2=[2×(1.0+0.3)+1.033×0.03]×1.033×0.03×4.1=0.334（m^3） 3. 矩形风管 500mm×300mm： V_3=[2×(0.5+0.3)+1.033×0.03]×1.033×0.03×7.8=0.394（m^3） 4. 矩形风管 400mm×300mm： V_4=[2×(0.4+0.3)+1.033×0.03]×1.033×0.03×17.2=0.763（m^3） 5. 矩形风管 300mm×300mm： V_5=[2×(0.3+0.3)+1.033×0.03]×1.033×0.03×2.7=0.103（m^3） 6. 小计： V=1.113+0.334+0.394+0.763+0.103=2.71（m^3）	2.71	m^3

续表

序号	项目编码	清单项目名称	计算式	工程量合计	计量单位
11	031201003001	金属结构刷油	风管型钢人工除锈、刷红丹防锈漆2遍： $S=35.72+10.66+4.16+24.08+3.24=77.86$ (m^2)	77.86	m^2
12	030704001001	通风工程检测、调试	通风系统检测、调试： 1	1	系统
13	030704002001	风管漏光试验、漏风试验	矩形风管漏光试验、漏风试验： $S=35.72+10.66+4.16+24.08+3.24=77.86$ (m^2)	77.86	m^2

分部分项工程和单价措施项目清单与计价表 **表3-17**

工程名称：某工程

序号	项目编码	项目名称	项目特征描述	计量单位	工程量	金额（元）		
						综合单价	合价	其中 暂估价
1	030702001001	碳钢通风管道	1. 名称：薄钢板通风管道； 2. 材质：镀锌； 3. 形状：矩形； 4. 规格：1600mm×300mm； 5. 板材厚度：$\delta=1.0$mm； 6. 接口形式：法兰咬口连接	m^2	35.72			
2	030702001002	碳钢通风管道	1. 名称：薄钢板通风管道； 2. 材质：镀锌； 3. 形状：矩形； 4. 规格：1000mm×300mm； 5. 板材厚度：$\delta=1.0$mm； 6. 接口形式：法兰咬口连接	m^2	10.66			
3	030702001003	碳钢通风管道	1. 名称：薄钢板通风管道； 2. 材质：镀锌； 3. 形状：矩形； 4. 规格：500mm×300mm； 5. 板材厚度：$\delta=1.0$mm； 6. 接口形式：法兰咬口连接	m^2	4.16			
4	030702001004	碳钢通风管道	1. 名称：薄钢板通风管道； 2. 材质：镀锌； 3. 形状：矩形； 4. 规格：400mm×300mm； 5. 板材厚度：$\delta=1.0$mm； 6. 接口形式：法兰咬口连接	m^2	24.08			
5	030702001005	碳钢通风管道	1. 名称：薄钢板通风管道； 2. 材质：镀锌； 3. 形状：矩形； 4. 规格：300mm×300mm； 5. 板材厚度：$\delta=1.0$mm； 6. 接口形式：法兰咬口连接	m^2	3.24			

续表

序号	项目编码	项目名称	项目特征描述	计量单位	工程量	金额（元）		
						综合单价	合价	其中 暂估价
6	030703019001	柔性接口	1. 名称：帆布软管； 2. 规格：1600mm×300mm，L=0.2m； 3. 材质：帆布	m^2	0.76			
7	030701003001	空调器	1. 名称：恒温恒湿机； 2. 型号：YSL－DHS－100； 3. 规格：1150mm×900mm×165mm； 4. 安装形式：落地安装； 5. 质量：250kg； 6. 隔振垫（器）、支架形式、材质：橡胶隔振垫，δ=20mm	台	1			
8	030703001001	碳钢阀门	1. 名称：对开多叶调节阀； 2. 规格：1600mm×300mm，L=0.2m	个	1			
9	030703011001	铝及铝合金散流器	1. 名称：铝合金方形散流器； 2. 规格：300mm×300mm	个	6			
10	031208003001	通风管道绝热	1. 绝热材料品种：橡塑玻璃棉保温； 2. 绝热厚度：δ=30mm	m^3	2.71			
11	031201003001	金属结构刷油	1. 除锈级别：人工除锈； 2. 油漆品种：红丹防锈漆； 3. 结构类型：风管型钢； 4. 涂刷遍数、漆膜厚度：两遍	m^2	77.86			
12	030704001001	通风工程检测、调试	风管工程量：通风系统	系统	1			
13	030704002001	风管漏光试验、漏风试验	漏光试验、漏风试验、设计要求：矩形风管漏光试验、漏风试验	m^2	77.86			

4 工业管道工程

《通用安装工程工程量计算规范》GB 50856—2013（以下简称“13规范”）、《建设工程工程量清单计价规范》GB 50500—2008（以下简称“08规范”）。“13规范”在项目编码、项目名称、项目特征、计量单位、工程量计算规则、工作内容等方面，均有变化。

1. 清单项目变化

“13规范”在“08规范”的基础上，工业管道工程，增加21个项目，减少17个项目，具体如下：

(1) 管道安装，取消刷油、防腐及绝热相关项目，执行“13规范”附录L刷油、防腐蚀、绝热工程。

(2) 管道材质增加锆及锆合金、镍及镍合金管道，铝管改为铝及铝合金管道，把有缝钢管、碳钢管合并为低压碳钢管，把法兰铸铁管、承插铸铁管合并为低压铸铁管等。根据压力等级对相应管件、阀门、法兰也作了调整和增加。

(3) 把热处理内容从管道安装中移出，单独设置。

(4) 套管制作安装单独设置清单项目。

2. 应注意的问题

(1) 支架制作安装，项目特征增加对支架衬垫、减震器的内容描述。

(2) 管材表面探伤增加计量单位“m^2”；焊缝射线探伤，增加计量单位“口”；重新调整探伤的项目设置、特征描述、单位、计算规则及工作内容。

4.1 工程量计算依据六项变化及说明

4.1.1 低压管道

低压管道工程量清单项目设置、项目特征描述的内容、计量单位及工程量计算规则等的变化对照情况，见表4-1。

低压管道（编码：030801）　　表4-1

序号	版别	项目编码	项目名称	项目特征	工程量计算规则与计量单位	工作内容
1	13规范	030801001	低压碳钢管	1. 材质； 2. 规格； 3. 连接形式、焊接方法 4. 压力试验、吹扫与清洗设计要求； 5. 脱脂设计要求	按设计图示管道中心线以长度计算（计量单位：m）	1. 安装； 2. 压力试验； 3. 吹扫、清洗； 4. 脱脂

续表

序号	版别	项目编码	项目名称	项目特征	工程量计算规则与计量单位	工作内容
1	08规范	030601001	低压有缝钢管	1. 材质； 2. 规格； 3. 连接形式； 4. 套管形式、材质、规格； 5. 压力试验、吹扫、清洗设计要求； 6. 除锈、刷油、防腐、绝热及保护层设计要求	按设计图示管道中心线长度以延长米计算，不扣除阀门、管件所占长度，遇弯管时，按两管交叉的中心线交点计算。方形补偿器以其所占长度按管道安装工程量计算（计量单位：m）	1. 安装； 2. 套管制作、安装； 3. 压力试验； 4. 系统吹扫； 5. 系统清洗； 6. 脱脂； 7. 除锈、刷油、防腐； 8. 绝热及保护层安装、除锈、刷油
		030601004	低压碳钢管	1. 材质； 2. 连接方式； 3. 规格； 4. 套管形式、材质、规格； 5. 压力试验、吹扫、清洗设计要求； 6. 除锈、刷油、防腐、绝热及保护层设计要求		1. 安装； 2. 套管制作、安装； 3. 压力试验； 4. 系统吹扫； 5. 系统清洗； 6. 油清洗； 7. 脱脂； 8. 除锈、刷油、防腐； 9. 绝热及保护层安装、除锈、刷油
	说明：项目名称归并为“低压碳钢管”。项目特征描述新增“脱脂设计要求”，将原来的“连接形式”扩展为“连接形式、焊接方法”，删除原来的“套管形式、材质、规格”和“除锈、刷油、防腐、绝热及保护层设计要求”。工程量计算规则与计量单位简化说明。工作内容将原来的“系统吹扫”和“系统清洗”（“低压碳钢管”包括“油清洗”）归并为“吹扫、清洗”，删除原来的“套管制作、安装”、“除锈、刷油、防腐”和“绝热及保护层安装、除锈、刷油”					
2	13规范	030801002	低压碳钢伴热管	1. 材质； 2. 规格； 3. 连接形式； 4. 安装位置； 5. 压力试验、吹扫与清洗设计要求	按设计图示管道中心线以长度计算（计量单位：m）	1. 安装； 2. 压力试验； 3. 吹扫、清洗
	08规范	030601002	低压碳钢伴热管	1. 材质； 2. 安装位置； 3. 规格； 4. 套管形式、材质、规格； 5. 压力试验、吹扫设计要求； 6. 除锈、刷油、防腐设计要求	按设计图示管道中心线长度以延长米计算，不扣除阀门、管件所占长度，遇弯管时，按两管交叉的中心线交点计算。方形补偿器以其所占长度按管道安装工程量计算（计量单位：m）	1. 安装； 2. 套管制作、安装； 3. 压力试验； 4. 系统吹扫； 5. 除锈、刷油、防腐
	说明：项目特征描述新增“连接形式”，将原来的“压力试验、吹扫设计要求”修改为“压力试验、吹扫与清洗设计要求”，删除原来的“套管形式、材质、规格”和“除锈、刷油、防腐设计要求”。工程量计算规则与计量单位简化说明。工作内容将原来的“系统吹扫”修改为“吹扫、清洗”，删除原来的“套管制作、安装”和“除锈、刷油、防腐”					

续表

序号	版别	项目编码	项目名称	项目特征	工程量计算规则与计量单位	工作内容
3	13规范	030801003	衬里钢管预制安	1. 材质； 2. 规格； 3. 安装方式（预制安装或成品管道）； 4. 连接形式； 5. 压力试验、吹扫与清洗设计要求	按设计图示管道中心线以长度计算（计量单位：m）	1. 管道、管件及法兰安装； 2. 管道、管件拆除； 3. 压力试验； 4. 吹扫、清洗
	08规范	030601014	衬里钢管预制安装	1. 材质； 2. 连接形式； 3. 安装方式（预制安装或成品管道）； 4. 规格； 5. 套管形式、材质、规格； 6. 压力试验、吹扫设计要求； 7. 除锈、刷油、防腐、绝热及保护层设计要求	按设计图示管道中心线长度以延长米计算，不扣除阀门、管件所占长度，遇弯管时，按两管交叉的中心线交点计算。方形补偿器以其所占长度按管道安装工程量计算（计量单位：m）	1. 管道、管件、法兰安装； 2. 管道、管件拆除； 3. 套管制作、安装； 4. 压力试验； 5. 系统吹扫； 6. 除锈、刷油、防腐； 7. 绝热及保护层安装、除锈、刷油
	说明：项目特征描述将原来的“压力试验、吹扫设计要求”修改为“压力试验、吹扫与清洗设计要求”，删除原来的“套管形式、材质、规格”和“除锈、刷油、防腐、绝热及保护层设计要求”。工程量计算规则与计量单位简化说明。工作内容将原来的“系统吹扫”修改为“吹扫、清洗”，删除原来的“套管制作、安装”、“除锈、刷油、防腐”和“绝热及保护层安装、除锈、刷油”					
4	13规范	030801004	低压不锈钢伴热管	1. 材质； 2. 规格； 3. 连接形式； 4. 安装位置； 5. 压力试验、吹扫与清洗设计要求	按设计图示管道中心线以长度计算（计量单位：m）	1. 安装； 2. 压力试验； 3. 吹扫、清洗
	08规范	030601003	低压不锈钢伴热管	1. 材质； 2. 安装位置； 3. 规格； 4. 套管形式、材质、规格	按设计图示管道中心线长度以延长米计算，不扣除阀门、管件所占长度，遇弯管时，按两管交叉的中心线交点计算。方形补偿器以其所占长度按管道安装工程量计算（计量单位：m）	1. 安装； 2. 套管制作、安装； 3. 压力试验； 4. 系统吹扫
	说明：项目特征描述新增“连接形式”和“压力试验、吹扫与清洗设计要求”，删除原来的“套管形式、材质、规格”。工程量计算规则与计量单位简化说明。工作内容将原来的“系统吹扫”修改为“吹扫、清洗”，删除原来的“套管制作、安装”					

续表

<table>
<tr><th>序号</th><th>版别</th><th>项目编码</th><th>项目名称</th><th>项目特征</th><th>工程量计算规则与计量单位</th><th>工作内容</th></tr>
<tr><td rowspan="3">5</td><td>13 规范</td><td>030801005</td><td>低压碳钢板卷管</td><td>1. 材质；
2. 规格；
3. 焊接方法；
4. 压力试验、吹扫与清洗设计要求；
5. 脱脂设计要求</td><td>按设计图示管道中心线以长度计算（计量单位：m）</td><td>1. 安装；
2. 压力试验；
3. 吹扫、清洗；
4. 脱脂</td></tr>
<tr><td>08 规范</td><td>030601005</td><td>低压碳钢板卷管</td><td>1. 材质；
2. 连接方式；
3. 规格；
4. 套管形式、材质、规格；
5. 压力试验、吹扫、清洗设计要求；
6. 除锈、刷油、防腐、绝热及保护层设计要求</td><td>按设计图示管道中心线长度以延长米计算，不扣除阀门、管件所占长度，遇弯管时，按两管交叉的中心线交点计算。方形补偿器以其所占长度按管道安装工程量计算（计量单位：m）</td><td>1. 安装；
2. 套管制作、安装；
3. 压力试验；
4. 系统吹扫；
5. 系统清洗；
6. 油清洗；
7. 脱脂；
8. 除锈、刷油、防腐；
9. 绝热及保护层安装、除锈、刷油</td></tr>
<tr><td colspan="6">说明：项目特征描述新增“焊接方法”和“脱脂设计要求”，删除原来的“连接方式”、“套管形式、材质、规格”和“除锈、刷油、防腐、绝热及保护层设计要求”。工程量计算规则与计量单位简化说明。工作内容将原来的“系统吹扫”、“系统清洗”和“油清洗”归并为“吹扫、清洗”，删除原来的“套管制作、安装”、“除锈、刷油、防腐”和“绝热及保护层安装、除锈、刷油”</td></tr>
<tr><td rowspan="3">6</td><td>13 规范</td><td>030801006</td><td>低压不锈钢管</td><td>1. 材质；
2. 规格；
3. 焊接方法；
4. 充氩保护方式、部位；
5. 压力试验、吹扫与清洗设计要求；
6. 脱脂设计要求</td><td>按设计图示管道中心线以长度计算（计量单位：m）</td><td>1. 安装；
2. 焊口充氩保护；
3. 压力试验；
4. 吹扫、清洗；
5. 脱脂</td></tr>
<tr><td>08 规范</td><td>030601006</td><td>低压不锈钢管</td><td>1. 材质；
2. 连接方式；
3. 规格；
4. 套管形式、材质、规格；
5. 压力试验、吹扫、清洗设计要求；
6. 绝热及保护层设计要求</td><td>按设计图示管道中心线长度以延长米计算，不扣除阀门、管件所占长度，遇弯管时，按两管交叉的中心线交点计算。方形补偿器以其所占长度按管道安装工程量计算（计量单位：m）</td><td>1. 安装；
2. 焊口焊接管内、外充氩保护；
3. 套管制作、安装；
4. 压力试验；
5. 系统吹扫；
6. 系统清洗；
7. 油清洗；
8. 脱脂；
9. 绝热及保护层安装、除锈、刷油</td></tr>
<tr><td colspan="6">说明：项目特征描述新增“焊接方法”、“充氩保护方式、部位”和“脱脂设计要求”，删除原来的“连接方式”、“套管形式、材质、规格”和“绝热及保护层设计要求”。工程量计算规则与计量单位简化说明。工作内容将原来的“焊口焊接管内、外充氩保护”修改为“焊口充氩保护”，“系统吹扫”、“系统清洗”和“油清洗”归并为“吹扫、清洗”，删除原来的“套管制作、安装”和“绝热及保护层安装、除锈、刷油”</td></tr>
</table>

续表

序号	版别	项目编码	项目名称	项目特征	工程量计算规则与计量单位	工作内容
7	13规范	030801007	低压不锈钢板卷管	1. 材质； 2. 规格； 3. 焊接方法； 4. 充氩保护方式、部位； 5. 压力试验、吹扫与清洗设计要求； 6. 脱脂设计要求	按设计图示管道中心线以长度计算（计量单位：m）	1. 安装； 2. 焊口充氩保护； 3. 压力试验； 4. 吹扫、清洗； 5. 脱脂
	08规范	030601007	低压不锈钢板卷管	1. 材质； 2. 连接方式； 3. 规格； 4. 套管形式、材质、规格； 5. 压力试验、吹扫、清洗设计要求； 6. 绝热及保护层设计要求	按设计图示管道中心线长度以延长米计算，不扣除阀门、管件所占长度，遇弯管时，按两管交叉的中心线交点计算。方形补偿器以其所占长度按管道安装工程量计算（计量单位：m）	1. 安装； 2. 焊口焊接管内、外充氩保护； 3. 套管制作、安装； 4. 压力试验； 5. 系统吹扫； 6. 系统清洗； 7. 油清洗； 8. 脱脂； 9. 绝热及保护层安装、除锈、刷油
	说明：项目特征描述新增"焊接方法"、"充氩保护方式、部位"和"脱脂设计要求"，删除原来的"连接方式"、"套管形式、材质、规格"和"绝热及保护层设计要求"。工程量计算规则与计量单位简化说明。工作内容将原来的"焊口焊接管内、外充氩保护"修改为"焊口充氩保护"，"系统吹扫"、"系统清洗"和"油清洗"归并为"吹扫、清洗"，删除原来的"套管制作、安装"和"绝热及保护层安装、除锈、刷油"					
8	13规范	030801008	低压合金钢管	1. 材质； 2. 规格； 3. 焊接方法； 4. 压力试验、吹扫与清洗设计要求； 5. 脱脂设计要求	按设计图示管道中心线以长度计算（计量单位：m）	1. 安装； 2. 压力试验； 3. 吹扫、清洗； 4. 脱脂
	08规范	030601012	低压合金钢管	1. 材质； 2. 连接方式； 3. 规格； 4. 套管形式、材质、规格； 5. 压力试验、吹扫、清洗设计要求； 6. 绝热及保护层设计要求	按设计图示管道中心线长度以延长米计算，不扣除阀门、管件所占长度，遇弯管时，按两管交叉的中心线交点计算。方形补偿器以其所占长度按管道安装工程量计算（计量单位：m）	1. 安装； 2. 套管制作、安装； 3. 焊口热处理； 4. 压力试验； 5. 系统吹扫； 6. 系统清洗； 7. 脱脂； 8. 除锈、刷油、防腐； 9. 绝热及保护层安装、除锈、刷油
	说明：项目特征描述新增"焊接方法"和"脱脂设计要求"，删除原来的"连接方式"、"套管形式、材质、规格"和"绝热及保护层设计要求"。工程量计算规则与计量单位简化说明。工作内容将原来的"系统吹扫"和"系统清洗"归并为"吹扫、清洗"，删除原来的"套管制作、安装"、"焊口热处理"、"除锈、刷油、防腐"和"绝热及保护层安装、除锈、刷油"					

续表

序号	版别	项目编码	项目名称	项目特征	工程量计算规则与计量单位	工作内容
9	13规范	030801009	低压钛及钛合金管	1. 材质； 2. 规格； 3. 焊接方法； 4. 充氩保护方式、部位； 5. 压力试验、吹扫与清洗设计要求； 6. 脱脂设计要求	按设计图示管道中心线以长度计算（计量单位：m）	1. 安装； 2. 焊口充氩保护 3. 压力试验； 4. 吹扫、清洗； 5. 脱脂
	08规范	030601013	低压钛及钛合金管	1. 材质； 2. 连接方式； 3. 规格； 4. 套管形式、材质、规格； 5. 压力试验、吹扫、清洗设计要求； 6. 绝热及保护层设计要求	按设计图示管道中心线长度以延长米计算，不扣除阀门、管件所占长度，遇弯管时，按两管交叉的中心线交点计算。方形补偿器以其所占长度按管道安装工程量计算（计量单位：m）	1. 安装； 2. 焊口焊接管内、外充氩保护； 3. 套管制作、安装； 4. 压力试验； 5. 系统吹扫； 6. 系统清洗； 7. 脱脂； 8. 绝热及保护层安装、除锈、刷油
	说明：项目特征描述新增“焊接方法”、“充氩保护方式、部位”和“脱脂设计要求”，删除原来的“连接方式”、“套管形式、材质、规格”和“绝热及保护层设计要求”。工程量计算规则与计量单位简化说明。工作内容将原来的“焊口焊接管内、外充氩保护”修改为“焊口充氩保护”，“系统吹扫”和“系统清洗”归并为“吹扫、清洗”，删除原来的“套管制作、安装”和“绝热及保护层安装、除锈、刷油”					
10	13规范	030801010	低压镍及镍合金管	1. 材质； 2. 规格； 3. 焊接方法； 4. 充氩保护方式、部位； 5. 压力试验、吹扫与清洗设计要求； 6. 脱脂设计要求	按设计图示管道中心线以长度计算（计量单位：m）	1. 安装； 2. 焊口充氩保护 3. 压力试验； 4. 吹扫、清洗； 5. 脱脂
	08规范	—	—	—	—	—
	说明：新增项目内容					
11	13规范	030801011	低压锆及锆合金管	1. 材质； 2. 规格； 3. 焊接方法； 4. 充氩保护方式、部位； 5. 压力试验、吹扫与清洗设计要求； 6. 脱脂设计要求	按设计图示管道中心线以长度计算（计量单位：m）	1. 安装； 2. 焊口充氩保护； 3. 压力试验； 4. 吹扫、清洗； 5. 脱脂
	08规范	—	—	—	—	—
	说明：新增项目内容					

续表

序号	版别	项目编码	项目名称	项目特征	工程量计算规则与计量单位	工作内容
12	13规范	030801012	低压铝及铝合金管	1. 材质； 2. 规格； 3. 焊接方法； 4. 充氩保护方式、部位； 5. 压力试验、吹扫与清洗设计要求； 6. 脱脂设计要求	按设计图示管道中心线以长度计算（计量单位：m）	1. 安装； 2. 焊口充氩保护； 3. 压力试验； 4. 吹扫、清洗； 5. 脱脂
	08规范	030601008	低压铝管	1. 材质； 2. 连接方式； 3. 规格； 4. 套管形式、材质、规格； 5. 压力试验、吹扫、清洗设计要求； 6. 绝热及保护层设计要求	按设计图示管道中心线长度以延长米计算，不扣除阀门、管件所占长度，遇弯管时，按两管交叉的中心线交点计算。方形补偿器以其所占长度按管道安装工程量计算（计量单位：m）	1. 安装； 2. 焊口焊接管内、外充氩保护； 3. 焊口预热及后热； 4. 套管制作、安装； 5. 压力试验； 6. 系统吹扫； 7. 系统清洗； 8. 脱脂； 9. 绝热及保护层安装、除锈、刷油
	说明：项目名称更名为“低压铝及铝合金管”。项目特征描述新增“焊接方法”、“充氩保护方式、部位”和“脱脂设计要求”，删除原来的“连接方式”、“套管形式、材质、规格”和“绝热及保护层设计要求”。工程量计算规则与计量单位简化说明。工作内容将原来的“焊口焊接管内、外充氩保护”修改为“焊口充氩保护”，“系统吹扫”和“系统清洗”归并为“吹扫、清洗”，删除原来的“焊口预热及后热”、“套管制作、安装”和“绝热及保护层安装、除锈、刷油”					
13	13规范	030801013	低压铝及铝合金板卷管	1. 材质； 2. 规格； 3. 焊接方法； 4. 充氩保护方式、部位； 5. 压力试验、吹扫与清洗设计要求； 6. 脱脂设计要求	按设计图示管道中心线以长度计算（计量单位：m）	1. 安装； 2. 焊口充氩保护 3. 压力试验； 4. 吹扫、清洗； 5. 脱脂
	08规范	030601009	低压铝板卷管	1. 材质； 2. 连接方式； 3. 规格； 4. 套管形式、材质、规格； 5. 压力试验、吹扫、清洗设计要求； 6. 绝热及保护层设计要求	按设计图示管道中心线长度以延长米计算，不扣除阀门、管件所占长度，遇弯管时，按两管交叉的中心线交点计算。方形补偿器以其所占长度按管道安装工程量计算（计量单位：m）	1. 安装； 2. 焊口焊接管内、外充氩保护； 3. 焊口预热及后热； 4. 套管制作、安装； 5. 压力试验； 6. 系统吹扫； 7. 系统清洗； 8. 脱脂； 9. 绝热及保护层安装、除锈、刷油
	说明：项目名称更名为“低压铝及铝合金板卷管”。项目特征描述新增“焊接方法”、“充氩保护方式、部位”和“脱脂设计要求”，删除原来的“连接方式”、“套管形式、材质、规格”和“绝热及保护层设计要求”。工程量计算规则与计量单位简化说明。工作内容将原来的“焊口焊接管内、外充氩保护”修改为“焊口充氩保护”，“系统吹扫”和“系统清洗”归并为“吹扫、清洗”，删除原来的“焊口预热及后热”、“套管制作、安装”和“绝热及保护层安装、除锈、刷油”					

续表

序号	版别	项目编码	项目名称	项目特征	工程量计算规则与计量单位	工作内容
14	13规范	030801014	低压铜及铜合金管	1. 材质； 2. 规格； 3. 焊接方法； 4. 压力试验、吹扫与清洗设计要求； 5. 脱脂设计要求	按设计图示管道中心线以长度计算（计量单位：m）	1. 安装； 2. 压力试验； 3. 吹扫、清洗； 4. 脱脂
	08规范	030601010	低压铜管	1. 材质； 2. 连接方式； 3. 规格； 4. 套管形式、材质、规格； 5. 压力试验、吹扫、清洗设计要求； 6. 绝热及保护层设计要求	按设计图示管道中心线长度以延长米计算，不扣除阀门、管件所占长度，遇弯管时，按两管交叉的中心线交点计算。方形补偿器以其所占长度按管道安装工程量计算（计量单位：m）	1. 安装； 2. 焊口预热及后热； 3. 套管制作、安装； 4. 压力试验； 5. 系统吹扫； 6. 系统清洗； 7. 脱脂； 8. 绝热及保护层安装、除锈、刷油
	说明：项目名称更名为“低压铜及铜合金管”。项目特征描述新增“焊接方法”和“脱脂设计要求”，删除原来的“连接方式”、“套管形式、材质、规格”和“绝热及保护层设计要求”。工程量计算规则与计量单位简化说明。工作内容将原来的“系统吹扫”和“系统清洗”归并为“吹扫、清洗”，删除原来的“焊口预热及后热”、“套管制作、安装”和“绝热及保护层安装、除锈、刷油”					
15	13规范	030801015	低压铜及铜合金板卷管	1. 材质； 2. 规格； 3. 焊接方法； 4. 压力试验、吹扫与清洗设计要求； 5. 脱脂设计要求	按设计图示管道中心线以长度计算（计量单位：m）	1. 安装； 2. 压力试验； 3. 吹扫、清洗； 4. 脱脂
	08规范	030601011	低压铜板卷管	1. 材质； 2. 连接方式； 3. 规格； 4. 套管形式、材质、规格； 5. 压力试验、吹扫、清洗设计要求； 6. 绝热及保护层设计要求	按设计图示管道中心线长度以延长米计算，不扣除阀门、管件所占长度，遇弯管时，按两管交叉的中心线交点计算。方形补偿器以其所占长度按管道安装工程量计算（计量单位：m）	1. 安装； 2. 焊口预热及后热； 3. 套管制作、安装； 4. 压力试验； 5. 系统吹扫； 6. 系统清洗； 7. 脱脂； 8. 绝热及保护层安装、除锈、刷油
	说明：项目名称更名为“低压铜及铜合金板卷管”。项目特征描述新增“焊接方法”和“脱脂设计要求”，删除原来的“连接方式”、“套管形式、材质、规格”和“绝热及保护层设计要求”。工程量计算规则与计量单位简化说明。工作内容将原来的“系统吹扫”和“系统清洗”归并为“吹扫、清洗”，删除原来的“焊口预热及后热”、“套管制作、安装”和“绝热及保护层安装、除锈、刷油”					

续表

序号	版别	项目编码	项目名称	项目特征	工程量计算规则与计量单位	工作内容
16	13规范	030801016	低压塑料管	1. 材质； 2. 规格； 3. 连接形式； 4. 压力试验、吹扫设计要求； 5. 脱脂设计要求	按设计图示管道中心线以长度计算（计量单位：m）	1. 安装； 2. 压力试验； 3. 吹扫； 4. 脱脂
	08规范	030601015	低压塑料管	1. 材质； 2. 连接形式； 3. 接口材料； 4. 规格； 5. 套管形式、材质、规格； 6. 压力试验、吹扫设计要求； 7. 绝热及保护层设计要求	按设计图示管道中心线长度以延长米计算，不扣除阀门、管件所占长度，遇弯管时，按两管交叉的中心线交点计算。方形补偿器以其所占长度按管道安装工程量计算（计量单位：m）	1. 安装； 2. 套管制作、安装； 3. 脱脂； 4. 压力试验； 5. 系统吹扫； 6. 绝热及保护层安装、除锈、刷油
	说明：项目特征描述新增“脱脂设计要求”，删除原来的“接口材料”、“套管形式、材质、规格”和“绝热及保护层设计要求”。工程量计算规则与计量单位简化说明。工作内容将原来的“系统吹扫”简化为“吹扫”，删除原来的“套管制作、安装”和“绝热及保护层安装、除锈、刷油”					
17	13规范	030801017	金属骨架复合管	1. 材质； 2. 规格； 3. 连接形式； 4. 压力试验、吹扫设计要求； 5. 脱脂设计要求	按设计图示管道中心线以长度计算（计量单位：m）	1. 安装； 2. 压力试验； 3. 吹扫； 4. 脱脂
	08规范	030601016	钢骨架复合管低压	1. 材质； 2. 连接形式； 3. 接口材料； 4. 规格； 5. 套管形式、材质、规格； 6. 压力试验、吹扫设计要求； 7. 绝热及保护层设计要求	按设计图示管道中心线长度以延长米计算，不扣除阀门、管件所占长度，遇弯管时，按两管交叉的中心线交点计算。方形补偿器以其所占长度按管道安装工程量计算（计量单位：m）	1. 安装； 2. 套管制作、安装； 3. 脱脂； 4. 压力试验； 5. 系统吹扫； 6. 绝热及保护层安装、除锈、刷油
	说明：项目名称更名为“金属骨架复合管”。项目特征描述新增“脱脂设计要求”，删除原来的“接口材料”、“套管形式、材质、规格”和“绝热及保护层设计要求”。工程量计算规则与计量单位简化说明。工作内容将原来的“系统吹扫”简化为“吹扫”，删除原来的“套管制作、安装”和“绝热及保护层安装、除锈、刷油”					

续表

序号	版别	项目编码	项目名称	项目特征	工程量计算规则与计量单位	工作内容
18	13 规范	030801018	低压玻璃钢管	1. 材质； 2. 规格； 3. 连接形式； 4. 压力试验、吹扫设计要求； 5. 脱脂设计要求	按设计图示管道中心线以长度计算（计量单位：m）	1. 安装； 2. 压力试验； 3. 吹扫； 4. 脱脂
	08 规范	030601017	玻璃钢管	1. 材质； 2. 连接形式； 3. 接口材料； 4. 规格； 5. 套管形式、材质、规格； 6. 压力试验、吹扫设计要求； 7. 绝热及保护层设计要求	按设计图示管道中心线长度以延长米计算，不扣除阀门、管件所占长度，遇弯管时，按两管交叉的中心线交点计算。方形补偿器以其所占长度按管道安装工程量计算（计量单位：m）	1. 安装； 2. 套管制作、安装； 3. 脱脂； 4. 压力试验； 5. 系统吹扫； 6. 绝热及保护层安装、除锈、刷油
	说明：项目名称更名为“低压玻璃钢管”。项目特征描述新增“脱脂设计要求”，删除原来的“接口材料”、“套管形式、材质、规格”和“绝热及保护层设计要求”。工程量计算规则与计量单位简化说明。工作内容将原来的“系统吹扫”简化为“吹扫”，删除原来的“套管制作、安装”和“绝热及保护层安装、除锈、刷油”					
19	13 规范	030801019	低压铸铁管	1. 材质； 2. 规格； 3. 连接形式； 4. 接口材料； 5. 压力试验、吹扫设计要求； 6. 脱脂设计要求	按设计图示管道中心线以长度计算（计量单位：m）	1. 安装； 2. 压力试验； 3. 吹扫； 4. 脱脂
	08 规范	030601018	低压法兰铸铁管	1. 材质； 2. 连接形式； 3. 接口材料； 4. 规格； 5. 套管形式、材质、规格； 6. 压力试验、吹扫设计要求； 7. 绝热及保护层设计要求	按设计图示管道中心线长度以延长米计算，不扣除阀门、管件所占长度，遇弯管时，按两管交叉的中心线交点计算。方形补偿器以其所占长度按管道安装工程量计算（计量单位：m）	1. 安装； 2. 套管制作、安装； 3. 脱脂； 4. 压力试验； 5. 系统吹扫； 6. 绝热及保护层安装、除锈、刷油
		030601019	低压承插铸铁管			
	说明：项目名称归并为“低压铸铁管”。项目特征描述新增“脱脂设计要求”，删除原来的“套管形式、材质、规格”和“绝热及保护层设计要求”。工程量计算规则与计量单位简化说明。工作内容将原来的“系统吹扫”简化为“吹扫”，删除原来的“套管制作、安装”和“绝热及保护层安装、除锈、刷油”					

续表

序号	版别	项目编码	项目名称	项目特征	工程量计算规则与计量单位	工作内容
20	13规范	030801020	低压预应力混凝土管	1. 材质； 2. 规格； 3. 连接形式； 4. 接口材料； 5. 压力试验、吹扫设计要求； 6. 脱脂设计要求	按设计图示管道中心线以长度计算（计量单位：m）	1. 安装； 2. 压力试验； 3. 吹扫； 4. 脱脂
	08规范	030601020	低压预应力混凝土管	1. 材质； 2. 连接形式； 3. 接口材料； 4. 规格； 5. 套管形式、材质、规格； 6. 压力试验、吹扫设计要求； 7. 绝热及保护层设计要求	按设计图示管道中心线长度以延长米计算，不扣除阀门、管件所占长度，遇弯管时，按两管交叉的中心线交点计算。方形补偿器以其所占长度按管道安装工程量计算（计量单位：m）	1. 安装； 2. 套管制作、安装； 3. 脱脂； 4. 压力试验； 5. 系统吹扫； 6. 绝热及保护层安装、除锈、刷油
	说明：项目特征描述新增“脱脂设计要求”，删除原来的“套管形式、材质、规格”和“绝热及保护层设计要求”。工程量计算规则与计量单位简化说明。工作内容将原来的“系统吹扫”简化为“吹扫”，删除原来的“套管制作、安装”和“绝热及保护层安装、除锈、刷油”					

注：1. 管道工程量计算不扣除阀门、管件所占长度；室外埋设管道不扣除附属构筑物（井）所占长度；方形补偿器以其所占长度列入管道安装工程量。

2. 衬里钢管预制安装包括直管、管件及法兰的预安装及拆除。

3. 压力试验按设计要求描述试验方法，如水压试验、气压试验、泄漏性试验、真空试验等。

4. 吹扫与清洗按设计要求描述吹扫与清洗方法和介质，如水冲洗、空气吹扫、蒸汽吹扫、化学清洗、油清洗等。

5. 脱脂按设计要求描述脱脂介质种类，如二氯乙烷、三氯乙烯、四氯化碳、动力苯、丙酮或酒精等。

4.1.2 中压管道

中压管道工程量清单项目设置、项目特征描述的内容、计量单位及工程量计算规则应按表4-2。

中压管道（编码：030802） **表4-2**

序号	版别	项目编码	项目名称	项目特征	工程量计算规则与计量单位	工作内容
1	13规范	030802001	中压碳钢管	1. 材质； 2. 规格； 3. 连接形式、焊接方法； 4. 压力试验、吹扫与清洗设计要求； 5. 脱脂设计要求	按设计图示管道中心线以长度计算（计量单位：m）	1. 安装； 2. 压力试验； 3. 吹扫、清洗； 4. 脱脂

续表

序号	版别	项目编码	项目名称	项目特征	工程量计算规则与计量单位	工作内容
1	08规范	030602001	中压有缝钢管	1. 材质； 2. 连接方式； 3. 规格； 4. 套管形式、材质、规格； 5. 压力试验、吹扫、清洗设计要求； 6. 除锈、刷油、防腐、绝热及保护层设计要求	按设计图示管道中心线长度以延长米计算，不扣除阀门、管件所占长度，遇弯管时，按两管交叉的中心线交点计算。方形补偿器以其所占长度按管道安装工程量计算（计量单位：m）	1. 安装； 2. 套管制作、安装； 3. 压力试验； 4. 系统吹扫； 5. 系统清洗； 6. 脱脂； 7. 除锈、刷油、防腐； 8. 绝热及保护层安装、除锈、刷油
		030602002	中压碳钢管			1. 安装； 2. 焊口预热及后热； 3. 焊口热处理； 4. 焊口硬度测定； 5. 套管制作、安装； 6. 压力试验； 7. 系统吹扫； 8. 系统清洗； 9. 油清洗； 10. 脱脂； 11. 除锈、刷油、防腐； 12. 绝热及保护层安装、除锈、刷油
		说明：项目名称更名归并为“中压碳钢管”。项目特征描述新增“脱脂设计要求”，将原来的“连接方式”修改为“连接形式、焊接方法”，删除原来的“套管形式、材质、规格”和“除锈、刷油、防腐、绝热及保护层设计要求”。工程量计算规则与计量单位简化说明。工作内容将原来的“系统吹扫”和“系统清洗”（“中压碳钢管”包括“油清洗”）归并为“吹扫、清洗”，删除原来的“套管制作、安装”、“除锈、刷油、防腐”、“绝热及保护层安装、除锈、刷油”、“焊口预热及后热”和“焊口热处理”、“焊口硬度测定”				
2	13规范	030802002	中压螺旋卷管	1. 材质； 2. 规格； 3. 连接形式、焊接方法； 4. 压力试验、吹扫与清洗设计要求； 5. 脱脂设计要求	按设计图示管道中心线以长度计算（计量单位：m）	1. 安装； 2. 压力试验； 3. 吹扫、清洗； 4. 脱脂

续表

序号	版别	项目编码	项目名称	项目特征	工程量计算规则与计量单位	工作内容
2	08规范	030602003	中压螺旋卷管	1. 材质； 2. 连接方式； 3. 规格； 4. 套管形式、材质、规格； 5. 压力试验、吹扫、清洗设计要求； 6. 除锈、刷油、防腐、绝热及保护层设计要求	按设计图示管道中心线长度以延长米计算，不扣除阀门、管件所占长度，遇弯管时，按两管交叉的中心线交点计算。方形补偿器以其所占长度按管道安装工程量计算（计量单位：m）	1. 安装； 2. 焊口预热及后热； 3. 焊口热处理； 4. 焊口硬度测定； 5. 套管制作、安装； 6. 压力试验； 7. 系统吹扫； 8. 系统清洗； 9. 油清洗； 10. 脱脂； 11. 除锈、刷油、防腐； 12. 绝热及保护层安装、除锈、刷油
	说明：项目特征描述新增“脱脂设计要求”，将原来的“连接方式”修改为“连接形式、焊接方法”，删除原来的“套管形式、材质、规格”和“除锈、刷油、防腐、绝热及保护层设计要求”。工程量计算规则与计量单位简化说明。工作内容将原来的“系统吹扫”、“系统清洗”和“油清洗”归并为“吹扫、清洗”，删除原来的“焊口预热及后热”、“焊口热处理”、“焊口硬度测定”、“套管制作、安装”、“除锈、刷油、防腐”和“绝热及保护层安装、除锈、刷油”					
3	13规范	030802003	中压不锈钢管	1. 材质； 2. 规格； 3. 焊接方法； 4. 充氩保护方式、部位； 5. 压力试验、吹扫与清洗设计要求； 6. 脱脂设计要求	按设计图示管道中心线以长度计算（计量单位：m）	1. 安装； 2. 焊口充氩保护； 3. 压力试验； 4. 吹扫、清洗； 5. 脱脂
	08规范	030602004	中压不锈钢管	1. 材质； 2. 连接形式； 3. 规格； 4. 套管形式、材质、规格； 5. 压力试验、吹扫、清洗设计要求； 6. 绝热及保护层设计要求	按设计图示管道中心线长度以延长米计算，不扣除阀门、管件所占长度，遇弯管时，按两管交叉的中心线交点计算。方形补偿器以其所占长度按管道安装工程量计算（计量单位：m）	1. 安装； 2. 焊口焊接管内、外充氩保护； 3. 套管制作、安装； 4. 压力试验； 5. 系统吹扫； 6. 系统清洗； 7. 油清洗； 8. 脱脂； 9. 绝热及保护层安装、除锈、刷油
	说明：项目特征描述新增“焊接方法”、“充氩保护方式、部位”和“脱脂设计要求”，删除原来的“连接形式”、“套管形式、材质、规格”和“绝热及保护层设计要求”。工程量计算规则与计量单位简化说明。工作内容将原来的“焊口焊接管内、外充氩保护”修改为“焊口充氩保护”，“系统吹扫”、“系统清洗”和“油清洗”归并为“吹扫、清洗”，删除原来的“套管制作、安装”和“绝热及保护层安装、除锈、刷油”					

续表

序号	版别	项目编码	项目名称	项目特征	工程量计算规则与计量单位	工作内容
4	13规范	030802004	中压合金钢管	1. 材质； 2. 规格； 3. 焊接方法； 4. 充氩保护方式、部位； 5. 压力试验、吹扫与清洗设计要求； 6. 脱脂设计要求	按设计图示管道中心线以长度计算（计量单位：m）	1. 安装； 2. 焊口充氩保护； 3. 压力试验； 4. 吹扫、清洗； 5. 脱脂
	08规范	030602005	中压合金钢管	1. 材质； 2. 连接方式； 3. 规格； 4. 套管形式、材质、规格； 5. 压力试验、吹扫、清洗设计要求； 6. 除锈、刷油、防腐、绝热及保护层设计要求	按设计图示管道中心线长度以延长米计算，不扣除阀门、管件所占长度，遇弯管时，按两管交叉的中心线交点计算。方形补偿器以其所占长度按管道安装工程量计算（计量单位：m）	1. 安装； 2. 焊口预热及后热； 3. 焊口热处理； 4. 焊口硬度测定； 5. 焊口焊接管内、外充氩保护； 6. 套管制作、安装； 7. 压力试验； 8. 系统吹扫； 9. 系统清洗； 10. 油清洗； 11. 脱脂； 12. 除锈、刷油、防腐； 13. 绝热及保护层安装、除锈、刷油
	说明：项目特征描述新增“焊接方法”、“充氩保护方式、部位”和“脱脂设计要求”，删除原来的“连接形式”、“套管形式、材质、规格”和“绝热及保护层设计要求”。工程量计算规则与计量单位简化说明。工作内容将原来的“焊口焊接管内、外充氩保护”修改为“焊口充氩保护”，“系统吹扫”、“系统清洗”和“油清洗”归并为“吹扫、清洗”，删除原来的“焊口预热及后热”、“焊口热处理”、“焊口硬度测定”、“套管制作、安装”、“除锈、刷油、防腐”和“绝热及保护层安装、除锈、刷油”					
5	13规范	030802005	中压铜及铜合金管	1. 材质； 2. 规格； 3. 焊接方法； 4. 压力试验、吹扫与清洗设计要求； 5. 脱脂设计要求	按设计图示管道中心线以长度计算（计量单位：m）	1. 安装； 2. 压力试验； 3. 吹扫、清洗； 4. 脱脂
	08规范	030602006	中压铜管	1. 材质； 2. 连接方式； 3. 规格； 4. 套管形式、材质、规格； 5. 压力试验、吹扫、清洗设计要求； 6. 绝热及保护层设计要求	按设计图示管道中心线长度以延长米计算，不扣除阀门、管件所占长度，遇弯管时，按两管交叉的中心线交点计算。方形补偿器以其所占长度按管道安装工程量计算（计量单位：m）	1. 安装； 2. 焊口预热及后热； 3. 套管制作、安装； 4. 压力试验； 5. 系统吹扫； 6. 系统清洗； 7. 脱脂； 8. 绝热及保护层安装、除锈、刷油
	说明：项目名称简化为“中压铜及铜合金管”。项目特征描述新增“焊接方法”和“脱脂设计要求”，删除原来的“连接形式”、“套管形式、材质、规格”和“绝热及保护层设计要求”。工程量计算规则与计量单位简化说明。工作内容将原来的“系统吹扫”和“系统清洗”归并为“吹扫、清洗”，删除原来的“焊口预热及后热”、“套管制作、安装”和“绝热及保护层安装、除锈、刷油”					

续表

序号	版别	项目编码	项目名称	项目特征	工程量计算规则与计量单位	工作内容
6	13规范	030802006	中压钛及钛合金管	1. 材质； 2. 规格； 3. 焊接方法； 4. 充氩保护方式、部位； 5. 压力试验、吹扫与清洗设计要求； 6. 脱脂设计要求	按设计图示管道中心线以长度计算（计量单位：m）	1. 安装； 2. 焊口充氩保护 3. 压力试验； 4. 吹扫、清洗； 5. 脱脂
	08规范	030602007	中压钛及钛合金管	1. 材质； 2. 连接方式； 3. 规格； 4. 套管形式、材质、规格； 5. 压力试验、吹扫、清洗设计要求； 6. 绝热及保护层设计要求	按设计图示管道中心线长度以延长米计算，不扣除阀门、管件所占长度，遇弯管时，按两管交叉的中心线交点计算。方形补偿器以其所占长度按管道安装工程量计算（计量单位：m）	1. 安装； 2. 焊口焊接管内、外充氩保护； 3. 套管制作、安装； 4. 压力试验； 5. 系统吹扫； 6. 系统清洗； 7. 脱脂； 8. 绝热及保护层安装、除锈、刷油
	说明：项目特征描述新增“焊接方法”、“充氩保护方式、部位”和“脱脂设计要求”，删除原来的“连接形式”、“套管形式、材质、规格”和“绝热及保护层设计要求”。工程量计算规则与计量单位简化说明。工作内容将原来的“系统吹扫”和“系统清洗”归并为“吹扫、清洗”，“焊口焊接管内、外充氩保护”修改为“焊口充氩保护”，删除原来的“套管制作、安装”和“绝热及保护层安装、除锈、刷油”					
7	13规范	030802007	中压锆及锆合金管	1. 材质； 2. 规格； 3. 焊接方法； 4. 充氩保护方式、部位； 5. 压力试验、吹扫与清洗设计要求； 6. 脱脂设计要求	按设计图示管道中心线以长度计算（计量单位：m）	1. 安装； 2. 焊口充氩保护 3. 压力试验； 4. 吹扫、清洗； 5. 脱脂
	08规范	—	—	—	—	—
	说明：新增项目内容					
8	13规范	030802008	中压镍及镍合金管	1. 材质； 2. 规格； 3. 焊接方法； 4. 充氩保护方式、部位； 5. 压力试验、吹扫与清洗设计要求； 6. 脱脂设计要求	按设计图示管道中心线以长度计算（计量单位：m）	1. 安装； 2. 焊口充氩保护 3. 压力试验； 4. 吹扫、清洗； 5. 脱脂
	08规范	—	—	—	—	—
	说明：新增项目内容					

注：1. 管道工程量计算不扣除阀门、管件所占长度；方形补偿器以其所占长度列入管道安装工程量。
2. 压力试验按设计要求描述试验方法，如水压试验、气压试验、泄漏性试验、真空试验等。
3. 吹扫与清洗按设计要求描述吹扫与清洗方法和介质，如水冲洗、空气吹扫、蒸汽吹扫、化学清洗、油清洗等。
4. 脱脂按设计要求描述脱脂介质种类，如二氯乙烷、三氯乙烯、四氯化碳、动力苯、丙酮或酒精等。

4.1.3 高压管道

高压管道工程量清单项目设置、项目特征描述的内容、计量单位及工程量计算规则等的变化对照情况，见表4-3。

高压管道（编码：030803） **表4-3**

序号	版别	项目编码	项目名称	项目特征	工程量计算规则与计量单位	工作内容
1	13规范	030803001	高压碳钢管	1. 材质； 2. 规格； 3. 连接形式、焊接方法； 4. 充氧保护方式、部位； 5. 压力试验、吹扫与清洗设计要求； 6. 脱脂设计要求	按设计图示管道中心线以长度计算（计量单位：m）	1. 安装； 2. 焊口充氩保护； 3. 压力试验； 4. 吹扫、清洗； 5. 脱脂
	08规范	030603001	高压碳钢管	1. 材质； 2. 连接方式； 3. 规格； 4. 套管形式、材质、规格； 5. 压力试验、吹扫、清洗设计要求； 6. 除锈、刷油、防腐、绝热及保护层设计要求	按设计图示管道中心线长度以延长米计算，不扣除阀门、管件所占长度，遇弯管时，按两管交叉的中心线交点计算。方形补偿器以其所占长度按管道安装工程量计算（计量单位：m）	1. 安装； 2. 焊口预热及后热； 3. 焊口热处理； 4. 焊口硬度检测； 5. 套管制作、安装； 6. 压力试验； 7. 系统吹扫； 8. 系统清洗； 9. 油清洗； 10. 脱脂； 11. 除锈、刷油、防腐； 12. 绝热及保护层安装、除锈、刷油
	说明：项目特征描述新增“充氧保护方式、部位”和“脱脂设计要求”，将原来的“连接方式”修改为“连接形式、焊接方法”，删除原来的“套管形式、材质、规格”和“除锈、刷油、防腐、绝热及保护层设计要求”。工程量计算规则与计量单位简化说明。工作内容新增“焊口充氩保护”，将原来的“系统吹扫”、“系统清洗”和“油清洗”归并为“吹扫、清洗”，删除原来的“焊口预热及后热”、“焊口热处理”、“焊口硬度检测”、“套管制作、安装”、“除锈、刷油、防腐”和“绝热及保护层安装、除锈、刷油”					
2	13规范	030803002	高压合金钢管	1. 材质； 2. 规格； 3. 连接形式、焊接方法； 4. 充氧保护方式、部位； 5. 压力试验、吹扫与清洗设计要求； 6. 脱脂设计要求	按设计图示管道中心线以长度计算（计量单位：m）	1. 安装； 2. 焊口充氩保护； 3. 压力试验； 4. 吹扫、清洗； 5. 脱脂

续表

<table>
<tr><th>序号</th><th>版别</th><th>项目编码</th><th>项目名称</th><th>项目特征</th><th>工程量计算规则与计量单位</th><th>工作内容</th></tr>
<tr><td rowspan="2">2</td><td>08 规范</td><td>030603002</td><td>高压合金钢管</td><td>1. 材质；
2. 连接方式；
3. 规格；
4. 套管形式、材质、规格；
5. 压力试验、吹扫、清洗设计要求；
6. 除锈、刷油、防腐、绝热及保护层设计要求</td><td>按设计图示管道中心线长度以延长米计算，不扣除阀门、管件所占长度，遇弯管时，按两管交叉的中心线交点计算。方形补偿器以其所占长度按管道安装工程量计算（计量单位：m）</td><td>1. 安装；
2. 焊口预热及后热；
3. 焊口热处理；
4. 焊口硬度检测；
5. 套管制作、安装；
6. 压力试验；
7. 系统吹扫；
8. 系统清洗；
9. 油清洗；
10. 脱脂；
11. 除锈、刷油、防腐；
12. 绝热及保护层安装、除锈、刷油</td></tr>
<tr><td colspan="6">说明：项目特征描述新增“充氧保护方式、部位”和“脱脂设计要求”，将原来的“连接方式”修改为“连接形式、焊接方法”，删除原来的“套管形式、材质、规格”和“除锈、刷油、防腐、绝热及保护层设计要求”。工程量计算规则与计量单位简化说明。工作内容新增“焊口充氩保护”，将原来的“系统吹扫”、“系统清洗”和“油清洗”归并为“吹扫、清洗”，删除原来的“焊口预热及后热”、“焊口热处理”、“焊口硬度检测”、“套管制作、安装”、“除锈、刷油、防腐”和“绝热及保护层安装、除锈、刷油”</td></tr>
<tr><td rowspan="3">3</td><td>13 规范</td><td>030803003</td><td>高压不锈钢管</td><td>1. 材质；
2. 规格；
3. 连接形式、焊接方法；
4. 充氧保护方式、部位；
5. 压力试验、吹扫与清洗设计要求；
6. 脱脂设计要求</td><td>按设计图示管道中心线以长度计算（计量单位：m）</td><td>1. 安装；
2. 焊口充氩保护；
3. 压力试验；
4. 吹扫、清洗；
5. 脱脂</td></tr>
<tr><td>08 规范</td><td>030603003</td><td>高压不锈钢管</td><td>1. 材质；
2. 连接方式；
3. 规格；
4. 套管形式、材质、规格；
5. 压力试验、吹扫、清洗设计要求；
6. 绝热及保护层设计要求</td><td>按设计图示管道中心线长度以延长米计算，不扣除阀门、管件所占长度，遇弯管时，按两管交叉的中心线交点计算。方形补偿器以其所占长度按管道安装工程量计算（计量单位：m）</td><td>1. 安装；
2. 焊口焊接管内、外充氩保护；
3. 套管制作、安装；
4. 压力试验；
5. 系统吹扫；
6. 系统清洗；
7. 油清洗；
8. 脱脂；
9. 绝热及保护层安装、除锈、刷油</td></tr>
<tr><td colspan="6">说明：项目特征描述新增“充氧保护方式、部位”和“脱脂设计要求”，将原来的“连接方式”修改为“连接形式、焊接方法”，删除原来的“套管形式、材质、规格”和“绝热及保护层设计要求”。工程量计算规则与计量单位简化说明。工作内容将原来的“焊口焊接管内、外充氩保护”修改为“焊口充氩保护”，“系统吹扫”、“系统清洗”和“油清洗”归并为“吹扫、清洗”，删除原来的“套管制作、安装”和“绝热及保护层安装、除锈、刷油”</td></tr>
</table>

注：1. 管道工程量计算不扣除阀门、管件所占长度；方形补偿器以其所占长度列入管道安装工程量。
2. 压力试验按设计要求描述试验方法，如水压试验、气压试验、泄漏性试验、真空试验等。
3. 吹扫与清洗按设计要求描述吹扫与清洗方法和介质，如水冲洗、空气吹扫、蒸汽吹扫、化学清洗、油清洗等。
4. 脱脂按设计要求描述脱脂介质种类，如二氯乙烷、三氯乙烯、四氯化碳、动力苯、丙酮或酒精等。

4.1.4 低压管件

低压管件工程量清单项目设置、项目特征描述的内容、计量单位及工程量计算规则等的变化对照情况，见表4-4。

低压管件（编码：030804）　　表4-4

序号	版别	项目编码	项目名称	项目特征	工程量计算规则与计量单位	工作内容
1	13规范	030804001	低压碳钢管件	1. 材质； 2. 规格； 3. 连接方式； 4. 补强圈材质、规格	按设计图示数量计算（计量单位：个）×	1. 安装； 2. 三通补强圈制作、安装
	08规范	030604001	低压碳钢管件	1. 材质； 2. 连接方式； 3. 型号、规格； 4. 补强圈材质、规格		
	说明：项目特征描述将原来的“型号、规格”简化为“规格”					
2	13规范	030804002	低压碳钢板卷管件	1. 材质； 2. 规格； 3. 连接方式； 4. 补强圈材质、规格	按设计图示数量计算（计量单位：个）×	1. 安装； 2. 三通补强圈制作、安装
	08规范	030604002	低压碳钢板卷管件	1. 材质； 2. 连接方式； 3. 型号、规格； 4. 补强圈材质、规格		
	说明：项目特征描述将原来的“型号、规格”简化为“规格”					
3	13规范	030804003	低压不锈钢管件	1. 材质； 2. 规格； 3. 焊接方法； 4. 补强圈材质、规格； 5. 充氩保护方式、部位	按设计图示数量计算（计量单位：个）×	1. 安装； 2. 管件焊口充氩保护； 3. 三通补强圈制作、安装
	08规范	030604003	低压不锈钢管件	1. 材质； 2. 连接方式； 3. 型号、规格； 4. 补强圈材质、规格	按设计图示数量计算（计量单位：个）	1. 安装； 2. 三通补强圈制作、安装； 3. 管焊口焊接内、外充氩保护
	说明：项目特征描述新增“焊接方法”和“充氩保护方式、部位”，将原来的“型号、规格”简化为“规格”。工作内容将原来的“管焊口焊接内、外充氩保护”修改为“管件焊口充氩保护”					

续表

<table>
<tr><th>序号</th><th>版别</th><th>项目编码</th><th>项目名称</th><th>项目特征</th><th>工程量计算规则与计量单位</th><th>工作内容</th></tr>
<tr><td rowspan="3">4</td><td>13规范</td><td>030804004</td><td>低压不锈钢板卷管件</td><td>1. 材质；
2. 规格；
3. 焊接方法；
4. 补强圈材质、规格；
5. 充氩保护方式、部位</td><td rowspan="2">按设计图示数量计算（计量单位：个）</td><td>1. 安装；
2. 管件焊口充氩保护；
3. 三通补强圈制作、安装</td></tr>
<tr><td>08规范</td><td>030604004</td><td>低压不锈钢板卷管件低压</td><td>1. 材质；
2. 连接方式；
3. 型号、规格；
4. 补强圈材质、规格</td><td>1. 安装；
2. 三通补强圈制作、安装；
3. 管焊口焊接内、外充氩保护</td></tr>
<tr><td colspan="6">说明：项目名称简化为“低压不锈钢板卷管件”。项目特征描述新增“焊接方法”和“充氩保护方式、部位”，将原来的“型号、规格”简化为“规格”。工作内容将原来的“管焊口焊接内、外充氩保护”修改为“管件焊口充氩保护”</td></tr>
<tr><td rowspan="3">5</td><td>13规范</td><td>030804005</td><td>低压合金钢管件</td><td>1. 材质；
2. 规格；
3. 焊接方法；
4. 补强圈材质、规格；
5. 充氩保护方式、部位</td><td rowspan="2">按设计图示数量计算（计量单位：个）</td><td>1. 安装；
2. 管件焊口充氩保护；
3. 三通补强圈制作、安装</td></tr>
<tr><td>08规范</td><td>030604005</td><td>合金钢管件</td><td>1. 材质；
2. 连接方式；
3. 型号、规格；
4. 补强圈材质、规格</td><td>1. 安装；
2. 三通补强圈制作、安装；
3. 管焊口焊接内、外充氩保护</td></tr>
<tr><td colspan="6">说明：项目名称扩展为“低压合金钢管件”。项目特征描述新增“焊接方法”和“充氩保护方式、部位”，将原来的“型号、规格”简化为“规格”。工作内容将原来的“管焊口焊接内、外充氩保护”修改为“管件焊口充氩保护”</td></tr>
<tr><td rowspan="3">6</td><td>13规范</td><td>030804006</td><td>低压加热外套碳钢管件（两半）</td><td>1. 材质；
2. 规格；
3. 连接形式</td><td rowspan="2">按设计图示数量计算（计量单位：个）</td><td rowspan="2">安装</td></tr>
<tr><td>08规范</td><td>030604006</td><td>低压加热外套碳钢管件（两半）</td><td>1. 材质；
2. 型号、规格</td></tr>
<tr><td colspan="6">说明：项目特征描述新增“连接形式”，将原来的“型号、规格”简化为“规格”</td></tr>
<tr><td rowspan="3">7</td><td>13规范</td><td>030804007</td><td>低压加热外套不锈钢管件（两半）</td><td>1. 材质；
2. 规格；
3. 连接形式</td><td rowspan="2">按设计图示数量计算（计量单位：个）</td><td rowspan="2">安装</td></tr>
<tr><td>08规范</td><td>030604007</td><td>低压加热外套不锈钢管件（两半）</td><td>1. 材质；
2. 型号、规格</td></tr>
<tr><td colspan="6">说明：项目特征描述新增“连接形式”，将原来的“型号、规格”简化为“规格”</td></tr>
</table>

续表

<table>
<tr><th>序号</th><th>版别</th><th>项目编码</th><th>项目名称</th><th>项目特征</th><th>工程量计算规则与计量单位</th><th>工作内容</th></tr>
<tr><td rowspan="3">8</td><td>13 规范</td><td>030804008</td><td>低压铝及铝合金管件</td><td>1. 材质；
2. 规格；
3. 焊接方法；
4. 补强圈材质、规格</td><td rowspan="2">按设计图示数量计算（计量单位：个）</td><td>1. 安装；
2. 三通补强圈制作、安装</td></tr>
<tr><td>08 规范</td><td>030604008</td><td>低压铝管件</td><td>1. 材质；
2. 连接方式；
3. 型号、规格；
4. 补强圈材质、规格</td><td>1. 安装；
2. 焊口预热及后热；
3. 三通补强圈制作、安装</td></tr>
<tr><td colspan="6">说明：项目名称扩展为“低压铝及铝合金管件”。项目特征描述新增“焊接方法”，将原来的“型号、规格”简化为“规格”，删除原来的“连接方式”。工作内容删除原来的“焊口预热及后热”</td></tr>
<tr><td rowspan="3">9</td><td>13 规范</td><td>030804009</td><td>低压铝及铝合金板卷管件</td><td>1. 材质；
2. 规格；
3. 焊接方法；
4. 补强圈材质、规格</td><td rowspan="2">按设计图示数量计算（计量单位：个）</td><td>1. 安装；
2. 三通补强圈制作、安装</td></tr>
<tr><td>08 规范</td><td>030604009</td><td>低压铝板卷管件</td><td>1. 材质；
2. 连接方式；
3. 型号、规格；
4. 补强圈材质、规格</td><td>1. 安装；
2. 焊口预热及后热；
3. 三通补强圈制作、安装</td></tr>
<tr><td colspan="6">说明：项目名称扩展为“低压铝及铝合金板卷管件”。项目特征描述新增“焊接方法”，将原来的“型号、规格”简化为“规格”，删除原来的“连接方式”。工作内容删除原来的“焊口预热及后热”</td></tr>
<tr><td rowspan="3">10</td><td>13 规范</td><td>030804010</td><td>低压铜及铜合金管件</td><td>1. 材质；
2. 规格；
3. 焊接方法</td><td rowspan="2">按设计图示数量计算（计量单位：个）</td><td>安装</td></tr>
<tr><td>08 规范</td><td>030604010</td><td>低压铜管件低压</td><td>1. 材质；
2. 连接方式；
3. 型号、规格；
4. 补强圈材质、规格</td><td>1. 安装；
2. 焊口预热及后热</td></tr>
<tr><td colspan="6">说明：项目名称扩展为“低压铜及铜合金管件”。项目特征描述新增“焊接方法”，将原来的“型号、规格”简化为“规格”，删除原来的“连接方式”和“补强圈材质、规格”。工作内容删除原来的“焊口预热及后热”</td></tr>
<tr><td rowspan="3">11</td><td>13 规范</td><td>030804011</td><td>低压钛及钛合金管件</td><td>1. 材质；
2. 规格；
3. 焊接方法；
4. 充氩保护方式、部位</td><td>按设计图示数量计算（计量单位：个）</td><td>1. 安装；
2. 管件焊口充氩保护</td></tr>
<tr><td>08 规范</td><td>—</td><td>—</td><td>—</td><td>—</td><td>—</td></tr>
<tr><td colspan="6">说明：新增项目内容</td></tr>
</table>

续表

序号	版别	项目编码	项目名称	项目特征	工程量计算规则与计量单位	工作内容
12	13 规范	030804012	低压锆及锆合金管件	1. 材质； 2. 规格； 3. 焊接方法； 4. 充氩保护方式、部位	按设计图示数量计算（计量单位：个）	1. 安装； 2. 管件焊口充氩保护
	08 规范	—	—	—	—	—
	说明：新增项目内容					
13	13 规范	030804013	低压镍及镍合金管件	1. 材质； 2. 规格； 3. 焊接方法； 4. 充氩保护方式、部位	按设计图示数量计算（计量单位：个）	1. 安装； 2. 管件焊口充氩保护
	08 规范	—	—	—	—	—
	说明：新增项目内容					
14	13 规范	030804014	低压塑料管件	1. 材质； 2. 规格； 3. 连接形式； 4. 接口材料	按设计图示数量计算（计量单位：个）	安装
	08 规范	030604011	塑料管件	1. 材质； 2. 连接形式； 3. 接口材料； 4. 型号、规格		
	说明：项目名称扩展为“低压塑料管件”。项目特征描述将原来的“型号、规格”简化为“规格”					
15	13 规范	030804015	金属骨架复合管件	1. 材质； 2. 规格； 3. 连接形式； 4. 接口材料	按设计图示数量计算（计量单位：个）	安装
	08 规范	—	—	—	—	—
	说明：新增项目内容					
16	13 规范	030804016	低压玻璃钢管件	1. 材质； 2. 规格； 3. 连接形式； 4. 接口材料	按设计图示数量计算（计量单位：个）	安装
	08 规范	030604012	低压玻璃钢管件	1. 材质； 2. 连接形式； 3. 接口材料； 4. 型号、规格		
	说明：项目特征描述将原来的“型号、规格”简化为“规格”					
17	13 规范	030804017	低压铸铁管件	1. 材质； 2. 规格； 3. 连接形式； 4. 接口材料	按设计图示数量计算（计量单位：个）	安装
	08 规范	030604013	低压承插铸铁管件低压	1. 材质； 2. 连接形式； 3. 接口材料； 4. 型号、规格		
	说明：项目名称更名为“低压铸铁管件”。项目特征描述将原来的“型号、规格”简化为“规格”					

续表

<table>
<tr><th>序号</th><th>版别</th><th>项目编码</th><th>项目名称</th><th>项目特征</th><th>工程量计算规则与计量单位</th><th>工作内容</th></tr>
<tr><td rowspan="3">18</td><td>13 规范</td><td>030804018</td><td>低压预应力混凝土转换件</td><td>1. 材质；
2. 规格；
3. 连接形式；
4. 接口材料</td><td rowspan="2">按设计图示数量计算（计量单位：个）</td><td rowspan="2">安装</td></tr>
<tr><td>08 规范</td><td>030604015</td><td>低压预应力混凝土转换件</td><td>1. 材质；
2. 连接形式；
3. 接口材料；
4. 型号、规格</td></tr>
<tr><td colspan="6">说明：项目特征描述将原来的“型号、规格”简化为“规格”</td></tr>
<tr><td rowspan="2"></td><td>13 规范</td><td colspan="5">1. 管件包括弯头、三通、四通、异径管、管接头、管帽、方形补偿器弯头、管道上仪表一次部件、仪表温度计扩大管制作安装等。
2. 管件压力试验、吹扫、清洗、脱脂均包括在管道安装中。
3. 在主管上挖眼接管的三通和摔制异径管，均以主管径按管件安装工程量计算，不另计制作费和主材费；挖眼接管的三通支线管径小于主管径 1/2 时，不计算管件安装工程量；在主管上挖眼接管的焊接接头、凸台等配件，按配件管径计算管件工程量。
4. 三通、四通、异径管均按大管径计算。
5. 管件用法兰连接时执行法兰安装项目，管件本身不再计算安装。
6. 半加热外套管摔口后焊接在内套管上，每处焊口按一个管件计算；外套碳钢管如焊接不锈钢内套管上时，焊口间需加不锈钢短管衬垫，每处焊口按两个管件计算</td></tr>
<tr><td>08 规范</td><td colspan="5">1. 管件包括弯头、三通、四通、异径管、管接头、管上焊接管接头、管帽、方形补偿器弯头、管道上仪表一次部件、仪表温度计扩大管制作安装等；
2. 管件压力试验、吹扫、清洗、脱脂、除锈、刷油、防腐、保温及其补口均包括在管道安装中；
3. 在主管上挖眼接管的三通和摔制异径管，均以主管径按管件安装工程量计算，不另计制作费和主材费；挖眼接管的三通支线管径小于主管径 1/2 时，不计算管件安装工程量；在主管上挖眼接管的焊接接头、凸台等配件。按配件管径计算管件工程量；
4. 三通、四通、异径管均按大管径计算；
5. 管件用法兰连接时按法兰安装，管件本身安装不再计算安装；
6. 半加热外套管摔口后焊接在内套管上，每处焊口按一个管件计算；外套碳钢管如焊接不锈钢内套管上时，焊口间需加不锈钢短管衬垫，每处焊口按两个管件计算</td></tr>
</table>

4.1.5 中压管件

中压管件工程量清单项目设置、项目特征描述的内容、计量单位及工程量计算规则等的变化对照情况，见表 4-5。

中压管件（编码：030805） **表 4-5**

<table>
<tr><th>序号</th><th>版别</th><th>项目编码</th><th>项目名称</th><th>项目特征</th><th>工程量计算规则与计量单位</th><th>工作内容</th></tr>
<tr><td rowspan="3">1</td><td>13 规范</td><td>030805001</td><td>中压碳钢管件</td><td>1. 材质；
2. 规格；
3. 焊接方法；
4. 补强圈材质、规格</td><td rowspan="2">按设计图示数量计算（计量单位：个）</td><td>1. 安装；
2. 三通补强圈制作、安装</td></tr>
<tr><td>08 规范</td><td>030605001</td><td>中压碳钢管件</td><td>1. 材质；
2. 连接方式；
3. 型号、规格；
4. 补强圈材质、规格</td><td>1. 安装；
2. 三通补强圈制作、安装；
3. 焊口预热及后热；
4. 焊口热处理；
5. 焊口硬度检测</td></tr>
<tr><td colspan="6">说明：项目特征描述新增“焊接方法”，将原来的“型号、规格”简化为“规格”，删除原来的“连接形式”。工作内容删除原来的“焊口预热及后热”、“焊口热处理”和“焊口硬度检测”</td></tr>
</table>

续表

<table>
<tr><th>序号</th><th>版别</th><th>项目编码</th><th>项目名称</th><th>项目特征</th><th>工程量计算规则与计量单位</th><th>工作内容</th></tr>
<tr><td rowspan="3">2</td><td>13 规范</td><td>030805002</td><td>中压螺旋卷管件</td><td>1. 材质；
2. 规格；
3. 焊接方法；
4. 补强圈材质、规格</td><td rowspan="2">按设计图示数量计算（计量单位：个）</td><td>1. 安装；
2. 三通补强圈制作、安装</td></tr>
<tr><td>08 规范</td><td>030605002</td><td>中压螺旋卷管件</td><td>1. 材质；
2. 连接方式；
3. 型号、规格；
4. 补强圈材质、规格</td><td>1. 安装；
2. 三通补强圈制作、安装；
3. 焊口预热及后热；
4. 焊口热处理；
5. 焊口硬度检测</td></tr>
<tr><td colspan="6">说明：项目特征描述新增“焊接方法”，将原来的“型号、规格”修改为“规格”，删除原来的“连接形式”。工作内容删除原来的“焊口预热及后热”、“焊口热处理”和“焊口硬度检测”</td></tr>
<tr><td rowspan="3">3</td><td>13 规范</td><td>030805003</td><td>中压不锈钢管件</td><td>1. 材质；
2. 规格；
3. 焊接方法；
4. 充氩保护方式、部位</td><td rowspan="2">按设计图示数量计算（计量单位：个）</td><td>1. 安装；
2. 管件焊口充氩保护</td></tr>
<tr><td>08 规范</td><td>030605003</td><td>中压不锈钢管件</td><td>1. 材质；
2. 连接方式；
3. 型号、规格；
4. 补强圈材质、规格</td><td>1. 安装；
2. 管道焊口焊接内、外充氩保护</td></tr>
<tr><td colspan="6">说明：项目特征描述新增“焊接方法”和“充氩保护方式、部位”，将原来的“型号、规格”简化为“规格”，删除原来的“连接形式”和“补强圈材质、规格”。工作内容将原来的“管道焊口焊接内、外充氩保护”修改为“管件焊口充氩保护”</td></tr>
<tr><td rowspan="3">4</td><td>13 规范</td><td>030805004</td><td>中压合金钢管件</td><td>1. 材质；
2. 规格；
3. 焊接方法；
4. 充氩保护方式；
5. 补强圈材质、规格</td><td rowspan="2">按设计图示数量计算（计量单位：个）</td><td>1. 安装；
2. 三通补强圈制作、安装</td></tr>
<tr><td>08 规范</td><td>030605004</td><td>中压合金钢管件</td><td>1. 材质；
2. 连接方式；
3. 型号、规格；
4. 补强圈材质、规格</td><td>1. 安装；
2. 三通补强圈制作、安装；
3. 焊口预热及后热；
4. 焊口热处理；
5. 焊口硬度检测；
6. 管焊口充氩保护</td></tr>
<tr><td colspan="6">说明：项目特征描述新增“焊接方法”和“充氩保护方式、部位”，将原来的“型号、规格”简化为“规格”，删除原来的“连接形式”。工作内容删除“焊口预热及后热”、“焊口热处理”、“焊口硬度检测”和“管焊口充氩保护”</td></tr>
</table>

续表

序号	版别	项目编码	项目名称	项目特征	工程量计算规则与计量单位	工作内容
5	13规范	030805005	中压铜及铜合金管件	1. 材质； 2. 规格； 3. 焊接方法	按设计图示数量计算（计量单位：个）	安装
	08规范	030605005	中压铜管件	1. 材质； 2. 型号、规格		1. 安装； 2. 焊口预热及后热
	说明：项目名称更名为“中压铜及铜合金管件”。项目特征描述新增“焊接方法”，将原来的“型号、规格”简化为“规格”。工作内容删除“焊口预热及后热”					
6	13规范	030805006	中压钛及钛合金管件	1. 材质； 2. 规格； 3. 焊接方法； 4. 充氩保护方式、部位	按设计图示数量计算（计量单位：个）	1. 安装； 2. 管件焊口充氩保护
	08规范	—	—	—	—	—
	说明：新增项目内容					
7	13规范	030805007	中压锆及锆合金管件	1. 材质； 2. 规格； 3. 焊接方法； 4. 充氩保护方式、部位	按设计图示数量计算（计量单位：个）	1. 安装； 2. 管件焊口充氩保护
	08规范	—	—	—	—	—
	说明：新增项目内容					
8	13规范	030805008	中压镍及镍合金管件	1. 材质； 2. 规格； 3. 焊接方法； 4. 充氩保护方式、部位	按设计图示数量计算（计量单位：个）	1. 安装； 2. 管件焊口充氩保护
	08规范	—	—	—	—	—
	说明：新增项目内容					
9*	13规范	1. 管件包括弯头、三通、四通、异径管、管接头、管帽、方形补偿器弯头、管道上仪表一次部件、仪表温度计扩大管制作安装等。 2. 管件压力试验、吹扫、清洗、脱脂均包括在管道安装中。 3. 在主管上挖眼接管的三通和摔制异径管，均以主管径按管件安装工程量计算，不另计制作费和主材费；挖眼接管的三通支线管径小于主管径1/2时，不计算管件安装工程量；在主管上挖眼接管的焊接接头、凸台等配件，按配件管径计算管件工程量。 4. 三通、四通、异径管均按大管径计算。 5. 管件用法兰连接时执行法兰安装项目，管件本身不再计算安装。 6. 半加热外套管摔口后焊接在内套管上，每处焊口按一个管件计算；外套碳钢管如焊接不锈钢内套管上时，焊口间需加不锈钢短管衬垫，每处焊口按两个管件计算				
	08规范	1. 管件包括弯头、三通、四通、异径管、管接头、管上焊接管接头、管帽、方形补偿器弯头、管道上仪表一次部件、仪表温度计扩大管制作安装等； 2. 管件压力试验、吹扫、清洗、脱脂、除锈、刷油、防腐、保温及其补口均包括在管道安装中； 3. 在主管上挖眼接管的三通和摔制异径管，均以主管径按管件安装工程量计算，不另计制作费和主材费；挖眼接管的三通支线管径小于主管径1/2时，不计算管件安装工程量；在主管上挖眼接管的焊接接头、凸台等配件。按配件管径计算管件工程量； 4. 三通、四通、异径管均按大管径计算； 5. 管件用法兰连接时按法兰安装，管件本身安装不再计算安装； 6. 半加热外套管摔口后焊接在内套管上，每处焊口按一个管件计算；外套碳钢管如焊接不锈钢内套管上时，焊口间需加不锈钢短管衬垫，每处焊口按两个管件计算				

注：*为表下注。

4.1.6 高压管件

高压管件工程量清单项目设置、项目特征描述的内容、计量单位及工程量计算规则等的变化对照情况，见表 4-6。

高压管件（编码：030806）　　**表 4-6**

<table>
<tr><th>序号</th><th>版别</th><th>项目编码</th><th>项目名称</th><th>项目特征</th><th>工程量计算规则与计量单位</th><th>工作内容</th></tr>
<tr><td rowspan="3">1</td><td>13 规范</td><td>030606001</td><td>高压碳钢管件</td><td>1. 材质；
2. 规格；
3. 连接形式、焊接方法；
4. 充氩保护方式、部位</td><td rowspan="2">按设计图示数量计算（计量单位：个）×</td><td>1. 安装；
2. 管件焊口充氩保护</td></tr>
<tr><td>08 规范</td><td>030606001</td><td>高压碳钢管件</td><td>1. 材质；
2. 连接方式；
3. 型号、规格</td><td>1. 安装；
2. 焊口预热及后热；
3. 焊口热处理；
4. 焊口硬度检测</td></tr>
<tr><td colspan="6">说明：项目特征描述新增“充氩保护方式、部位”，将原来的“型号、规格”简化为“规格”，“连接方式”修改为“连接形式、焊接方法”。工作内容新增“管件焊口充氩保护”，删除原来的“焊口预热及后热”、“焊口热处理”和“焊口硬度检测”</td></tr>
<tr><td rowspan="3">2</td><td>13 规范</td><td>030806002</td><td>高压不锈钢管件</td><td>1. 材质；
2. 规格；
3. 连接形式、焊接方法；
4. 充氩保护方式、部位</td><td rowspan="2">按设计图示数量计算（计量单位：个）×</td><td>1. 安装；
2. 管件焊口充氩保护</td></tr>
<tr><td>08 规范</td><td>030606002</td><td>高压不锈钢管件</td><td>1. 材质；
2. 连接方式；
3. 型号、规格</td><td>1. 安装；
2. 管焊口充氩保护</td></tr>
<tr><td colspan="6">说明：项目特征描述新增“充氩保护方式、部位”，将原来的“型号、规格”简化为“规格”，“连接方式”修改为“连接形式、焊接方法”。工作内容将原来的“管焊口充氩保护”修改为“管件焊口充氩保护”</td></tr>
<tr><td rowspan="3">3</td><td>13 规范</td><td>030806003</td><td>高压合金钢管件</td><td>1. 材质；
2. 规格；
3. 连接形式、焊接方法；
4. 充氩保护方式、部位</td><td rowspan="2">按设计图示数量计算（计量单位：个）×</td><td>1. 安装；
2. 管件焊口充氩保护</td></tr>
<tr><td>08 规范</td><td>030606003</td><td>高压合金钢管件</td><td>1. 材质；
2. 连接方式；
3. 型号、规格</td><td>1. 安装；
2. 焊口预热及后热；
3. 焊口热处理；
4. 焊口硬度检测；
5. 管焊口充氩保护</td></tr>
<tr><td colspan="6">说明：项目特征描述新增“充氩保护方式、部位”，将原来的“型号、规格”简化为“规格”，“连接方式”修改为“连接形式、焊接方法”。工作内容将原来的“管焊口充氩保护”修改为“管件焊口充氩保护”，删除原来的“焊口预热及后热”、“焊口热处理”和“焊口硬度检测”</td></tr>
</table>

续表

序号	版别	项目编码	项目名称	项目特征	工程量计算规则与计量单位	工作内容
4*	13规范	1. 管件包括弯头、三通、异径管、管接头、管帽、方形补偿器弯头、管道上仪表一次部件、仪表温度计扩大制作安装等。 2. 管件压力试验、吹扫、清洗、脱脂均包括在管道安装中。 3. 三通、四通、异径管均按大管径计算。 4. 管件用法兰连接时执行法兰安装项目，管件本身不再计算安装。 5. 半加热外套管摔口后焊接在内套管上，每处焊口按一个管件计算；外套碳钢管如焊接不锈钢内套管上时，焊口间需加不锈钢短管衬垫，每处焊口按两个管件计算				
	08规范	1. 管件包括弯头、三通、四通、异径管、管接头、管上焊接管接头、管帽、方形补偿器弯头、管道上仪表一次部件、仪表温度计扩大管制作安装等。 2. 管件压力试验、吹扫、清洗、脱脂、除锈、刷油、防腐、保温及其补口均包括在管道安装中。 3. 在主管上挖眼接管的三通和摔制异径管，均以主管径按管件安装工程量计算，不另计制作费和主材费；挖眼接管的三通支线管径小于主管径1/2时，不计算管件安装工程量；在主管上挖眼接管的焊接接头、凸台等配件，按配件管径计算管件工程量。 4. 三通、四通、异径管均按大管径计算。 5. 管件用法兰连接时按法兰安装，管件本身安装不再计算安装。 6. 半加热外套管摔口后焊接在内套管上，每处焊口按一个管件计算；外套碳钢管如焊接不锈钢内套管上时，焊口间需加不锈钢短管衬垫，每处焊口按两个管件计算				

注：*为表下注。

4.1.7 低压阀门

低压阀门工程量清单项目设置、项目特征描述的内容、计量单位及工程量计算规则等的变化对照情况，见表4-7。

低压阀门（编码：030807）　　**表 4-7**

序号	版别	项目编码	项目名称	项目特征	工程量计算规则与计量单位	工作内容
1	13规范	030807001	低压螺纹阀门	1. 名称； 2. 材质； 3. 型号、规格； 4. 连接形式； 5. 焊接方法	按设计图示数量计算（计量单位：个）	1. 安装； 2. 操纵装置安装； 3. 壳体压力试验、解体检查及研磨； 4. 调试
	08规范	030607001	低压螺纹阀门	1. 名称； 2. 材质； 3. 连接形式； 4. 焊接方式； 5. 型号、规格； 6. 绝热及保护层设计要求	按设计图示数量计算（计量单位：个）。 注：1. 各种形式补偿器（除方形补偿器外）、仪表流量计均按阀门安装工程量计算； 2. 减压阀直径按高压侧计算； 3. 电动阀门包括电动机安装	1. 安装； 2. 操纵装置安装； 3. 绝热； 4. 保温盒制作、安装、除锈、刷油； 5. 压力试验、解体检查及研磨； 6. 调试
	说明：项目特征描述删除原来的“绝热及保护层设计要求”。工程量计算规则与计量单位删除原来的“注”及内容。工作内容将原来的“压力试验、解体检查及研磨”扩展为“壳体压力试验、解体检查及研磨”，删除原来的“绝热”和“保温盒制作、安装、除锈、刷油”					

续表

序号	版别	项目编码	项目名称	项目特征	工程量计算规则与计量单位	工作内容
2	13规范	030807002	低压焊接阀门	1. 名称； 2. 材质； 3. 型号、规格； 4. 连接形式； 5. 焊接方法	按设计图示数量计算（计量单位：个）	1. 安装； 2. 操纵装置安装； 3. 壳体压力试验、解体检查及研磨； 4. 调试
	08规范	030607002	低压焊接阀门	1. 名称； 2. 材质； 3. 连接形式； 4. 焊接方式； 5. 型号、规格； 6. 绝热及保护层设计要求	按设计图示数量计算（计量单位：个）。 注：1. 各种形式补偿器（除方形补偿器外）、仪表流量计均按阀门安装工程量计算； 2. 减压阀直径按高压侧计算； 3. 电动阀门包括电动机安装	1. 安装； 2. 操纵装置安装； 3. 绝热； 4. 保温盒制作、安装、除锈、刷油； 5. 压力试验、解体检查及研磨； 6. 调试
	说明：项目特征描述删除原来的“绝热及保护层设计要求”。工程量计算规则与计量单位删除原来的“注”及内容。工作内容将原来的“压力试验、解体检查及研磨”扩展为“壳体压力试验、解体检查及研磨”，删除原来的“绝热”和“保温盒制作、安装、除锈、刷油”					
3	13规范	030807003	低压法兰阀门	1. 名称； 2. 材质； 3. 型号、规格； 4. 连接形式； 5. 焊接方法	按设计图示数量计算（计量单位：个）	1. 安装； 2. 操纵装置安装； 3. 壳体压力试验、解体检查及研磨； 4. 调试
	08规范	030607003	低压法兰阀门	1. 名称； 2. 材质； 3. 连接形式； 4. 焊接方式； 5. 型号、规格； 6. 绝热及保护层设计要求	按设计图示数量计算（计量单位：个）。 注：1. 各种形式补偿器（除方形补偿器外）、仪表流量计均按阀门安装工程量计算； 2. 减压阀直径按高压侧计算； 3. 电动阀门包括电动机安装	1. 安装； 2. 操纵装置安装； 3. 绝热； 4. 保温盒制作、安装、除锈、刷油； 5. 压力试验、解体检查及研磨； 6. 调试
	说明：项目特征描述删除原来的“绝热及保护层设计要求”。工程量计算规则与计量单位删除原来的“注”及内容。工作内容将原来的“压力试验、解体检查及研磨”扩展为“壳体压力试验、解体检查及研磨”，删除原来的“绝热”和“保温盒制作、安装、除锈、刷油”					

续表

序号	版别	项目编码	项目名称	项目特征	工程量计算规则与计量单位	工作内容
4	13规范	030807004	低压齿轮、液压传动、电动阀门	1. 名称； 2. 材质； 3. 型号、规格； 4. 连接形式； 5. 焊接方法	按设计图示数量计算（计量单位：个）	1. 安装； 2. 壳体压力试验、解体检查及研磨； 3. 调试
	08规范	030607004	低压齿轮、液压传动、电动阀门	1. 名称； 2. 材质； 3. 连接形式； 4. 焊接方式； 5. 型号、规格； 6. 绝热及保护层设计要求	按设计图示数量计算（计量单位：个）。 注：1. 各种形式补偿器（除方形补偿器外）、仪表流量计均按阀门安装工程量计算； 2. 减压阀直径按高压侧计算； 3. 电动阀门包括电动机安装	1. 安装； 2. 操纵装置安装； 3. 绝热； 4. 保温盒制作、安装、除锈、刷油； 5. 压力试验、解体检查及研磨； 6. 调试
	说明：项目特征描述删除原来的“绝热及保护层设计要求”。工程量计算规则与计量单位删除原来的“注”及内容。工作内容将原来的“压力试验、解体检查及研磨”扩展为“壳体压力试验、解体检查及研磨”，删除原来的“绝热”、“操纵装置安装”和“保温盒制作、安装、除锈、刷油”					
5	13规范	030807005	低压安全阀门	1. 名称； 2. 材质； 3. 型号、规格； 4. 连接形式； 5. 焊接方法	按设计图示数量计算（计量单位：个）	1. 安装； 2. 壳体压力试验、解体检查及研磨； 3. 调试
	08规范	030607007	低压安全阀门	1. 名称； 2. 材质； 3. 连接形式； 4. 焊接方式； 5. 型号、规格； 6. 绝热及保护层设计要求	按设计图示数量计算（计量单位：个）。 注：1. 各种形式补偿器（除方形补偿器外）、仪表流量计均按阀门安装工程量计算； 2. 减压阀直径按高压侧计算； 3. 电动阀门包括电动机安装	1. 安装； 2. 操纵装置安装； 3. 绝热； 4. 保温盒制作、安装、除锈、刷油； 5. 压力试验； 6. 调试
	说明：项目特征描述删除原来的“绝热及保护层设计要求”。工程量计算规则与计量单位删除原来的“注”及内容。工作内容将原来的“压力试验、解体检查及研磨”扩展为“壳体压力试验、解体检查及研磨”，删除原来的“绝热”、“操纵装置安装”和“保温盒制作、安装、除锈、刷油”					

续表

序号	版别	项目编码	项目名称	项目特征	工程量计算规则与计量单位	工作内容
6	13规范	030807006	低压调节阀门	1. 名称； 2. 材质； 3. 型号、规格； 4. 连接形式	按设计图示数量计算(计量单位：个)	1. 安装； 2. 临时短管装拆； 3. 壳体压力试验、解体检查及研磨； 4. 调试
	08规范	030607008	低压调节阀门	1. 名称； 2. 材质； 3. 连接形式； 4. 焊接方式； 5. 型号、规格； 6. 绝热及保护层设计要求	按设计图示数量计算(计量单位：个)。 注：1. 各种形式补偿器(除方形补偿器外)、仪表流量计均按阀门安装工程量计算； 2. 减压阀直径按高压侧计算； 3. 电动阀门包括电动机安装	1. 安装； 2. 临时短管装拆； 3. 压力试验、解体检查及研磨
	说明：项目特征描述删除原来的“焊接方式”和“绝热及保护层设计要求”。工程量计算规则与计量单位删除原来的“注”及内容。工作内容新增“调试”，将原来的“压力试验、解体检查及研磨”扩展为“壳体压力试验、解体检查及研磨”					

注：1. 减压阀直径按高压侧计算。
2. 电动阀门包括电动机安装。
3. 操纵装置安装按规范或设计技术要求计算。

4.1.8 中压阀门

中压阀门工程量清单项目设置、项目特征描述的内容、计量单位及工程量计算规则等的变化对照情况，见表 4-8。

中压阀门（编码：030808） **表 4-8**

序号	版别	项目编码	项目名称	项目特征	工程量计算规则与计量单位	工作内容
1	13规范	030808001	中压螺纹阀门	1. 名称； 2. 材质； 3. 型号、规格； 4. 连接形式； 5. 焊接方法	按设计图示数量计算(计量单位：个)	1. 安装； 2. 操纵装置安装； 3. 壳体压力试验、解体检查及研磨； 4. 调试
	08规范	030608001	中压螺纹阀门	1. 名称； 2. 材质； 3. 连接形式； 4. 焊接方式； 5. 型号、规格； 6. 绝热及保护层设计要求	按设计图示数量计算(计量单位：个)。 注：1. 各种形式补偿器(除方形补偿器外)、仪表流量计均按阀门安装； 2. 减压阀直径按高压侧计算； 3. 电动阀门包括电动机安装	1. 安装； 2. 操纵装置安装； 3. 绝热； 4. 保温盒制作、安装、除锈、刷油； 5. 压力试验、解体检查及研磨； 6. 调试
	说明：项目特征描述删除原来的“绝热及保护层设计要求”。工程量计算规则与计量单位删除原来的“注”及内容。工作内容将原来的“压力试验、解体检查及研磨”扩展为“壳体压力试验、解体检查及研磨”，删除原来的“绝热”和“保温盒制作、安装、除锈、刷油”					

续表

<table>
<tr><th>序号</th><th>版别</th><th>项目编码</th><th>项目名称</th><th>项目特征</th><th>工程量计算规则与计量单位</th><th>工作内容</th></tr>
<tr><td rowspan="3">2</td><td>13 规范</td><td>030808002</td><td>中压焊接阀门</td><td>1. 名称；
2. 材质；
3. 型号、规格；
4. 连接形式；
5. 焊接方法</td><td>按设计图示数量计算（计量单位：个）</td><td>1. 安装；
2. 操纵装置安装；
3. 壳体压力试验、解体检查及研磨；
4. 调试</td></tr>
<tr><td>08 规范</td><td>030608005</td><td>中压焊接阀门</td><td>1. 名称；
2. 材质；
3. 连接形式；
4. 焊接方式；
5. 型号、规格；
6. 绝热及保护层设计要求</td><td>按设计图示数量计算（计量单位：个）。
注：1. 各种形式补偿器（除方形补偿器外）、仪表流量计均按阀门安装；
2. 减压阀直径按高压侧计算</td><td>1. 安装；
2. 操纵装置安装；
3. 焊口预热及后热；
4. 焊口热处理；
5. 焊口硬度测定；
6. 焊口焊接内、外充氩保护；
7. 绝热；
8. 保温盒制作、安装、除锈、刷油；
9. 压力试验、解体检查及研磨</td></tr>
<tr><td colspan="6">说明：项目特征描述删除原来的“绝热及保护层设计要求”。工程量计算规则与计量单位删除原来的“注”及内容。工作内容新增“调试”，将原来的“压力试验、解体检查及研磨”扩展为“壳体压力试验、解体检查及研磨”，删除原来的“焊口预热及后热”、“焊口热处理”、“焊口硬度测定”、“焊口焊接内、外充氩保护”、“绝热”和“保温盒制作、安装、除锈、刷油”</td></tr>
<tr><td rowspan="3">3</td><td>13 规范</td><td>030808003</td><td>中压法兰阀门</td><td>1. 名称；
2. 材质；
3. 型号、规格；
4. 连接形式；
5. 焊接方法</td><td>按设计图示数量计算（计量单位：个）</td><td>1. 安装；
2. 操纵装置安装；
3. 壳体压力试验、解体检查及研磨；
4. 调试</td></tr>
<tr><td>08 规范</td><td>030608002</td><td>中压法兰阀门</td><td>1. 名称；
2. 材质；
3. 连接形式；
4. 焊接方式；
5. 型号、规格；
6. 绝热及保护层设计要求</td><td>按设计图示数量计算（计量单位：个）。
注：1. 各种形式补偿器（除方形补偿器外）、仪表流量计均按阀门安装；
2. 减压阀直径按高压侧计算；
3. 电动阀门包括电动机安装</td><td>1. 安装；
2. 操纵装置安装；
3. 绝热；
4. 保温盒制作、安装、除锈、刷油；
5. 压力试验、解体检查及研磨；
6. 调试</td></tr>
<tr><td colspan="6">说明：项目特征描述删除原来的“绝热及保护层设计要求”。工程量计算规则与计量单位删除原来的“注”及内容。工作内容将原来的“压力试验、解体检查及研磨”扩展为“壳体压力试验、解体检查及研磨”，删除原来的“绝热”和“保温盒制作、安装、除锈、刷油”</td></tr>
</table>

续表

序号	版别	项目编码	项目名称	项目特征	工程量计算规则与计量单位	工作内容
4	13规范	030808004	中压齿轮、液压传动、电动阀门	1. 名称； 2. 材质； 3. 型号、规格； 4. 连接形式； 5. 焊接方法	按设计图示数量计算（计量单位：个）	1. 安装； 2. 壳体压力试验、解体检查及研磨； 3. 调试
	08规范	030608003	中压齿轮、液压传动、电动阀门	1. 名称； 2. 材质； 3. 连接形式； 4. 焊接方式； 5. 型号、规格； 6. 绝热及保护层设计要求	按设计图示数量计算（计量单位：个）。 注：1. 各种形式补偿器（除方形补偿器外）、仪表流量计均按阀门安装； 2. 减压阀直径按高压侧计算； 3. 电动阀门包括电动机安装	1. 安装； 2. 操纵装置安装； 3. 绝热； 4. 保温盒制作、安装、除锈、刷油； 5. 压力试验、解体检查及研磨； 6. 调试
	说明：项目特征描述删除原来的“绝热及保护层设计要求”。工程量计算规则与计量单位删除原来的“注”及内容。工作内容将原来的“压力试验、解体检查及研磨”扩展为“壳体压力试验、解体检查及研磨”，删除原来的“操纵装置安装”、“绝热”和“保温盒制作、安装、除锈、刷油”					
5	13规范	030808005	中压安全阀门	1. 名称； 2. 材质； 3. 型号、规格； 4. 连接形式； 5. 焊接方法	按设计图示数量计算（计量单位：个）	1. 安装； 2. 壳体压力试验、解体检查及研磨； 3. 调试
	08规范	030608004	中压安全阀门	1. 名称； 2. 材质； 3. 连接形式； 4. 焊接方式； 5. 型号、规格； 6. 绝热及保护层设计要求	按设计图示数量计算（计量单位：个）。 注：1. 各种形式补偿器（除方形补偿器外）、仪表流量计均按阀门安装； 2. 减压阀直径按高压侧计算； 3. 电动阀门包括电动机安装	1. 安装； 2. 操纵装置安装； 3. 绝热； 4. 保温盒制作、安装、除锈、刷油； 5. 压力试验； 6. 调试
	说明：项目特征描述删除原来的“绝热及保护层设计要求”。工程量计算规则与计量单位删除原来的“注”及内容。工作内容将原来的“压力试验”扩展为“壳体压力试验、解体检查及研磨”，删除原来的“操纵装置安装”、“绝热”和“保温盒制作、安装、除锈、刷油”					

续表

序号	版别	项目编码	项目名称	项目特征	工程量计算规则与计量单位	工作内容
6	13规范	030808006	中压调节阀门	1. 名称； 2. 材质； 3. 型号、规格； 4. 连接形式	按设计图示数量计算（计量单位：个）	1. 安装； 2. 临时短管装拆； 3. 壳体压力试验、解体检查及研磨； 4. 调试
	08规范	030608006	中压调节阀门	1. 名称； 2. 材质； 3. 连接形式； 4. 焊接方式； 5. 型号、规格； 6. 绝热及保护层设计要求	按设计图示数量计算（计量单位：个）。 注：1. 各种形式补偿器（除方形补偿器外）、仪表流量计均按阀门安装； 2. 减压阀直径按高压侧计算	1. 安装； 2. 临时短管装拆； 3. 压力试验、解体检查及研磨
	说明：项目特征描述删除原来的“焊接方式”和“绝热及保护层设计要求”。工程量计算规则与计量单位删除原来的“注”及内容。工作内容新增“调试”，将原来的“压力试验、解体检查及研磨”扩展为“壳体压力试验、解体检查及研磨”					

注：1. 减压阀直径按高压侧计算。
2. 电动阀门包括电动机安装。
3. 操纵装置安装按规范或设计技术要求计算。

4.1.9 高压阀门

高压阀门工程量清单项目设置、项目特征描述的内容、计量单位及工程量计算规则等的变化对照情况，见表4-9。

高压阀门（编码：030809） **表4-9**

序号	版别	项目编码	项目名称	项目特征	工程量计算规则与计量单位	工作内容
1	13规范	030809001	高压螺纹阀门	1. 名称； 2. 材质； 3. 型号、规格； 4. 连接形式； 5. 法兰垫片材质	按设计图示数量计算（计量单位：个）	1. 安装； 2. 壳体压力试验、解体检查及研磨
	08规范	030609001	高压螺纹阀门	1. 名称； 2. 材质； 3. 连接形式； 4. 焊接方式； 5. 型号、规格； 6. 绝热及保护层设计要求	按设计图示数量计算（计量单位：个）。 注：1. 各种形式补偿器（除方形补偿器外）、仪表流量计均按阀门安装； 2. 减压阀直径按高压侧计算	1. 安装； 2. 操纵装置安装； 3. 绝热； 4. 保温盒制作、安装、除锈、刷油； 5. 压力试验、解体检查及研磨
	说明：项目特征描述新增“法兰垫片材质”，删除原来的“焊接方式”和“绝热及保护层设计要求”。工程量计算规则与计量单位删除原来的“注”及内容。工作内容将原来的“压力试验、解体检查及研磨”扩展为“壳体压力试验、解体检查及研磨”，删除原来的“操纵装置安装”、“绝热”和“保温盒制作、安装、除锈、刷油”					

续表

序号	版别	项目编码	项目名称	项目特征	工程量计算规则与计量单位	工作内容
2	13规范	030809002	高压法兰阀门	1. 名称； 2. 材质； 3. 型号、规格； 4. 连接形式； 5. 法兰垫片材质	按设计图示数量计算（计量单位：个）	1. 安装； 2. 壳体压力试验、解体检查及研磨
	08规范	030609002	高压法兰阀门	1. 名称； 2. 材质； 3. 连接形式； 4. 焊接方式； 5. 型号、规格； 6. 绝热及保护层设计要求	按设计图示数量计算（计量单位：个）。 注：1. 各种形式补偿器（除方形补偿器外）、仪表流量计均按阀门安装； 2. 减压阀直径按高压侧计算	1. 安装； 2. 操纵装置安装； 3. 绝热； 4. 保温盒制作、安装、除锈、刷油； 5. 压力试验、解体检查及研磨
	说明：项目特征描述新增“法兰垫片材质”，删除原来的“焊接方式”和“绝热及保护层设计要求”。工程量计算规则与计量单位删除原来的“注”及内容。工作内容将原来的“压力试验、解体检查及研磨”扩展为“壳体压力试验、解体检查及研磨”，删除原来的“操纵装置安装”、“绝热”和“保温盒制作、安装、除锈、刷油”					
3	13规范	030809003	高压焊接阀门	1. 名称； 2. 材质； 3. 型号、规格； 4. 焊接方法； 5. 充氩保护方式、部位	按设计图示数量计算（计量单位：个）	1. 安装； 2. 焊口充氩保护； 3. 壳体压力试验、解体检查及研磨
	08规范	030609003	高压焊接阀门	1. 名称； 2. 材质； 3. 连接形式； 4. 焊接方式； 5. 型号、规格； 6. 绝热及保护层设计要求	按设计图示数量计算（计量单位：个）。 注：1. 各种形式补偿器（除方形补偿器外）、仪表流量计均按阀门安装； 2. 减压阀直径按高压侧计算	1. 安装； 2. 操纵装置安装； 3. 焊口预热及后热； 4. 焊口热处理； 5. 焊口硬度测定； 6. 焊口焊接内、外充氩保护； 7. 阀门绝热； 8. 保温盒制作、安装、除锈、刷油； 9. 压力试验、解体检查及研磨
	说明：项目特征描述新增“充氩保护方式、部位”，删除原来的“连接形式”和“绝热及保护层设计要求”。工程量计算规则与计量单位删除原来的“注”及内容。工作内容将原来的“焊口焊接内、外充氩保护”修改为“焊口充氩保护”，“压力试验、解体检查及研磨”扩展为“壳体压力试验、解体检查及研磨”，删除原来的“操纵装置安装”、“焊口预热及后热”、“焊口热处理”、“焊口硬度测定”、“阀门绝热”和“保温盒制作、安装、除锈、刷油”					

注：减压阀直径按高压侧计算。

4.1.10 低压法兰

低压法兰工程量清单项目设置、项目特征描述的内容、计量单位及工程量计算规则等的变化对照情况，见表4-10。

低压法兰（编码：030810） 表4-10

序号	版别	项目编码	项目名称	项目特征	工程量计算规则与计量单位	工作内容
1	13规范	030810001	低压碳钢螺纹法兰	1. 材质； 2. 结构形式； 3. 型号、规格	按设计图示数量计算（计量单位：副或片）	1. 安装； 2. 翻边活动法兰短管制作
	08规范	030610001	低压碳钢螺纹法兰	1. 材质； 2. 结构形式； 3. 型号、规格； 4. 绝热及保护层设计要求	按设计图示数量计算（计量单位：副）。 注：1. 单片法兰、焊接盲板和封头按法兰安装计算，但法兰盲板不计安装工程量； 2. 不锈钢、有色金属材质的焊环活动法兰按翻边活动法兰安装计算	1. 安装； 2. 绝热及保温盒制作、安装、除锈、刷油
	说明：项目特征描述删除原来的“绝热及保护层设计要求”。工程量计算规则与计量单位将原来的“副”修改为“副或片”，删除原来的“注”及内容。工作内容新增“翻边活动法兰短管制作”，删除原来的“绝热及保温盒制作、安装、除锈、刷油”					
2	13规范	030810002	低压碳钢焊接法兰	1. 材质； 2. 结构形式； 3. 型号、规格； 4. 连接形式； 5. 焊接方法	按设计图示数量计算（计量单位：副或片）	1. 安装； 2. 翻边活动法兰短管制作
	08规范	030610002	低压碳钢平焊法兰	1. 材质； 2. 结构形式； 3. 型号、规格； 4. 绝热及保护层设计要求	按设计图示数量计算（计量单位：副）。 注：1. 单片法兰、焊接盲板和封头按法兰安装计算，但法兰盲板不计安装工程量； 2. 不锈钢、有色金属材质的焊环活动法兰按翻边活动法兰安装计算	1. 安装； 2. 绝热及保温盒制作、安装、除锈、刷油
		030610003	低压碳钢对焊法兰			
	说明：项目名称归并为“低压碳钢焊接法兰”。项目特征描述新增“连接形式”和“焊接方法”，删除原来的“绝热及保护层设计要求”。工程量计算规则与计量单位将原来的“副”修改为“副或片”，删除原来的“注”及内容。工作内容新增“翻边活动法兰短管制作”，删除原来的“绝热及保温盒制作、安装、除锈、刷油”					

续表

<table>
<tr><th>序号</th><th>版别</th><th>项目编码</th><th>项目名称</th><th>项目特征</th><th>工程量计算规则与计量单位</th><th>工作内容</th></tr>
<tr><td rowspan="4">3</td><td>13 规范</td><td>030810003</td><td>低压铜及铜合金法兰</td><td>1. 材质；
2. 结构形式；
3. 型号、规格；
4. 连接形式；
5. 焊接方法</td><td>按设计图示数量计算（计量单位：副或片）</td><td>1. 安装；
2. 翻边活动法兰短管制作</td></tr>
<tr><td rowspan="2">08 规范</td><td>030610010</td><td>低压铜法兰</td><td rowspan="2">1. 材质；
2. 结构形式；
3. 型号、规格；
4. 绝热及保护层设计要求</td><td rowspan="2">按设计图示数量计算（计量单位：副）。
注：1. 单片法兰、焊接盲板和封头按法兰安装计算，但法兰盲板不计安装工程量；
2. 不锈钢、有色金属材质的焊环活动法兰按翻边活动法兰安装计算</td><td rowspan="2">1. 安装；
2. 焊口预热及后热；
3. 绝热及保温盒制作、安装、除锈、刷油</td></tr>
<tr><td>030610011</td><td>铜管翻边活动法兰</td></tr>
<tr><td colspan="6">说明：项目名称归并为“低压铜及铜合金法兰”。项目特征描述新增“连接形式”和“焊接方法”，删除原来的“绝热及保护层设计要求”。工程量计算规则与计量单位将原来的“副”修改为“副或片”，删除原来的“注”及内容。工作内容新增“翻边活动法兰短管制作”，删除原来的“焊口预热及后热”和“绝热及保温盒制作、安装、除锈、刷油”</td></tr>
<tr><td rowspan="5">4</td><td>13 规范</td><td>030810004</td><td>低压不锈钢法兰</td><td>1. 材质；
2. 结构形式；
3. 型号、规格；
4. 连接形式；
5. 焊接方法；
6. 充氩保护方式、部位</td><td>按设计图示数量计算（计量单位：副或片）</td><td>1. 安装；
2. 翻边活动法兰短管制作；
3. 焊口充氩保护</td></tr>
<tr><td rowspan="3">08 规范</td><td>030610004</td><td>低压不锈钢平焊法兰</td><td rowspan="3">1. 材质；
2. 结构形式；
3. 型号、规格；
4. 绝热及保护层设计要求</td><td rowspan="3">按设计图示数量计算（计量单位：副）。
注：1. 单片法兰、焊接盲板和封头按法兰安装计算，但法兰盲板不计安装工程量；
2. 不锈钢、有色金属材质的焊环活动法兰按翻边活动法兰安装计算</td><td>1. 安装；
2. 绝热及保温盒制作、安装、除锈、刷油；
3. 焊口充氩保护</td></tr>
<tr><td>030610005</td><td>低压不锈钢翻边活动法兰</td><td rowspan="2">1. 安装；
2. 绝热及保温盒制作、安装、除锈、刷油；
3. 翻边活动法兰短管制作；
4. 焊口充氩保护</td></tr>
<tr><td>030610006</td><td>低压不锈钢对焊法兰</td></tr>
<tr><td colspan="6">说明：项目名称归并为“低压不锈钢法兰”。项目特征描述新增“连接形式”、“焊接方法”和“充氩保护方式、部位”，删除原来的“绝热及保护层设计要求”。工程量计算规则与计量单位将原来的“副”修改为“副或片”，删除原来的“注”及内容。工作内容删除原来的“绝热及保温盒制作、安装、除锈、刷油”</td></tr>
</table>

续表

<table>
<tr><th>序号</th><th>版别</th><th>项目编码</th><th>项目名称</th><th>项目特征</th><th>工程量计算规则与计量单位</th><th>工作内容</th></tr>
<tr><td rowspan="3">5</td><td>13 规范</td><td>030810005</td><td>低压合金钢法兰</td><td>1. 材质；
2. 结构形式；
3. 型号、规格；
4. 连接形式；
5. 焊接方法；
6. 充氩保护方式、部位</td><td>按设计图示数量计算（计量单位：副或片）</td><td>1. 安装；
2. 翻边活动法兰短管制作；
3. 焊口充氩保护</td></tr>
<tr><td>08 规范</td><td>030610007</td><td>低压合金钢平焊法兰</td><td>1. 材质；
2. 结构形式；
3. 型号、规格；
4. 绝热及保护层设计要求</td><td>按设计图示数量计算（计量单位：副）。
注：1. 单片法兰、焊接盲板和封头按法兰安装计算，但法兰盲板不计安装工程量；
2. 不锈钢、有色金属材质的焊环活动法兰按翻边活动法兰安装计算</td><td>1. 安装；
2. 绝热及保温盒制作、安装、除锈、刷油；
3. 焊口充氩保护</td></tr>
<tr><td colspan="6">说明：项目名称简化为“低压合金钢法兰”。项目特征描述新增“连接形式”、“焊接方法”和“充氩保护方式、部位”，删除原来的“绝热及保护层设计要求”。工程量计算规则与计量单位将原来的“副”修改为“副或片”，删除原来的“注”及内容。工作内容新增“翻边活动法兰短管制作”，删除原来的“绝热及保温盒制作、安装、除锈、刷油”</td></tr>
<tr><td rowspan="4">6</td><td>13 规范</td><td>030810006</td><td>低压铝及铝合金法兰</td><td>1. 材质；
2. 结构形式；
3. 型号、规格；
4. 连接形式；
5. 焊接方法；
6. 充氩保护方式、部位</td><td>按设计图示数量计算（计量单位：副或片）</td><td>1. 安装；
2. 翻边活动法兰短管制作；
3. 焊口充氩保护</td></tr>
<tr><td rowspan="2">08 规范</td><td>030610008</td><td>低压铝管翻边活动法兰</td><td rowspan="2">1. 材质；
2. 结构形式；
3. 型号、规格；
4. 绝热及保护层设计要求</td><td rowspan="2">按设计图示数量计算（计量单位：副）。
注：1. 单片法兰、焊接盲板和封头按法兰安装计算，但法兰盲板不计安装工程量；
2. 不锈钢、有色金属材质的焊环活动法兰按翻边活动法兰安装计算</td><td rowspan="2">1. 安装；
2. 焊口预热及后热；
3. 绝热及保温盒制作、安装、除锈、刷油；
4. 翻边活动法兰短管制作；
5. 焊口充氩保护</td></tr>
<tr><td>030610009</td><td>低压铝、铝合金法兰</td></tr>
<tr><td colspan="6">说明：项目名称归并为“低压铝及铝合金法兰”。项目特征描述新增“连接形式”、“焊接方法”和“充氩保护方式、部位”，删除原来的“绝热及保护层设计要求”。工程量计算规则与计量单位将原来的“副”修改为“副或片”，删除原来的“注”及内容。工作内容删除原来的“焊口预热及后热”和“绝热及保温盒制作、安装、除锈、刷油”</td></tr>
</table>

续表

序号	版别	项目编码	项目名称	项目特征	工程量计算规则与计量单位	工作内容
7	13规范	030810007	低压钛及钛合金法兰	1. 材质； 2. 结构形式； 3. 型号、规格； 4. 连接形式； 5. 焊接方法； 6. 充氩保护方式、部位	按设计图示数量计算（计量单位：副或片）	1. 安装； 2. 翻边活动法兰短管制作； 3. 焊口充氩保护
	08规范	—	—	—	—	—
	说明：新增项目内容					
8	13规范	030810008	低压锆及锆合金法兰	1. 材质； 2. 结构形式； 3. 型号、规格； 4. 连接形式； 5. 焊接方法； 6. 充氩保护方式、部位	按设计图示数量计算（计量单位：副或片）	1. 安装； 2. 翻边活动法兰短管制作； 3. 焊口充氩保护
	08规范	—	—	—	—	—
	说明：新增项目内容					
9	13规范	030810009	低压镍及镍合金法兰	1. 材质； 2. 结构形式； 3. 型号、规格； 4. 连接形式； 5. 焊接方法； 6. 充氩保护方式、部位	按设计图示数量计算（计量单位：副或片）	1. 安装； 2. 翻边活动法兰短管制作； 3. 焊口充氩保护
	08规范	—	—	—	—	—
	说明：新增项目内容					
10	13规范	030810010	钢骨架复合塑料法兰	1. 材质； 2. 规格； 3. 连接形式； 4. 法兰垫片材质	按设计图示数量计算（计量单位：副或片）	安装
	08规范	—	—	—	—	—
	说明：新增项目内容					

注：1. 法兰焊接时，要在项目特征中描述法兰的连接形式（平焊法兰、对焊法兰、翻边活动法兰及焊环活动法兰等），不同连接形式应分别列项。
2. 配法兰的盲板不计安装工程量。
3. 焊接盲板（封头）按管件连接计算工程量。

4.1.11 中压法兰

中压法兰工程量清单项目设置、项目特征描述的内容、计量单位及工程量计算规则等的变化对照情况，见表4-11。

中压法兰（编码：030811）　　表 4-11

序号	版别	项目编码	项目名称	项目特征	工程量计算规则与计量单位	工作内容
1	13 规范	030811001	中压碳钢螺纹法兰	1. 材质； 2. 结构形式； 3. 型号、规格	按设计图示数量计算（计量单位：副或片）	1. 安装； 2. 翻边活动法兰短管制作
	08 规范	030611001	中压碳钢螺纹法兰	1. 材质； 2. 结构形式； 3. 型号、规格； 4. 绝热及保护层设计要求	按设计图示数量计算（计量单位：副）。 注：1. 单片法兰、焊接盲板和封头按法兰安装计算，但法兰盲板不计安装工程量； 2. 不锈钢、有色金属材质的焊环活动法兰按翻边活动法兰安装计算	1. 安装； 2. 绝热及保温盒制作、安装、除锈、刷油
	说明：项目特征描述删除原来的“绝热及保护层设计要求”。工程量计算规则与计量单位将原来的“副”修改为“副或片”，删除原来的“注”及内容。工作内容新增“翻边活动法兰短管制作”，删除原来的“绝热及保温盒制作、安装、除锈、刷油”					
2	13 规范	030811002	中压碳钢焊接法兰	1. 材质； 2. 结构形式； 3. 型号、规格； 4. 连接形式； 5. 焊接方法	按设计图示数量计算（计量单位：副或片）	1. 安装； 2. 翻边活动法兰短管制作
	08 规范	030611002	中压碳钢平焊法兰	1. 材质； 2. 结构形式； 3. 型号、规格； 4. 绝热及保护层设计要求	按设计图示数量计算（计量单位：副）。 注：1. 单片法兰、焊接盲板和封头按法兰安装计算，但法兰盲板不计安装工程量； 2. 不锈钢、有色金属材质的焊环活动法兰按翻边活动法兰安装计算	1. 安装； 2. 焊口预热及后热； 3. 焊口热处理； 4. 焊口硬度检测； 5. 绝热及保温盒制作、安装、除锈、刷油
		030611003	中压碳钢对焊法兰			
	说明：项目名称归并为“中压碳钢焊接法兰”。项目特征描述新增“连接形式”和“焊接方法”，删除原来的“绝热及保护层设计要求”。工程量计算规则与计量单位将原来的“副”修改为“副或片”，删除原来的“注”及内容。工作内容新增“翻边活动法兰短管制作”，删除原来的“焊口预热及后热”、“焊口热处理”、“焊口硬度检测”和“绝热及保温盒制作、安装、除锈、刷油”					
3	13 规范	030811003	中压铜及铜合金法兰	1. 材质； 2. 结构形式； 3. 型号、规格； 4. 连接形式； 5. 焊接方法	按设计图示数量计算（计量单位：副或片）	1. 安装； 2. 翻边活动法兰短管制作
	08 规范	030611007	中压铜管对焊法兰	1. 材质； 2. 结构形式； 3. 型号、规格； 4. 绝热及保护层设计要求	按设计图示数量计算（计量单位：副）。 注：1. 单片法兰、焊接盲板和封头按法兰安装计算，但法兰盲板不计安装工程量； 2. 不锈钢、有色金属材质的焊环活动法兰按翻边活动法兰安装计算	1. 安装； 2. 焊口预热及后热； 3. 绝热及保温盒制作、安装、除锈、刷油
	说明：项目名称更名“中压铜及铜合金法兰”。项目特征描述新增“连接形式”和“焊接方法”，删除原来的“绝热及保护层设计要求”。工程量计算规则与计量单位将原来的“副”修改为“副或片”，删除原来的“注”及内容。工作内容新增“翻边活动法兰短管制作”，删除原来的“焊口预热及后热”和“绝热及保温盒制作、安装、除锈、刷油”					

续表

<table>
<tr><th>序号</th><th>版别</th><th>项目编码</th><th>项目名称</th><th>项目特征</th><th>工程量计算规则与计量单位</th><th>工作内容</th></tr>
<tr><td rowspan="4">4</td><td>13规范</td><td>030811004</td><td>中压不锈钢法兰</td><td>1. 材质；
2. 结构形式；
3. 型号、规格；
4. 连接形式；
5. 焊接方法；
6. 充氩保护方式、部位</td><td>按设计图示数量计算（计量单位：副或片）</td><td>1. 安装；
2. 焊口充氩保护；
3. 翻边活动法兰短管制作</td></tr>
<tr><td rowspan="2">08规范</td><td>030611004</td><td>中压不锈钢平焊法兰</td><td rowspan="2">1. 材质；
2. 结构形式；
3. 型号、规格；
4. 绝热及保护层设计要求</td><td rowspan="2">按设计图示数量计算（计量单位：副）。
注：1. 单片法兰、焊接盲板和封头按法兰安装计算，但法兰盲板不计安装工程量；
2. 不锈钢、有色金属材质的焊环活动法兰按翻边活动法兰安装计算</td><td rowspan="2">1. 安装；
2. 绝热及保温盒制作、安装、除锈、刷油；
3. 焊口充氩保护</td></tr>
<tr><td>030611005</td><td>中压不锈钢对焊法兰</td></tr>
<tr><td colspan="6">说明：项目名称归并为“中压不锈钢法兰”。项目特征描述新增“连接形式”、“焊接方法”和“充氩保护方式、部位”，删除原来的“绝热及保护层设计要求”。工程量计算规则与计量单位将原来的“副”修改为“副或片”，删除原来的“注”及内容。工作内容新增“翻边活动法兰短管制作”，删除原来的“绝热及保温盒制作、安装、除锈、刷油”</td></tr>
<tr><td rowspan="3">5</td><td>13规范</td><td>030811005</td><td>中压合金钢法兰</td><td>1. 材质；
2. 结构形式；
3. 型号、规格；
4. 连接形式；
5. 焊接方法；
6. 充氩保护方式、部位</td><td>按设计图示数量计算（计量单位：副或片）</td><td>1. 安装；
2. 焊口充氩保护；
3. 翻边活动法兰短管制作</td></tr>
<tr><td>08规范</td><td>030611006</td><td>中压合金钢对焊法兰</td><td>1. 材质；
2. 结构形式；
3. 型号、规格；
4. 绝热及保护层设计要求</td><td>按设计图示数量计算（计量单位：副）。
注：1. 单片法兰、焊接盲板和封头按法兰安装计算，但法兰盲板不计安装工程量；
2. 不锈钢、有色金属材质的焊环活动法兰按翻边活动法兰安装计算</td><td>1. 安装；
2. 焊口预热及后热；
3. 焊口热处理；
4. 焊口硬度检测；
5. 绝热及保温盒制作、安装、除锈、刷油；
6. 焊口充氩保护</td></tr>
<tr><td colspan="6">说明：项目名称简化为“中压合金钢法兰”。项目特征描述新增“连接形式”、“焊接方法”和“充氩保护方式、部位”，删除原来的“绝热及保护层设计要求”。工程量计算规则与计量单位将原来的“副”修改为“副或片”，删除原来的“注”及内容。工作内容新增“翻边活动法兰短管制作”，删除原来的“焊口预热及后热”、“焊口热处理”、“焊口硬度检测”和“绝热及保温盒制作、安装、除锈、刷油”</td></tr>
<tr><td rowspan="3">6</td><td>13规范</td><td>030811006</td><td>中压钛及钛合金法兰</td><td>1. 材质；
2. 结构形式；
3. 型号、规格；
4. 连接形式；
5. 焊接方法；
6. 充氩保护方式、部位</td><td>按设计图示数量计算（计量单位：副或片）</td><td>1. 安装；
2. 焊口充氩保护；
3. 翻边活动法兰短管制作</td></tr>
<tr><td>08规范</td><td>—</td><td>—</td><td>—</td><td>—</td><td>—</td></tr>
<tr><td colspan="6">说明：新增项目内容</td></tr>
</table>

续表

序号	版别	项目编码	项目名称	项目特征	工程量计算规则与计量单位	工作内容
7	13规范	030811007	中压锆及锆合金法兰	1. 材质； 2. 结构形式； 3. 型号、规格； 4. 连接形式； 5. 焊接方法； 6. 充氩保护方式、部位	按设计图示数量计算（计量单位：副或片）	1. 安装； 2. 焊口充氩保护； 3. 翻边活动法兰短管制作
	08规范	—	—	—	—	—
	说明：新增项目内容					
8	13规范	030811008	中压镍及镍合金法兰	1. 材质； 2. 结构形式； 3. 型号、规格； 4. 连接形式； 5. 焊接方法； 6. 充氩保护方式、部位	按设计图示数量计算（计量单位：副或片）	1. 安装； 2. 焊口充氩保护； 3. 翻边活动法兰短管制作
	08规范	—	—	—	—	—
	说明：新增项目内容					

注：1. 法兰焊接时，要在项目特征中描述法兰的连接形式（平焊法兰、对焊法兰等），不同连接形式应分别列项。
2. 配法兰的盲板不计安装工程量。
3. 焊接盲板（封头）按管件连接计算工程量。

4.1.12　高压法兰

高压法兰工程量清单项目设置、项目特征描述的内容、计量单位及工程量计算规则等的变化对照情况，见表4-12。

高压法兰（编码：030812）　　**表4-12**

序号	版别	项目编码	项目名称	项目特征	工程量计算规则与计量单位	工作内容
1	13规范	030812001	高压碳钢螺纹法兰	1. 材质； 2. 结构形式； 3. 型号、规格； 4. 法兰垫片材质	按设计图示数量计算（计量单位：副）	安装
	08规范	030612001	高压碳钢螺纹法兰	1. 材质； 2. 结构形式； 3. 型号、规格； 4. 绝热及保护层设计要求	按设计图示数量计算（计量单位：副）。 注：1. 单片法兰、焊接盲板和封头按法兰安装计算，但法兰盲板不计安装工程量； 2. 不锈钢、有色金属材质的焊环活动法兰按翻边活动法兰安装计算	1. 安装； 2. 绝热及保温盒制作、安装、除锈、刷油
	说明：项目特征描述新增“法兰垫片材质”，删除原来的“绝热及保护层设计要求”。工程量计算规则与计量单位删除原来的“注”及内容。工作内容删除原来的“绝热及保温盒制作、安装、除锈、刷油”					

续表

序号	版别	项目编码	项目名称	项目特征	工程量计算规则与计量单位	工作内容
2	13规范	030812002	高压碳钢焊接法兰	1. 材质； 2. 结构形式； 3. 型号、规格； 4. 焊接方法； 5. 充氩保护方式、部位； 6. 法兰垫片材质	按设计图示数量计算（计量单位：副或片）	1. 安装； 2. 焊口充氩保护
	08规范	030612002	高压碳钢对焊法兰	1. 材质； 2. 结构形式； 3. 型号、规格； 4. 绝热及保护层设计要求	按设计图示数量计算（计量单位：副）。 注：1. 单片法兰、焊接盲板和封头按法兰安装计算，但法兰盲板不计安装工程量； 2. 不锈钢、有色金属材质的焊环活动法兰按翻边活动法兰安装计算	1. 安装； 2. 焊口预热及后热； 3. 焊口热处理； 4. 焊口硬度检测； 5. 绝热及保温盒制作、安装、除锈、刷油
	说明：项目名称更名为"高压碳钢焊接法兰"。项目特征描述新增"焊接方法"、"充氩保护方式、部位"和"法兰垫片材质"，删除原来的"绝热及保护层设计要求"。工程量计算规则与计量单位将原来的"副"修改为"副或片"，删除原来的"注"及内容。工作内容新增"焊口充氩保护"，删除原来的"焊口预热及后热"、"焊口热处理"、"焊口硬度检测"和"绝热及保温盒制作、安装、除锈、刷油"					
3	13规范	030812003	高压不锈钢焊接法兰	1. 材质； 2. 结构形式； 3. 型号、规格； 4. 焊接方法； 5. 充氩保护方式、部位； 6. 法兰垫片材质	按设计图示数量计算（计量单位：副或片）	1. 安装； 2. 焊口充氩保护
	08规范	030612003	高压不锈钢对焊法兰	1. 材质； 2. 结构形式； 3. 型号、规格； 4. 绝热及保护层设计要求	按设计图示数量计算（计量单位：副）。 注：1. 单片法兰、焊接盲板和封头按法兰安装计算，但法兰盲板不计安装工程量； 2. 不锈钢、有色金属材质的焊环活动法兰按翻边活动法兰安装计算	1. 安装； 2. 绝热及保温盒制作、安装、除锈、刷油； 3. 硬度测试； 4. 焊口充氩保护
	说明：项目特征描述新增"焊接方法"、"充氩保护方式、部位"和"法兰垫片材质"，删除原来的"绝热及保护层设计要求"。工程量计算规则与计量单位将原来的"副"修改为"副或片"，删除原来的"注"及内容。工作内容删除原来的"绝热及保温盒制作、安装、除锈、刷油"和"硬度测试"					

续表

<table>
<tr><th>序号</th><th>版别</th><th>项目编码</th><th>项目名称</th><th>项目特征</th><th>工程量计算规则与计量单位</th><th>工作内容</th></tr>
<tr><td rowspan="3">4</td><td>13 规范</td><td>030812004</td><td>高压合金钢焊接法兰</td><td>1. 材质；
2. 结构形式；
3. 型号、规格；
4. 焊接方法；
5. 充氩保护方式、部位；
6. 法兰垫片材质</td><td>按设计图示数量计算（计量单位：副或片）</td><td>1. 安装；
2. 焊口充氩保护</td></tr>
<tr><td>08 规范</td><td>030612004</td><td>高压合金钢对焊法兰</td><td>1. 材质；
2. 结构形式；
3. 型号、规格；
4. 绝热及保护层设计要求</td><td>按设计图示数量计算（计量单位：副）。
注：1. 单片法兰、焊接盲板和封头按法兰安装计算，但法兰盲板不计安装工程量；
2. 不锈钢、有色金属材质的焊环活动法兰按翻边活动法兰安装计算</td><td>1. 安装；
2. 绝热及保温盒制作、安装、除锈、刷油；
3. 高压对焊法兰硬度检测；
4. 焊口预热及后热；
5. 焊口热处理；
6. 焊口充氩保护</td></tr>
<tr><td colspan="6">说明：项目名称更改为“高压合金钢焊接法兰”。项目特征描述新增“焊接方法”、“充氩保护方式、部位”和“法兰垫片材质”，删除原来的“绝热及保护层设计要求”。工程量计算规则与计量单位将原来的“副”修改为“副或片”，删除原来的“注”及内容。工作内容删除原来的“绝热及保温盒制作、安装、除锈、刷油”、“高压对焊法兰硬度检测”、“焊口预热及后热”和“焊口热处理”</td></tr>
</table>

注：1. 配法兰的盲板不计安装工程量。
2. 焊接盲板（封头）按管件连接计算工程量。

4.1.13 板卷管制作

板卷管制作工程量清单项目设置、项目特征描述的内容、计量单位及工程量计算规则等的变化对照情况，见表 4-13。

板卷管制作（编码：030813） **表 4-13**

<table>
<tr><th>序号</th><th>版别</th><th>项目编码</th><th>项目名称</th><th>项目特征</th><th>工程量计算规则与计量单位</th><th>工作内容</th></tr>
<tr><td rowspan="3">1</td><td>13 规范</td><td>030813001</td><td>碳钢板直管制作</td><td>1. 材质；
2. 规格；
3. 焊接方法</td><td>按设计图示质量计算（计量单位：t）</td><td rowspan="2">1. 制作；
2. 卷筒式板材开卷及平直</td></tr>
<tr><td>08 规范</td><td>030613001</td><td>碳钢板直管制作</td><td>1. 材质；
2. 规格</td><td>按设计制作直管段长度计算（计量单位：t）</td></tr>
<tr><td colspan="6">说明：项目特征描述新增“焊接方法”。工程量计算规则与计量单位将原来的“按设计制作直管段长度计算”修改为“按设计图示质量计算”</td></tr>
</table>

续表

序号	版别	项目编码	项目名称	项目特征	工程量计算规则与计量单位	工作内容
2	13 规范	030813002	不锈钢板直管制作	1. 材质； 2. 规格； 3. 焊接方法； 4. 充氩保护方式、部位	按设计图示质量计算（计量单位：t）	1. 制作； 2. 焊口充氩保护
	08 规范	030613002	不锈钢板直管制作	1. 材质； 2. 规格	按设计制作直管段长度计算（计量单位：t）	
	说明：项目特征描述新增“焊接方法”和“充氩保护方式、部位”。工程量计算规则与计量单位将原来的“按设计制作直管段长度计算”修改为“按设计图示质量计算”					
3	13 规范	030813003	铝及铝合金板直管制作	1. 材质； 2. 规格； 3. 焊接方法； 4. 充氩保护方式、部位	按设计图示质量计算（计量单位：t）	1. 制作； 2. 焊口充氩保护
	08 规范	030613003	铝板直管制作	1. 材质； 2. 规格	按设计制作直管段长度计算（计量单位：t）	1. 制作； 2. 焊口充氩保护； 3. 焊口预热及后热
	说明：项目名称修改为“铝及铝合金板直管制作”。项目特征描述新增“焊接方法”和“充氩保护方式、部位”。工程量计算规则与计量单位将原来的“按设计制作直管段长度计算”修改为“按设计图示质量计算”。工作内容删除原来的“焊口预热及后热”					

4.1.14 管件制作

管件制作工程量清单项目设置、项目特征描述的内容、计量单位及工程量计算规则等的变化对照情况，见表 4-14。

管件制作（编码：030814）　　**表 4-14**

序号	版别	项目编码	项目名称	项目特征	工程量计算规则与计量单位	工作内容
1	13 规范	030814001	碳钢板管件制作	1. 材质； 2. 规格； 3. 焊接方法	按设计图示质量计算（计量单位：t）	1. 制作； 2. 卷筒式板材开卷及平直
	08 规范	030614001	碳钢板管件制作	1. 材质； 2. 规格	按设计图示数量计算（计量单位：t）。 注：管件包括弯头、三通、异径管；异径管按大头口径计算，三通按主管口径计算	
	说明：项目特征描述新增“焊接方法”。工程量计算规则与计量单位删除原来的“注”及内容					

续表

<table>
<tr><th>序号</th><th>版别</th><th>项目编码</th><th>项目名称</th><th>项目特征</th><th>工程量计算规则与计量单位</th><th>工作内容</th></tr>
<tr><td rowspan="3">2</td><td>13 规范</td><td>030814002</td><td>不锈钢板管件制作</td><td>1. 材质；
2. 规格；
3. 焊接方法；
4. 充氩保护方式、部位</td><td>按设计图示质量计算（计量单位：t）</td><td rowspan="2">1. 制作；
2. 焊口充氩保护</td></tr>
<tr><td>08 规范</td><td>030614002</td><td>不锈钢板管件制作</td><td>1. 材质；
2. 规格</td><td>按设计图示数量计算（计量单位：t）。
注：管件包括弯头、三通、异径管；异径管按大头口径计算，三通按主管口径计算</td></tr>
<tr><td colspan="6">说明：项目特征描述新增“焊接方法”和“充氩保护方式、部位”。工程量计算规则与计量单位删除原来的“注”及内容</td></tr>
<tr><td rowspan="3">3</td><td>13 规范</td><td>030814003</td><td>铝及铝合金板管件制作</td><td>1. 材质；
2. 规格；
3. 焊接方法</td><td>按设计图示质量计算（计量单位：t）</td><td>制作</td></tr>
<tr><td>08 规范</td><td>030614003</td><td>铝板管件制作</td><td>1. 材质；
2. 规格</td><td>按设计图示数量计算（计量单位：t）。
注：管件包括弯头、三通、异径管；异径管按大头口径计算，三通按主管口径计算</td><td>1. 制作；
2. 焊口充氩保护；
3. 焊口预热及后热</td></tr>
<tr><td colspan="6">说明：项目名称扩展为“铝及铝合金板管件制作”。项目特征描述新增“焊接方法”。工程量计算规则与计量单位删除原来的“注”及内容。工作内容删除原来的“焊口充氩保护”和“焊口预热及后热”</td></tr>
<tr><td rowspan="3">4</td><td>13 规范</td><td>030814004</td><td>碳钢管虾体弯制作</td><td>1. 材质；
2. 规格；
3. 焊接方法</td><td rowspan="2">按设计图示数量计算（计量单位：个）</td><td rowspan="2">制作</td></tr>
<tr><td>08 规范</td><td>030614004</td><td>碳钢管虾体弯制作</td><td>1. 材质；
2. 规格</td></tr>
<tr><td colspan="6">说明：项目特征描述新增“焊接方法”</td></tr>
<tr><td rowspan="3">5</td><td>13 规范</td><td>030814005</td><td>中压螺旋卷管虾体弯制作</td><td>1. 材质；
2. 规格；
3. 焊接方法</td><td rowspan="2">按设计图示数量计算（计量单位：个）</td><td rowspan="2">制作</td></tr>
<tr><td>08 规范</td><td>030614005</td><td>中压螺旋卷管虾体弯制作</td><td>1. 材质；
2. 规格</td></tr>
<tr><td colspan="6">说明：项目特征描述新增“焊接方法”</td></tr>
<tr><td rowspan="3">6</td><td>13 规范</td><td>030814006</td><td>不锈钢管虾体弯制作</td><td>1. 材质；
2. 规格；
3. 焊接方法；
4. 充氩保护方式、部位</td><td rowspan="2">按设计图示数量计算（计量单位：个）</td><td rowspan="2">1. 制作；
2. 焊口充氩保护</td></tr>
<tr><td>08 规范</td><td>030614006</td><td>不锈钢管虾体弯制作</td><td>1. 材质；
2. 规格</td></tr>
<tr><td colspan="6">说明：项目特征描述新增“焊接方法”和“充氩保护方式、部位”</td></tr>
</table>

续表

序号	版别	项目编码	项目名称	项目特征	工程量计算规则与计量单位	工作内容
7	13 规范	030814007	铝及铝合金管虾体弯制作	1. 材质； 2. 规格； 3. 焊接方法	按设计图示数量计算（计量单位：个）	制作
	08 规范	030614007	铝管虾体弯制作	1. 材质； 2. 焊接形式； 3. 规格		1. 制作； 2. 焊口充氩保护； 3. 焊口预热及后热
	说明：项目名称扩展为“铝及铝合金管虾体弯制作”。工作内容删除原来的“焊口充氩保护”和“焊口预热及后热”					
8	13 规范	030814008	铜及铜合金管虾体弯制作	1. 材质； 2. 规格； 3. 焊接方法	按设计图示数量计算（计量单位：个）	制作
	08 规范	030614008	铜管虾体弯制作	1. 材质； 2. 焊接形式； 3. 规格		1. 制作； 2. 焊口预热及后热
	说明：项目名称扩展为“铜及铜合金管虾体弯制作”。工作内容删除原来的“焊口预热及后热”					
9	13 规范	030814009	管道机械煨弯	1. 压力； 2. 材质； 3. 型号、规格	按设计图示数量计算（计量单位：个）	煨弯
	08 规范	030614009	管道机械煨弯			
	说明：各项目内容未作修改					
10	13 规范	030814010	管道中频煨弯	1. 压力； 2. 材质； 3. 型号、规格	按设计图示数量计算（计量单位：个）	煨弯
	08 规范	030614010	管道中频煨弯			1. 煨弯； 2. 硬度测定
	说明：工作内容删除原来的“硬度测定”					
11	13 规范	030814011	塑料管煨弯	1. 材质； 2. 型号、规格	按设计图示数量计算（计量单位：个）	煨弯
	08 规范	030614011	塑料管煨弯			
	说明：各项目内容未作修改					

注：管件包括弯头、三通、异径管；异径管按大头口径计算，三通按主管口径计算。

4.1.15 管架制作安装

管架制作安装工程量清单项目设置、项目特征描述的内容、计量单位及工程量计算规则等的变化对照情况，见表 4-15。

管架制作安装（编码：030815） 表 4-15

序号	版别	项目编码	项目名称	项目特征	工程量计算规则与计量单位	工作内容
1	13 规范	030815001	管架制作安装	1. 单件支架质量； 2. 材质； 3. 管架形式； 4. 支架衬垫材质； 5. 减震器形式及做法	按设计图示质量计算（计量单位：kg）	1. 制作、安装； 2. 弹簧管架物理性试验
	08 规范	030615001	管架制作安装	1. 材质； 2. 管架形式； 3. 除锈、刷油、防腐设计要求	按设计图示质量计算（计量单位：kg）。 注：单件支架质量 100kg 以内的管支架	1. 制作、安装； 2. 除锈及刷油； 3. 弹簧管架全压缩变形试验； 4. 弹簧管架工作荷载试验
	说明：项目特征描述新增“单件支架质量”、“支架衬垫材质”和“减震器形式及做法”，删除原来的“除锈、刷油、防腐设计要求”。工程量计算规则与计量单位删除原来的“注”及内容。工作内容将原来的“弹簧管架全压缩变形试验”和“弹簧管架工作荷载试验”综合归并为“弹簧管架物理性试验”，删除原来的“除锈及刷油”					

注：1. 单件支架质量有 100kg 以下和 100kg 以上时，应分别列项。
2. 支架衬垫需注明采用何种衬垫，如防腐木垫、不锈钢衬垫、铝衬垫等。
3. 采用弹簧减震器时需注明是否做相应试验。

4.1.16 无损探伤与热处理

无损探伤与热处理工程量清单项目设置、项目特征描述的内容、计量单位及工程量计算规则等的变化对照情况，见表 4-16。

无损探伤与热处理（编码：030816） 表 4-16

序号	版别	项目编码	项目名称	项目特征	工程量计算规则与计量单位	工作内容
1	13 规范	030816001	管材表面超声波探伤	1. 名称； 2. 规格	1. 以米计量，按管材无损探伤长度计算（计量单位：m）； 2. 以平方米计量，按管材表面探伤检测面积计算（计量单位：m^2）	探伤
	08 规范	030616001	管材表面超声波探伤	规格	按规范或设计技术要求计算（计量单位：m）	超声波探伤
	说明：项目特征描述新增“名称”。工程量计算规则与计量单位细化说明。工作内容将原来的“超声波探伤”简化为“探伤”					

续表

<table>
<tr><th>序号</th><th>版别</th><th>项目编码</th><th>项目名称</th><th>项目特征</th><th>工程量计算规则与计量单位</th><th>工作内容</th></tr>
<tr><td rowspan="3">2</td><td>13 规范</td><td>030816002</td><td>管材表面磁粉探伤</td><td>1. 名称；
2. 规格</td><td>1. 以米计量，按管材无损探伤长度计算（计量单位：m）；
2. 以平方米计量，按管材表面探伤检测面积计算（计量单位：m^2）</td><td>探伤</td></tr>
<tr><td>08 规范</td><td>030616002</td><td>管材表面磁粉探伤</td><td>规格</td><td>按规范或设计技术要求计算（计量单位：m）</td><td>磁粉探伤</td></tr>
<tr><td colspan="6">说明：项目特征描述新增“名称”。工程量计算规则与计量单位细化说明。工作内容将原来的“磁粉探伤”简化为“探伤”</td></tr>
<tr><td rowspan="3">3</td><td>13 规范</td><td>030816003</td><td>焊缝 X 射线探伤</td><td>1. 名称；
2. 底片规格；
3. 管壁厚度</td><td>按规范或设计技术要求计算（计量单位：口）</td><td>探伤</td></tr>
<tr><td>08 规范</td><td>030616003</td><td>焊缝 X 光射线探伤</td><td>1. 底片规格；
2. 管壁厚度</td><td>按规范或设计技术要求计算（计量单位：张）</td><td>X 光射线探伤</td></tr>
<tr><td colspan="6">说明：项目名称简化为“焊缝 X 射线探伤”。项目特征描述新增“名称”。工程量计算规则与计量单位将原来的“张”修改为“口”。工作内容将原来的“X 光射线探伤”简化为“探伤”</td></tr>
<tr><td rowspan="3">4</td><td>13 规范</td><td>030816004</td><td>焊缝 γ 射线探伤</td><td>1. 名称；
2. 底片规格；
3. 管壁厚度</td><td>按规范或设计技术要求计算（计量单位：口）</td><td>探伤</td></tr>
<tr><td>08 规范</td><td>030616004</td><td>焊缝 γ 射线探伤</td><td>1. 底片规格；
2. 管壁厚度</td><td>按规范或设计技术要求计算（计量单位：张）</td><td>γ 射线探伤</td></tr>
<tr><td colspan="6">说明：项目特征描述新增“名称”。工程量计算规则与计量单位将原来的“张”修改为“口”。工作内容将原来的“γ 射线探伤”简化为“探伤”</td></tr>
<tr><td rowspan="3">5</td><td>13 规范</td><td>030816005</td><td>焊缝超声波探伤</td><td>1. 名称；
2. 管道规格；
3. 对比试块设计要求</td><td rowspan="2">按规范或设计技术要求计算（计量单位：口）</td><td>1. 探伤；
2. 对比试块的制作</td></tr>
<tr><td>08 规范</td><td>030616005</td><td>焊缝超声波探伤</td><td>规格</td><td>超声波探伤</td></tr>
<tr><td colspan="6">说明：项目特征描述新增“名称”和“对比试块设计要求”，将原来的“规格”扩展为“管道规格”。工作内容新增“对比试块的制作”，将原来的“超声波探伤”简化为“探伤”</td></tr>
<tr><td rowspan="3">6</td><td>13 规范</td><td>030816006</td><td>焊缝磁粉探伤</td><td>1. 名称；
2. 管道规格</td><td rowspan="2">按规范或设计技术要求计算（计量单位：口）</td><td>探伤</td></tr>
<tr><td>08 规范</td><td>030616006</td><td>焊缝磁粉探伤</td><td>规格</td><td>磁粉探伤</td></tr>
<tr><td colspan="6">说明：项目特征描述新增“管道规格”。工作内容将原来的“磁粉探伤”简化为“探伤”</td></tr>
<tr><td rowspan="3">7</td><td>13 规范</td><td>030816007</td><td>焊缝渗透探伤</td><td>1. 名称；
2. 管道规格</td><td rowspan="2">按规范或设计技术要求计算（计量单位：口）</td><td>探伤</td></tr>
<tr><td>08 规范</td><td>030616007</td><td>焊缝渗透探伤</td><td>规格</td><td>渗透探伤</td></tr>
<tr><td colspan="6">说明：项目特征描述新增“管道规格”。工作内容将原来的“渗透探伤”简化为“探伤”</td></tr>
</table>

续表

序号	版别	项目编码	项目名称	项目特征	工程量计算规则与计量单位	工作内容
8	13规范	030816008	焊前预热、后热处理	1. 材质； 2. 规格及管壁厚； 3. 压力等级； 4. 热处理方法； 5. 硬度测定设计要求	按规范或设计技术要求计算（计量单位：口）	1. 热处理； 2. 硬度测定
	08规范	—	—	—	—	—
	说明：新增项目内容					
9	13规范	030816009	焊口热处理	1. 材质； 2. 规格及管壁厚； 3. 压力等级； 4. 热处理方法； 5. 硬度测定设计要求	按规范或设计技术要求计算（计量单位：口）	1. 热处理； 2. 硬度测定
	08规范	—	—	—	—	—
	说明：新增项目内容					

注：探伤项目包括固定探伤仪支架的制作、安装。

4.1.17 其他项目制作安装

其他项目制作安装工程量清单项目设置、项目特征描述的内容、计量单位及工程量计算规则等的变化对照情况，见表4-17。

其他项目制作安装（编码：030817） **表4-17**

序号	版别	项目编码	项目名称	项目特征	工程量计算规则与计量单位	工作内容
1	13规范	030817001	冷排管制作安装	1. 排管形式； 2. 组合长度	按设计图示以长度计算（计量单位：m）	1. 制作、安装； 2. 钢带退火； 3. 加氨； 4. 冲、套翅片
	08规范	030617002	冷排管制作安装	1. 排管形式； 2. 组合长度； 3. 除锈、刷油、防腐设计要求	按设计图示数量计算（计量单位：m）	1. 制作、安装； 2. 钢带退火； 3. 加氨； 4. 冲套翅片； 5. 除锈、刷油
	说明：项目特征描述删除原来的“除锈、刷油、防腐设计要求”。工程量计算规则与计量单位将原来的“按设计图示数量计算”修改为“按设计图示以长度计算”。工作内容将原来的“冲套翅片”修改为“冲、套翅片”，删除原来的“除锈、刷油”					

续表

<table>
<tr><th>序号</th><th>版别</th><th>项目编码</th><th>项目名称</th><th>项目特征</th><th>工程量计算规则与计量单位</th><th>工作内容</th></tr>
<tr><td rowspan="3">2</td><td>13 规范</td><td>030817002</td><td>分、集汽（水）缸制作安装</td><td>1. 质量；
2. 材质、规格；
3. 安装方式</td><td>按设计图示数量计算（计量单位：台）</td><td>1. 制作；
2. 安装</td></tr>
<tr><td>08 规范</td><td>030617003</td><td>蒸汽气缸制作安装</td><td>1. 质量；
2. 分气缸及支架除锈、刷油；
3. 除锈标准、刷油防腐设计要求</td><td>按设计图示数量计算（计量单位：个）。
若蒸汽分气缸为成品安装，则不综合分气缸制作</td><td>1. 制作、安装；
2. 支架制作、安装；
3. 分气缸及支架除锈、刷油；
4. 分气缸绝热、保护层安装、除锈、刷油</td></tr>
<tr><td colspan="6">说明：项目名称更名为“分、集汽（水）缸制作安装”。项目特征描述新增“材质、规格”和“安装方式”，删除原来的“分气缸及支架除锈、刷油”和“除锈标准、刷油防腐设计要求”。工程量计算规则与计量单位将原来的“个”修改为“台”。工作内容将原来的“制作、安装”拆分为“制作”和“安装”，删除将原来的“支架制作、安装”、“分气缸及支架除锈、刷油”和“分气缸绝热、保护层安装、除锈、刷油”</td></tr>
<tr><td rowspan="3">3</td><td>13 规范</td><td>030817003</td><td>空气分气筒制作安装</td><td>1. 材质；
2. 规格</td><td>按设计图示数量计算（计量单位：组）</td><td>1. 制作；
2. 安装</td></tr>
<tr><td>08 规范</td><td>030617005</td><td>空气分气筒制作安装</td><td>1. 规格；
2. 分气筒及支架除锈、刷油</td><td>按设计图示数量计算（计量单位：个）</td><td>1. 制作、安装；
2. 除锈、刷油</td></tr>
<tr><td colspan="6">说明：项目特征描述新增“材质”，删除原来的“分气筒及支架除锈、刷油”。工程量计算规则与计量单位将原来的“个”修改为“组”。工作内容将原来的“制作、安装”拆分为“制作”和“安装”，删除将原来的“除锈、刷油”</td></tr>
<tr><td rowspan="3">4</td><td>13 规范</td><td>030817004</td><td>空气调节喷雾管安装</td><td>1. 材质；
2. 规格</td><td rowspan="2">按设计图示数量计算（计量单位：组）</td><td>安装</td></tr>
<tr><td>08 规范</td><td>030617006</td><td>空气调节喷雾管安装</td><td>型号</td><td>1. 制作、安装；
2. 除锈、刷油</td></tr>
<tr><td colspan="6">说明：项目特征描述新增“材质”和“规格”，删除原来的“型号”。工作内容将原来的“制作、安装”简化为“安装”，删除将原来的“除锈、刷油”</td></tr>
<tr><td rowspan="3">5</td><td>13 规范</td><td>030817005</td><td>钢制排水漏斗制作安装</td><td>1. 形式、材质；
2. 口径规格</td><td>按设计图示数量计算（计量单位：个）</td><td>1. 制作；
2. 安装</td></tr>
<tr><td>08 规范</td><td>030617007</td><td>钢制排水漏斗制作安装</td><td>1. 规格；
2. 除锈、刷油、防腐设计要求</td><td>工程量按设计图示数量计算（计量单位：个）。
其口径规格按下口公称直径计算</td><td>1. 制作、安装；
2. 除锈、刷油</td></tr>
<tr><td colspan="6">说明：项目特征描述新增“形式、材质”，将原来的“规格”扩展为“口径规格”，删除原来的“除锈、刷油、防腐设计要求”。工作内容将原来的“制作、安装”拆分为“制作”和“安装”，删除将原来的“除锈、刷油”</td></tr>
</table>

续表

序号	版别	项目编码	项目名称	项目特征	工程量计算规则与计量单位	工作内容
6	13规范	030817006	水位计安装	1. 规格； 2. 型号	按设计图示数量计算（计量单位：组）	安装
	08规范	030617008	水位计安装	形式		
	说明：项目特征描述新增“规格”和“型号”，删除原来的“形式”					
7	13规范	030817007	手摇泵安装	1. 规格； 2. 型号	按设计图示数量计算（计量单位：个）	1. 安装； 2. 调试
	08规范	030617009	手摇泵安装	规格		安装
	说明：项目特征描述新增“型号”。工作内容新增“调试”					
8	13规范	030817008	套管制作安装	1. 类型； 2. 材质； 3. 规格； 4. 填料材质	按设计图示数量计算（计量单位：台）	1. 制作； 2. 安装； 3. 除锈、刷油
	08规范	—	—	—	—	—
	说明：新增项目内容					

注：1. 冷排管制作安装项目中包括钢带退火，加氨，冲、套翅片，按设计要求计算。
2. 钢制排水漏斗制作安装，其口径规格按下口公称直径描述。
3. 套管制作安装，适用于穿基础、墙、楼板等部位的防水套管、一般钢套管及防火套管等，应分别列项。

4.1.18 相关问题及说明

（1）工业管道工程适用于厂区范围内的车间、装置、站、罐区及其相互之间各种生产用介质输送管道和厂区第一个连接点以内生产、生活共用的输送给水、排水、蒸汽、燃气的管道安装工程。

（2）厂区范围内的生活用给水、排水、蒸汽、燃气的管道安装工程执行《通用安装工程工程量计算规范》GB 50856—2013 附录 K 给排水、采暖、燃气工程相应项目。

（3）工业管道压力等级划分：

低压：0＜P≤1.6MPa；

中压：1.6＜P≤10MPa；

高压：10＜P≤42MPa；

蒸汽管道：P≥9MPa；工作温度≥500℃。

（4）仪表流量计，应按《通用安装工程工程量计算规范》GB 50856—2013 附录 F 自动化控制仪表安装工程相关项目编码列项。

（5）管道、设备和支架除锈、刷油及保温等内容，除注明者外均应按《通用安装工程工程量计算规范》GB 50856—2013 附录 M 刷油、防腐蚀、绝热工程相关项目编码列项。

（6）组装平台搭拆、管道防冻和焊接保护、特殊管道充气保护、高压管道检验、地下管道穿越建筑物保护等措施项目，应按《通用安装工程工程量计算规范》GB 50856—2013 附录 N 措施项目相关项目编码列项。

4.2 工程量清单编制实例

4.2.1 实例4-1

1. 背景资料

某工厂工艺管道安装的轴测图及平面图，如图4-1所示。

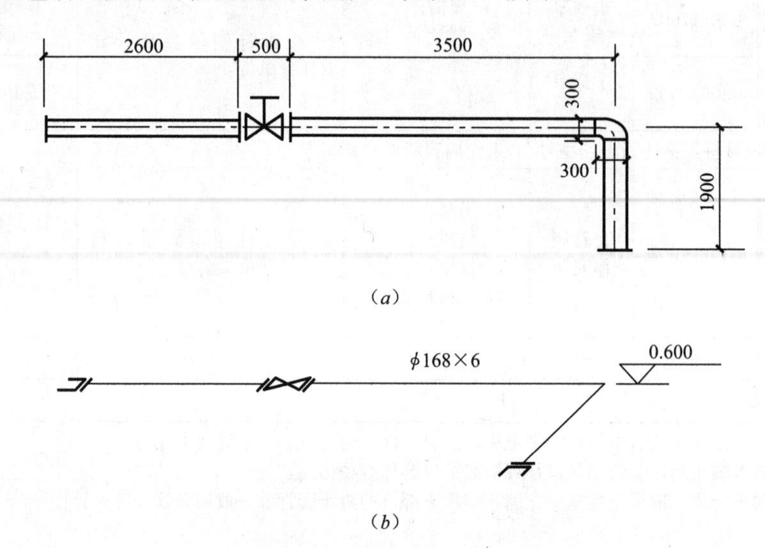

图4-1 某工厂工艺管道安装平面图及轴测图

(a) 平面图；(b) 轴测图

(1) 设计说明

1) 管道设计工作压力为1.6MPa。

2) 不锈钢管道为ϕ168×6（材质304），不锈钢无缝弯头为*DN*150（材质304），不锈钢法兰式截止阀为J41H—25P、*DN*150，不锈钢对焊法兰为PN2.5*DN*150RF。

3) 管道保温为岩棉管壳，保温层厚度为80mm，外保护层为镀锌钢板（厚度为0.6mm）。

4) 管道系统采用电弧焊，管道的焊缝采用X光射线探伤（胶片尺寸用80mm×150mm），检验比例为50%，焊口总数为6个。

5) 管道安装完毕采用水压试验，试验合格清水冲洗。

(2) 计算说明

1) 不计算阀门、法兰保温不计算；管架制作安装及除锈刷油不计算。

2) X光射线探伤时临近胶片重叠尺寸为25mm。

3) 计算结果除计量单位为“m^3”的项目保留三位小数外，其他均保留小数点后两位有效数字，第三位四舍五入。

2. 问题

根据以上背景资料及现行国家标准《建设工程工程量清单计价规范》GB 50500—2013、《通用安装工程工程量计算规范》GB 50856—2013，试列出该工程管道及其附件安装项目的分部分项工程量清单。

3. 参考答案（表 4-18 和表 4-19）

清单工程量计算表 **表 4-18**

工程名称：某工程

序号	项目编码	清单项目名称	计算式	工程量合计	计量单位
1	030802003001	低压不锈钢管	φ168×6（*DN*150）低压不锈钢管道（材质 304L），电弧焊： 2.6+0.5+3.5+1.9=8.50（m）	8.50	m
2	030804003001	低压不锈钢管件	*DN*150 低压不锈钢无缝弯头（材质 304L），电弧焊：10	10	个
3	030807003001	低压法兰阀门	*DN*150 低压不锈钢法兰截止阀 J41H—16P：1	1	个
4	030810004001	低压不锈钢法兰	PN1.6、*DN*150RF 不锈钢对焊法兰：2	2	副
5	030816003001	焊缝 X 射线探伤	管口 X 光射线探伤（胶片尺寸 80mm×150mm），单个焊口底片张数： 3.14×0.168/(0.15—2×0.025)=5.28（张），取 6 张； 总共 6 个焊口按 50%拍片即为 3 口，3×6=18（张）	18	张
6	031208002001	管道绝热	管道岩棉管壳保温（保温层厚度为 δ=80mm）： V=3.14×(0.168+1.033×0.08)×1.033×0.08×8.5=0.553（m^3）	0.553	m^3
7	031208007001	保护层	管道保温保护层（镀锌白铁皮，δ=0.6mm）： S=3.14×(0.168+2.1×0.08+0.0082)×8.5=9.187（m^2）	9.19	m^2

分部分项工程和单价措施项目清单与计价表 **表 4-19**

工程名称：某工程

序号	项目编码	项目名称	项目特征描述	计量单位	工程量	金额（元）		
						综合单价	合价	其中 暂估价
1	030802003001	低压不锈钢管	1. 材质：304L 不锈钢； 2. 规格：φ219×6； 3. 焊接方法：电弧焊； 4. 压力试验、吹扫与清洗设计要求：水压试验、清水冲洗	m	8.50			
2	030804003001	低压不锈钢管件	1. 材质：304L 不锈钢； 2. 规格：*DN*150、无缝弯头； 3. 焊接方法：电弧焊	个	10			
3	030807003001	低压法兰阀门	1. 名称：低压不锈钢法兰截止阀； 2. 材质：304L 不锈钢； 3. 型号、规格：J41H—25P、*DN*150； 4. 连接形式：对焊法兰； 5. 焊接方法：电弧焊	个	1			

续表

序号	项目编码	项目名称	项目特征描述	计量单位	工程量	金额（元）		
						综合单价	合价	其中 暂估价
4	030810004001	低压不锈钢法兰	1. 材质：304L 不锈钢； 2. 结构形式：对焊法兰 3. 型号、规格：*DN*150RF 4. 连接形式：焊接 5. 焊接方法：电弧焊	副	2			
5	030816003001	焊缝 X 射线探伤	1. 名称：焊缝 X 光射线探伤； 2. 底片规格：80mm×150mm； 3. 管壁厚度：6mm	张	18			
6	031208002001	管道绝热	1. 绝热材料品种：岩棉管壳； 2. 绝热厚度：80mm； 3. 管道外径：168mm	m^3	0.553			
7	031208007001	保护层	1. 材料：镀锌白铁皮； 2. 厚度：0.6mm； 3. 层数：一层； 4. 对象：管道岩棉保温层； 5. 结构形式：咬口	m^2	9.19			

4.2.2 实例 4-2

1. 背景资料

某氮气加压站工业管道工程系统，如图 4-2 所示。

（1）设计说明

1）图中工业管道系统工作压力 $PN=0.75$MPa。图中标注水平尺寸以 mm 计，标高以 m 计。

2）管道：$\phi273\times6$ 管、$\phi325\times8$ 管采用无缝钢管，手工电弧焊连接。

3）管件：所有三通为现场挖眼：弯头全部采用成品冲压弯头，$\phi273\times6$ 弯头弯曲半径 $R=400$mm，$\phi325\times8$ 弯头弯曲半径 $R=500$mm。管件均采用手工电弧焊连接。

4）所有法兰采用平焊法兰，阀门采用平焊法兰连接。

5）防水套管填料采用沥青。

6）$\phi273\times6$ 无缝钢管共有 16 道焊口，设计要求 50%进行 X 光射线无损探伤，胶片规格为 300mm×80mm。

7）管道安装完毕后，均进行水压试验和空气吹扫。

8）所有管道外壁手工除锈后均刷红丹防锈漆两遍。

9）$\phi325\times8$ 的管道采用石棉绝热，绝热层厚 $\delta=50$mm，外缠一层厚度为 0.15mm 的玻璃纤维布作保护层，玻璃纤维布用镀锌铁丝捆扎，外表面再涂沥青胶。

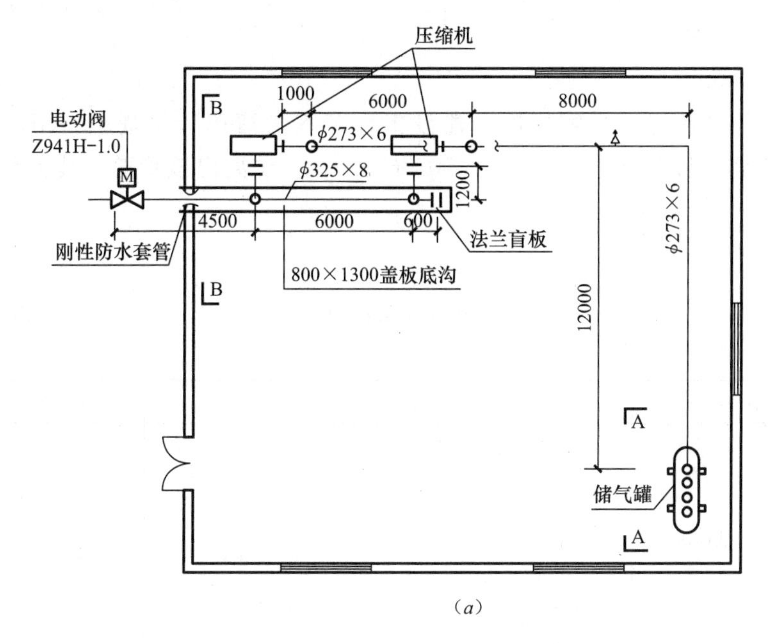

(a)

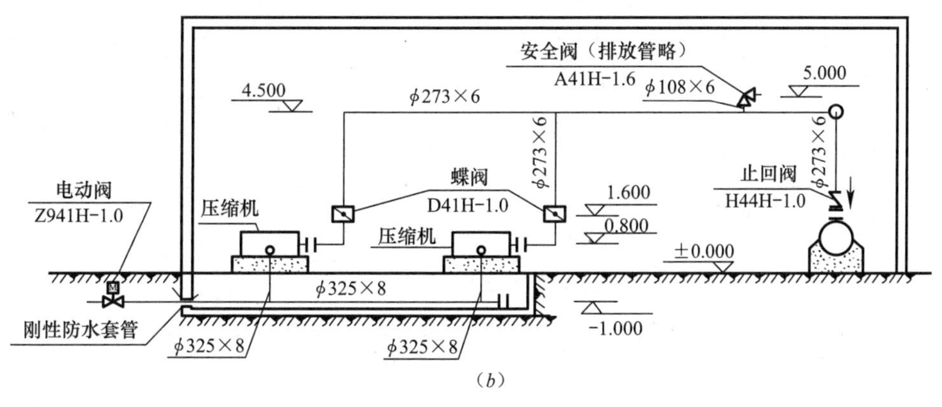

(b)

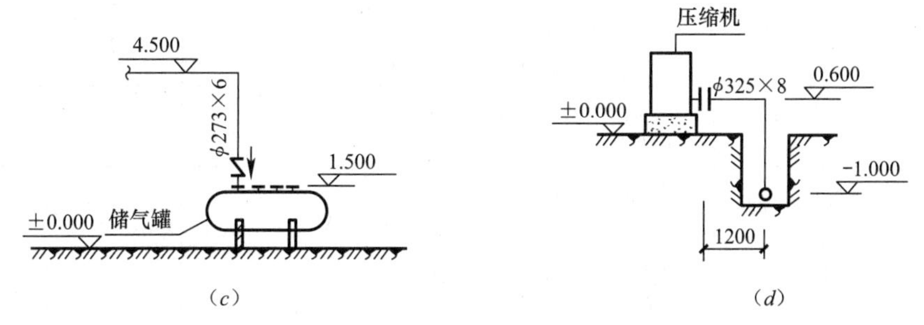

(c) (d)

图 4-2 氮气站工业管道布置图

(a) 平面图；(b) 立面图；(c) A-A；(d) B-B

(2) 计算说明

1) 电动阀门长度按 500mm 计。

2) 法兰阀门和法兰的绝热保温不计算。

3) X 光射线探伤时临近胶片重叠尺寸为 25mm，φ325×8 管各焊口探伤不计算。

4) 计算结果除计量单位为“m^3”的项目保留三位小数外，其他均保留小数点后两位有效数字，第三位四舍五入。

2. 问题

根据以上背景资料及现行国家标准《建设工程工程量清单计价规范》GB 50500—2013、《通用安装工程工程量计算规范》GB 50856—2013，试列出该管道安装工程分部分项工程量清单。

3. 参考答案（表 4-20 和表 4-21）

清单工程量计算表 **表 4-20**

工程名称：某工程

序号	项目编码	清单项目名称	计算式	工程量合计	计量单位
1	030801001001	低压碳钢管	无缝钢管安装 $\phi325\times8$： $L=(1.2+1+0.6)\times2+0.6+6+4.5=16.7$（m）	16.7	m
2	030801001002	低压碳钢管	无缝钢管安装 $\phi273\times6$： $L=(1.0+4.5-0.8)\times2+6+8+12+(4.5-1.5)$ $=38.4$（m）	38.4	m
3	030801001003	低压碳钢管	无缝钢管安装 $\phi108\times6$： $L=5-4.5=0.5$（m）	0.5	m
4	030804001001	低压碳钢管件	管件安装 DN300： 弯头 2 个	2	个
5	030804001002	低压碳钢管件	管件安装 DN300： 三通 2 个	2	个
6	030804001003	低压碳钢管件	管件安装 DN250： 弯头 5 个	5	个
7	030804001004	低压碳钢管件	管件安装 DN250： 三通 1 个	1	个
8	030807004001	电动阀门	电动阀门 Z941H—1.0，DN300： 1个	1	个
9	030807003001	低压法兰阀门	法兰阀门 DN250： 碟阀 2 个	2	个
10	030807003002	低压法兰阀门	法兰阀门 DN250： 止回阀 1 个	1	个
11	030807005001	低压安全阀门	安全阀 DN100： 1个	1	个
12	030810002001	低压碳钢焊接法兰	平焊法兰 DN300： 1 副	1	副
13	030810002002	低压碳钢焊接法兰	平焊法兰 DN300： 1+1+1=3（副）	3	片
14	030810002003	低压碳钢焊接法兰	平焊法兰 DN250： 1+1+1=3（片）	3	副
15	030810002004	低压碳钢焊接法兰	平焊法兰 DN250： 1+1+1=3（片）	3	片
16	030810002005	低压碳钢焊接法兰	平焊法兰 DN100： 1 片	1	片

续表

序号	项目编码	清单项目名称	计算式	工程量合计	计量单位
17	030817008001	套管制作安装	防水套管制作 *DN*300： 1个	1	个
18	030816003001	焊缝X射线探伤	X光无损探伤： 每个焊口拍片数：0.325×π/(0.3—2×0.025)=4.08，应取5。 共拍片数：16×50%×5=40（张）	40	张
19	031201001001	管道刷油	管道刷油： S=(0.273×π×38.4)+(0.325×π×16.7)+(0.108×π×0.5)=50.13（m^2）	50.13	m^2
20	031208002001	管道绝热	管道绝热： V=16.7×π×(0.325+1.033×0.05)×1.033×0.05=1.020（m^3）	1.020	m^3
21	031208007001	保护层	管道绝热保护层： S=3.14×(0.325+2.1×0.05+0.0082)×16.7=22.98（m^2）	22.98	m^2

分部分项工程和单价措施项目清单与计价表 **表4-21**

工程名称：某工程

序号	项目编码	项目名称	项目特征描述	计量单位	工程量	金额（元）		
						综合单价	合价	其中 暂估价
1	030801001001	低压碳钢管	1. 材质：无缝钢管； 2. 规格：ϕ325×8； 3. 连接形式、焊接方法：手工电弧焊； 4. 压力试验、吹扫与清洗设计要求：水压试验、空气吹扫	m	16.7			
2	030801001002	低压碳钢管	1. 材质：无缝钢管； 2. 规格：ϕ273×6； 3. 连接形式、焊接方法：手工电弧焊； 4. 压力试验、吹扫与清洗设计要求：水压试验、空气吹扫	m	38.4			
3	030801001003	低压碳钢管	1. 材质：无缝钢管； 2. 规格：ϕ108×6； 3. 连接形式、焊接方法：手工电弧焊； 4. 压力试验、吹扫与清洗设计要求：水压试验、空气吹扫	m	0.5			

续表

序号	项目编码	项目名称	项目特征描述	计量单位	工程量	金额（元）		
						综合单价	合价	其中 暂估价
4	030804001001	低压碳钢管件	1. 材质：碳钢； 2. 规格：*DN*300，弯头； 3. 连接方式：焊接连接	个	2			
5	030804001002	低压碳钢管件	1. 材质：碳钢； 2. 规格：*DN*300，三通； 3. 连接方式：焊接连接	个	2			
6	030804001003	低压碳钢管件	1. 材质：碳钢； 2. 规格：*DN*250，弯头； 3. 连接方式：焊接连接	个	5			
7	030804001004	低压碳钢管件	1. 材质：碳钢； 2. 规格：*DN*250，三通； 3. 连接方式：焊接连接	个	1			
8	030807004001	电动阀门	1. 名称：电动阀门； 2. 材质：碳钢； 3. 型号、规格：Z941H—1.0，*DN*300； 4. 连接形式：平焊法兰连接； 5. 焊接方法：手工电弧焊	个	1			
9	030807003001	低压法兰阀门	1. 名称：法兰蝶阀； 2. 材质：碳钢； 3. 型号、规格：*DN*250； 4. 连接形式：平焊法兰连接； 5. 焊接方法：手工电弧焊	个	2			
10	030807003002	低压法兰阀门	1. 名称：法兰止回阀； 2. 材质：碳钢； 3. 型号、规格：*DN*250； 4. 连接形式：平焊法兰连接； 5. 焊接方法：手工电弧焊	个	1			
11	030807005001	低压安全阀门	1. 名称：安全阀； 2. 材质：碳钢； 3. 型号、规格：*DN*100； 4. 连接形式：平焊法兰连接； 5. 焊接方法：手工电弧焊	个	1			
12	030810002001	低压碳钢焊接法兰	1. 材质：碳钢； 2. 结构形式：平焊法兰； 3. 型号、规格：*DN*300； 4. 连接形式：焊接； 5. 焊接方法：手工电弧焊	副	1			

续表

序号	项目编码	项目名称	项目特征描述	计量单位	工程量	金额（元）		
						综合单价	合价	其中 暂估价
13	030810002002	低压碳钢焊接法兰	1. 材质：碳钢； 2. 结构形式：平焊法兰； 3. 型号、规格：*DN*300； 4. 连接形式：焊接； 5. 焊接方法：手工电弧焊	片	3			
14	030810002003	低压碳钢焊接法兰	1. 材质：碳钢； 2. 结构形式：平焊法兰； 3. 型号、规格：*DN*250； 4. 连接形式：焊接； 5. 焊接方法：手工电弧焊	副	3			
15	030810002004	低压碳钢焊接法兰	1. 材质：碳钢； 2. 结构形式：平焊法兰； 3. 型号、规格：*DN*250； 4. 连接形式：焊接； 5. 焊接方法：手工电弧焊	片	3			
16	030810002005	低压碳钢焊接法兰	1. 材质：碳钢； 2. 结构形式：平焊法兰； 3. 型号、规格：*DN*100； 4. 连接形式：焊接； 5. 焊接方法：手工电弧焊	片	1			
17	030817008001	套管制作安装	1. 类型：防水套管； 2. 材质：碳钢； 3. 规格：*DN*300； 4. 填料材质：沥青	个	1			
18	030816003001	焊缝X射线探伤	1. 名称：X光无损探伤； 2. 底片规格：300mm×80mm； 3. 管壁厚度：6mm	张	40			
19	031201001001	管道刷油	1. 除锈级别：手工除锈； 2. 油漆品种：红丹防锈漆； 3. 涂刷遍数、漆膜厚度：两遍	m^2	50.13			
20	031208002001	管道绝热	1. 绝热材料品种：石棉； 2. 绝热厚度：50mm； 3. 管道外径：325mm	m^3	1.020			
21	031208007001	保护层	1. 材料：玻璃纤维布； 2. 厚度：0.15mm； 3. 层数：1层； 4. 对象：石棉保温层； 5. 结构形式：缠绕，外用镀锌铁丝捆扎，外表面再涂沥青胶	m^2	22.98			

4.2.3 实例4-3

1. 背景资料

某一化工生产装置中部分热交换工艺管道系统，如图4-3所示。图中标注尺寸标高以m计，其他均以mm计。该管道系统工作压力为2.0MPa。

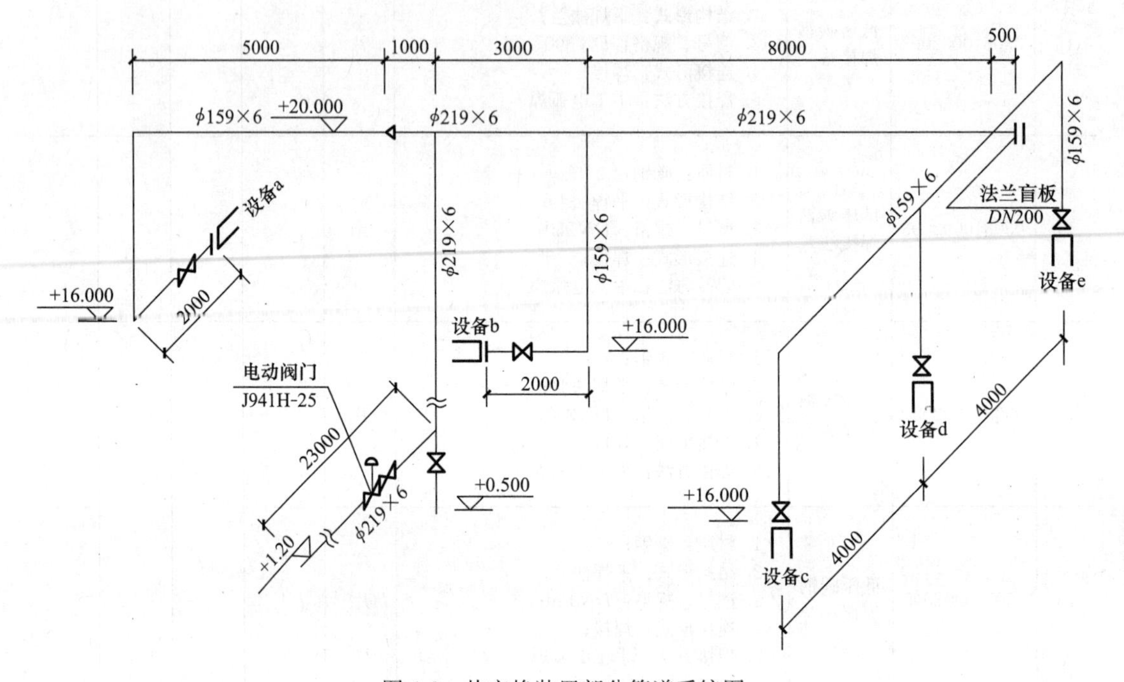

图4-3 热交换装置部分管道系统图

(1) 设计说明

1) 管道：采用20#碳钢无缝钢管，管件：弯头采用成品冲压弯头，三通、四通现场挖眼连接，异径管现场摔制。

2) 阀门、法兰：所有法兰为碳钢对焊法兰；阀门型号除图中说明外，均为J41H—25，采用对焊法兰连接；系统连接全部为电弧焊。

3) 管道支架为普通支架，其中：φ219×6管支架共12处，每处25kg，φ159×6管支架共10处，每处20kg。支架手工除锈后刷防锈漆、调和漆两遍。

4) 对管道焊口按50%的比例做超声波探伤，其焊口总数为：φ219×6管道焊口12个，φ159×6管道焊口24个。

5) 管道安装完毕后，均进行水压试验和空气吹扫。

6) 管道安装就位后，所有管道外壁手工除锈后均刷红丹防锈漆两遍，采用岩棉管壳（厚度为60mm）做绝热层，外缠绕1mm厚铝箔防腐胶带保护层。

(2) 计算说明

1) 不计算法兰有关分项。

2) 法兰阀门和法兰的绝热保温不计算。

3) X光射线探伤时临近胶片重叠尺寸为25mm。

4）计算结果除计量单位为“m^3”的项目保留三位小数外，其他均保留小数点后两位有效数字，第三位四舍五入。

2. 问题

根据以上背景资料及现行国家标准《建设工程工程量清单计价规范》GB 50500—2013、《通用安装工程工程量计算规范》GB 50856—2013，试列出该工程管道安装项目分部分项工程量清单。

3. 参考答案（表 4-22 和表 4-23）

清单工程量计算表　　**表 4-22**

工程名称：某工程

序号	项目编码	清单项目名称	计算式	工程量合计	计量单位
1	030802001001	中压碳钢管	中压碳钢管 ϕ219×6，20# 碳钢无缝钢管，电弧焊接，水压试验，除锈，刷防锈漆两遍，岩棉管壳保温 δ=60mm，外包铝箔保护层： L=23+20−0.5+1+3+8+0.5=55（m）	55	m
2	030802001002	中压碳钢管	中压碳钢管 ϕ159×6（其他同上）： L=(5+20—16+2)+(20—16+2)+4+4+(20—16)×3=37（m）	37	m
3	030805001001	中压碳钢管件	中压碳钢管件 DN200，电弧焊接： 三通 3 个	3	个
4	030805001002	中压碳钢管件	中压碳钢管件 DN200，电弧焊接： 四通 1 个	1	个
5	030805001003	中压碳钢管件	中压碳钢管件 DN200，电弧焊接： 异径管 1 个	1	个
6	030805001004	中压碳钢管件	中压碳钢管件 DN150，电弧焊接： 三通 1 个	1	个
7	030805001005	中压碳钢管件	中压碳钢管件 DN150，电弧焊接： 冲压弯头 5 个	5	个
8	030808003001	中压法兰阀门	中压法兰阀门 DN200，J41T—25： 1+1=2（个）	2	个
9	030808003002	中压法兰阀门	中压法兰阀门 DN150，J41T—25： 1+1+1+1+1=5（个）	5	个
10	030808004001	中压电动阀门	中压电动阀门 DN200，J941H—25： 1 个	1	个
11	030815001001	管架制作安装	管架制安，普通碳钢支架、手工除锈刷防锈漆、调和漆两遍： 12×25+10×20=500（kg）	500	kg
12	030816005001	焊缝超声波探伤	管道焊缝超声波探伤 ϕ219： ϕ219 管口：12×50%=6（口）	6	口
13	030816005002	焊缝超声波探伤	管道焊缝超声波探伤 ϕ159： ϕ159 管口：24×50%=12（口）	12	口

续表

序号	项目编码	清单项目名称	计算式	工程量合计	计量单位
14	031201001001	管道刷油	管道刷油： ϕ219：3.14×0.219×55=37.82（m^2） ϕ159：3.14×0.159×37=18.47（m^2） 小计：37.82+18.47=56.29（m^2）	56.29	m^2
15	031208002001	管道绝热	管道岩棉管壳绝热，ϕ219×6： V=3.14×(0.219+1.033×0.06)×1.033×0.06×55=3.008（m^3）	3.008	m^3
16	031208002002	管道绝热	管道岩棉管壳绝热，ϕ159×6： V=3.14×(0.159+1.033×0.06)×1.033×0.06×37=1.591（m^3）	1.591	m^3
17	031208007001	保护层	管道铝箔防腐胶带保护层。 1. ϕ219×6： S_1=3.14×(0.219+2.1×0.06+0.0082)×55=61.00（m^2） 2. ϕ159×6： S_2=3.14×(0.159+2.1×0.06+0.0082)×37=34.06（m^2） 3. 小计： S=61.00+34.06=95.06（m^2）	95.06	m^2

分部分项工程和单价措施项目清单与计价表 表 4-23

工程名称：某工程

序号	项目编码	项目名称	项目特征描述	计量单位	工程量	金额（元）		
						综合单价	合价	其中
								暂估价
1	030802001001	中压碳钢管	1. 材质：碳钢； 2. 规格：ϕ219×6； 3. 连接形式、焊接方法：电弧焊； 4. 压力试验、吹扫与清洗设计要求：水压试验、空气吹扫	m	55			
2	030802001002	中压碳钢管	1. 材质：碳钢； 2. 规格：ϕ159×6； 3. 连接形式、焊接方法：电弧焊； 4. 压力试验、吹扫与清洗设计要求：水压试验、空气吹扫	m	37			
3	030805001001	中压碳钢管件	1. 材质：碳钢； 2. 规格：三通 DN200； 3. 焊接方法：电弧焊	个	3			

续表

序号	项目编码	项目名称	项目特征描述	计量单位	工程量	金额（元）		
						综合单价	合价	其中 暂估价
4	030805001002	中压碳钢管件	1. 材质：碳钢； 2. 规格：四通 *DN*200； 3. 焊接方法：电弧焊接	个	1			
5	030805001003	中压碳钢管件	1. 材质：碳钢； 2. 规格：异径管 *DN*200； 3. 焊接方法：电弧焊	个	1			
6	030805001004	中压碳钢管件	1. 材质：碳钢； 2. 规格：三通 *DN*150； 3. 焊接方法：电弧焊	个	1			
7	030805001005	中压碳钢管件	1. 材质：碳钢； 2. 规格：冲压弯头 *DN*150； 3. 焊接方法：电弧焊接	个	5			
8	030808003001	中压法兰阀门	1. 名称：中压法兰阀门； 2. 材质：碳钢； 3. 型号、规格：*DN*200，J41T—25； 4. 连接形式：对焊法兰； 5. 焊接方法：电弧焊	个	2			
9	030808003002	中压法兰阀门	1. 名称：中压法兰阀门； 2. 材质：碳钢； 3. 型号、规格：*DN*150，J41T—25； 4. 连接形式：对焊法兰； 5. 焊接方法：电弧焊	个	5			
10	030808004001	中压电动阀门	1. 名称：中压电动阀门； 2. 材质：碳钢； 3. 型号、规格：*DN*200，J941H—25； 4. 连接形式：对焊法兰； 5. 焊接方法：电弧焊	个	1			
11	030815001001	管架制作安装	1. 单件支架质量：25kg、20kg； 2. 材质：碳钢； 3. 管架形式：普通支架	kg	500			
12	030816005001	焊缝超声波探伤	1. 名称：管道焊缝超声波探伤； 2. 管道规格：ϕ219×6	口	6			
13	030816005002	焊缝超声波探伤	1. 名称：管道焊缝超声波探伤； 2. 管道规格：ϕ159×6	口	12			
14	031201001001	管道刷油	1. 除锈级别：手工除锈； 2. 油漆品种：红丹防锈漆； 3. 涂刷遍数、漆膜厚度：两遍	m^2	56.29			
15	031208002001	管道绝热	1. 绝热材料品种：岩棉； 2. 绝热厚度：60mm； 3. 管道外径：219mm	m^3	3.008			

续表

序号	项目编码	项目名称	项目特征描述	计量单位	工程量	金额（元）		
						综合单价	合价	其中
								暂估价
16	031208002002	管道绝热	1. 绝热材料品种：岩棉； 2. 绝热厚度：60mm； 3. 管道外径：159mm	m^3	1.591			
17	031208007001	保护层	1. 材料：铝箔防腐胶带； 2. 厚度：1mm； 3. 层数：1层； 4. 对象：岩棉管壳； 5. 结构形式：缠绕	m^2	95.06			

4.2.4 实例 4-4

1. 背景资料

某工厂新增的工艺管道轴测图（部分），如图 4-4 所示。材料主要参数如表 4-24 所示。

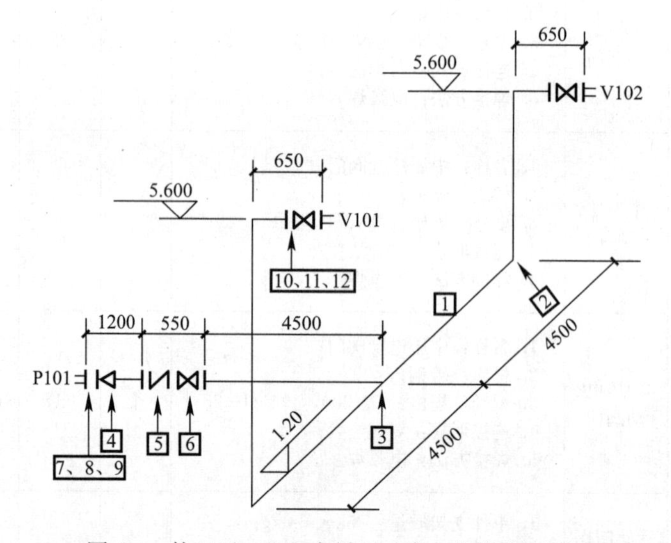

图 4-4　某工厂工业回水循环系统工艺管道轴测图

材料主要参数　　**表 4-24**

序号	材料名称	规格型号	材质
1	不锈钢钢管	ϕ108×4	304
2	90°冲压弯头	*DN*100、PN2.5	304
3	等径三通	*DN*100、PN2.5	304
4	偏心异径管	*DN*100×65、PN2.5	304
5	止回阀	*DN*100、H44W—25PL	304
6	闸阀	*DN*100、Z44W—25PL	304
7	法兰	*DN*65、SO65—2.5RF	304

续表

序号	材料名称	规格型号	材质
8	聚四氟乙烯垫片	*DN*65、PN2.5	聚四氟乙烯
9	双头螺栓/螺母	M16×85	A2—50/A2—50
10	法兰	*DN*100、SO100—2.5RF	304
11	聚四氟乙烯垫片	*DN*100、PN2.5	聚四氟乙烯
12	双头螺栓/螺母	M16×95	A2—50/A2—50

（1）设计说明

1）该管道系统工作压力为2.5MPa，所有管件均采用成品件。

2）管道系统采用氩电联焊（氩弧焊打底，施工中充氩气保护）。

3）管道安装完毕进行水压试验，试压合格后清水冲洗。

4）管道保温为岩棉管壳，保温层厚度为δ=80mm，外保护层为镀锌白铁皮δ=0.6mm。

5）管道的无损检验采用X光射线探伤（胶片尺寸用80mm×150mm），检验比例为50%，焊口总数为6个。

6）图中标高为m，其余尺寸均为mm。

（2）计算说明

1）计算该系统管道、管件、阀门、法兰、焊缝X射线探伤及管道绝热层和保护层的工程量。

2）阀门和法兰的绝热保温不计算。

3）X光射线探伤时临近胶片重叠尺寸为25mm。

4）计算结果除计量单位为"m^3"的项目保留三位小数外，其他均保留小数点后两位有效数字，第三位四舍五入。

2. 问题

根据以上背景资料及现行国家标准《建设工程工程量清单计价规范》GB 50500—2013、《通用安装工程工程量计算规范》GB 50856—2013，试列出该管道安装工程分部分项工程量清单。

3. 参考答案（表4-25和表4-26）

清单工程量计算表 **表4-25**

工程名称：某工程

序号	项目编码	清单项目名称	计算式	工程量合计	计量单位
1	030802003001	中压不锈钢管	*DN*100（ϕ108×4）中压不锈钢管道，氩电联焊： 0.65×2+(5.6—1.2)×2+4.5×2+4.5+0.5+1.2 =25.30（m）	25.30	m
2	030805003001	中压不锈钢管件	90°*DN*100冲压不锈钢弯头： 4个	4	个
3	030805003002	中压不锈钢管件	*DN*100不锈钢等径三通： 1个	1	个
4	030805003003	中压不锈钢管件	*DN*100×65不锈钢偏心异径管： 1个	1	个
5	030811004001	中压不锈钢法兰	*DN*100中压不锈钢平焊法兰，氩电联焊： 1副	1	副

续表

序号	项目编码	清单项目名称	计算式	工程量合计	计量单位
6	030811004002	中压不锈钢法兰	*DN*100、PN2.5中压不锈钢平焊法兰，氩电联焊： 1+1=2	2	片
7	030811004003	中压不锈钢法兰	*DN*65、PN2.5中压不锈钢平焊法兰，氩电联焊： 1片	1	片
8	030808003001	中压法兰阀门	*DN*100、PN2.5中压不锈钢闸阀Z44—25PL： 1+1+1=3（个）	3	个
9	030808003002	中压法兰阀门	*DN*100、PN2.5中压不锈钢止回阀H44W—25PL： 1个	1	个
10	030816003001	焊缝X射线探伤	探伤ϕ108×4，单个焊口底片张数： 0.108×3.14/(0.15—0.025×2)=3.39（张），取4张； 所需底片总数：6×50%×4=12（张）	12	张
11	031208002002	管道绝热	管道岩棉管壳绝热，ϕ108×4： $V=3.14\times(0.108+1.033\times0.08)\times1.033\times0.08\times25.3$ $=1.252$（m^3）	1.252	m^3
12	031208007001	保护层	管道镀锌白铁皮保护层，ϕ108×4： $S_1=3.14\times(0.108+2.1\times0.08+0.0082)\times25.3$ $=22.58$（m^2）	22.58	m^2

分部分项工程和单价措施项目清单与计价表 **表4-26**

工程名称：某工程

序号	项目编码	项目名称	项目特征描述	计量单位	工程量	金额（元）		
						综合单价	合价	其中 暂估价
1	030802003001	中压不锈钢管	1. 材质：304不锈钢； 2. 规格：ϕ108×4； 3. 焊接方法：氩电联焊； 4. 充氩保护方式、部位：氩弧焊打底，施工中充氩气保护； 5. 压力试验、吹扫与清洗设计要求：水压试验、清水冲洗	m	25.30			
2	030805003001	中压不锈钢管件	1. 材质：304不锈钢； 2. 规格：*DN*100、90°冲压弯头； 3. 焊接方法：氩电联焊	个	4			
3	030805003002	中压不锈钢管件	1. 材质：304不锈钢； 2. 规格：*DN*100等径三通； 3. 焊接方法：氩电联焊	个	1			

续表

序号	项目编码	项目名称	项目特征描述	计量单位	工程量	金额（元）		
						综合单价	合价	其中
								暂估价
4	030805003003	中压不锈钢管件	1. 材质：304 不锈钢； 2. 规格：*DN*100×65 偏心异径管； 3. 焊接方法：氩电联焊	个	1			
5	030811004001	中压不锈钢法兰	1. 材质：304 不锈钢； 2. 结构形式：平焊法兰； 3. 型号、规格：SO100—2.5RF、*DN*100； 4. 连接形式：焊接； 5. 焊接方法：氩电联焊	副	1			
6	030811004002	中压不锈钢法兰	1. 材质：304 不锈钢； 2. 结构形式：平焊法兰； 3. 型号、规格：*DN* 100、SO100—2.5RF； 4. 连接形式：焊接； 5. 焊接方法：氩电联焊	片	2			
7	030811004003	中压不锈钢法兰	1. 材质：304 不锈钢； 2. 结构形式：平焊法兰； 3. 型号、规格：SO65—2.5RF、*DN*65； 4. 连接形式：焊接； 5. 焊接方法：氩电联焊	片	1			
8	030808003001	中压法兰阀门	1. 名称：中压不锈钢闸阀； 2. 材质：304 不锈钢； 3. 型号、规格：Z44—25PL、*DN*100； 4. 连接形式：平焊法兰； 5. 焊接方法：氩电联焊	个	3			
9	030808003002	中压法兰阀门	1. 名称：中压不锈钢止回阀； 2. 材质：304 不锈钢； 3. 型号、规格：H44W—25PL、*DN*100； 4. 连接形式：平焊法兰； 5. 焊接方法：氩电联焊	个	1			
10	030816003001	焊缝X射线探伤	1. 名称：焊缝X射线探伤； 2. 底片规格：80mm×150mm； 3. 管壁厚度：4mm	张	12			
11	031208002002	管道绝热	1. 绝热材料品种：岩棉； 2. 绝热厚度：80mm； 3. 管道外径：108mm	m^3	1.252			
12	031208007001	保护层	1. 材料：镀锌白铁皮； 2. 厚度：0.6mm； 3. 层数：1层； 4. 对象：管道岩棉保温层； 5. 结构形式：咬口	m^2	22.58			

4.2.5 实例 4-5

1. 背景资料

某生产装置中部分工艺管道系统如图 4-5 所示。

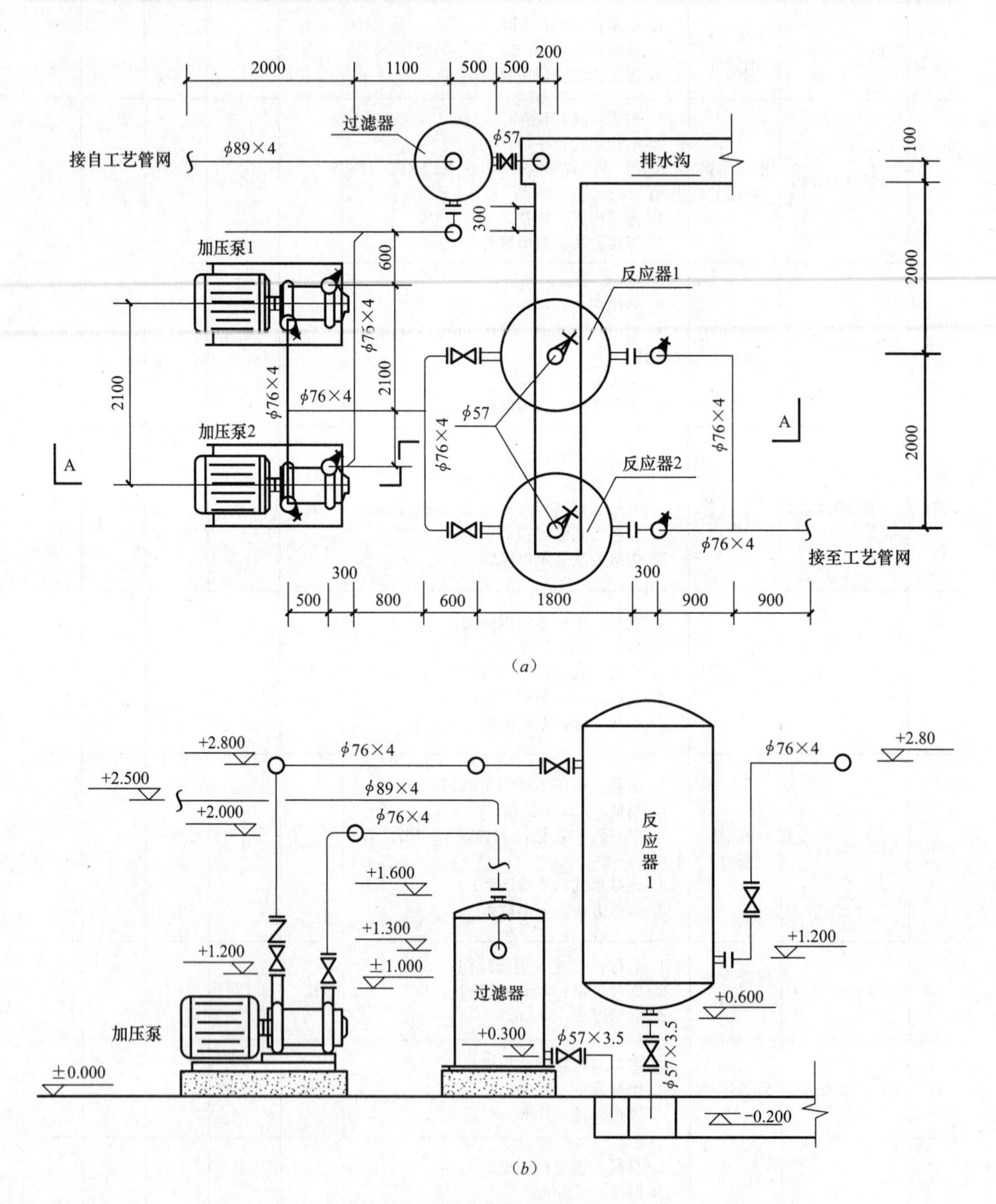

图 4-5 工艺管道平面图

(a) 平面图；(b) A-A

（1）设计说明

1）本图所示为某工厂生产装置的部分工艺管道系统，该管道系统工作压力为2.0MPa。图中标注尺寸标高以m计，其他均以mm计。

2）管道均采用20# 碳钢无缝钢管，弯头采用成品压制弯头，三通为现场挖眼连接，管道系统的焊接均为氩电联焊。

3）所有法兰为碳钢对焊法兰；阀门型号：止回阀为H41H—25，截止阀为J41H—25，采用对焊法兰连接。

4）管道支架为普通支架，单个支架质量20kg，共21处。

5）管道系统安装就位后，对ϕ76×4的管线的焊口进行无损探伤，采用X光射线探伤，片子规格为80mm×150mm，焊口按36个计。

6）管道安装完毕后，均进行水压试验和空气吹扫。

7）管道、管道支架人工除锈后，均进行刷红丹防锈漆两遍。

（2）计算说明

1）仅计算管道ϕ89×4、管道ϕ76×4、管道ϕ57×3.5、管件安装、管架制作安装、焊缝X光射线探伤的工程量。

2）X光射线探伤时临近胶片重叠尺寸为25mm。

3）计算结果保留小数点后两位有效数字，第三位四舍五入。

2. 问题

根据以上背景资料及现行国家标准《建设工程工程量清单计价规范》GB 50500—2013、《通用安装工程工程量计算规范》GB 50856—2013，试列出该工程要求的项目分部分项工程量清单。

3. 参考答案（表4-27和表4-28）

清单工程量计算表　　表4-27

工程名称：某工程

序号	项目编码	清单项目名称	计算式	工程量合计	计量单位
1	030802001001	中压碳钢管	中压碳钢管道，20# 无缝钢管ϕ89×4氩电联焊，水压试验、空气吹扫、外壁人工除锈，刷防红丹防锈漆两遍： L=2+1.1+(2.5—1.6)=4（m）	4	m
2	030802001002	中压碳钢管	20# 无缝钢管ϕ76×4（其他同上）： L=[0.3+(2—1.3)+1.1+0.6+2.1+(0.3+2—1)×2]+[2.1+(2.8—1.2)×2+0.5+0.3+0.8+2+(0.6×2)]+[(0.3+0.9+2.8—1.2)×2+2+0.9]=7.4+10.1+8.5=26（m）	26	m
3	030802001003	中压碳钢管	20# 无缝钢管ϕ57×3.5（其他同上）： L=(0.3+0.2+0.5)+(0.6+0.2)×2=1+1.6=2.6（m）	2.6	m
4	030805001001	中压碳钢管件	中压碳钢管件DN80，氩电联焊，冲压弯头：1个	1	个

续表

序号	项目编码	清单项目名称	计算式	工程量合计	计量单位
5	030805001002	中压碳钢管件	中压碳钢管件 $DN70$ 氩电联焊，冲压弯头：15个	15	个
6	030805001003	中压碳钢管件	中压碳钢管件 $DN70$ 氩电联焊，挖眼三通：4个	4	个
7	030805001004	中压碳钢管件	中压碳钢管件 $DN50$ 氩电联焊，冲压弯头：1个	1	个
8	030815001001	管架制作安装	管架制作安装，人工除锈，刷防红丹防锈漆两遍： 20×21=420（kg）	420	kg
9	030816003001	焊缝X射线探伤	焊缝X光射线探伤，胶片80×150，管壁 $\delta \leqslant$ 4mm，每个焊口的胶片数量：0.070×3.14÷(0.15—0.025×2)=2.39（张），取3张。 36个焊口的胶片数量：36×3=108（张）	108	张

分部分项工程和单价措施项目清单与计价表 **表4-28**

工程名称：某工程

序号	项目编码	项目名称	项目特征描述	计量单位	工程量	金额（元）		
						综合单价	合价	其中 暂估价
1	030802001001	中压碳钢管	1. 材质：碳钢； 2. 规格：20#无缝钢管 $\phi 89 \times 4$； 3. 连接形式、焊接方法：氩电联焊； 4. 压力试验、吹扫与清洗设计要求：水压试验、空气吹扫	m	4			
2	030802001002	中压碳钢管	1. 材质：碳钢； 2. 规格：20#无缝钢管 $\phi 76 \times 4$； 3. 连接形式、焊接方法：氩电联焊； 4. 压力试验、吹扫与清洗设计要求：水压试验、空气吹扫	m	26			
3	030802001003	中压碳钢管	1. 材质：碳钢； 2. 规格：20#无缝钢管 $\phi 57 \times 3.5$； 3. 连接形式、焊接方法：氩电联焊； 4. 压力试验、吹扫与清洗设计要求：水压试验、空气吹扫	m	2.6			
4	030805001001	中压碳钢管件	1. 材质：碳钢； 2. 规格：$DN80$ 冲压弯头； 3. 焊接方法：氩电联焊	个	1			
5	030805001002	中压碳钢管件	1. 材质：碳钢； 2. 规格：$DN70$ 冲压弯头； 3. 焊接方法：氩电联焊	个	15			

续表

序号	项目编码	项目名称	项目特征描述	计量单位	工程量	金额（元）		
						综合单价	合价	其中 暂估价
6	030805001003	中压碳钢管件	1. 材质：碳钢； 2. 规格：*DN*70 挖眼三通； 3. 焊接方法：氩电联焊	个	4			
7	030805001004	中压碳钢管件	1. 材质：碳钢； 2. 规格：*DN*50 冲压弯头； 3. 焊接方法：氩电联焊	个	1			
8	030815001001	管架制作安装	1. 单件支架质量：20kg； 2. 材质：碳钢； 3. 管架形式：普通支架	kg	420			
9	030816003001	焊缝 X 射线探伤	1. 名称：焊缝 X 光射线探伤； 2. 底片规格：80mm×150mm； 3. 管壁厚度：4mm	张	108			

4.2.6 实例 4-6

1. 背景资料

某换热加压站工艺系统平面图，如图 4-6 所示。

（1）设计说明

1）管道系统工作压力为 1.0MPa，图中标注尺寸除标高以 m 计外，其他均以 mm 计。

2）管道均采用 20 号碳钢无缝钢管，弯头采用成品压制弯头，三通现场挖眼连接，管道系统全部采用电弧焊接。

3）蒸汽管道安装就位后，对管口焊缝采用 X 光射线进行无损探伤，探伤片子规格为 80×150mm，该管道按 7 个焊口/10mm 计算，探伤比例要求为 50%。

4）所有法兰为碳钢平焊法兰，热水箱内配有一浮球阀。阀门型号截止阀位 J41T—16，止回阀为 H41T—16，止回阀为 H41T—16，疏水阀 S41T—16，均采用平焊法兰连接。

5）管道支架为普通支架，管道安装完毕进行水压试验和空气吹扫。

6）所有管道、管道支架人工除锈后，均刷红丹防锈漆两遍，管道采用岩棉壳（厚度为 50mm）保温，外缠箔保护层。

（2）计算说明

1）支架制安、防腐、绝热工程量不计算。

2）X 光射线探伤时临近胶片重叠尺寸为 25mm。

3）计算结果保留小数点后两位有效数字，第三位四舍五入。

2. 问题

根据以上背景资料及现行国家标准《建设工程工程量清单计价规范》GB 50500—2013、《通用安装工程工程量计算规范》GB 50856—2013，试列出该管道系统（支架制安除外）的分部分项工程量清单。

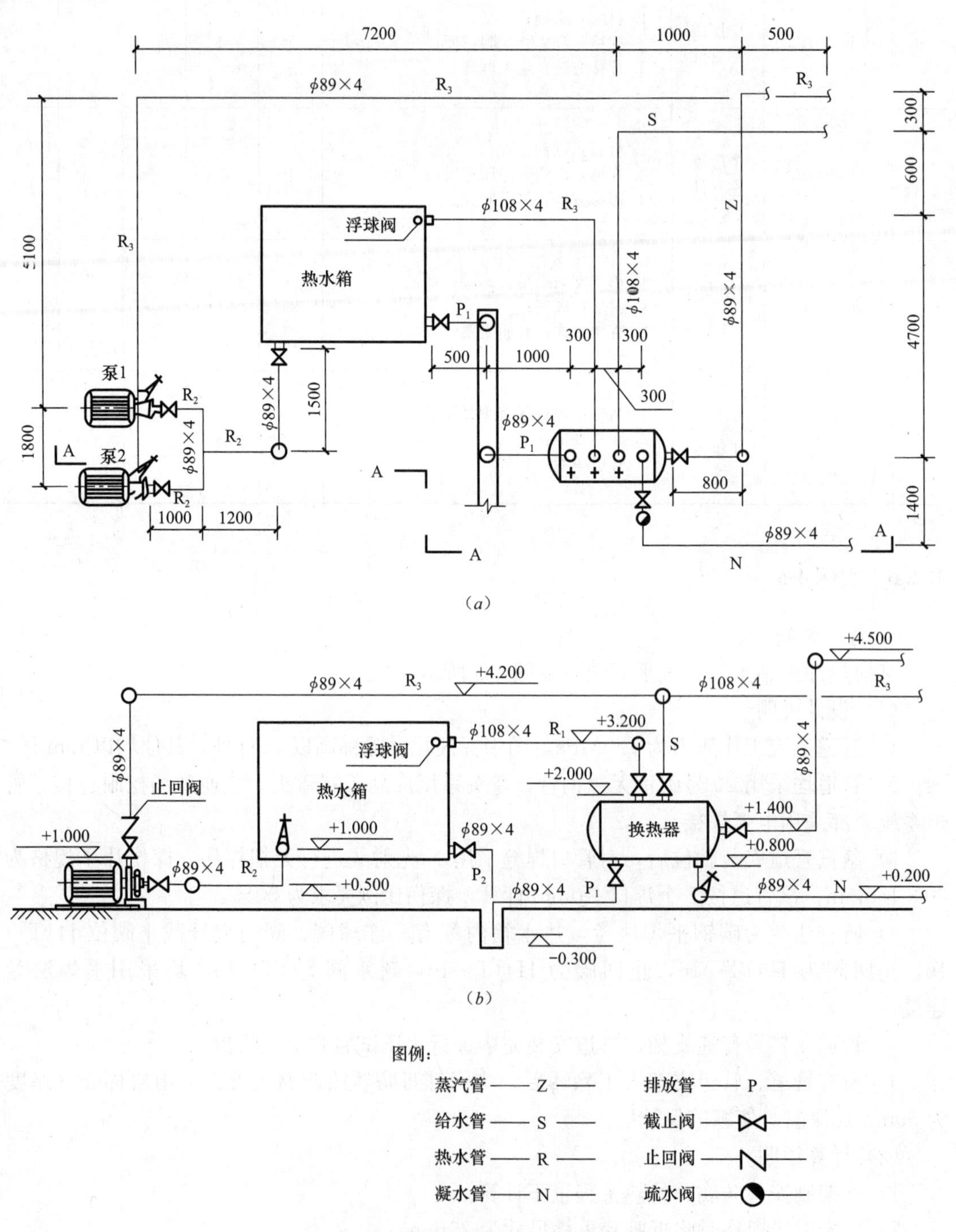

图4-6 换热加压站工艺系统平面图

(a) 系统平面图；(b) A—A

3. 参考答案（表 4-29 和表 4-30）

清单工程量计算表 **表 4-29**

工程名称：某工程

序号	项目编码	清单项目名称	计算式	工程量合计	计量单位
1	030801001001	低压碳钢管	无缝钢管 ϕ108×4，电弧焊连接，水压试验、水冲洗，外壁人工除锈，刷红丹防锈漆两道、岩棉管壳保温 50mm，铝箔保护层。 无缝钢管 ϕ108×4 安装工程量： S 管：0.5+1+0.6+4.7+(4.2—2)=9（m） R_1 管：4.7+0.5+1+0.3+(3.2—2)=7.70（m） 小计：9+7.7=16.70（m）	16.70	m
2	030801001002	低压碳钢管	无缝钢管 ϕ89×4 电弧焊连接（其他同上）： N：L_1=(1.4+1.0—0.3+0.5)+(0.8—0.2)=3.20（m） Z：L_2=(0.8+4.7+0.6+0.3+0.5)+(4.5—1.4)=10.00（m） P_1：L_3=(1.0+0.8+0.3)+(0.5+1.0+0.3)=3.90（m） R_3：L_4=(1.8+5.1+7.2+1+0.5)+(4.2—0.5)×2=23.00（m） R_2：L_5=(1.0×2+1.8+1.2+1.5)+(1.0—0.5)=7.00（m） 小计：L=3.2+10+3.9+23+7.0=47.10（m）	47.10	m
3	030804001001	低压碳钢管件	*DN*100 冲压弯头，电弧焊： 4 个	4	个
4	030804001002	低压碳钢管件	*DN*80 冲压弯头，电弧焊： 14 个	14	个
5	030804001003	低压碳钢管件	*DN*80 挖眼三通　电弧焊： 2 个	2	个
6	030807003001	低压法兰阀门	*DN*100 截止阀 J41T—16： 2 个	2	个
7	030807003002	低压法兰阀门	*DN*80 截止阀 J41T—16： 9 个	9	个
8	030807003003	低压法兰阀门	*DN*80 止回阀 H41T—16： 2 个	2	个
9	030807003004	低压法兰阀门	*DN*80 疏水阀 S41T—16： 1 个	1	个
10	030810002001	低压碳钢焊接法兰	*DN*100　PN1.6 电弧焊： 1.5 副	1.5	副
11	030810002002	低压碳钢焊接法兰	*DN*80　PN1.6 电弧焊： 5.5 副	5.5	副

续表

序号	项目编码	清单项目名称	计算式	工程量合计	计量单位
12	030816003001	焊缝X射线探伤	胶片80×150，管壁≤4mm，ϕ89×4蒸汽管道焊缝X光射线探伤工程量： Z管长度：0.5+0.8+0.3+0.6+4.7+(4.5—1.4)=10（m） 焊口总数：(10÷10)×7=7（个） 探伤焊口数：7×50%=3.5（个），取4个焊口。 每个焊口需要的胶片数： 0.089×3.14/(0.15—0.025×2)=2.79（张），取3张胶片数量：3×4=12（张）	12	张

分部分项工程和单价措施项目清单与计价表 表4-30

工程名称：某工程

序号	项目编码	项目名称	项目特征描述	计量单位	工程量	金额（元）		
						综合单价	合价	其中 暂估价
1	030801001001	低压碳钢管	1. 材质：碳钢； 2. 规格：无缝钢管ϕ108×4； 3. 连接形式、焊接方法：电弧焊接； 4. 压力试验、吹扫与清洗设计要求：进行水压试验和空气吹扫	m	16.70			
2	030801001002	低压碳钢管	1. 材质：碳钢； 2. 规格：无缝钢管ϕ89×4； 3. 连接形式、焊接方法：电弧焊接； 4. 压力试验、吹扫与清洗设计要求：进行水压试验和空气吹扫	m	47.10			
3	030804001001	低压碳钢管件	1. 材质：碳钢； 2. 规格：*DN*100冲压弯头； 3. 连接方式：电弧焊	个	4			
4	030804001002	低压碳钢管件	1. 材质：碳钢； 2. 规格：*DN*80冲压弯头； 3. 连接方式：电弧焊	个	14			
5	030804001003	低压碳钢管件	1. 材质：碳钢； 2. 规格：*DN*80挖眼三通； 3. 连接方式：电弧焊	个	2			
6	030807003001	低压法兰阀门	1. 名称：截止阀； 2. 材质：碳钢； 3. 型号、规格：J41T—16、*DN*100； 4. 连接形式：平焊法兰； 5. 焊接方法：电弧焊	个	2			
7	030807003002	低压法兰阀门	1. 名称：截止阀； 2. 材质：碳钢； 3. 型号、规格：J41T—16、*DN*80； 4. 连接形式：平焊法兰； 5. 焊接方法：电弧焊	个	9			

续表

序号	项目编码	项目名称	项目特征描述	计量单位	工程量	金额（元）		
						综合单价	合价	其中 暂估价
8	030807003003	低压法兰阀门	1. 名称：止回阀； 2. 材质：碳钢； 3. 型号、规格：J41T—16、*DN*80； 4. 连接形式：平焊法兰； 5. 焊接方法：电弧焊	个	2			
9	030807003004	低压法兰阀门	1. 名称：疏水阀； 2. 材质：碳钢； 3. 型号、规格：S41T—16、*DN*80； 4. 连接形式：平焊法兰； 5. 焊接方法：电弧焊	个	1			
10	030810002001	低压碳钢焊接法兰	1. 材质：碳钢； 2. 结构形式：平焊法兰； 3. 型号、规格：*DN*100； 4. 连接形式：焊接； 5. 焊接方法：电弧焊	副	1.5			
11	030810002002	低压碳钢焊接法兰	1. 材质：碳钢； 2. 结构形式：平焊法兰； 3. 型号、规格：*DN*80； 4. 连接形式：焊接； 5. 焊接方法：电弧焊	副	5.5			
12	030816003001	焊缝X射线探伤	1. 名称：焊缝X射线探伤； 2. 底片规格：80mm×150mm； 3. 管壁厚度：4mm	张	12			

4.2.7 实例 4-7

1. 背景资料

某管道工程平面图和系统图，如图 4-7 和图 4-8 所示。

（1）设计说明

1）管道输送介质为水，系统工作压力为 2.0MPa。

2）管道采用 20# 碳钢无缝钢管，管道连接全部采用电弧焊接，管道安装完毕后作水压试验和水冲洗。

3）弯头、异径管采用碳钢压制成品件，三通、四通采用现场挖眼连接。

4）所有法兰均采用碳钢对焊法兰，压力等级为 2.5MPa，阀门型号除电动阀门外，均为 J41T—25。

5）管道支架采用普通型钢支架，ϕ159×6 管道支架 10 处，每处 20kg。

6）管道的无损检验采用 X 光射线探伤（胶片尺寸：80mm×150mm），检验比例为 50%，焊口总数为 ϕ159×6 管道焊口为 26 个，焊口总数为 ϕ219×6 管道焊口为 38 个。

7）管道手工除微锈后，刷红丹防锈漆两遍；管架手工除锈后，刷红丹防锈漆一遍，调和漆两遍。

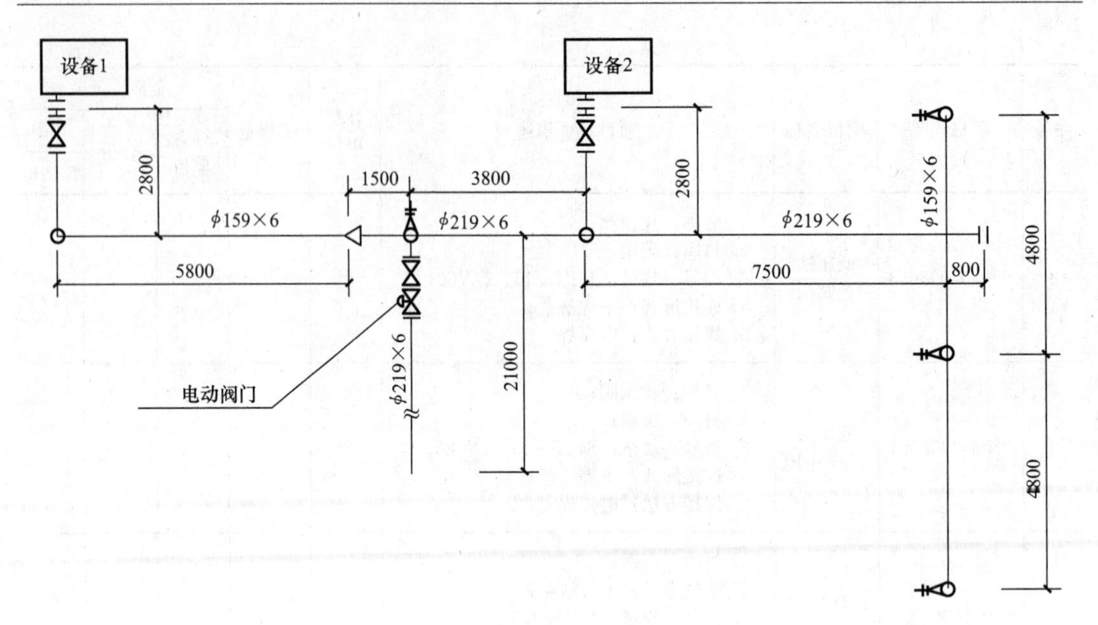

图 4-7　某厂管道工程平面图

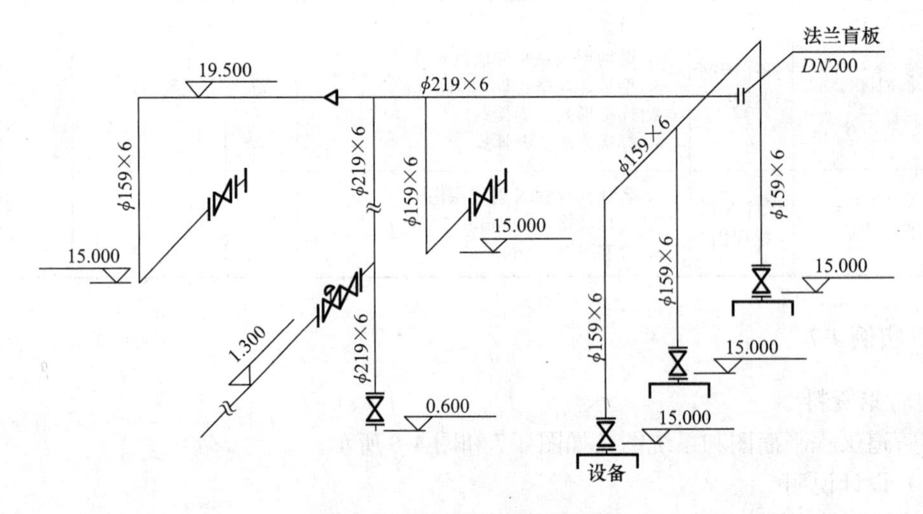

图 4-8　某厂管道工程系统图

8）图中标注尺寸标高以 m 为单位，其余均以 mm 为单位。

（2）计算说明

1）管架除锈、刷油不计算。

2）X 光射线探伤时临近胶片重叠尺寸为 25mm。

3）计算结果保留小数点后两位有效数字，第三位四舍五入。

2. 问题

根据以上背景资料及现行国家标准《建设工程工程量清单计价规范》GB 50500—2013、《通用安装工程工程量计算规范》GB 50856—2013，试列出该工程要求计算项目的分部分项工程量清单。

3. 参考答案（表 4-31 和表 4-32）

清单工程量计算表 **表 4-31**

工程名称：某工程

序号	项目编码	清单项目名称	计算式	工程量合计	计量单位
1	030802001001	中压碳钢管	ϕ159×6 管道，电弧焊连接，水压试验、水冲洗，手工除微锈，红丹防锈漆两遍： 水平：2.8+5.8+2.8+4.8+4.8=21.00（m） 垂直：(19.5—15)×5=22.50（m） 小计：21+22.50=43.50（m）	43.50	m
2	030802001002	中压碳钢管	ϕ219×6 管道，电弧焊连接，水压试验、水冲洗，手工除微锈，红丹防锈漆两遍： 水平：0.8+7.5+3.8+1.5+21.0=34.60（m） 垂直：19.5—0.6=18.90（m） 小计：34.60+18.90=53.50（m）	53.50	m
3	030805001001	中压碳钢管件	压制 20# 碳钢异径管 *DN*200×150，电弧焊接： 1个	1	个
4	030805001002	中压碳钢管件	挖制三通 *DN*150，电弧焊接： 2个	2	个
5	030805001003	中压碳钢管件	挖制三通 *DN*200，电弧焊接： 2个	2	个
6	030805001004	中压碳钢管件	弯头 *DN*150，电弧焊接： 5个	5	个
7	030805001005	中压碳钢管件	四通 *DN*200×150，电弧焊接： 1个	1	个
8	030808003001	中压法兰阀门	法兰截止阀 J41T—25，*DN*150： 5个	5	个
9	030808004001	中压电动阀门	法兰电动阀 J41T—25，*DN*200： 1个	1	个
10	030811002001	中压碳钢对焊法兰	碳钢对焊法兰，PN2.5MPa，*DN*150： 5副	5	副
11	030811002002	中压碳钢对焊法兰	碳钢对焊法兰，PN2.5MPa，*DN*200： 0.5副	0.5	副
12	030815001001	管架制作安装	普通型钢支架： 20×10=200（kg）	200	kg
13	030816003001	焊缝X射线探伤	ϕ159×6 管道焊缝 X 射线探伤： 每个焊口：0.159×3.14/(0.150—0.025×2)=4.99（张），取5张； 小计：26×50%×5=13×5=65（张）	65	张
14	030816003002	焊缝X射线探伤	ϕ219×6 管道焊缝 X 射线探伤 每个焊口：0.219×3.14/(0.150—0.025×2)=6.88（张），取7张； 小计：38×50%×7=19×7=133（张）	133	张

分部分项工程和单价措施项目清单与计价表　　表 4-32

工程名称：某工程

序号	项目编码	项目名称	项目特征描述	计量单位	工程量	金额（元）		
						综合单价	合价	其中
								暂估价
1	030802001001	中压碳钢管	1. 材质：碳钢； 2. 规格：ϕ159×6； 3. 连接形式、焊接方法：电弧焊； 4. 压力试验、吹扫与清洗设计要求：水压试验、水冲洗	m	43.50			
2	030802001002	中压碳钢管	1. 材质：碳钢； 2. 规格：ϕ219×6； 3. 连接形式、焊接方法：电弧焊； 4. 压力试验、吹扫与清洗设计要求：水压试验，水冲洗	m	53.50			
3	030805001001	中压碳钢管件	1. 材质：碳钢； 2. 规格：*DN*200×150 压制异径管； 3. 焊接方法：电弧焊	个	1			
4	030805001002	中压碳钢管件	1. 材质：碳钢； 2. 规格：*DN*150 挖制三通； 3. 焊接方法：电弧焊	个	2			
5	030805001003	中压碳钢管件	1. 材质：碳钢； 2. 规格：*DN*200 挖制三通； 3. 焊接方法：电弧焊	个	2			
6	030805001004	中压碳钢管件	1. 材质：碳钢； 2. 规格：*DN*150 弯头； 3. 焊接方法：电弧焊	个	5			
7	030805001005	中压碳钢管件	1. 材质：碳钢； 2. 规格：*DN*200×150 异径四通； 3. 焊接方法：电弧焊	个	1			
8	030808003001	中压法兰阀门	1. 名称：截止阀； 2. 材质：碳钢； 3. 型号、规格：J41T—25、*DN*150； 4. 连接形式：对焊法兰连接； 5. 焊接方法：电弧焊	个	5			
9	030808004001	中压电动阀门	1. 名称：电动阀； 2. 材质：碳钢； 3. 型号、规格：J41T—25、*DN*200； 4. 连接形式：对焊法兰连接； 5. 焊接方法：电弧焊	个	1			
10	030811002001	中压碳钢对焊法兰	1. 名称：碳钢对焊法兰； 2. 材质：碳钢； 3. 型号、规格：*DN*150； 4. 连接形式：焊接； 5. 焊接方法：电弧焊	副	5			

续表

序号	项目编码	项目名称	项目特征描述	计量单位	工程量	金额（元）		
						综合单价	合价	其中 暂估价
11	030811002002	中压碳钢对焊法兰	1. 名称：碳钢对焊法兰； 2. 材质：碳钢； 3. 型号、规格：*DN*200； 4. 连接形式：焊接； 5. 焊接方法：电弧焊	副	0.5			
12	030815001001	管架制作安装	1. 单件支架质量：20kg； 2. 材质：碳钢； 3. 管架形式：普通型钢支架	kg	200.00			
13	030816003001	焊缝X射线探伤	1. 名称：焊缝X射线探伤； 2. 底片规格：80mm×150mm 3. 管壁厚度：6mm	张	65			
14	030816003002	焊缝X射线探伤	1. 名称：焊缝X射线探伤； 2. 底片规格：80mm×150mm 3. 管壁厚度：6mm	张	133			

4.2.8 实例4-8

1. 背景资料

图4-9所示为某水处理厂加药间工艺安装图，该工程主要设备材料表，如表4-33所示。

（1）设计说明

1）图示为某水处理厂加药间低压工艺管道，图中标高以m计，其余均以mm计。

2）出药管道采用内衬聚四氟乙烯无缝钢管，管道连接采用活连接。

进水管采用无缝钢管，管件采用定型焊接管件，均为电弧焊接。

3）管道与加药装置连接采用平焊法兰连接，阀门距设备距离为200mm。

4）管道安装完毕后，采用水压试验，试验合格后先用碱水冲洗，再用清水冲洗。

5）地上管道外壁喷砂除锈、氯磺化底漆两遍、面漆两遍，埋地管道外壁机械除锈、沥青加强级防腐。

（2）计算说明

1）计算ϕ48×3.5进水管、*DN* 40出药管的工程量和*DN* 40出药管上的法兰工程量，计算范围以图示边框为界，管道与设备设备连接处按设备外框线考虑。

2）管件不计算。

3）计算结果保留小数点后两位有效数字，第三位四舍五入。

2. 问题

根据以上背景资料及现行国家标准《建设工程工程量清单计价规范》GB 50500—2013、《通用安装工程工程量计算规范》GB 50856—2013，试列出该工程要求计算项目的分部分项工程量清单。

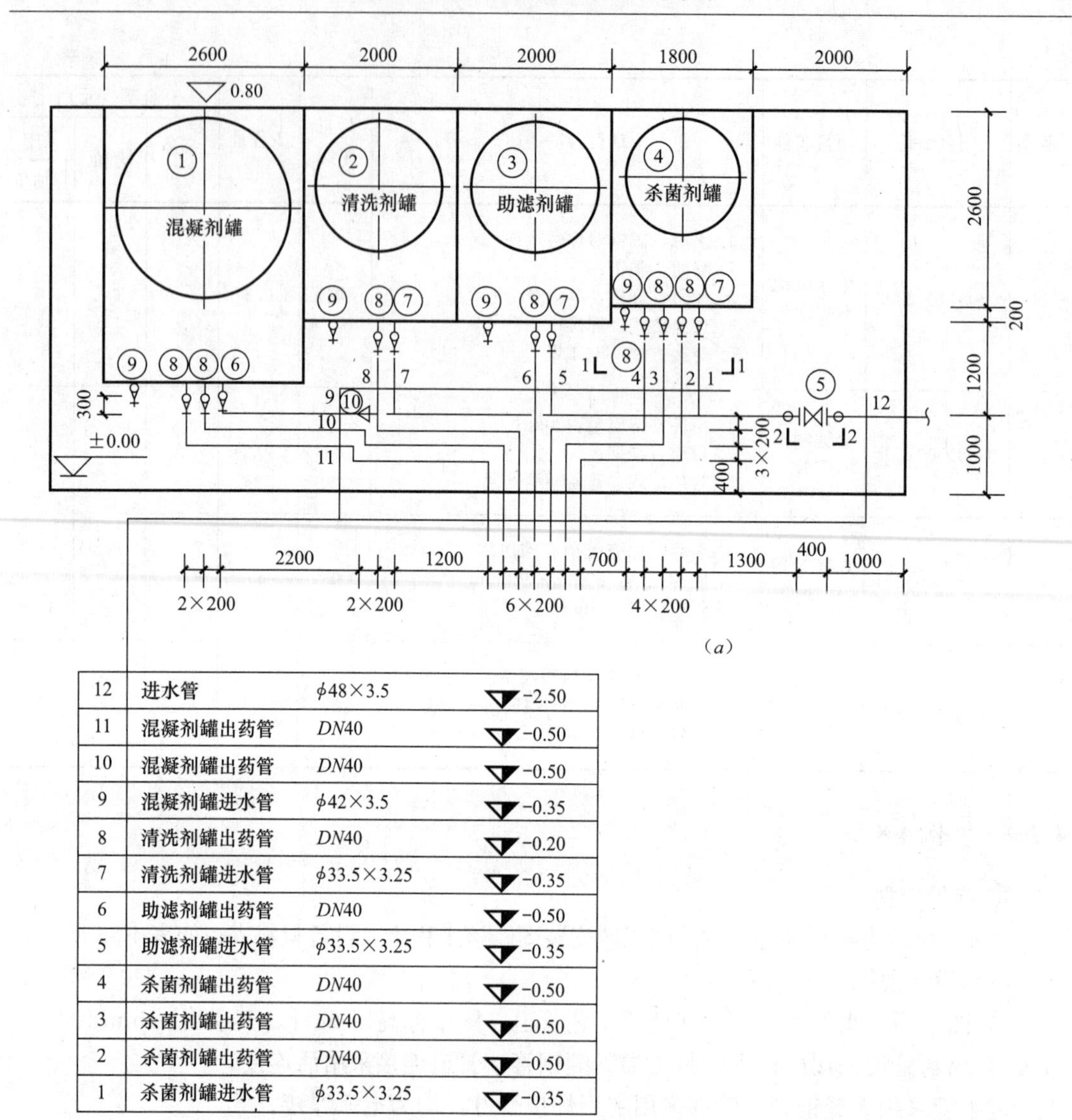

12	进水管	ϕ48×3.5	−2.50
11	混凝剂罐出药管	DN40	−0.50
10	混凝剂罐出药管	DN40	−0.50
9	混凝剂罐进水管	ϕ42×3.5	−0.35
8	清洗剂罐出药管	DN40	−0.20
7	清洗剂罐进水管	ϕ33.5×3.25	−0.35
6	助滤剂罐出药管	DN40	−0.50
5	助滤剂罐进水管	ϕ33.5×3.25	−0.35
4	杀菌剂罐出药管	DN40	−0.50
3	杀菌剂罐出药管	DN40	−0.50
2	杀菌剂罐出药管	DN40	−0.50
1	杀菌剂罐进水管	ϕ33.5×3.25	−0.35

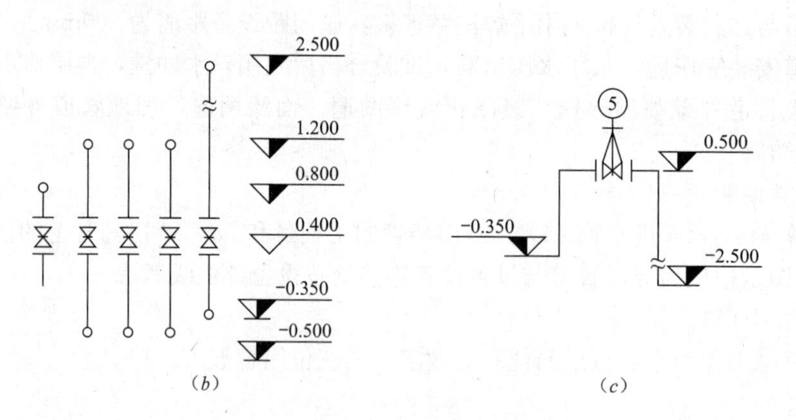

图 4-9　水处理厂加药间工艺安装图

(a) 平面图；(b) 1-1；(c) 2-2

设备材料表 **表 4-33**

编号	名称	型号及规格	单位
1	混凝剂罐	LXJY—S—7000—1111/1.0	套
2	清洗剂罐	LXJY—S—3000—167/1.0	套
3	助滤剂罐	LXJY—S—3000—167/1.0	套
4	杀菌剂罐	LXJY—S—2000—1111/1.0	套
5	截止阀	J41W—16，*DN* 32	个
6	截止阀	J41W—16，*DN* 32	个
7	截止阀	J41W—16，*DN* 25	个
8	胶管阀	JG41X—10，*DN* 40	个
9	胶管阀	JG41X—10，*DN* 25	个
10	钢制大小头	*DN* 40×32	个

3. 参考答案（表 4-34 和表 4-35）

清单工程量计算表 **表 4-34**

工程名称：某工程

序号	项目编码	清单项目名称	计算式	工程量合计	计量单位
1	030801001001	低压碳钢管	ϕ48×3.5 进水管道，无缝钢管，定型焊接管件，电弧焊接，水压试验、冲洗、氯磺化防腐。 L=1+2.5+0.5+0.4+0.5+0.35+1.3+0.8+0.7+1.2+1.2+0.4=10.85（m）	10.85	
2	030801001002	低压碳钢管	*DN* 40 内衬聚四氟乙烯无缝钢管、管件连接、水压试验、冲洗、氯磺化防腐，地上。 *DN* 40 出药内衬聚四氟乙烯无缝钢管： 1. 点 2、3、4 管线： L_1=[0.2+2.2+0.7+0.6+(0.5+1.2)]×3=16.20（m） 2. 点 6 管线： L_2=(2.2+1.2+0.5)=3.90（m） 3. 点 8 管线： L_3=(2.2+1.2+0.5)+(1.2+0.2×3)=5.70（m） 4. 点 10、11 管线： L_4=(0.2+1.2+0.4+2.2+0.4)×2+(1.0+0.3)×2+(0.5+1.2)×2=14.80（m） 5. 小计：L=16.2+3.9+5.7+14.8=40.60（m） 其中：地上线：(0.2+1.2)×7=9.80（m）	9.80	m
3	030801001003	低压碳钢管	*DN* 40 内衬聚四氟乙烯无缝钢管、管件连接、水压试验、酸洗、沥青加强防腐，地下。 40.6—9.8=30.8（m）	30.8	m
4	030807003001	低压法兰阀门	*DN* 25 截止阀 J41W—16，法兰连接 3 个	3	个
5	030807003002	低压法兰阀门	*DN* 32 截止阀 J41W—16，法兰连接 2 个	2	个
6	030807003003	低压法兰阀门	*DN* 25 胶管阀 JG41X—10，法兰连接 4 个	4	个

续表

序号	项目编码	清单项目名称	计算式	工程量合计	计量单位
7	030807003004	低压法兰阀门	*DN* 40 胶管阀 JG41X—10，法兰连接 7 个	7	个

分部分项工程和单价措施项目清单与计价表 **表 4-35**

工程名称：某工程

序号	项目编码	项目名称	项目特征描述	计量单位	工程量	金额（元）		
						综合单价	合价	其中
								暂估价
1	030801001001	低压碳钢管	1. 材质：碳钢； 2. 规格：ϕ48×3.5； 3. 连接形式、焊接方法：电弧焊； 4. 压力试验、吹扫与清洗设计要求：水压试验，碱水、清水冲洗	m	10.85			
2	030801001002	低压碳钢管	1. 材质：碳钢； 2. 规格：*DN* 40； 3. 连接形式、焊接方法：管件连接； 4. 压力试验、吹扫与清洗设计要求：水压试验，碱水、清水冲洗	m	9.8			
3	030801001003	低压碳钢管	1. 材质：碳钢； 2. 规格：*DN* 40； 3. 连接形式、焊接方法：管件连接； 4. 压力试验、吹扫与清洗设计要求：水压试验，碱水、清水冲洗	m	30.8			
4	030807003001	低压法兰阀门	1. 名称：截止阀； 2. 材质：碳钢； 3. 型号、规格：J41W—16、*DN* 25； 4. 连接形式：平焊法兰； 5. 焊接方法：电弧焊	个	3			
5	030807003002	低压法兰阀门	1. 名称：截止阀； 2. 材质：碳钢； 3. 型号、规格：J41W—16、*DN* 32； 4. 连接形式：平焊法兰； 5. 焊接方法：电弧焊	个	2			
6	030807003003	低压法兰阀门	1. 名称：胶管阀； 2. 材质：铸铁； 3. 型号、规格：JG41X—10、*DN* 25； 4. 连接形式：平焊法兰； 5. 焊接方法：电弧焊	个	4			
7	030807003004	低压法兰阀门	1. 名称：胶管阀； 2. 材质：铸铁； 3. 型号、规格：JG41X—10、*DN* 40； 4. 连接形式：平焊法兰； 5. 焊接方法：电弧焊	个	7			

4.2.9 实例 4-9

1. 背景资料

某加压站的部分工艺管道部分安装工程图，如图 4-10 所示。该工程主要材料表，如表 4-36 所示。

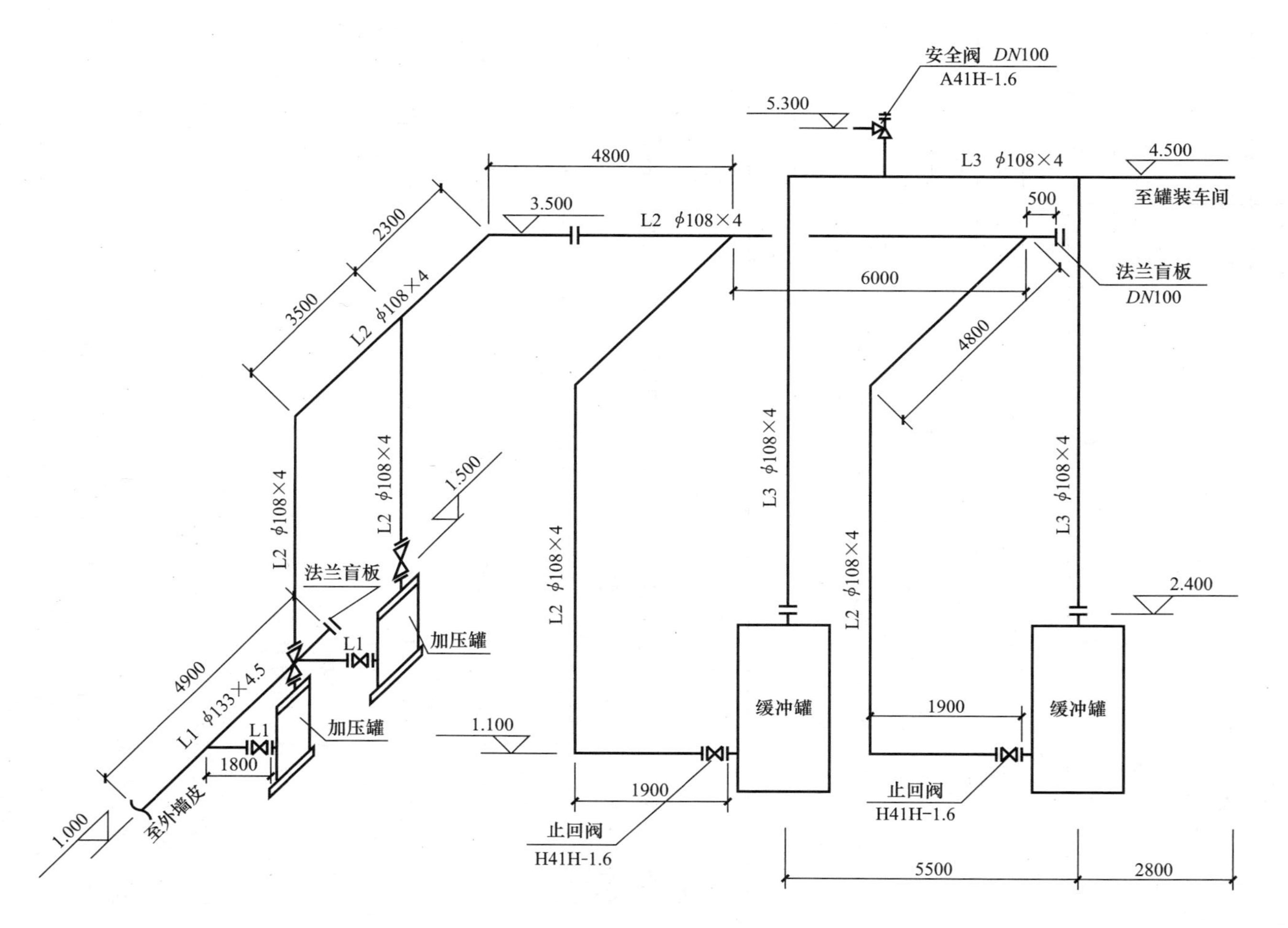

图4-10 某加压站部分系统图

主要材料表　　表 4-36

序号	名称	单位	备注
1	无缝钢管 ϕ108×4	t	
2	无缝钢管 ϕ133×4.5	t	
3	无缝钢管 ϕ219×6	t	
4	无缝弯头 ϕ108	个	
5	法兰截止阀 J41H—1.6、*DN* 125	个	
6	法兰截止阀 J41H—1.6、*DN* 100	个	
7	法兰止回阀 J41H—1.6、*DN* 100	个	
8	法兰安全阀 J41H—1.6、*DN* 100	个	
9	碳钢平焊法兰 *DN* 125、1.6MPa	片	
10	碳钢平焊法兰 *DN* 100、1.6MPa	片	
11	法兰盲板 *DN* 100	片	
12	法兰盲板 *DN* 125	个	

（1）设计说明

1）该管道系统工作压力为 1.6MPa。图中标注标高以 m 计，其他以 mm 计。

2）管道采用碳钢无缝钢管，电弧焊连接。

3）管件：弯头采用成品冲压弯头，三通现场挖眼连接，穿墙刚性防水套管采用无缝钢管 ϕ219×6，填料采用沥青。

4）阀门、法兰：所有法兰均为碳钢平焊法兰，阀门除图中说明外，均为 J41H—1.6 平焊法兰连接，设备接头带法兰。

5）管道支架为普通支架，ϕ133×4.5 支架共 5 处，每处 20kg，ϕ108×4 管支架共 20 处，每处 20kg（支架防腐不考虑）。

6）管道安装完毕做水压试验。

7）管道安装就位后，所有管道外壁人工除微锈刷红丹漆两遍，采用带铝箔离心玻璃棉管壳（厚度为 60mm）。

8）所有设备安装暂不考虑。

（2）计算说明

1）阀门、设备绝热工程量不计算。

2）计算各种管道、管件、阀门以及管道刷油绝热工程量。

3）计算结果除计量单位为“m^3”的项目保留三位小数外，其他均保留小数点后两位有效数字，第三位四舍五入。

2. 问题

根据以上背景资料及现行国家标准《建设工程工程量清单计价规范》GB 50500—2013、《通用安装工程工程量计算规范》GB 50856—2013，试列出该工程要求计算项目的分部分项工程量清单。

3. 参考答案（表 4-37 和表 4-38）

清单工程量计算表 **表 4-37**

工程名称：某工程

序号	项目编码	清单项目名称	计算式	工程量合计	计量单位
1	030801001001	低压碳钢管	无缝钢管（电弧焊）ϕ133×4.5： *L*1：4.9+1.6×2=8.10（m）	8.10	m
2	030801001002	低压碳钢管	无缝钢管（电弧焊）ϕ108×4： *L*2：(3.5—1.5)×2+2.3+3.5+4.8+6+0.5+(4.8+(3.5—1.1)+1.9)×2=39.30（m） *L*3：(4.5—2.4)×2+5.5+2.8+(5.3—4.5)=13.30（m） 小计：39.30+13.30=52.60（m）	52.60	m
3	030804001001	低压碳钢管件	低压碳钢管件（电弧焊）连接，*DN* 125 现场挖眼三通： 2 个	2	个
4	030804001002	低压碳钢管件	低压碳钢管件（电弧焊）连接，*DN* 100 弯头： 7 个	7	个
5	030804001003	低压碳钢管件	低压碳钢管件（电弧焊）连接 *DN* 100，现场挖眼三通： 5 个	5	个
6	030807003001	低压法兰阀门	截止阀 J41H—1.6、*DN* 125： 2 个	2	个
7	030807003002	低压法兰阀门	截止阀 J41H—1.6、*DN* 100： 2 个	2	个
8	030807003003	低压法兰阀门	止回阀 J41H—1.6、*DN* 100： 2 个	2	个
9	030807005001	低压安全阀门	安全阀 *DN* 100： 1 个	1	个
10	030810002001	低压碳钢焊接法兰	低压碳钢平焊法兰（电弧焊）安装 *DN* 125，带焊接法盲板： 1 副	1	副
11	030810002002	低压碳钢焊接法兰	低压碳钢平焊法兰（电弧焊）安装 *DN* 125mm 以内： 2 片	2	片
12	030810002003	低压碳钢焊接法兰	低压碳钢平焊法兰（电弧焊）安装 *DN* 100mm； 6 片	6	片
13	030810002004	低压碳钢焊接法兰	低压碳钢平焊法兰（电弧焊）安装 *DN* 100mm 以内： 2 副	2	副
14	030810002005	低压碳钢焊接法兰	低压碳钢平焊法兰（电弧焊）安装 *DN* 100，带盲板： 1 副	1	副

续表

序号	项目编码	清单项目名称	计算式	工程量合计	计量单位
15	030815001001	管架制作安装	一般钢结构管架制作安装，型钢，除锈，刷红丹漆两遍： 20×5＋20×20＝500（kg）	500	kg
16	030817008001	套管制作安装	穿墙防水套管，ϕ219： 1个	1	个
17	031201001001	管道刷油	管道刷红丹防锈漆： 3.14×0.133×8.10＋3.14×0.108×52.60＝21.22（m^2）	21.22	m^2
18	031208002001	管道绝热	铝箔离心玻璃棉管壳安装管道 ϕ133×4.5 保温厚度 60mm： V＝3.14×(0.133＋1.033×0.06)×1.033×0.06×8.10＝0.307（m^3）	0.307	m^3
19	031208002002	管道绝热	铝箔离心玻璃棉管壳安装管道 ϕ10×4 保温厚度 60mm。 L1： V_1＝3.14×(0.108＋1.033×0.06)×1.033×0.06×39.30＝1.300（m^3） L2： V_2＝3.14×(0.108＋1.033×0.06)×1.033×0.06×13.30＝0.440（m^3） 小计：V_3＝1.300＋0.440＝1.740（m^3）	1.740	m^3

分部分项工程和单价措施项目清单与计价表　　表 4-38

工程名称：某工程

序号	项目编码	项目名称	项目特征描述	计量单位	工程量	金额（元）		
						综合单价	合价	其中
								暂估价
1	030801001001	低压碳钢管	1. 材质：碳钢； 2. 规格：ϕ133×4.5； 3. 连接形式、焊接方法：电弧焊； 4. 压力试验、吹扫与清洗设计要求：水压试验	m	8.10			
2	030801001002	低压碳钢管	1. 材质：碳钢； 2. 规格：ϕ108×4； 3. 连接形式、焊接方法：电弧焊； 4. 压力试验、吹扫与清洗设计要求：水压试验	m	52.60			
3	030804001001	低压碳钢管件	1. 材质：碳钢； 2. 规格：*DN* 125 现场挖眼三通； 3. 连接方式：电弧焊	个	2			
4	030804001002	低压碳钢管件	1. 材质：碳钢； 2. 规格：*DN* 100 弯头； 3. 连接方式：电弧焊	个	7			

续表

序号	项目编码	项目名称	项目特征描述	计量单位	工程量	金额（元）		
						综合单价	合价	其中 暂估价
5	030804001003	低压碳钢管件	1. 材质：碳钢； 2. 规格：*DN* 100 现场挖眼三通； 3. 连接方式：电弧焊	个	5			
6	030807003001	低压法兰阀门	1. 名称：法兰截止阀； 2. 材质：碳钢； 3. 型号、规格：J41H—1.6、*DN* 125； 4. 连接形式：平焊法兰； 5. 焊接方法：电弧焊	个	2			
7	030807003002	低压法兰阀门	1. 名称：法兰截止阀； 2. 材质：碳钢； 3. 型号、规格：J41H—1.6、*DN* 100； 4. 连接形式：平焊法兰； 5. 焊接方法：电弧焊	个	2			
8	030807003003	低压法兰阀门	1. 名称：法兰止回阀； 2. 材质：碳钢； 3. 型号、规格：J41H—1.6、*DN* 100； 4. 连接形式：平焊法兰； 5. 焊接方法：电弧焊	个	2			
9	030807005001	低压安全阀门	1. 名称：安全阀； 2. 材质：碳钢； 3. 型号、规格：*DN* 100； 4. 连接形式：平焊法兰； 5. 焊接方法：电弧焊	个	1			
10	030810002001	低压碳钢焊接法兰	1. 材质：碳钢； 2. 结构形式：平焊法兰，带盲板； 3. 型号、规格：*DN* 125； 4. 连接形式：焊接； 5. 焊接方法：电弧焊	副	1			
11	030810002002	低压碳钢焊接法兰	1. 材质：碳钢； 2. 结构形式：平焊法兰； 3. 型号、规格：*DN* 125 以内； 4. 连接形式：焊接； 5. 焊接方法：电弧焊	片	2			
12	030810002003	低压碳钢焊接法兰	1. 材质：碳钢； 2. 结构形式：平焊法兰； 3. 型号、规格：*DN* 100； 4. 连接形式：焊接； 5. 焊接方法：电弧焊	片	6			
13	030810002004	低压碳钢焊接法兰	1. 材质：碳钢； 2. 结构形式：平焊法兰； 3. 型号、规格：*DN* 100 以内； 4. 连接形式：焊接； 5. 焊接方法：电弧焊	副	2			

续表

序号	项目编码	项目名称	项目特征描述	计量单位	工程量	金额（元）		
						综合单价	合价	其中
								暂估价
14	030810002005	低压碳钢焊接法兰	1. 材质：碳钢； 2. 结构形式：平焊法兰，带盲板； 3. 型号、规格：*DN* 100； 4. 连接形式：焊接； 5. 焊接方法：电弧焊	副	1			
15	030815001001	管架制作安装	1. 单件支架质量：20kg； 2. 材质：碳钢； 3. 管架形式：普通支架	kg	500			
16	030817008001	套管制作安装	1. 类型：刚性防水套管； 2. 材质：碳钢； 3. 规格：ϕ219×6； 4. 填料类型：沥青	个	1			
17	031201001001	管道刷油	1. 除锈级别：人工除微锈； 2. 油漆品种：红丹防锈漆； 3. 涂刷遍数、漆膜厚度：两遍	m^2	21.22			
18	031208002001	管道绝热	1. 绝热材料品种：离心玻璃棉管壳； 2. 绝热厚度：6mm； 3. 管道外径：133mm	m^3	0.307			
19	031208002002	管道绝热	1. 绝热材料品种：离心玻璃棉管壳； 2. 绝热厚度：60mm； 3. 管道外径：108mm	m^3	1.740			

4.2.10 实例 4-10

1. 背景资料

图 4-11 所示为某泵房工艺管道系统安装图，该工程所用阀门，如表 4-39 所示。

（1）设计说明

1）泵的入口设计工作压力为 1.0MPa，出口设计工作压力为 2.0MPa。

2）管道采用碳钢无缝钢管，氩电联焊连接；管件采用成品管件。

3）阀门采用对焊法兰连接，氩电联焊。

4）焊口 100%超声波探伤、15%X 射线复探。管道系统按设计工作压力的 1.25 倍进行水压试验。

5）地上管道外壁喷砂除锈，环氧漆防腐；埋地管道外壁机械除锈，煤焦油漆防腐。

6）图注尺寸为单位：标高以 m 计，其余为 mm 计。

（2）计算说明

1）仅计算该工程中管道和阀门的工程量。

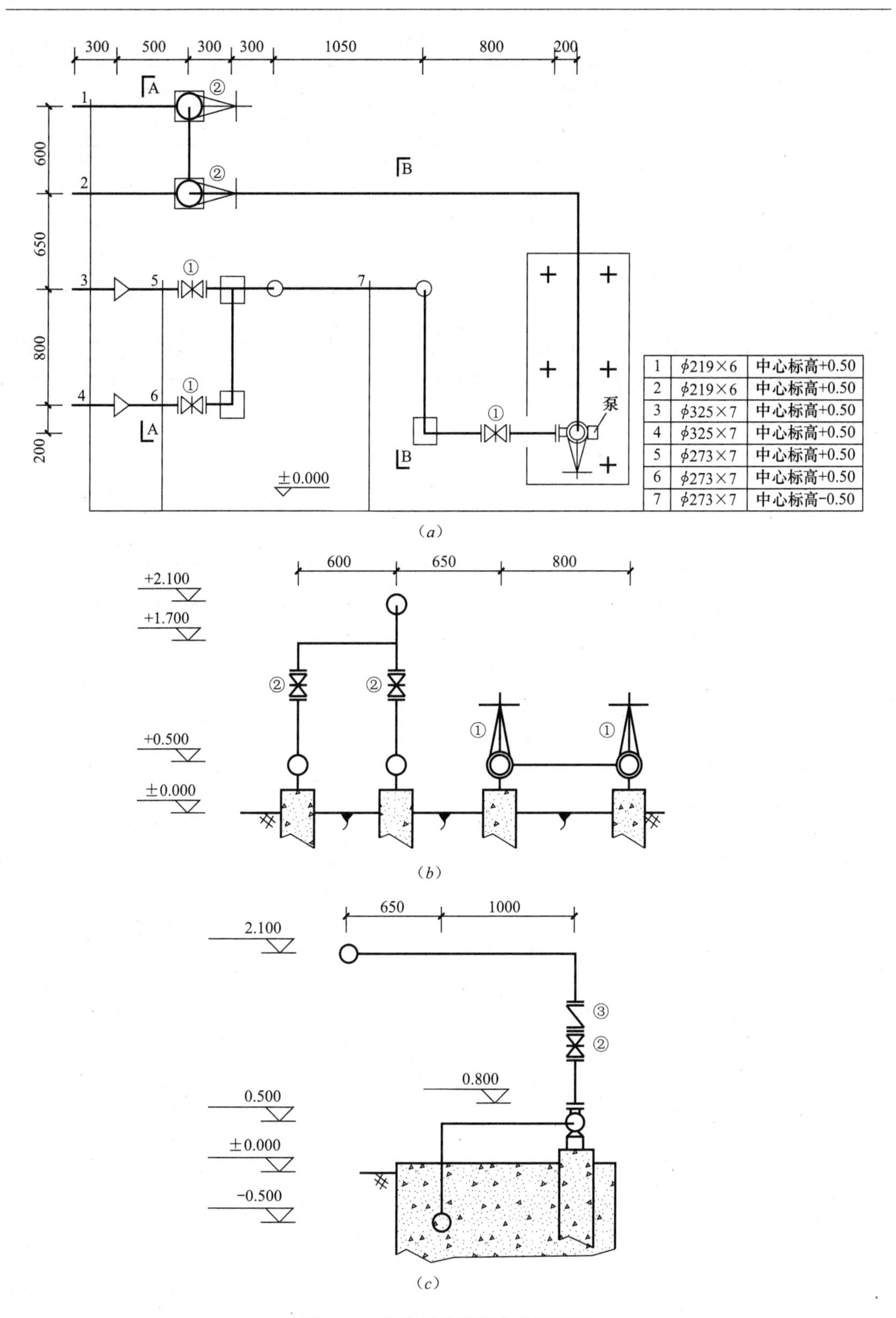

1	ϕ219×6	中心标高+0.50
2	ϕ219×6	中心标高+0.50
3	ϕ325×7	中心标高+0.50
4	ϕ325×7	中心标高+0.50
5	ϕ273×7	中心标高+0.50
6	ϕ273×7	中心标高+0.50
7	ϕ273×7	中心标高-0.50

图 4-11 泵房工艺管道安装平面图

(*a*) 安装平面；(*b*) A-A；(*c*) B-B

阀门材料表 表 4-39

编号	名称、型号及规格	单位	数量
③	法兰止回阀 H44H—25C *DN* 200	个	1
②	法兰闸阀 Z41H—25C *DN* 200	个	3
①	法兰闸阀 Z41H—16C *DN* 250	个	3

2）计算结果保留小数点后两位有效数字，第三位四舍五入。

2. 问题

根据以上背景资料及现行国家标准《建设工程工程量清单计价规范》GB 50500—2013、《通用安装工程工程量计算规范》GB 50856—2013，试列出该工程中管道、阀门项目的分部分项工程量清单。

3. 参考答案（表 4-40 和表 4-41）

清单工程量计算表 表 4-40

工程名称：某工程

序号	项目编码	清单项目名称	计算式	工程量合计	计量单位
1	030802001001	中压碳钢管	碳钢无缝管、氩电联焊 ϕ219×6、水压试验、外壁喷砂除锈、环氧漆防腐。 地上：(0.3+0.5+1.7—0.5)×2+0.6+(2.1—1.7)+(0.3+0.3+1.05+0.8+0.2)+(0.65+0.8+0.2)+(2.1—0.8)=10.6（m）	10.6	m
2	030801001001	低压碳钢管	碳钢无缝管、氩电联焊 ϕ273×7、水压试验、外壁喷砂除锈、环氧漆防腐。 地上： (0.5+0.3)×2+0.8+0.3+0.5+0.5+0.8+0.2+0.8=5.5（m） 地下：0.5+1.05+0.5=2.05（m） 小计：5.5+2.05=7.55（m）	7.55	m
3	030801001002	低压碳钢管	碳钢无缝管、氩电联焊 ϕ325×7 水压试验、外壁喷砂除锈、环氧漆防腐。 地上：0.3×2=0.6（m）	0.6	m
4	030808003001	中压法兰阀门	法兰闸阀 H41H—25C，*DN* 200： 3 个	3	个
5	030808003002	中压法兰阀门	法兰止回阀 H44H—25C，*DN* 200： 1 个	1	个
6	030807003001	低压法兰阀门	法兰闸阀 Z41H—16C，*DN* 250： 3 个	3	个

分部分项工程和单价措施项目清单与计价表 **表 4-41**

工程名称：某工程

序号	项目编码	项目名称	项目特征描述	计量单位	工程量	金额（元）		
						综合单价	合价	其中 暂估价
1	030802001001	中压碳钢管	1. 材质：碳钢； 2. 规格：ϕ219×6； 3. 连接形式、焊接方法：氩电联焊； 4. 压力试验、吹扫与清洗设计要求：水压试验	m	10.6			
2	030801001001	低压碳钢管	1. 材质：碳钢； 2. 规格：ϕ273×7； 3. 连接形式、焊接方法：氩电联焊； 4. 压力试验、吹扫与清洗设计要求：水压试验	m	7.55			
3	030801001002	低压碳钢管	1. 材质：碳钢； 2. 规格：ϕ325×7； 3. 连接形式、焊接方法：氩电联焊； 4. 压力试验、吹扫与清洗设计要求：水压试验	m	0.5			
4	030808003001	中压法兰阀门	1. 名称：法兰闸阀； 2. 材质：碳钢； 3. 型号、规格：H41H—25C、*DN* 200； 4. 连接形式：对焊法兰； 5. 焊接方法：氩电联焊	个	3			
5	030808003002	中压法兰阀门	1. 名称：法兰回阀； 2. 材质：碳钢； 3. 型号、规格：H44H—25C、*DN* 200； 4. 连接形式：对焊法兰； 5. 焊接方法：氩电联焊	个	1			
6	030807003001	低压法兰阀门	1. 名称：法兰闸阀； 2. 材质：碳钢； 3. 型号、规格：Z41H—16C、*DN* 250； 4. 连接形式：对焊法兰； 5. 焊接方法：氩电联焊	个	3			

4.2.11 实例 4-11

1. 背景资料

某化工生产装置中部分热交换装置部分管道系统图，如图 4-12 所示。管道、管件、阀门等主要材料，如表 4-42 所示。

（1）设计说明

1）该管道系统工作压力为 2.0MPa。

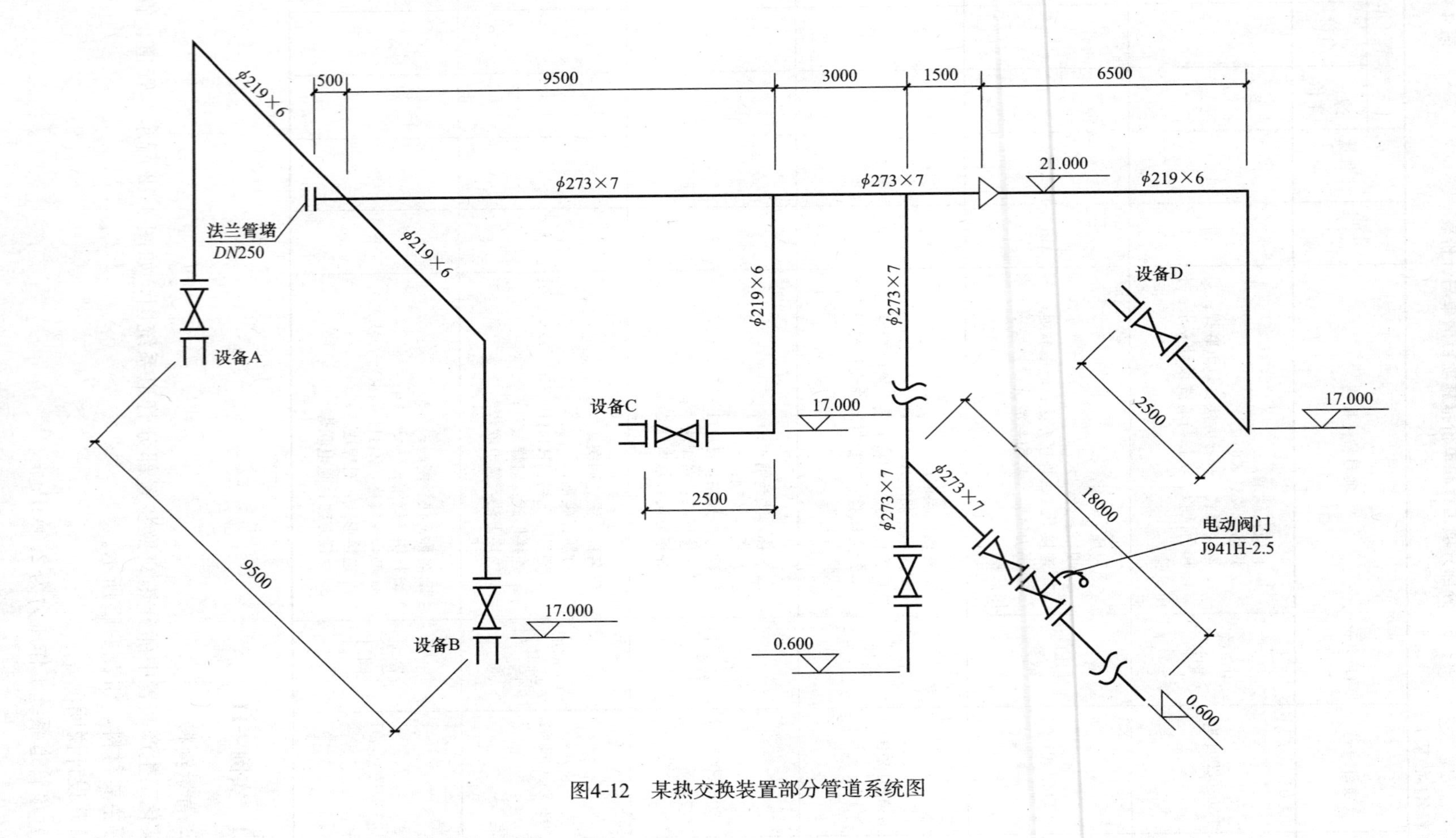

图4-12 某热交换装置部分管道系统图

主要材料表 **表 4-42**

序号	名称	单位	备注
1	无缝钢管 ϕ273×7	m	
2	无缝钢管 ϕ219×6	m	
3	异径管 *DN* 250×200	个	
4	无缝弯头 *DN* 200	个	
5	法兰阀门 T41H—2.5、*DN* 250	个	
6	法兰阀门 T41H—2.5、*DN* 200	个	
7	电动阀门 J941T—2.5、*DN* 250	个	
8	对焊法兰 *DN* 250	副	
9	对焊法兰 *DN* 200	片	
10	法兰盲板 *DN* 250	片	
11	铝箔离心玻璃棉管壳	m^3	
12	红丹防锈漆	kg	

2）管道；采用 20# 碳钢无缝钢管，系统连接均为电弧焊。

管件：弯头采用成品冲压弯头，三通、四通现场挖眼连接；异径管现场摔制。

3）阀门、法兰：所有法兰为碳钢对焊法兰；阀门型号除图中说明外，其余均为 T41H—2.5，采用对焊法兰连接。

4）管道支架为普通支架，其中 ϕ273×7 管支架共 12 处，每处 30kg，ϕ219×6 管道支架共 10 处，每处 25kg。支架手工除轻锈，刷防锈漆，调合漆两遍。

5）管道安装完毕作水压试验，对管道焊口按 50%的比例作超声波探伤，焊口总数为 ϕ273×7 管道焊口 12 个，ϕ219×6 管道焊口 24 个。

6）管道安装就位后，所有管道外壁手工除轻锈后均刷红丹防锈漆两遍，采用带铝箔离心玻璃棉管壳（厚度为 60mm）保温。

7）图中标注尺寸标高以 m 计，其他均以 mm 计。

（2）计算说明

1）法兰阀门和法兰的绝热保温不计算。

2）支架刷油不计。

3）计算结果除计量单位为“m^3”的项目保留三位小数外，其他均保留小数点后两位有效数字，第三位四舍五入。

2. 问题

根据以上背景资料及现行国家标准《建设工程工程量清单计价规范》GB 50500—2013、《通用安装工程工程量计算规范》GB 50856—2013，试列出该管道系统工程分部分项工程量清单。

3. 参考答案（表 4-43 和表 4-44 所示）

清单工程量计算表 **表 4-43**

工程名称：某工程

序号	项目编码	清单项目名称	计算式	工程量合计	计量单位
1	030802001001	中压碳钢管	碳钢无缝钢管 ϕ273×7： 0.5+9.5+3+1.5+21—0.6+18=52.90（m）	52.90	m
2	030802001002	中压碳钢管	碳钢无缝钢管 ϕ219×6： 21—17+2.5+6.5+21—17+2.5+9.5+(21—17)×2=37.00（m）	37.00	m
3	030805001001	中压碳钢管件	挖眼三通 *DN* 250： 3个	3	个
4	030805001002	中压碳钢管件	挖眼四通 *DN* 250： 1个	1	个
5	030805001003	中压碳钢管件	异径管 250×200： 1个	1	个
6	030805001004	中压碳钢管件	无缝弯头 *DN* 200： 5个	5	个
7	030815001001	管架制作安装	管架制安： 12×30+10×25=610（kg）	610	kg
8	030808003001	中压法兰阀门	法兰阀门 T41H—2.5、*DN* 250： 1+1=2（个）	2	个
9	030808003002	中压法兰阀门	法兰阀门 T41H—2.5、*DN* 200： 1+1+1+1=4（个）	4	个
10	030808004001	中压电动阀门	电动阀门 T941H—2.5、*DN* 250： 1个	1	个
11	030811002001	中压焊接阀门	对焊法兰 *DN* 250： 1+1=2（副）	2	副
12	030811002002	中压焊接阀门	对焊法兰 *DN* 200： 1+1+1+1=4（片）	4	片
13	030816005001	焊缝超声波探伤	管道焊缝超声波探伤 *DN* 250： 12×50%=6（口）	6	口
14	030816005002	焊缝超声波探伤	管道焊缝超声波探伤 *DN* 200： 24×50%=12（口）	12	口
15	031201001001	管道刷油	1. 无缝钢管 ϕ273×7 刷防锈漆： $S1$=3.14×0.273×52.90=45.35（m^2） 2. 无缝钢管 ϕ219×6 刷防锈漆： $S2$=3.14×0.219×37.00=25.44（m^2） 3. 小计： S=45.35+25.44=70.79（m^2）	70.79	m^2
16	031208002001	管道绝热	ϕ273×7 带铝箔离心玻璃棉管壳保温： V=3.14×(0.273+0.06×1.033)×0.06×1.033×52.9=3.449（m^3）	3.449	m^3

续表

序号	项目编码	清单项目名称	计算式	工程量合计	计量单位
17	031208002002	管道绝热	ϕ219×6 带铝箔离心玻璃棉管壳保温： V=3.14×(0.219+0.06×1.033)×0.06×1.03×37=2.017（m^3）	2.017	m^3

分部分项工程和单价措施项目清单与计价表 **表 4-44**

工程名称：某工程

序号	项目编码	项目名称	项目特征描述	计量单位	工程量	金额（元）		
						综合单价	合价	其中 暂估价
1	030802001001	中压碳钢管	1. 材质：碳钢； 2. 规格：ϕ273×7； 3. 连接形式、焊接方法：电弧焊； 4. 压力试验、吹扫与清洗设计要求：水压试验	m	52.90			
2	030802001002	中压碳钢管	1. 材质：碳钢； 2. 规格：ϕ219×6； 3. 连接形式、焊接方法：电弧焊； 4. 压力试验、吹扫与清洗设计要求：水压试验	m	37.00			
3	030805001001	中压碳钢管件	1. 材质：碳钢； 2. 规格：*DN* 250 挖眼三通； 3. 焊接方法：电弧焊	个	3			
4	030805001002	中压碳钢管件	1. 材质：碳钢； 2. 规格：*DN* 250 挖眼四通； 3. 焊接方法：电弧焊	个	1			
5	030805001003	中压碳钢管件	1. 材质：碳钢； 2. 规格：*DN* 250×200 异径管； 3. 焊接方法：电弧焊	个	1			
6	030805001004	中压碳钢管件	1. 材质：碳钢； 2. 规格：*DN* 200 无缝弯头； 3. 焊接方法：电弧焊	个	5			
7	030815001001	管架制作安装	1. 单件支架质量：30kg、25kg； 2. 材质：碳钢； 3. 管架形式：普通支架	kg	610			
8	030808003001	中压法兰阀门	1. 名称：法兰阀门； 2. 材质：碳钢； 3. 型号、规格：T41H—2.5、*DN* 250； 4. 连接形式：对焊法兰； 5. 焊接方法：电弧焊	个	2			
9	030808003002	中压法兰阀门	1. 名称：法兰阀门； 2. 材质：碳钢； 3. 型号、规格：T41H—2.5、*DN* 200； 4. 连接形式：对焊法兰； 5. 焊接方法：电弧焊	个	4			

续表

序号	项目编码	项目名称	项目特征描述	计量单位	工程量	金额（元）		
						综合单价	合价	其中 暂估价
10	030808004001	中压电动阀门	1. 名称：电动阀门； 2. 材质：碳钢； 3. 型号、规格：T941H—2.5、*DN* 250； 4. 连接形式：对焊法兰； 5. 焊接方法：电弧焊	个	1			
11	030811002001	中压碳钢焊接法兰	1. 材质：碳钢； 2. 结构型式：对焊法兰； 3. 型号、规格：*DN* 250； 4. 连接形式：焊接； 5. 焊接方法：电弧焊	副	2			
12	030811002002	中压碳钢焊接法兰	1. 材质：碳钢； 2. 结构型式：对焊法兰； 3. 型号、规格：*DN* 200； 4. 连接形式：焊接； 5. 焊接方法：电弧焊	片	4			
13	030816005001	焊缝超声波探伤	1. 名称：焊缝超声波探伤； 2. 管道规格：*DN* 250	口	6			
14	030816005002	焊缝超声波探伤	1. 名称：焊缝超声波探伤； 2. 管道规格：*DN* 200	口	12			
15	031201001001	管道刷油	1. 除锈级别：手工除锈； 2. 油漆品种：红丹防锈漆； 3. 涂刷（喷）遍数、漆膜厚度：两遍	m^2	70.79			
16	031208002001	管道绝热	1. 绝热材料品种：离心玻璃棉管壳； 2. 绝热厚度：60mm； 3. 管道外径：273mm	m^3	3.449			
17	031208002002	管道绝热	1. 绝热材料品种：离心玻璃棉管壳； 2. 绝热厚度：60mm； 3. 管道外径：219mm	m^3	2.017			

4.2.12 实例 4-12

1. 背景资料

图 4-13 所示为某配水阀室工艺管道系统安装图。

（1）设计说明

1）阀室室内地坪标高为±0.000。

2）管道为碳钢无缝管、氩电联焊，采用成品管件。

3）焊口 100%X 射线探伤，水压试验，不吹扫清洗。

4）地上管道喷砂除锈、氯磺化漆防腐，地下管道机械除锈，沥青防腐。

5）某配水阀室管道的清单工程量：ϕ168×13 管道 5.5m；ϕ114×9 管道 6m，其中地下敷设 3.5m；ϕ60×5.5 管道 3.2m；ϕ48×5 管道 33m，其中地下敷设 18m；ϕ34×4 管道 8.5m。

6）图注尺寸单位，标高以 m 计，其余均以 mm 计。

（2）计算说明

1）按照给出的管道工程量，计算管道、管件、阀门的工程量。

2）计算结果保留小数点后两位有效数字，第三位四舍五入。

9	冲洗管	$\phi60\times5.5$	▼0.300
8	出水管	$\phi48\times5$	▼-2.400
7	冲洗管	$\phi48\times5$	▼1.600
6	配水管	$\phi34\times4$	▼0.500
4、5	配水干管	$\phi168\times13$	▼0.300
3	冲洗管	$\phi48\times5$	▼0.300
2	来水干管	$\phi114\times9$	▼0.300
1	来水干管	$\phi114\times9$	▼-2.400

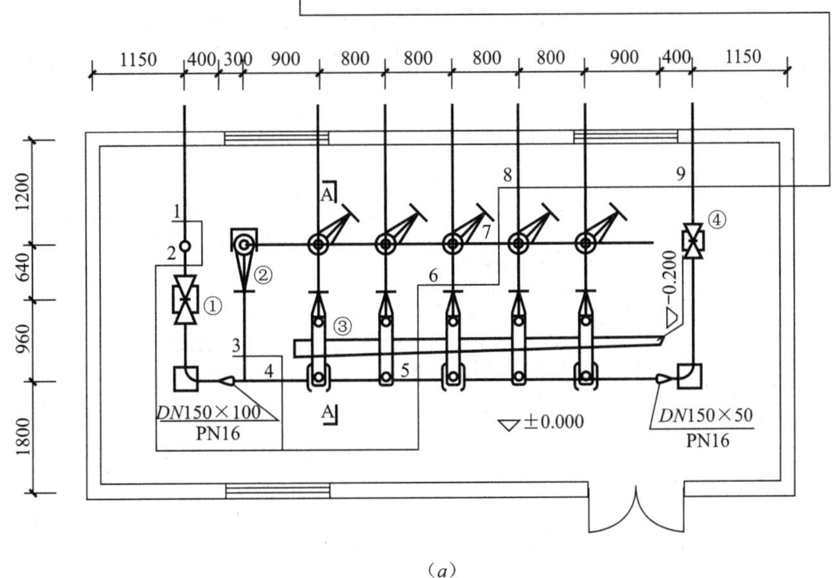

（*a*）

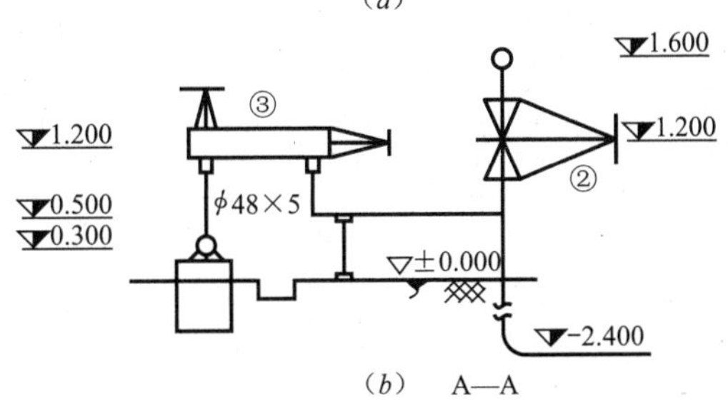

（*b*）　A—A

4	焊接闸阀 Z63Y-160 *DN*50	个	5	
3	配水装置 GJZZ PK16 *DN*50	个	5	
2	焊接闸阀 Z63Y-160 *DN*40	个	6	
1	焊接闸阀 Z63Y-160 *DN*100	个	1	
编号	名称型号及规格	单位	数量	备注
设备材料表				

图 4-13　阀室工艺系统安装平面图

（*a*）平面图；（*b*）A-A

2. 问题

根据以上背景资料及现行国家标准《建设工程工程量清单计价规范》GB 50500—2013、《通用安装工程工程量计算规范》GB 50856—2013，试列出该工程要求计算项目的分部分项工程量清单。

3. 参考答案（表 4-45 和表 4-46）

清单工程量计算表　　表 4-45

工程名称：某工程

序号	项目编码	清单项目名称	计算式	工程量合计	计量单位
1	030803001001	高压碳钢管	ϕ168×13 碳钢管、氩电联焊、水压试验、喷砂除锈、氯磺化防腐： 5.5m	5.5	m
2	030803001002	高压碳钢管	ϕ114×9 碳钢管、氩电联焊、水压试验、喷砂除锈、氯磺化防腐，地上： 6—2.5=3.5（m）	3.5	m
3	030803001003	高压碳钢管	ϕ114×9 碳钢管、氩电联焊、水压试验、喷砂除锈、氯磺化防腐，地下： 3.5m	3.5	m
4	030803001004	高压碳钢管	ϕ60×5.5 碳钢管、氩电联焊、水压试验、喷砂除锈、氯磺化防腐： 0.4+0.96+0.64+1.2=3.2（m）	3.2	m
5	030803001005	高压碳钢管	ϕ48×5 碳钢管、氩电联焊、水压试验、机械除锈、沥青加强防腐，地下： 18m	18	m
6	030803001006	高压碳钢管	ϕ48×5 碳钢管、氩电联焊、水压试验、喷砂除锈、氯磺化防腐，地上： 33—18=15（m）	15	m
7	030803001007	高压碳钢管	ϕ34×4 碳钢管、氩电联焊、水压试验、喷砂除锈、氯磺化防腐： 8.5m	8.5	m
8	030806001001	高压管件	*DN* 100（或 ϕ114），弯头： 1+1+1=3（个）	3	个
9	030806001002	高压管件	*DN* 150×100（或 ϕ168×114），大小头： 1个	1	个
10	030806001003	高压管件	*DN* 150×50（或 ϕ168×60），大小头： 1个	1	个
11	030806001004	高压管件	*DN* 150×40（或 ϕ168×48），三通： 1+5=6（个）	6	个
12	030809003001	高压焊接阀门	闸阀 Z63Y—160，*DN* 100： 1个	1	个
13	030809003002	高压焊接阀门	闸阀 Z63Y—160，*DN* 50： 5个	5	个
14	030809003003	高压焊接阀门	闸阀 Z63Y—160，*DN* 40： 6个	6	个

分部分项工程和单价措施项目清单与计价表　　**表 4-46**

工程名称：某工程

序号	项目编码	项目名称	项目特征描述	计量单位	工程量	金额（元）		
						综合单价	合价	其中 暂估价
1	030803001001	高压碳钢管	1. 材质：碳钢； 2. 规格：ϕ168×13； 3. 连接形式、焊接方法：氩电联焊； 4. 压力试验、吹扫与清洗设计要求：水压试验	m	5.5			
2	030803001002	高压碳钢管	1. 材质：碳钢； 2. 规格：ϕ114×9； 3. 连接形式、焊接方法：氩电联焊； 4. 压力试验、吹扫与清洗设计要求：水压试验	m	2.5			
3	030803001003	高压碳钢管	1. 材质：碳钢； 2. 规格：ϕ114×9； 3. 连接形式、焊接方法：氩电联焊； 4. 压力试验、吹扫与清洗设计要求：水压试验	m	3.5			
4	030803001004	高压碳钢管	1. 材质：碳钢； 2. 规格：ϕ60×5.5； 3. 连接形式、焊接方法：氩电联焊； 4. 压力试验、吹扫与清洗设计要求：水压试验	m	3.2			
5	030803001005	高压碳钢管	1. 材质：碳钢； 2. 规格：ϕ48×5； 3. 连接形式、焊接方法：氩电联焊； 4. 压力试验、吹扫与清洗设计要求：水压试验	m	18			
6	030803001006	高压碳钢管	1. 材质：碳钢； 2. 规格：ϕ48×5； 3. 连接形式、焊接方法：氩电联焊； 4. 压力试验、吹扫与清洗设计要求：水压试验	m	15			
7	030803001007	高压碳钢管	1. 材质：碳钢； 2. 规格：ϕ34×4； 3. 连接形式、焊接方法：氩电联焊； 4. 压力试验、吹扫与清洗设计要求：水压试验	m	8.5			
8	030806001001	高压管件	1. 材质：碳钢； 2. 规格：*DN* 100（或 ϕ114），弯头； 3. 连接形式、焊接方法：氩电联焊	个	3			
9	030806001002	高压管件	1. 材质：碳钢； 2. 规格：*DN* 150×100（或 ϕ168×114），大小头； 3. 连接形式、焊接方法：氩电联焊	个	1			

续表

序号	项目编码	项目名称	项目特征描述	计量单位	工程量	金额（元）		
						综合单价	合价	其中 暂估价
10	030806001003	高压管件	1. 材质：碳钢； 2. 规格：*DN* 150×50（或 ϕ168×60），大小头； 3. 连接形式、焊接方法：氩电联焊	个	1			
11	030806001004	高压管件	1. 材质：碳钢； 2. 规格：*DN* 150×40（或 ϕ168×48），三通； 3. 连接形式、焊接方法：氩电联焊	个	6			
12	030809003001	高压焊接阀门	1. 名称：闸阀； 2. 材质：碳钢； 3. 型号、规格：Z63Y—160，*DN* 100； 4. 焊接方法：氩电联焊	个	1			
13	030809003002	高压焊接阀门	1. 名称：闸阀； 2. 材质：碳钢； 3. 型号、规格：Z63Y—160，*DN* 50； 4. 焊接方法：氩电联焊	个	5			
14	030809003003	高压焊接阀门	1. 名称：闸阀； 2. 材质：碳钢； 3. 型号、规格：Z63Y—160，*DN* 40； 4. 焊接方法：氩电联焊	个	6			

5 消防工程

《通用安装工程工程量计算规范》GB 50856—2013（以下简称“13 规范”）、《建设工程工程量清单计价规范》GB 50500—2008（以下简称“08 规范”）。“13 规范”在项目编码、项目名称、项目特征、计量单位、工程量计算规则、工作内容等方面，均有变化。

1. 清单项目变化

“13 规范”在“08 规范”的基础上，消防工程增加 13 项，减少 12 项，具体如下：

（1）新增灭火器、消防水炮、无管网气体灭火装置、消防警铃、声光报警器、消防报警电话插孔（电话）、消防广播（扬声器）、火灾报警系统控制主机、消防广播及对讲电话主机（柜）、火灾报警、控制微机（CRT）、备用电源及电池主机（柜）等项目。

（2）气体灭火系统、泡沫灭火系统中不锈钢管管件、铜管件单独设置清单项目。

（3）消火栓安装分室内消火栓、室外消火栓。

（4）取消阀门、法兰、水表、水箱、稳压装置等项目，执行附录 K 采暖、给排水、燃气工程。

（5）取消管道支架制作安装，执行附录 K 采暖、给排水、燃气工程。

（6）气体灭火介质，取消卤代烷，增加七氟丙烷、IG541 等介质。

（7）新增“无管网气体灭火装置”项目，无管网气体灭火系统由柜式预制灭火装置、火灾探测器、火灾自动报警灭火控制器等组成，具有自动控制和手动控制两种启动方式。无管网气体灭火装置安装，包括气瓶柜装置和自动报警控制装置两整套装置的安装。

（8）新增“报警联动一体机”清单项目。

2. 应注意的问题

（1）如主项项目工程与需综合项目工程量不对应，项目特征应描述综合项目的规格、数量。

（2）由国家或地方检测验收部门进行的检测验收应按“13 规范”附录 M 措施项目编码列项。

（3）消防设备需投标人购置应在招标文件中予以说明。

5.1 工程量计算依据六项变化及说明

5.1.1 水灭火系统

水灭火系统工程量清单项目设置、项目特征描述的内容、计量单位及工程量计算规则等的变化对照情况，见表 5-1。

水灭火系统（编码：030901）　　表 5-1

<table>
<tr><th>序号</th><th>版别</th><th>项目编码</th><th>项目名称</th><th>项目特征</th><th>工程量计算规则与计量单位</th><th>工作内容</th></tr>
<tr><td rowspan="4">1</td><td>13 规范</td><td>030901001</td><td>水喷淋钢管</td><td>1. 安装部位；
2. 材质、规格；
3. 连接形式；
4. 钢管镀锌设计要求；
5. 压力试验及冲洗设计要求；
6. 管道标识设计要求</td><td>按设计图示管道中心线以长度计算（计量单位：m）</td><td>1. 管道及管件安装；
2. 钢管镀锌；
3. 压力试验；
4. 冲洗；
5. 标管道识</td></tr>
<tr><td rowspan="2">08 规范</td><td>030701001</td><td>水喷淋镀锌钢管</td><td rowspan="2">1. 安装部位（室内、外）；
2. 材质；
3. 型号、规格；
4. 连接方式；
5. 除锈标准、刷油、防腐设计要求；
6. 水冲洗、水压试验设计要求</td><td rowspan="2">按设计图示管道中心线长度以延长米计算，不扣除阀门、管件及各种组件所占长度；方形补偿器以其所占长度按管道安装工程量计算（计量单位：m）</td><td rowspan="2">1. 管道及管件安装；
2. 套管（包括防水套管）制作、安装；
3. 管道除锈、刷油、防腐；
4. 管网水冲洗；
5. 无缝钢管镀锌；
6. 水压试验</td></tr>
<tr><td>030701002</td><td>水喷淋镀锌无缝钢管</td></tr>
<tr><td colspan="6">说明：项目名称归并为“水喷淋钢管”。项目特征描述新增“钢管镀锌设计要求”和“管道标识设计要求”，将原来的“安装部位（室内、外）”简化为“安装部位”，“材质”和“型号、规格”统一为“材质、规格”，“水冲洗、水压试验设计要求”修改为“压力试验及冲洗设计要求”，删除原来的“除锈标准、刷油、防腐设计要求”。工程量计算规则与计量单位将原来的“按设计图示管道中心线长度以延长米计算，不扣除阀门、管件及各种组件所占长度；方形补偿器以其所占长度按管道安装工程量计算”简化为“按设计图示管道中心线以长度计算”。工作内容新增“压力试验”和“标管道识”，将原来的“无缝钢管镀锌”修改为“钢管镀锌”，“管网水冲洗”修改为“冲洗”，删除将原来的“套管（包括防水套管）制作、安装”、“管道除锈、刷油、防腐”和“水压试验”</td></tr>
<tr><td rowspan="4">2</td><td>13 规范</td><td>030901002</td><td>消火栓钢管</td><td>1. 安装部位；
2. 材质、规格；
3. 连接形式；
4. 钢管镀锌设计要求；
5. 压力试验及冲洗设计要求；
6. 管道标识设计要求</td><td>按设计图示管道中心线以长度计算（计量单位：m）</td><td>1. 管道及管件安装；
2. 钢管镀锌；
3. 压力试验；
4. 冲洗；
5. 管道标识</td></tr>
<tr><td rowspan="2">08 规范</td><td>030701003</td><td>消火栓镀锌钢管</td><td rowspan="2">1. 安装部位（室内、外）；
2. 材质；
3. 型号、规格；
4. 连接方式；
5. 除锈标准、刷油、防腐设计要求；
6. 水冲洗、水压试验设计要求</td><td rowspan="2">按设计图示管道中心线长度以延长米计算，不扣除阀门、管件及各种组件所占长度；方形补偿器以其所占长度按管道安装工程量计算（计量单位：m）</td><td rowspan="2">1. 管道及管件安装；
2. 套管（包括防水套管）制作、安装；
3. 管道除锈、刷油、防腐；
4. 管网水冲洗；
5. 无缝钢管镀锌；
6. 水压试验</td></tr>
<tr><td>030701004</td><td>消火栓钢管</td></tr>
<tr><td colspan="6">说明：项目名称归并为“消火栓钢管”。项目特征描述新增“钢管镀锌设计要求”和“管道标识设计要求”，将原来的“安装部位（室内、外）”简化为“安装部位”，“材质”和“型号、规格”统一为“材质、规格”，“水冲洗、水压试验设计要求”修改为“压力试验及冲洗设计要求”，删除原来的“除锈标准、刷油、防腐设计要求”。工程量计算规则与计量单位将原来的“按设计图示管道中心线长度以延长米计算，不扣除阀门、管件及各种组件所占长度；方形补偿器以其所占长度按管道安装工程量计算”简化为“按设计图示管道中心线以长度计算”。工作内容新增“压力试验”和“标管道识”，将原来的“无缝钢管镀锌”修改为“钢管镀锌”，“管网水冲洗”修改为“冲洗”，删除将原来的“套管（包括防水套管）制作、安装”、“管道除锈、刷油、防腐”和“水压试验”</td></tr>
</table>

续表

<table>
<tr><th>序号</th><th>版别</th><th>项目编码</th><th>项目名称</th><th>项目特征</th><th>工程量计算规则与计量单位</th><th>工作内容</th></tr>
<tr><td rowspan="3">3</td><td>13 规范</td><td>030901003</td><td>水喷淋（雾）喷头</td><td>1. 安装部位；
2. 材质、型号、规格；
3. 连接形式；
4. 装饰盘设计要求</td><td rowspan="2">按设计图示数量计算（计量单位：个）</td><td>1. 安装；
2. 装饰盘安装；
3. 严密性试验</td></tr>
<tr><td>08 规范</td><td>030701011</td><td>水喷头</td><td>1. 有吊顶、无吊顶；
2. 材质；
3. 型号、规格</td><td>1. 安装；
2. 密封性试验</td></tr>
<tr><td colspan="6">说明：项目名称扩展为“水喷淋（雾）喷头”。项目特征描述新增“安装部位”、“连接形式”和“装饰盘设计要求”，将原来的“材质”和“型号、规格”统一为“材质、型号、规格”，删除原来的“有吊顶、无吊顶”。工作内容新增“装饰盘安装”，将原来的“密封性试验”修改为“严密性试验”</td></tr>
<tr><td rowspan="3">4</td><td>13 规范</td><td>030901004</td><td>报警装置</td><td>1. 名称；
2. 型号、规格</td><td>按设计图示数量计算（计量单位：组）</td><td>1. 安装；
2. 电气接线
3. 调试</td></tr>
<tr><td>08 规范</td><td>030701012</td><td>报警装置</td><td>1. 名称、型号；
2. 规格</td><td>按设计图示数量计算（包括湿式报警装置、干湿两用报警装置、电动雨淋报警装置、预作用报警装置）（计量单位：组）</td><td>安装</td></tr>
<tr><td colspan="6">说明：项目特征描述将原来的“名称、型号”和“规格”修改为“名称”和“型号、规格”。工程量计算规则与计量单位删除原来的“（包括湿式报警装置、干湿两用报警装置、电动雨淋报警装置、预作用报警装置）”。工作内容新增“电气接线”和“调试”</td></tr>
<tr><td rowspan="3">5</td><td>13 规范</td><td>030901005</td><td>温感式水幕装置</td><td>1. 型号、规格；
2. 连接形式</td><td>按设计图示数量计算（计量单位：组）</td><td>1. 安装；
2. 电气接线
3. 调试</td></tr>
<tr><td>08 规范</td><td>030701013</td><td>温感式水幕装置</td><td>1. 型号、规格；
2. 连接方式</td><td>按设计图示数量计算（包括给水三通至喷头、阀门间的管道、管件、阀门、喷头等的全部安装内容）（计量单位：组）</td><td>安装</td></tr>
<tr><td colspan="6">说明：项目特征描述将原来的“连接方式”修改为“连接形式”。工程量计算规则与计量单位删除原来的“（包括给水三通至喷头、阀门间的管道、管件、阀门、喷头等的全部安装内容）”。工作内容新增“电气接线”和“调试”</td></tr>
<tr><td rowspan="3">6</td><td>13 规范</td><td>030901006</td><td>水流指示器</td><td>1. 规格、型号；
2. 连接形式</td><td rowspan="2">按设计图示数量计算（计量单位：个）</td><td>1. 安装；
2. 电气接线
3. 调试</td></tr>
<tr><td>08 规范</td><td>030701014</td><td>水流指示器</td><td>规格、型号</td><td>安装</td></tr>
<tr><td colspan="6">说明：项目特征描述新增“连接形式”。工作内容新增“电气接线”和“调试”</td></tr>
<tr><td rowspan="3">7</td><td>13 规范</td><td>030901007</td><td>减压孔板</td><td>1. 材质、规格；
2. 连接形式</td><td rowspan="2">按设计图示数量计算（计量单位：个）</td><td>1. 安装；
2. 电气接线
3. 调试</td></tr>
<tr><td>08 规范</td><td>030701015</td><td>减压孔板</td><td>规格</td><td>安装</td></tr>
<tr><td colspan="6">说明：项目特征描述新增“连接形式”，将原来的“规格”扩展为“材质、规格”。工作内容新增“电气接线”和“调试”</td></tr>
</table>

续表

序号	版别	项目编码	项目名称	项目特征	工程量计算规则与计量单位	工作内容
8	13规范	030901008	末端试水装置	1. 规格； 2. 组装形式	按设计图示数量计算（计量单位：组）	1. 安装； 2. 电气接线 3. 调试
	08规范	030701016	末端试水装置		按设计图示数量计算（包括连接管、压力表、控制阀及排水管等）（计量单位：组）	安装
	说明：工程量计算规则与计量单位删除原来的“（包括连接管、压力表、控制阀及排水管等）”。工作内容新增“电气接线”和“调试”					
9	13规范	030901009	集热板制作安装	1. 材质； 2. 支架形式	按设计图示数量计算（计量单位：个）	1. 制作、安装； 2. 支架制作、安装
	08规范	030701017	集热板制作安装	材质		制作、安装
	说明：项目特征描述新增“支架形式”。工作内容新增“支架制作、安装”					
10	13规范	030901010	室内消火栓	1. 安装方式； 2. 型号、规格； 3. 附件材质、规格	按设计图示数量计算（计量单位：套）	1. 箱体及消火栓安装； 2. 配件安装
		030901011	室外消火栓			1. 安装； 2. 配件安装
	08规范	030701018	消火栓	1. 安装部位（室内、外）； 2. 型号、规格； 3. 单栓、双栓	按设计图示数量计算（安装包括：室内消火栓、室外地上式消火栓、室外地下式消火栓）（计量单位：套）	安装
	说明：项目名称拆分为“室内消火栓”和“室外消火栓”。项目特征描述新增“附件材质、规格”，将原来的“安装部位（室内、外）”简化为“安装方式”，删除原来的“单栓、双栓”。工程量计算规则与计量单位删除原来的“（安装包括：室内消火栓、室外地上式消火栓、室外地下式消火栓）”。工作内容新增“箱体及消火栓安”和“配件安装”					
11	13规范	030901012	消防水泵接合器	1. 安装部位； 2. 型号、规格； 3. 附件材质、规格	按设计图示数量计算（计量单位：套）	1. 安装； 2. 附件安装
	08规范	030701019	消防水泵接合器	1. 安装部位； 2. 型号、规格	按设计图示数量计算（包括消防接口本体、止回阀、安全阀、闸阀、弯管底座、放水阀、标牌）	安装
	说明：项目特征描述新增“附件材质、规格”。工程量计算规则与计量单位新增“（计量单位：套）”，删除原来的“（包括消防接口本体、止回阀、安全阀、闸阀、弯管底座、放水阀、标牌）”。工作内容新增“附件安装”					
12	13规范	030901013	灭火器	1. 形式； 2. 规格、型号	按设计图示数量计算（计量单位：组）	设置
	08规范	—	—	—	—	—
	说明：新增项目内容					

续表

序号	版别	项目编码	项目名称	项目特征	工程量计算规则与计量单位	工作内容
13	13规范	030901014	消防水炮	1. 水炮类型； 2. 压力等级； 3. 保护半径	按设计图示数量计算（计量单位：台）	1. 本体安装； 2. 调试
	08规范	—	—	—	—	—
	说明：新增项目内容					

注：1. 水灭火管道工程量计算，不扣除阀门、管件及各种组件所占长度以延长米计算。

2. 水喷淋（雾）喷头安装部位应区分有吊顶、无吊顶。

3. 报警装置适用于湿式报警装置、干湿两用报警装置、电动雨淋报警装置、预作用报警装置等报警装置安装。报警装置安装包括装配管（除水力警铃进水管）的安装，水力警铃进水管并入消防管道工程量。其中：

1）湿式报警装置包括内容：湿式阀、蝶阀、装配管、供水压力表、装置压力表、试验阀、泄放试验阀、泄放试验管、试验管流量计、过滤器、延时器、水力警铃、报警截止阀、漏斗、压力开关等。

2）干湿两用报警装置包括内容：两用阀、蝶阀、装配管、加速器、加速器压力表、供水压力表、试验阀、泄放试验阀（湿式、干式）、挠性接头、泄放试验管、试验管流量计、排气阀、截止阀、漏斗、过滤器、延时器、水力警铃、压力开关等。

3）电动雨淋报警装置包括内容：雨淋阀、蝶阀、装配管、压力表、泄放试验阀、流量表、截止阀、注水阀、止回阀、电磁阀、排水阀、手动应急球阀、报警试验阀、漏斗、压力开关、过滤器、水力警铃等。

4）预作用报警装置包括内容：报警阀、控制蝶阀、压力表、流量表、截止阀、排放阀、注水阀、止回阀、泄放阀、报警试验阀、液压切断阀、装配管、供水检验管、气压开关、试压电磁阀、空压机、应急手动试压器、漏斗、过滤器、水力警铃等。

4. 温感式水幕装置，包括给水三通至喷头、阀门间的管道、管件、阀门、喷头等全部内容的安装。

5. 末端试水装置，包括压力表、控制阀等附件安装。末端试水装置安装中不含连接管及排水管安装，其工程量并入消防管道。

6. 室内消火栓，包括消火栓箱、消火栓、水枪、水龙头、水龙带接扣、自救卷盘、挂架、消防按钮；落地消火栓箱包括箱内手提灭火器。

7. 室外消火栓，安装方式分地上式、地下式；地上式消火栓安装包括地上式消火栓、法兰接管、弯管底座；地下式消火栓安装包括地下式消火栓、法兰接管、弯管底座或消火栓三通。

8. 消防水泵接合器，包括法兰接管及弯头安装，接合器井内阀门、弯管底座、标牌等附件安装。

9. 减压孔板若在法兰盘内安装，其法兰计入组价中。

10. 消防水炮：分普通手动水炮、智能控制水炮。

5.1.2　气体灭火系统

气体灭火系统工程量清单项目设置、项目特征描述的内容、计量单位及工程量计算规则等的变化对照情况，见表5-2。

气体灭火系统（编码：030902）　　**表5-2**

序号	版别	项目编码	项目名称	项目特征	工程量计算规则与计量单位	工作内容
1	13规范	030902001	无缝钢管	1. 介质； 2. 材质、压力等级； 3. 规格； 4. 焊接方法； 5. 钢管镀锌设计要求； 6. 压力试验及吹扫设计要求； 7. 管道标识设计要求	按设计图示管道中心线以长度计算（计量单位：m）	1. 管道安装； 2. 管件安装； 3. 钢管镀锌； 4. 压力试验； 5. 吹扫； 6. 管道标识

续表

<table>
<tr><th>序号</th><th>版别</th><th>项目编码</th><th>项目名称</th><th>项目特征</th><th>工程量计算规则与计量单位</th><th>工作内容</th></tr>
<tr><td rowspan="2">1</td><td>08规范</td><td>030702001</td><td>无缝钢管</td><td>1. 卤代烷灭火系统、二氧化碳灭火系统；
2. 材质；
3. 规格；
4. 连接方式；
5. 除锈、刷油、防腐及无缝钢管镀锌设计要求；
6. 压力试验、吹扫设计要求</td><td>按设计图示管道中心线长度以延长米计算，不扣除阀门、管件及各种组件所占长度（计量单位：m）</td><td>1. 管道安装；
2. 管件安装；
3. 套管制作、安装（包括防水套管）；
4. 钢管除锈、刷油、防腐；
5. 管道压力试验；
6. 管道系统吹扫；
7. 无缝钢管镀锌</td></tr>
<tr><td colspan="6">说明：项目特征描述新增“介质”、“材质、压力等级”、“焊接方法”、“钢管镀锌设计要求”和“管道标识设计要求”，删除原来的“卤代烷灭火系统、二氧化碳灭火系统”、“连接方式”和“除锈、刷油、防腐及无缝钢管镀锌设计要求”。工程量计算规则与计量单位删除原来的“不扣除阀门、管件及各种组件所占长度”。工作内容新增“管道标识”，将原来的“无缝钢管镀锌”简化为“钢管镀锌”，“管道压力试验”简化为“压力试验”，“管道系统吹扫”简化为“吹扫”，删除原来的“套管制作、安装（包括防水套管）”和“钢管除锈、刷油、防腐”</td></tr>
<tr><td rowspan="3">2</td><td>13规范</td><td>030902002</td><td>不锈钢管</td><td>1. 材质、压力等级；
2. 规格；
3. 焊接方法；
4. 充氩保护方式、部位；
5. 压力试验及吹扫设计要求；
6. 管道标识设计要求</td><td>按设计图示管道中心线以长度计算（计量单位：m）</td><td>1. 管道安装；
2. 焊口充氩保护；
3. 压力试验；
4. 吹扫；
5. 管道标识</td></tr>
<tr><td>08规范</td><td>030702002</td><td>不锈钢管</td><td>1. 卤代烷灭火系统、二氧化碳灭火系统；
2. 材质；
3. 规格；
4. 连接方式；
5. 除锈、刷油、防腐及无缝钢管镀锌设计要求；
6. 压力试验、吹扫设计要求</td><td>按设计图示管道中心线长度以延长米计算，不扣除阀门、管件及各种组件所占长度（计量单位：m）</td><td>1. 管道安装；
2. 管件安装；
3. 套管制作、安装（包括防水套管）；
4. 钢管除锈、刷油、防腐；
5. 管道压力试验；
6. 管道系统吹扫；
7. 无缝钢管镀锌</td></tr>
<tr><td colspan="6">说明：项目特征描述新增“材质、压力等级”、“焊接方法”、“充氩保护方式、部位”和“管道标识设计要求”，删除原来的“卤代烷灭火系统、二氧化碳灭火系统”、“连接方式”和“除锈、刷油、防腐及无缝钢管镀锌设计要求”。工程量计算规则与计量单位将原来的“按设计图示管道中心线长度以延长米计算，不扣除阀门、管件及各种组件所占长度”简化为“按设计图示管道中心线以长度计算”。工作内容新增“焊口充氩保护”和“管道标识”，将原来的“管道压力试验”简化为“压力试验”，“管道系统吹扫”简化为“吹扫”，删除原来的“管件安装”、“套管制作、安装（包括防水套管）”、“钢管除锈、刷油、防腐”和“无缝钢管镀锌”</td></tr>
<tr><td rowspan="3">3</td><td>13规范</td><td>030902003</td><td>不锈钢管管件</td><td>1. 材质、压力等级；
2. 规格；
3. 焊接方法；
4. 充氩保护方式、部位</td><td>按设计图示数量计算（计量单位：个）</td><td>1. 管件安装；
2. 管件焊口充氩保护</td></tr>
<tr><td>08规范</td><td>—</td><td>—</td><td>—</td><td>—</td><td>—</td></tr>
<tr><td colspan="6">说明：新增项目内容</td></tr>
</table>

续表

序号	版别	项目编码	项目名称	项目特征	工程量计算规则与计量单位	工作内容
4	13规范	030902004	气体驱动装置管道	1. 材质、压力等级； 2. 规格； 3. 焊接方法； 4. 压力试验及吹扫设计要求； 5. 管道标识设计要求	按设计图示管道中心线以长度计算（计量单位：m）	1. 管道安装； 2. 压力试验； 3. 吹扫； 4. 管道标识
	08规范	030702004	气体驱动装置管道	1. 卤代烷灭火系统、二氧化碳灭火系统； 2. 材质； 3. 规格； 4. 连接方式； 5. 除锈、刷油、防腐及无缝钢管镀锌设计要求； 6. 压力试验、吹扫设计要求	按设计图示管道中心线长度以延长米计算，不扣除阀门、管件及各种组件所占长度（计量单位：m）	1. 管道安装； 2. 管件安装； 3. 套管制作、安装（包括防水套管）； 4. 钢管除锈、刷油、防腐； 5. 管道压力试验； 6. 管道系统吹扫； 7. 无缝钢管镀锌
	说明：项目特征描述新增“焊接方法”和“管道标识设计要求”，将原来的“材质”扩展为“材质、压力等级”，删除原来的“卤代烷灭火系统、二氧化碳灭火系统”、“连接方式”和“除锈、刷油、防腐及无缝钢管镀锌设计要求”。工程量计算规则与计量单位将原来的“按设计图示管道中心线长度以延长米计算，不扣除阀门、管件及各种组件所占长度”简化为“按设计图示管道中心线以长度计算”。工作内容新增“管道标识”，将原来的“管道压力试验”简化为“压力试验”，“管道系统吹扫”简化为“吹扫”，删除原来的“管件安装”、“套管制作、安装（包括防水套管）”、“钢管除锈、刷油、防腐”和“无缝钢管镀锌”					
5	13规范	030902005	选择阀	1. 材质； 2. 型号、规格； 3. 连接形式	按设计图示数量计算（计量单位：个）	1. 安装； 2. 压力试验
	08规范	030702005	选择阀	1. 材质； 2. 规格； 3. 连接方式		
	说明：项目特征描述将原来的“规格”扩展为“型号、规格”					
6	13规范	030902006	气体喷头	1. 材质； 2. 型号、规格； 3. 连接形式	按设计图示数量计算（计量单位：个）	喷头安装
	08规范	030702006	气体喷头	型号、规格		安装
	说明：项目特征描述新增“材质”和“连接形式”。工作内容将原来的“安装”扩展为“喷头安装”					
7	13规范	030902007	贮存装置	1. 介质、类型； 2. 型号、规格； 3. 气体增压设计要求	按设计图示数量计算（计量单位：套）	1. 贮存装置安装； 2. 系统组件安装； 3. 气体增压
	08规范	030702007	贮存装置	规格	按设计图示数量计算（包括灭火剂存储器、驱动气瓶、支框架、集流阀、容器阀、单向阀、高压软管和安全阀等贮存装置和阀驱动装置）（计量单位：套）	安装
	说明：项目特征描述新增“介质、类型”和“气体增压设计要求”，将原来的“规格”扩展为“型号、规格”。工程量计算规则与计量单位删除原来的“（包括灭火剂存储器、驱动气瓶、支框架、集流阀、容器阀、单向阀、高压软管和安全阀等贮存装置和阀驱动装置）”。工作内容新增“气体增压”，将原来的“安装”拆分为“贮存装置安装”和“系统组件安装”					

续表

序号	版别	项目编码	项目名称	项目特征	工程量计算规则与计量单位	工作内容
8	13 规范	030902008	称重检漏装置	1. 型号； 2. 规格	按设计图示数量计算（计量单位：套）	1. 安装； 2. 调试
	08 规范	030702008	二氧化碳称重检漏装置	规格	按设计图示数量计算（包括泄漏开关、配重、支架等）（计量单位：套）	安装
	说明：项目名称简化为“称重检漏装置”。项目特征描述新增“型号”。工程量计算规则与计量单位删除原来的“（包括泄漏开关、配重、支架等）”。工作内容新增“调试”					
9	13 规范	030903009	无管网气体灭火装置	1. 类型； 2. 型号、规格； 3. 安装部位； 4. 调试要求	按设计图示数量计算（计量单位：套）	1. 安装； 2. 调试

注：1. 气体火火管道工程量计算，不扣除阀门、管件及各种组件所占长度以延长米计算。
2. 气体灭火介质，包括七氟丙烷灭火系统、IG541 灭火系统、二氧化碳灭火系统等。
3. 气体驱动装置管道安装，包括卡、套连接件。
4. 贮存装置安装，包括灭火剂存储器、驱动气瓶、支框架、集流阀、容器阀、单向阀、高压软管和安全阀等贮存装置和阀驱动装置、减压装置、压力指示仪等。
5. 无管网气体灭火系统由柜式预制灭火装置、火灾探测器、火灾自动报警灭火控制器等组成，具有自动控制和手动控制两种启动方式。无管网气体灭火装置安装，包括气瓶柜装置（内设气瓶、电磁阀、喷头）和自动报警控制装置（包括控制器，烟、温感，声光报警器，手动报警器，手/自动控制按钮）等。

5.1.3 泡沫灭火系统

泡沫灭火系统工程量清单项目设置、项目特征描述的内容、计量单位及工程量计算规则等的变化对照情况，见表 5-3。

泡沫灭火系统（编码：030903）　　　　**表 5-3**

序号	版别	项目编码	项目名称	项目特征	工程量计算规则与计量单位	工作内容
1	13 规范	030903001	碳钢管	1. 材质、压力等级； 2. 规格； 3. 焊接方法； 4. 无缝钢管镀锌设计要求； 5. 压力试验、吹扫设计要求； 6. 管道标识设计要求	按设计图示管道中心线以长度计算（计量单位：m）	1. 管道安装； 2. 管件安装； 3. 无缝钢管镀锌； 4. 压力试验； 5. 吹扫； 6. 管道标识
	08 规范	030703001	碳钢管	1. 材质； 2. 型号、规格； 3. 焊接方式； 4. 除锈、刷油、防腐设计要求； 5. 压力试验、吹扫的设计要求	按设计图示管道中心线长度以延长米计算，不扣除阀门、管件及各种组件所占长度（计量单位：m）	1. 管道安装； 2. 管件安装； 3. 套管制作、安装； 4. 钢管除锈、刷油、防腐； 5. 管道压力试验； 6. 管道系统吹扫
	说明：项目特征描述新增“无缝钢管镀锌设计要求”和“管道标识设计要求”，将原来的“材质”扩展为“材质、压力等级”，“型号、规格”简化为“规格”，“焊接方式”修改为“焊接方法”，删除原来的“除锈、刷油、防腐设计要求”。工程量计算规则与计量单位将原来的“按设计图示管道中心线长度以延长米计算，不扣除阀门、管件及各种组件所占长度”简化为“按设计图示管道中心线以长度计算”。工作内容新增“无缝钢管镀锌”和“管道标识”，将原来的“管道压力试验”简化为“压力试验”，“管道系统吹扫”简化为“吹扫”，删除原来的“套管制作、安装”和“钢管除锈、刷油、防腐”					

续表

序号	版别	项目编码	项目名称	项目特征	工程量计算规则与计量单位	工作内容
2	13规范	030903002	不锈钢管	1. 材质、压力等级； 2. 规格； 3. 焊接方法； 4. 充氩保护方式、部位； 5. 压力试验、吹扫设计要求； 6. 管道标识设计要求	按设计图示管道中心线以长度计算（计量单位：m）	1. 管道安装； 2. 焊口充氩保护； 3. 压力试验； 4. 吹扫； 5. 管道标识
	08规范	030703002	不锈钢管	1. 材质； 2. 型号、规格； 3. 焊接方式； 4. 除锈、刷油、防腐设计要求； 5. 压力试验、吹扫的设计要求	按设计图示管道中心线长度以延长米计算，不扣除阀门、管件及各种组件所占长度（计量单位：m）	1. 管道安装； 2. 管件安装； 3. 套管制作、安装； 4. 钢管除锈、刷油、防腐； 5. 管道压力试验； 6. 管道系统吹扫
	说明：项目特征描述新增“充氩保护方式、部位”和“管道标识设计要求”，将原来的“材质”扩展为“材质、压力等级”，“型号、规格”简化为“规格”，“焊接方式”修改为“焊接方法”，删除原来的“除锈、刷油、防腐设计要求”。工程量计算规则与计量单位将原来的“按设计图示管道中心线长度以延长米计算，不扣除阀门、管件及各种组件所占长度”简化为“按设计图示管道中心线以长度计算”。工作内容新增“焊口充氩保护”和“管道标识”，将原来的“管道压力试验”简化为“压力试验”，“管道系统吹扫”简化为“吹扫”，删除原来的“管件安装”、“套管制作、安装”和“钢管除锈、刷油、防腐”					
3	13规范	030903003	铜管	1. 材质、压力等级； 2. 规格； 3. 焊接方法； 4. 压力试验、吹扫设计要求； 5. 管道标识设计要求	按设计图示管道中心线以长度计算（计量单位：m）	1. 管道安装； 2. 压力试验； 3. 吹扫； 4. 管道标识
	08规范	030703003	铜管	1. 材质； 2. 型号、规格； 3. 焊接方式； 4. 除锈、刷油、防腐设计要求； 5. 压力试验、吹扫的设计要求	按设计图示管道中心线长度以延长米计算，不扣除阀门、管件及各种组件所占长度（计量单位：m）	1. 管道安装； 2. 管件安装； 3. 套管制作、安装； 4. 钢管除锈、刷油、防腐； 5. 管道压力试验； 6. 管道系统吹扫
	说明：项目特征描述新增“管道标识设计要求”，将原来的“材质”扩展为“材质、压力等级”，“型号、规格”简化为“规格”，“焊接方式”修改为“焊接方法”，删除原来的“除锈、刷油、防腐设计要求”。工程量计算规则与计量单位将原来的“按设计图示管道中心线长度以延长米计算，不扣除阀门、管件及各种组件所占长度”简化为“按设计图示管道中心线以长度计算”。工作内容新增“管道标识”，将原来的“管道压力试验”简化为“压力试验”，“管道系统吹扫”简化为“吹扫”，删除原来的“管件安装”、“套管制作、安装”和“钢管除锈、刷油、防腐”					
4	13规范	030903004	不锈钢管管件	1. 材质、压力等级； 2. 规格； 3. 焊接方法； 4. 充氩保护方式、部位	按设计图示数量计算（计量单位：个）	1. 管件安装； 2. 管件焊口充氩保护
	08规范	—	—	—	—	—
	说明：新增项目内容					

续表

序号	版别	项目编码	项目名称	项目特征	工程量计算规则与计量单位	工作内容
5	13规范	030903005	铜管管件	1. 材质、压力等级； 2. 规格； 3. 焊接方法	按设计图示数量计算（计量单位：个）	管件安装
	08规范	—	—	—	—	—
	说明：新增项目内容					
6	13规范	030903006	泡沫发生器	1. 类型； 2. 型号、规格； 3. 二次灌浆材料	按设计图示数量计算（计量单位：台）	1. 安装； 2. 调试； 3. 二次灌浆
	08规范	030703006	泡沫发生器	1. 水轮机式、电动机式； 2. 型号、规格； 3. 支架材质、规格； 4. 除锈、刷油设计要求； 5. 灌浆材料		1. 安装； 2. 设备支架制作、安装； 3. 设备支架除锈、刷油； 4. 二次灌浆
	说明：项目特征描述新增“类型”，将原来的“灌浆材料”扩展为“二次灌浆材料”，删除原来的“水轮机式、电动机式”、“支架材质、规格”和“除锈、刷油设计要求”。工作内容新增“调试”，删除原来的“设备支架制作、安装”和“设备支架除锈、刷油”					
7	13规范	030903007	泡沫比例混合器	1. 类型； 2. 型号、规格； 3. 二次灌浆材料	按设计图示数量计算（计量单位：台）	1. 安装； 2. 调试； 3. 二次灌浆
	08规范	030703007	泡沫比例混合器	1. 类型； 2. 型号、规格； 3. 支架材质、规格； 4. 除锈、刷油设计要求； 5. 灌浆材料		1. 安装； 2. 设备支架制作、安装； 3. 设备支架除锈、刷油； 4. 二次灌浆
	说明：项目特征描述将原来的“灌浆材料”扩展为“二次灌浆材料”，删除原来的“支架材质、规格”和“除锈、刷油设计要求”。工作内容新增“调试”，删除原来的“设备支架制作、安装”和“设备支架除锈、刷油”					
8	13规范	030903008	泡沫液贮罐	1. 质量/容量； 2. 型号、规格； 3. 二次灌浆材料	按设计图示数量计算（计量单位：台）	1. 安装； 2. 调试； 3. 二次灌浆
	08规范	030703008	泡沫液贮罐	1. 质量； 2. 灌浆材料		1. 安装； 2. 二次灌浆
	说明：项目特征描述新增“型号、规格”，将原来的“质量”修改为“质量/容量”，“灌浆材料”扩展为“二次灌浆材料”。工作内容新增“调试”					
9	13规范	—	—	—	—	—
	08规范	030703004	法兰	1. 材质； 2. 型号、规格 3. 连接方式	按设计图示数量计算（计量单位：副）	法兰安装
	说明：删除原来项目内容					

续表

<table>
<tr><th>序号</th><th>版别</th><th>项目编码</th><th>项目名称</th><th>项目特征</th><th>工程量计算规则与计量单位</th><th>工作内容</th></tr>
<tr><td rowspan="3">10</td><td>13 规范</td><td>—</td><td>—</td><td>—</td><td>—</td><td>—</td></tr>
<tr><td>08 规范</td><td>030703005</td><td>法兰阀门</td><td>1. 材质；
2. 型号、规格
3. 连接方式</td><td>按设计图示数量计算（计量单位：个）</td><td>阀门安装</td></tr>
<tr><td colspan="6">说明：删除原来项目内容</td></tr>
</table>

注：1. 泡沫灭火管道工程量计算，不扣除阀门、管件及各种组件所占长度以延长米计算。
2. 泡沫发生器、泡沫比例混合器安装，包括整体安装、焊法兰、单体调试及配合管道试压时隔离本体所消耗的工料。
3. 泡沫液贮罐内如需充装泡沫液，应明确描述泡沫灭火剂品种、规格。

5.1.4 火灾自动报警系统

火灾自动报警系统工程量清单项目设置、项目特征描述的内容、计量单位及工程量计算规则等的变化对照情况，见表 5-4。

火灾自动报警系统（编码：030904） **表 5-4**

<table>
<tr><th>序号</th><th>版别</th><th>项目编码</th><th>项目名称</th><th>项目特征</th><th>工程量计算规则与计量单位</th><th>工作内容</th></tr>
<tr><td rowspan="3">1</td><td>13 规范</td><td>030904001</td><td>点型探测器</td><td>1. 名称；
2. 规格；
3. 线制；
4. 类型</td><td>按设计图示数量计算（计量单位：个）</td><td>1. 底座安装；
2. 探头安装；
3. 校接线；
4. 编码；
5. 探测器调试</td></tr>
<tr><td>08 规范</td><td>030705001</td><td>点型探测器</td><td>1. 名称；
2. 多线制；
3. 总线制；
4. 类型</td><td>按设计图示数量计算（计量单位：只）</td><td>1. 探头安装；
2. 底座安装；
3. 校接线；
4. 探测器调试</td></tr>
<tr><td colspan="6">说明：项目特征描述新增“规格”，将原来的“多线制”和“总线制”归并为“线制”。工程量计算规则与计量单位将原来的“只”修改为“个”。工作内容新增“编码”</td></tr>
<tr><td rowspan="3">2</td><td>13 规范</td><td>030904002</td><td>线型探测器</td><td>1. 名称；
2. 规格；
3. 安装方式</td><td rowspan="2">按设计图示长度计算（计量单位：m）</td><td>1. 探测器安装；
2. 接口模块安装；
3. 报警终端安装；
4. 校接线</td></tr>
<tr><td>08 规范</td><td>030705002</td><td>线型探测器</td><td>安装方式</td><td>1. 探测器安装；
2. 控制模块安装；
3. 报警终端安装；
4. 校接线；
5. 系统调试</td></tr>
<tr><td colspan="6">说明：项目特征描述新增“名称”和“规格”。工作内容新增“接口模块安装”，删除原来的“控制模块安装”和“系统调试”</td></tr>
</table>

续表

序号	版别	项目编码	项目名称	项目特征	工程量计算规则与计量单位	工作内容
3	13规范	030904003	按钮	1. 名称； 2. 规格	按设计图示数量计算（计量单位：个）	1. 安装； 2. 校接线； 3. 编码； 4. 调试
	08规范	030705003	按钮	规格	按设计图示数量计算（计量单位：只）	1. 安装； 2. 校接线； 3. 调试
	说明：项目特征描述新增“名称”。工程量计算规则与计量单位将原来的“只”修改为“个”。工作内容新增“编码”					
4	13规范	030904004	消防警铃	1. 名称； 2. 规格	按设计图示数量计算（计量单位：个）	1. 安装； 2. 校接线； 3. 编码； 4. 调试
	08规范	—	—	—	—	—
	说明：新增项目内容					
5	13规范	030904005	声光报警器	1. 名称； 2. 规格	按设计图示数量计算（计量单位：个）	1. 安装； 2. 校接线； 3. 编码； 4. 调试
	08规范	—	—	—	—	—
	说明：新增项目内容					
6	13规范	030904006	消防报警电话插孔（电话）	1. 名称； 2. 规格； 3. 安装方式	按设计图示数量计算（计量单位：个或部）	1. 安装； 2. 校接线； 3. 编码； 4. 调试
	08规范	—	—	—	—	—
	说明：新增项目内容					
7	13规范	030904007	消防广播（扬声器）	1. 名称； 2. 功率； 3. 安装方式	按设计图示数量计算（计量单位：个）	1. 安装； 2. 校接线； 3. 编码； 4. 调试
	08规范	—	—	—	—	—
	说明：新增项目内容					
8	13规范	030904008	模块（模块箱）	1. 名称； 2. 规格； 3. 类型； 4. 输出形式	按设计图示数量计算（计量单位：个或台）	1. 安装； 2. 校接线； 3. 编码； 4. 调试
	08规范	030705004	模块（接口）	1. 名称； 2. 输出形式	按设计图示数量计算（计量单位：只）	1. 安装； 2. 调试
	说明：项目名称更名为“模块（模块箱）”。项目特征描述新增“规格”和“类型”。工程量计算规则与计量单位将原来的“只”修改为“个或台”。工作内容新增“校接线”和“编码”					

续表

<table>
<tr><th>序号</th><th>版别</th><th>项目编码</th><th>项目名称</th><th>项目特征</th><th>工程量计算规则与计量单位</th><th>工作内容</th></tr>
<tr><td rowspan="3">9</td><td>13 规范</td><td>030904009</td><td>区域报警控制箱</td><td>1. 多线制；
2. 总线制；
3. 安装方式；
4. 控制点数量；
5. 显示器类型</td><td rowspan="2">按设计图示数量计算（计量单位：台）</td><td>1. 本体安装；
2. 校接线、摇测绝缘电阻；
3. 排线、绑扎、导线标识；
4. 显示器安装；
5. 调试</td></tr>
<tr><td>08 规范</td><td>030705005</td><td>报警控制器</td><td>1. 多线制；
2. 总线制；
3. 安装方式；
4. 控制点数量</td><td>1. 本体安装；
2. 消防报警备用电源；
3. 校接线；
4. 调试</td></tr>
<tr><td colspan="6">说明：项目名称扩展为“区域报警控制箱”。项目特征描述新增“显示器类型”。工作内容新增“排线、绑扎、导线标识”和“显示器安装”，将原来的“校接线”扩展为“校接线、摇测绝缘电阻”，删除原来的“消防报警备用电源”</td></tr>
<tr><td rowspan="3">10</td><td>13 规范</td><td>030904010</td><td>联动控制箱</td><td>1. 多线制；
2. 总线制；
3. 安装方式；
4. 控制点数量；
5. 显示器类型</td><td rowspan="2">按设计图示数量计算（计量单位：台）</td><td>1. 本体安装；
2. 校接线、摇测绝缘电阻；
3. 排线、绑扎、导线标识；
4. 显示器安装；
5. 调试</td></tr>
<tr><td>08 规范</td><td>030705006</td><td>联动控制器</td><td>1. 多线制；
2. 总线制；
3. 安装方式；
4. 控制点数量</td><td>1. 本体安装；
2. 消防报警备用电源；
3. 校接线；
4. 调试</td></tr>
<tr><td colspan="6">说明：项目特征描述新增“显示器类型”。工作内容新增“排线、绑扎、导线标识”和“显示器安装”，将原来的“校接线”扩展为“校接线、摇测绝缘电阻”，删除原来的“消防报警备用电源”</td></tr>
<tr><td rowspan="3">11</td><td>13 规范</td><td>030904011</td><td>远程控制箱（柜）</td><td>1. 规格；
2. 控制回路</td><td rowspan="2">按设计图示数量计算（计量单位：台）</td><td>1. 本体安装；
2. 校接线、摇测绝缘电阻；
3. 排线、绑扎、导线标识；
4. 显示器安装；
5. 调试</td></tr>
<tr><td>08 规范</td><td>030705010</td><td>远程控制器</td><td>控制回路</td><td>1. 安装；
2. 调试</td></tr>
<tr><td colspan="6">说明：项目名称更名为“远程控制箱（柜）”。项目特征描述新增“规格”。工作内容新增“校接线、摇测绝缘电阻”、“排线、绑扎、导线标识”和“显示器安装”，将原来的“安装”扩展为“本体安装”</td></tr>
<tr><td rowspan="3">12</td><td>13 规范</td><td>030904012</td><td>火灾报警系统控制主机</td><td>1. 规格、线制；
2. 控制回路；
3. 安装方式</td><td>按设计图示数量计算（计量单位：台）</td><td>1. 安装；
2. 校接线；
3. 调试</td></tr>
<tr><td>08 规范</td><td>—</td><td>—</td><td>—</td><td>—</td><td>—</td></tr>
<tr><td colspan="6">说明：新增项目内容</td></tr>
</table>

续表

序号	版别	项目编码	项目名称	项目特征	工程量计算规则与计量单位	工作内容
13	13 规范	030904013	联动控制主机	1. 规格、线制； 2. 控制回路； 3. 安装方式	按设计图示数量计算（计量单位：台）	1. 安装； 2. 校接线； 3. 调试
	08 规范	—	—	—	—	—
	说明：新增项目内容					
14	13 规范	030904014	消防广播及对讲电话主机(柜)	1. 规格、线制； 2. 控制回路； 3. 安装方式	按设计图示数量计算（计量单位：台）	1. 安装； 2. 校接线； 3. 调试
	08 规范	—	—	—	—	—
	说明：新增项目内容					
15	13 规范	030904015	火灾报警控制微机（CRT）	1. 规格； 2. 安装方式	按设计图示数量计算（计量单位：台）	1. 安装； 2. 调试
	08 规范	030705008	重复显示器	1. 多线制； 2. 总线制		
	说明：项目名称更名为“火灾报警控制微机（CRT)”。项目特征描述新增“规格”和“安装方式”，删除原来的“多线制”和“总线制”					
16	13 规范	030904016	备用电源及电池主机（柜）	1. 名称； 2. 容量； 3. 安装方式	按设计图示数量计算（计量单位：套）	1. 安装； 2. 调试
	08 规范	—	—	—	—	—
	说明：新增项目内容					
17	13 规范	030904017	报警联动一体机	1. 规格、线制； 2. 控制回路； 3. 安装方式	按设计图示数量计算（计量单位：台）	1. 安装； 2. 校接线； 3. 调试
	08 规范	030705007	报警联动一体机	1. 多线制； 2. 总线制； 3. 安装方式； 4. 控制点数量		1. 本体安装； 2. 消防报警备用电源； 3. 校接线； 4. 调试
	说明：项目特征描述新增“规格、线制”和“控制回路”，删除原来的“多线制”、“总线制”和“控制点数量”。工作内容将原来的“安装”扩展为“本体安装”，删除原来的“消防报警备用电源”					

注：1. 消防报警系统配管、配线、接线盒均应按《通用安装工程工程量计算规范》GB 50856—2013 附录 D 电气设备安装工程相关项目编码列项。
2. 消防广播及对讲电话主机包括功放、录音机、分配器、控制柜等设备。
3. 点型探测器包括火焰、烟感、温感、红外光束、可燃气体探测器等。

5.1.5 消防系统调试

消防系统调试工程量清单项目设置、项目特征描述的内容、计量单位及工程量计算规则等的变化对照情况，见表 5-5。

消防系统调试（编码：030905） **表 5-5**

<table>
<tr><th>序号</th><th>版别</th><th>项目编码</th><th>项目名称</th><th>项目特征</th><th>工程量计算规则与计量单位</th><th>工作内容</th></tr>
<tr><td rowspan="3">1</td><td>13 规范</td><td>030905001</td><td>自动报警系统调试</td><td>1. 点数；
2. 线制</td><td>按系统计算（计量单位：系统）</td><td>系统调试</td></tr>
<tr><td>08 规范</td><td>030706001</td><td>自动报警系统装置调试</td><td>点数</td><td>按设计图示数量计算（由探测器、报警按钮、报警控制器组成的报警系统；点数按多线制、总线制报警器的点数计算）（计量单位：系统）</td><td>系统装置调试</td></tr>
<tr><td colspan="6">说明：项目名称简化为“自动报警系统调试”。项目特征描述新增“线制”。工程量计算规则与计量单位细化说明删除原来的“（由探测器、报警按钮、报警控制器组成的报警系统；点数按多线制、总线制报警器的点数计算）”。工作内容将原来的“系统装置调试”简化为“系统调试”</td></tr>
<tr><td rowspan="3">2</td><td>13 规范</td><td>030905002</td><td>水灭火控制装置调试</td><td>系统形式</td><td>按控制装置的点数计算（计量单位：点）</td><td>调试</td></tr>
<tr><td>08 规范</td><td>030706002</td><td>水灭火系统控制装置调试</td><td>点数</td><td>按设计图示数量计算（由消火栓、自动喷水、卤代烷、二氧化碳等灭火系统组成的灭火系统装置；点数按多线制、总线制联动控制器的点数计算）</td><td>系统装置调试</td></tr>
<tr><td colspan="6">说明：项目名称简化为“自动报警系统调试”。项目特征描述新增“系统形式”，删除原来的“点数”。工程量计算规则与计量单位简化说明。工作内容将原来的“系统装置调试”简化为“调试”</td></tr>
<tr><td rowspan="3">3</td><td>13 规范</td><td>030905003</td><td>防火控制装置调试</td><td rowspan="2">1. 名称；
2. 类型</td><td>按设计图示数量计算（计量单位：个或部）</td><td>调试</td></tr>
<tr><td>08 规范</td><td>030706003</td><td>防火控制系统装置调试</td><td>按设计图示数量计算（包括电动防火门、防火卷帘门、正压送风阀、排烟阀、防火控制阀）（计量单位：处）</td><td>系统装置调试</td></tr>
<tr><td colspan="6">说明：项目名称简化为“防火控制装置调试”。工程量计算规则与计量单位将原来的“处”修改为“个或部”，删除原来的“（包括电动防火门、防火卷帘门、正压送风阀、排烟阀、防火控制阀）”。工作内容将原来的“系统装置调试”简化为“调试”</td></tr>
<tr><td rowspan="3">4</td><td>13 规范</td><td>030905004</td><td>气体灭火系统装置调试</td><td>1. 试验容器规格；
2. 气体试喷</td><td>按调试、检验和验收所消耗的试验容器总数计算（计量单位：点）</td><td>1. 模拟喷气试验；
2. 备用灭火器贮存容器切换操作试验；
3. 气体试喷</td></tr>
<tr><td>08 规范</td><td>030706004</td><td>气体灭火系统装置调试</td><td>试验容器规格</td><td>按调试、检验和验收所消耗的试验容器总数计算（计量单位：个）</td><td>1. 模拟喷气试验；
2. 备用灭火器贮存容器切换操作试验</td></tr>
<tr><td colspan="6">说明：项目特征描述新增“气体试喷”。工程量计算规则与计量单位将原来的“个”修改为“点”。工作内容新增“气体试喷”</td></tr>
</table>

注：1. 自动报警系统，包括各种探测器、报警器、报警按钮、报警控制器、消防广播、消防电话等组成的报警系统；按不同点数以系统计算。
2. 水灭火控制装置，自动喷洒系统按水流指示器数量以点（支路）计算；消火栓系统按消火栓启泵按钮数量以点计算；消防水炮系统按水炮数量以点计算。
3. 防火控制装置，包括电动防火门、防火卷帘门、正压送风阀、排烟阀、防火控制阀、消防电梯等防火控制装置；电动防火门、防火卷帘门、正压送风阀、排烟阀、防火控制阀等调试以个计算，消防电梯以部计算。
4. 气体灭火系统调试，是由七氟丙烷、IG541、二氧化碳等组成的灭火系统；按气体灭火系统装置的瓶头阀以点计算。

5.1.6 相关问题及说明

(1) 管道界限的划分:

1) 喷淋系统水灭火管道:室内外界限应以建筑物外墙皮1.5m为界,入口处设阀门者应以阀门为界;设在高层建筑物内的消防泵间管道应以泵间外墙皮为界。

2) 消火栓管道:给水管道室内外界限划分应以外墙皮1.5m为界,入口处设阀门者应以阀门为界。

3) 与市政给水管道的界限:以与市政给水管道碰头点(井)为界。

(2) 消防管道如需进行探伤,应按《通用安装工程工程量计算规范》GB 50856—2013附录H工业管道工程相关项目编码列项。

(3) 消防管道上的阀门、管道及设备支架、套管制作安装,应按《通用安装工程工程量计算规范》GB 50856—2013附录K给排水、采暖、燃气工程相关项目编码列项。

(4) 本章管道及设备除锈、刷油、保温除注明者外,均应按《通用安装工程工程量计算规范》GB 50856—2013附录M刷油、防腐蚀、绝热工程相关项目编码列项。

(5) 消防工程措施项目,应按《通用安装工程工程量计算规范》GB 50856—2013附录N措施项目相关项目编码列项。

5.2 工程量清单编制实例

5.2.1 实例5-1

1. 背景资料

某办公楼部分消防给水系统图(部分),如图5-1所示。

(1) 设计说明

1) 消防管道采用热镀锌钢管、不锈钢消防水箱尺寸为:2800mm×2800mm×2000mm(长×宽×厚)。

2) 公称直径$DN \geqslant 100$的消防管道采用卡箍连接,其余采用螺纹连接。

(2) 计算说明

1) 计算该DN 150消防垂直管道、消火栓及阀门的工程量。

2) 计算结果保留小数点后两位有效数字,第三位四舍五入。

3) 管网安装完毕后,进行强度试验和严密性试验。

2. 问题

根据以上背景资料及现行国家标准《建设工程工程量清单计价规范》GB 50500—2013、《通用安装工程工程量计算规范》GB 50856—2013,试列出该消防系统要求计算项目的分部分项工程量清单。

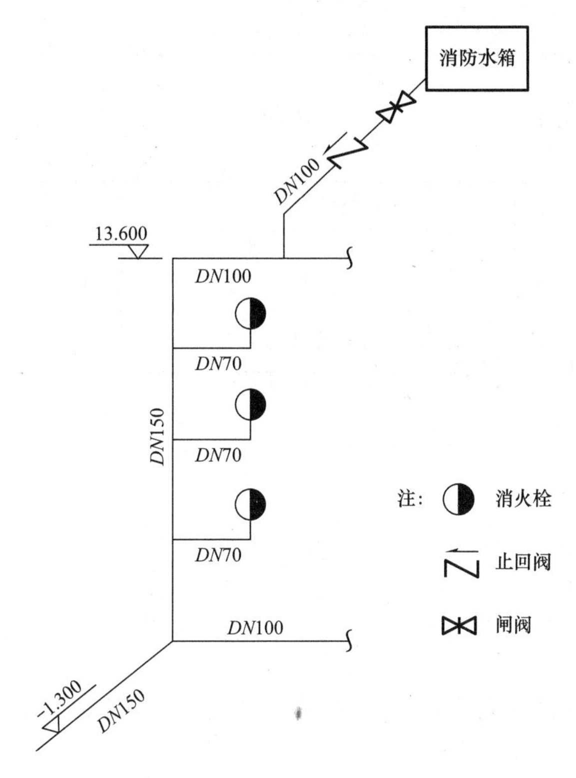

图 5-1 某办公楼消防给水系统图（部分）

3. 参考答案（表 5-6 和表 5-7）

清单工程量计算表 **表 5-6**

工程名称：某工程

序号	项目编码	清单项目名称	计算式	工程量合计	计量单位
1	030901002001	消火栓钢管	CN150 消防镀锌钢管 L=13.6—(—1.3)=14.9（m）	14.90	m
2	030901010001	室内消火栓	消火栓 DN 70 3 套	3	套
3	030901004001	报警装置	止回阀 DN 100 1 个	1	个
4	030901004002	报警装置	闸阀 DN 100 1 个	1	个

分部分项工程和单价措施项目清单与计价表 **表 5-7**

工程名称：某工程

序号	项目编码	项目名称	项目特征描述	计量单位	工程量	金额（元）		
						综合单价	合价	其中 暂估价
1	030901002001	消火栓钢管	1. 安装部位：室内； 2. 材质、规格：DN 150； 3. 连接形式：卡箍连接； 4. 压力试验及冲洗设计要求：强度试验和严密性试验	m	14.90			

续表

序号	项目编码	项目名称	项目特征描述	计量单位	工程量	金额（元）		
						综合单价	合价	其中 暂估价
2	030901010001	室内消火栓	1. 安装方式：室内； 2. 型号、规格：*DN* 70	套	3			
3	030901004001	报警装置	1. 名称：止回阀； 2. 型号、规格：*DN* 100	个	1			
4	030901004002	报警装置	1. 名称：闸阀； 2. 型号、规格：*DN* 100	个	1			

5.2.2 实例 5-2

1. 背景资料

图例如图 5-2 所示，某商场一层火灾自动报警系统工程如图 5-3、图 5-4 所示。

（1）设计说明

1）管道均为钢管 ϕ15 沿墙、楼板暗配，顶管敷管高度为离地 4m，管内穿阻燃型绝缘导线 ZRN—BV1.5mm^2。

2）控制模块和输入模块均安装在安装开关盒内，开关盒、接线盒均采用钢质镀锌 86H 型。

3）配管水平长度见图示括号内数字，单位为 m。

（2）计算说明

1）计算配管、配线以及感烟控制器、报警控制器、模块、警铃、报警按钮等项目的工程量。

2）输入模块之间连线、模块与警铃间连线不计。

3）自动报警系统装置调试的点数按本图内容计算。

4）计算结果保留小数点后两位有效数字，第三位四舍五入。

序号	图例	名称	型号	备注
1		智能型光电感烟控制器	JIY—GD—8201	与底座配套吸顶安装
2		火灾报警控制器	JB—TB—242/SAN030/192	壁挂式安装，下口距地 1.5m，尺寸 370mm×120mm×470mm（宽×高×厚）
3	DG	中继模块（短路隔离器）	HJ—1751	装在火灾报警控制器内
4	C	控制模块	HJ—1825	距顶 0.2m 安装
5	JK	输入模块	HJ—1760B	距顶 0.2m 安装
6	I-W	水流指示器		与输入模块一体
7	XF	信号阀		与输入模块一体
8		警铃	BHWK—PA/6	距顶 0.2m 安装，190mm×45mm×90mm（宽×高×厚）
9		手动报警按钮	J—SAM—GST9121	离地 1.5m 明装

图 5-2 图例

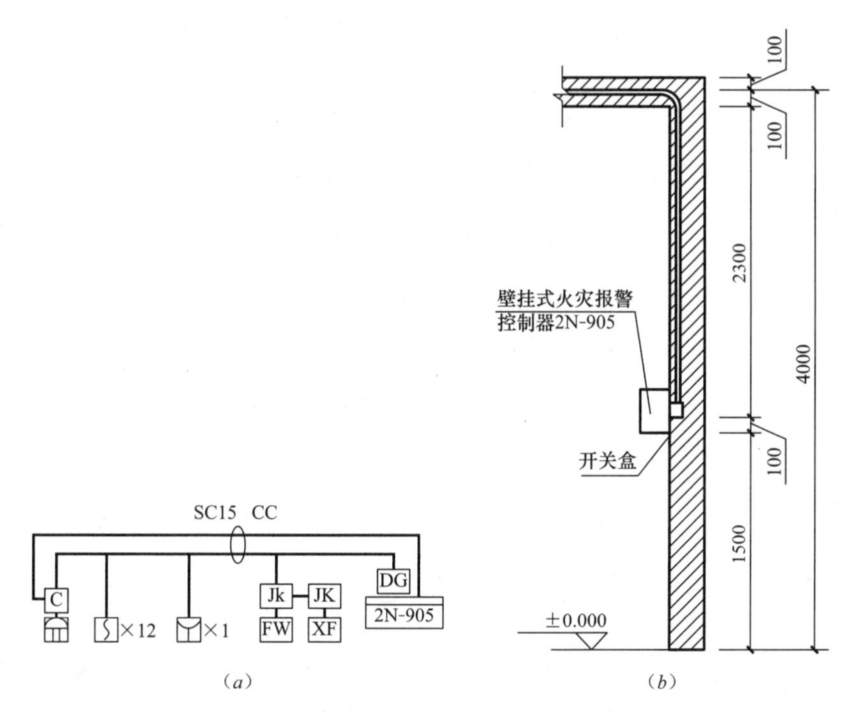

图 5-3 某商场一层火灾自动报警系统图和火灾报警控制器安装示意图
(*a*) 火灾自动报警系统图；(*b*) 火灾报警控制器安装示意图（除标高单位为 m 外，其余为 mm）

2. 问题

根据以上背景资料及现行国家标准《建设工程工程量清单计价规范》GB 50500—2013、《通用安装工程工程量计算规范》GB 50856—2013，试列出该消防工程配管配线及探测报警装置安装项目的分部分项工程量清单。

3. 参考答案（表 5-8 和表 5-9）

5.2.3 实例 5-3

1. 背景资料

某写字楼消防工程采用喷淋管道系统图和平面图，如图 5-5 和图 5-6 所示。

（1）设计说明

1）喷淋系统给水管道采用镀锌钢管，管径≥*DN* 100 的喷淋管为卡箍连接，管径＜*DN* 100 的喷淋管为螺纹连接。

2）管道冲洗合格后安装喷头，喷头在安装时距墙、柱、遮挡物的距离严格按照施工验收规范的要求进行。

3）ZSTX—15A 下垂型快速响应玻璃球洒水喷头规格为 *DN* 15（有吊顶）、动作温度为 68℃，*DN* 100 信号阀、*DN* 100 水流指示器采用卡箍法兰连接，法兰盘材质为碳钢。

4）管网安装完毕后，进行强度试验和严密性试验。

5）所有消防管道均刷橙色调合漆两遍。

（2）计算说明

1）管道部分只计算 *DN* 150、*DN* 100 镀锌钢管。

2）计算结果保留小数点后两位有效数字，第三位四舍五入。

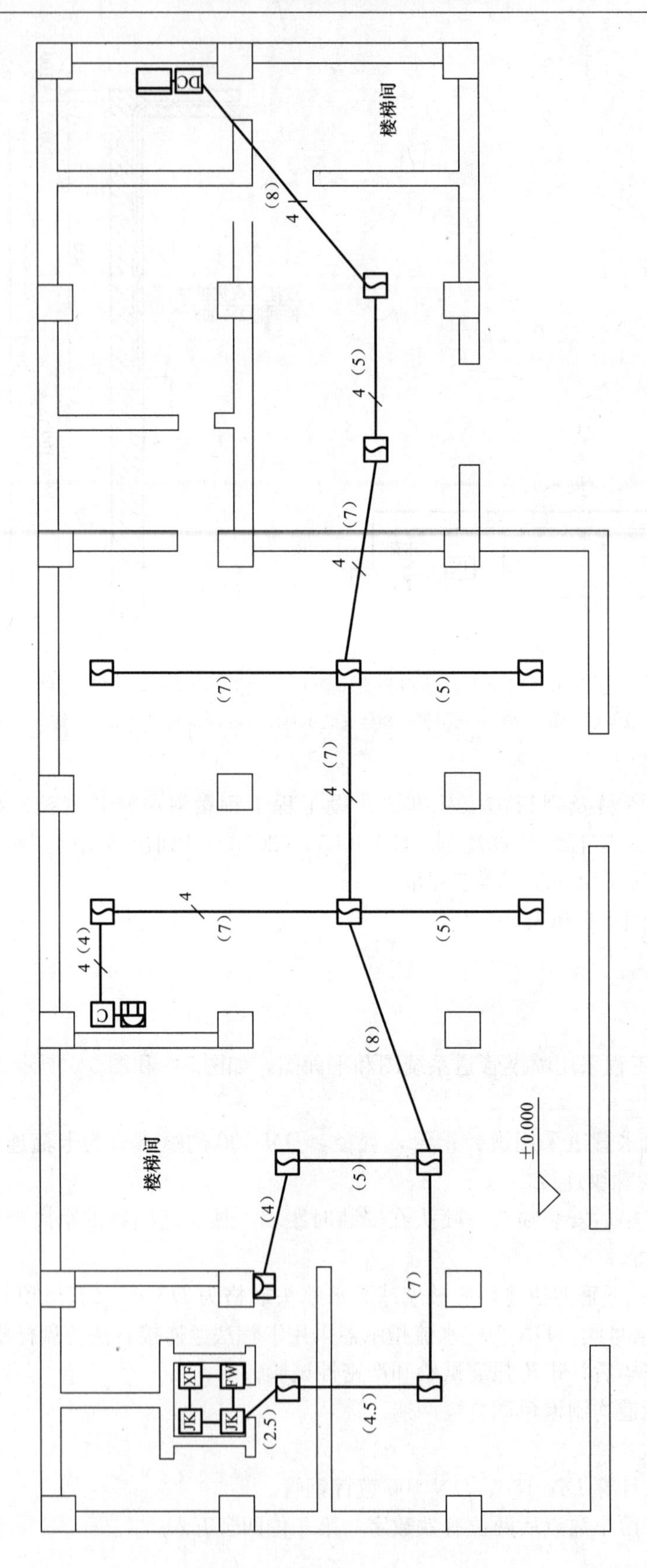

图 5-4 某商场一层火灾自动报警平面图

清单工程量计算表

表 5-8

工程名称：某工程

序号	项目编码	清单项目名称	计算式	工程量合计	计量单位
1	030411001001	配管	ϕ15 钢管暗配工程量： L=(4—1.5—0.1)+8+5+7+7+5+7+7+4+(0.2+0.1)+5+8+5+4+(4—1.5)+7+4.5+2.5+(0.2+0.1)=91.5 (m)	91.50	m
2	030411004001	电气配线	ZRN—BV1.5 阻燃导线穿管工程量： 1. 二线： [7+5+5+8+5+4+(4—1.5)+7+4.5+2.5+(0.1+0.2)]×2=50.8×2=101.60 (m) 2. 四线： [(4—1.5—0.1)+8+5+7+7+7+4+(0.1+0.2)]×4=40.7×4=162.80 (m) 3. 总计：101.6+162.8=264.40 (m)	264.40	m
3	030904001001	点型探测器	智能型光电感烟探测器 JIY—GD—8201，吸顶安装： 12 只	12	只
4	030904003001	按钮	手动报警按钮 J—SAM—GST9121： 1 只	1	只
5	030904008001	模块	控制模块 HJ—1825： 1 只	1	只
6	030904008002	模块	输入模块 HJ—1760B： 2 只	2	只
7	030904008003	模块	短路隔离器 HJ—1751： 1 只	1	只
8	030904009001	火灾报警控制器	火灾报警控制器，JB—TB—242/SAN030/192，壁挂式安装： 1 台	1	台
9	030904004001	消防警铃	警铃 BHWK—PA/6： 1 台	1	台
10	030411006001	接线盒	接线盒，钢质镀锌，86H： 12 个	12	个
11	030411006002	接线盒	开关盒，钢质镀锌，86H： 5 个	5	个
12	030905001001	自动报警系统调试	15 点	1	系统

分部分项工程和单价措施项目清单与计价表

表 5-9

工程名称：某工程

序号	项目编码	项目名称	项目特征描述	计量单位	工程量	金额（元）		
						综合单价	合价	其中 暂估价
1	030411001001	配管	1. 名称：电线管； 2. 材质：镀锌； 3. 规格：T15； 4. 配置形式：暗配	m	91.5			

续表

序号	项目编码	项目名称	项目特征描述	计量单位	工程量	金额（元）		
						综合单价	合价	其中 暂估价
2	030411004001	电气配线	1. 名称：阻燃耐火铜塑线； 2. 配线形式：信号线路穿管； 3. 型号：ZRN—BV； 4. 规格：15mm^2； 5. 材质：铜芯	m	264.4			
3	030904001001	点型探测器	1. 名称：智能型光电感烟探测器； 2. 规格：JIY—GD—8201； 3. 线制：总线制； 4. 类型：吸顶安装	只	12			
4	030904003001	按钮	1. 名称：手动报警按钮； 2. 规格：J—SAM—GST9121	只	1			
5	030904008001	模块	1. 名称：模块； 2. 规格：HJ—1825； 3. 类型：控制模块； 4. 输出形式：单输出	只	1			
6	030904008002	模块	1. 名称：模块； 2. 规格：HJ—1750B； 3. 类型：输入模块； 4. 输出形式	只	2			
7	030904008003	模块	1. 名称：短路隔离器； 2. 规格：HJ—1751； 3. 类型：中继模块； 4. 输出形式：双线输入、双线输出	只	1			
8	030904009001	火灾报警控制器	1. 线制：总线制； 2. 安装方式：壁挂式； 3. 控制点数量：242点以内	台	1			
9	030904004001	消防警铃	1. 名称：警铃； 2. 规格：190mm×45mm×90（宽×高×厚）	台	1			
10	030411006001	接线盒	1. 名称：接线盒； 2. 材质：钢质镀锌； 3. 规格：86H； 4. 安装形式：暗装	个	12			
11	030411006002	接线盒	1. 名称：开关盒； 2. 材质：钢质镀锌； 3. 规格：86H； 4. 安装形式：暗装	个	5			
12	030905001001	自动报警系统调试	1. 点数：15点； 2. 线制：总线制	系统	1			

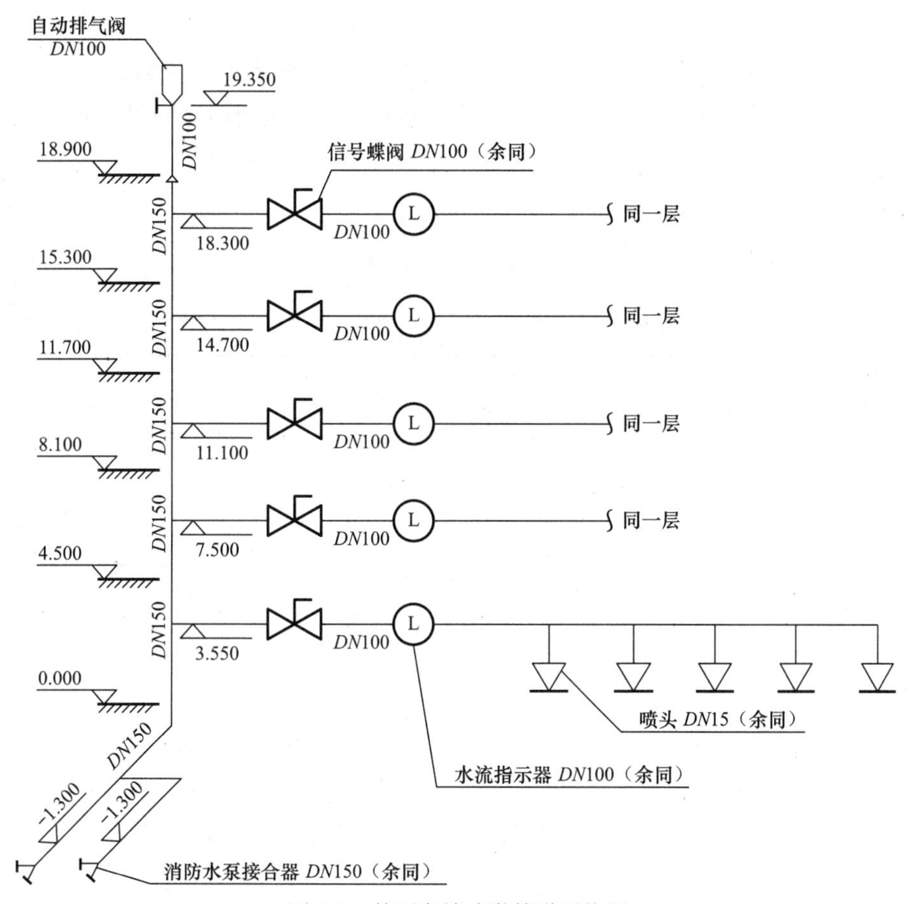

图 5-5　某写字楼喷淋管道系统图

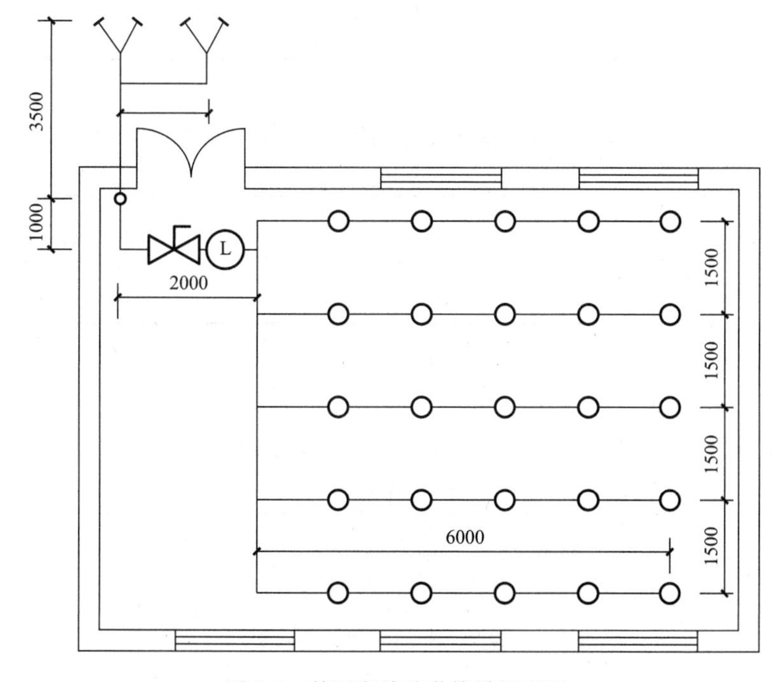

图 5-6　某写字楼喷淋管道平面图

2. 问题

根据以上背景资料及现行国家标准《建设工程工程量清单计价规范》GB 50500—2013、《通用安装工程工程量计算规范》GB 50856—2013，试列出该喷淋管道系统各分部分项工程量清单。

3. 参考答案（表5-10和表5-11）

清单工程量计算表　　表5-10

工程名称：某工程

序号	项目编码	清单项目名称	计算式	工程量合计	计量单位
1	030901001001	水喷淋钢管	镀锌钢管 *DN* 150，沟槽连接： 1.5×2+1.6+18.9+1.3=24.80（m）	24.80	m
2	030901001002	水喷淋钢管	镀锌钢管 *DN* 100，沟槽连接： （2+6×4+1.5×4）×5+（19.35—18.9）=160.45（m）	160.45	m
3	030901003001	水喷淋喷头	喷头 *DN* 15： 25×5=125（个）	125	个
4	030901004001	报警装置	信号蝶阀 *DN* 100： 5个	5	个
5	030901004002	报警装置	自动排气阀： 1个	1	个
6	030901006001	水流指示器	水流指示器 *DN* 100： 5个	5	个
7	030901012001	消防水泵接合器	消防水泵接合器： 2套	2	套

分部分项工程和单价措施项目清单与计价表　　表5-11

工程名称：某工程

序号	项目编码	项目名称	项目特征描述	计量单位	工程量	金额（元）		
						综合单价	合价	其中
								暂估价
1	030901001001	水喷淋钢管	1. 安装部位：室内； 2. 材质、规格：镀锌钢管 *DN* 150； 3. 连接形式：卡箍连接； 4. 压力试验及冲洗设计要求：按规范要求	m	24.80			
2	030901001002	水喷淋钢管	1. 安装部位：室内； 2. 材质、规格：镀锌钢管 *DN* 100； 3. 连接形式：卡箍连接； 4. 压力试验及冲洗设计要求：按规范要求	m	106.45			

续表

序号	项目编码	项目名称	项目特征描述	计量单位	工程量	金额（元）		
						综合单价	合价	其中 暂估价
3	030901003001	水喷淋喷头	1. 安装部位：室内顶板下； 2. 材质、型号、规格：ZSTX—15A 下垂型快速响应玻璃球洒水喷头； 3. 连接形式：有吊顶	个	100			
4	030901004001	报警装置	1. 名称：信号蝶阀； 2. 型号、规格：*DN* 100	个	5			
5	030901004002	报警装置	1. 名称：自动排气阀； 2. 型号、规格：*DN* 100	个	1			
6	030901006001	水流指示器	1. 规格、型号：*DN* 100 水流指示器； 2. 连接形式：卡箍法兰连接	个	5			
7	030901012001	消防水泵接合器	1. 安装部位：室外； 2. 型号、规格：消防水泵接合器； 3. 附件材质、规格：*DN* 150	套	2			

5.2.4 实例 5-4

1. 背景资料

（1）设计说明

1）某综合楼的消防系统喷淋管道采用热镀锌钢管，管径≥*DN* 100 喷淋管为卡箍连接，管径<*DN* 100 喷淋管为螺纹连接。

2）管道冲洗合格后安装喷头，喷头在安装时距墙、柱、遮挡物的距离严格按照施工验收规范的要求进行。

3）喷头规格为 *DN* 15、动作温度为 68℃，信号阀、水流指示器采用平焊法兰连接，法兰盘材质为碳钢，电弧焊连接。

4）管网安装完毕后，进行强度试验和严密性试验。

5）所有消防管道均刷橙色调合漆两遍。

（2）计算说明

1）喷淋管工程量：*DN* 100 的喷淋管 17.50m；*DN* 70 的喷淋管 6.8m；*DN* 40 的喷淋管 45.60m；*DN* 25 的喷淋管 65.20m。

2）无吊顶水喷头 21 个，有吊顶水喷头 8 个。

3）*DN* 100 信号阀 1 个，*DN* 100ZSJZ 型水流指示器 1 个。

4）计算结果保留小数点后两位有效数字，第三位四舍五入。

2. 问题

根据以上背景资料及现行国家标准《建设工程工程量清单计价规范》GB 50500—2013、《通用安装工程工程量计算规范》GB 50856—2013，试列出该消防工程管道、喷头、阀门和水流指示器的分部分项工程量清单。

3. 参考答案（表 5-12 和表 5-13）

清单工程量计算表 **表 5-12**

工程名称：某工程

序号	项目编码	清单项目名称	计算式	工程量合计	计量单位
1	030901001001	水喷淋钢管	水喷淋镀锌钢管，卡箍连接 *DN* 100：17.50m	17.50	m
2	030901001002	水喷淋钢管	水喷淋镀锌钢管，螺纹连接 *DN* 70：6.80m	6.80	m
3	030901001003	水喷淋钢管	水喷淋镀锌钢管，螺纹连接 *DN* 40：45.60m	45.60	m
4	030901001004	水喷淋钢管	水喷淋镀锌钢管，螺纹连接 *DN* 25：65.20m	65.20	m
5	030901003001	水喷淋喷头	无吊顶水喷头：21 个	21	个
6	030901003002	水喷淋喷头	有吊顶水喷头：8 个	8	
7	030807003001	低压法兰阀门	低压法兰阀门：1个	1	个
8	030901006001	水流指示器	水流指示器、ZSJZ 型、法兰连接 *DN* 100：1个	1	个

分部分项工程和单价措施项目清单与计价表 **表 5-13**

工程名称：某工程

序号	项目编码	项目名称	项目特征描述	计量单位	工程量	金额（元）		
						综合单价	合价	其中
								暂估价
1	030901001001	水喷淋钢管	1. 安装部位：室内； 2. 材质、规格：镀锌钢管、*DN* 100； 3. 连接形式：卡箍连接； 4. 压力试验及冲洗设计要求：按规范要求	m	17.50			
2	030901001002	水喷淋钢管	1. 安装部位：室内； 2. 材质、规格：镀锌钢管、*DN* 70； 3. 连接形式：螺纹连接； 4. 压力试验及冲洗设计要求：按规范要求	m	6.80			
3	030901001003	水喷淋钢管	1. 安装部位：室内； 2. 材质、规格：镀锌钢管、*DN* 40； 3. 连接形式：螺纹连接； 4. 压力试验及冲洗设计要求：按规范要求	m	45.60			

续表

序号	项目编码	项目名称	项目特征描述	计量单位	工程量	金额（元）		
						综合单价	合价	其中 暂估价
4	030901001004	水喷淋钢管	1. 安装部位：室内； 2. 材质、规格：镀锌钢管、*DN* 25； 3. 连接形式：螺纹连接； 4. 压力试验及冲洗设计要求：按规范要求	m	65.20			
5	030901003001	水喷淋喷头	1. 安装部位：室内顶板下； 2. 材质、型号、规格：ZSTX—15A、*DN* 25； 3. 连接形式：无吊顶	个	21			
6	030901003001	水喷淋喷头	1. 安装部位：室内顶板下； 2. 材质、型号、规格：ZSTX—15A、*DN* 25； 3. 连接形式：无吊顶	个	8			
7	030807003001	低压法兰阀门	1. 名称：信号阀； 2. 材质：碳钢； 3. 型号、规格：*DN* 100； 4. 连接形式：法兰连接； 5. 焊接方法：电弧焊	个	1			
8	030901006001	水流指示器	1. 规格、型号：*DN* 100、ZSJZ 型水流指示器； 2. 连接形式：法兰连接	个	1			

6 给水排水、采暖、燃气工程

《通用安装工程工程量计算规范》GB 50856—2013（以下简称“13 规范”）、《建设工程工程量清单计价规范》GB 50500—2008（以下简称“08 规范”）。“13 规范”在项目编码、项目名称、项目特征、计量单位、工程量计算规则、工作内容等方面，均有变化。

1. 清单项目变化

“13 规范”在“08 规范”的基础上，给排水、采暖、燃气工程删除 19 项，移出 1 项，增加 47 项，具体如下：

(1) 新增项目包括直埋式预制保温管、室外管道碰头、设备支架、套管、倒流防止器、热量表、其他成品卫生器具、其他成品散热器、地板辐射采暖管、热媒集配装置制作安装、调压箱、调压装置、引入口砌筑、空调水工程系统调试等。

(2) 取消水龙头、地漏、排水栓、地面扫出口等项目，合并为给排水附（配）件项目，取消钢制闭式、板式、壁板式、柱式散热器等项目，合并为钢制散热器项目。

(3) 原承插铸铁管、柔性抗震铸铁管项目合并为铸铁管项目，适用于承插铸铁管、球墨铸铁管、柔性抗震铸铁管。

(4) 原塑料复合管改为复合管，适用于钢塑复合管、铝塑复合管、钢骨架复合管等复合型管道安装。

(5) 调整阀门安装项目，取消按名称设置的项目，按连接方式设置了螺纹连接、螺纹法兰连接、焊接法兰连接等项目。

(6) 采暖、给水排水设备：有些项目为新增，有些项目是从各节归纳而来。

(7) 医疗气体设备及附件：为新增加内容。

(8) 管道及设备的刷油、防腐、绝热以及支架刷油、防腐等均执行“13 规范”附录 L 刷油、防腐蚀、绝热工程。

2. 应注意的问题

(1) 如主项项目工程与综合项目工程量不对应，项目特征应描述综合项目的规格、数量。

(2) 给水排水、采暖、燃气设备需投标人购置应在招标文件中予以说明。

6.1 工程量计算依据六项变化及说明

6.1.1 给水排水、采暖、燃气管道

给水排水、采暖、燃气管道工程量清单项目设置、项目特征描述的内容、计量单位及工程量计算规则等的变化对照情况，见表 6-1。

6　给水排水、采暖、燃气工程

给排水、采暖、燃气管道（编码：031001）　　**表 6-1**

序号	版别	项目编码	项目名称	项目特征	工程量计算规则与计量单位	工作内容
1	13 规范	031001001	镀锌钢管	1. 安装部位； 2. 介质； 3. 规格、压力等级； 4. 连接形式； 5. 压力试验及吹、洗设计要求； 6. 警示带形式	按设计图示管道中心线以长度计算（计量单位：m）	1. 管道安装； 2. 管件制作、安装； 3. 压力试验； 4. 吹扫、冲洗； 5. 警示带铺设
	08 规范	030801001	镀锌钢管	1. 安装部位（室内、外）； 2. 输送介质（给水、排水、热媒体、燃气、雨水）； 3. 材质； 4. 型号、规格； 5. 连接方式； 6. 套管形式、材质、规格； 7. 接口材料； 8. 除锈、刷油、防腐、绝热及保护层设计要求	按设计图示管道中心线长度以延长米计算，不扣除阀门、管件（包括减压器、疏水器、水表、伸缩器等组成安装）及各种井类所占的长度；方形补偿器以其所占长度按管道安装工程量计算（计量单位：m）	1. 管道、管件及弯管的制作、安装； 2. 管件安装（指铜管管件、不锈钢管管件）； 3. 套管（包括防水套管）制作、安装； 4. 管道除锈、刷油、防腐； 5. 管道绝热及保护层安装、除锈、刷油； 6. 给水管道消毒、冲洗； 7. 水压及泄漏试验
	说明：项目特征描述新增“规格、压力等级”、“压力试验及吹、洗设计要求”和“警示带形式”，将原来的“安装部位（室内、外）”简化为“安装部位”，“输送介质（给水、排水、热媒体、燃气、雨水）”简化为“介质”，“连接方式”修改为“连接形式”，删除原来的“材质”、“型号、规格”、“套管形式、材质、规格”、“接口材料”和“除锈、刷油、防腐、绝热及保护层设计要求”。工程量计算规则与计量单位简化说明。工作内容新增“压力试验”、“吹扫、冲洗”和“警示带铺设”，将原来的“管道、管件及弯管的制作、安装”简化为“管道安装”，“管件安装（指铜管管件、不锈钢管管件）”简化为“管件制作、安装”，删除原来的“套管（包括防水套管）制作、安装”、“管道除锈、刷油、防腐”、“管道绝热及保护层安装、除锈、刷油”、“给水管道消毒、冲洗”和“水压及泄漏试验”					
2	13 规范	031001002	钢管	1. 安装部位； 2. 介质； 3. 规格、压力等级； 4. 连接形式； 5. 压力试验及吹、洗设计要求； 6. 警示带形式	按设计图示管道中心线以长度计算（计量单位：m）	1. 管道安装； 2. 管件制作、安装； 3. 压力试验； 4. 吹扫、冲洗； 5. 警示带铺设

续表

序号	版别	项目编码	项目名称	项目特征	工程量计算规则与计量单位	工作内容
2	08规范	030801002	钢管	1. 安装部位（室内、外）； 2. 输送介质（给水、排水、热媒体、燃气、雨水）； 3. 材质； 4. 型号、规格； 5. 连接方式； 6. 套管形式、材质、规格； 7. 接口材料； 8. 除锈、刷油、防腐、绝热及保护层设计要求	按设计图示管道中心线长度以延长米计算，不扣除阀门、管件（包括减压器、疏水器、水表、伸缩器等组成安装）及各种井类所占的长度；方形补偿器以其所占长度按管道安装工程量计算（计量单位：m）	1. 管道、管件及弯管的制作、安装； 2. 管件安装（指铜管管件、不锈钢管管件）； 3. 套管（包括防水套管）制作、安装； 4. 管道除锈、刷油、防腐； 5. 管道绝热及保护层安装、除锈、刷油； 6. 给水管道消毒、冲洗； 7. 水压及泄漏试验
	说明：项目特征描述新增“规格、压力等级”、“压力试验及吹、洗设计要求”和“警示带形式”，将原来的“安装部位（室内、外）”简化为“安装部位”，“输送介质（给水、排水、热媒体、燃气、雨水）”简化为“介质”，“连接方式”修改为“连接形式”，删除原来的“材质”、“型号、规格”、“套管形式、材质、规格”、“接口材料”和“除锈、刷油、防腐、绝热及保护层设计要求”。工程量计算规则与计量单位简化说明。工作内容新增“压力试验”、“吹扫、冲洗”和“警示带铺设”，将原来的“管道、管件及弯管的制作、安装”简化为“管道安装”，“管件安装（指铜管管件、不锈钢管管件）”简化为“管件制作、安装”，删除原来的“套管（包括防水套管）制作、安装”、“管道除锈、刷油、防腐”、“管道绝热及保护层安装、除锈、刷油”、“给水管道消毒、冲洗”和“水压及泄漏试验”					
3	13规范	031001003	不锈钢管	1. 安装部位； 2. 介质； 3. 规格、压力等级； 4. 连接形式； 5. 压力试验及吹、洗设计要求； 6. 警示带形式	按设计图示管道中心线以长度计算（计量单位：m）	1. 管道安装； 2. 管件制作、安装； 3. 压力试验； 4. 吹扫、冲洗； 5. 警示带铺设
	08规范	030801009	不锈钢管	1. 安装部位（室内、外）； 2. 输送介质（给水、排水、热媒体、燃气、雨水）； 3. 材质； 4. 型号、规格； 5. 连接方式； 6. 套管形式、材质、规格； 7. 接口材料； 8. 除锈、刷油、防腐、绝热及保护层设计要求	按设计图示管道中心线长度以延长米计算，不扣除阀门、管件（包括减压器、疏水器、水表、伸缩器等组成安装）及各种井类所占的长度；方形补偿器以其所占长度按管道安装工程量计算（计量单位：m）	1. 管道、管件及弯管的制作、安装； 2. 管件安装（指铜管管件、不锈钢管管件）； 3. 套管（包括防水套管）制作、安装； 4. 管道除锈、刷油、防腐； 5. 管道绝热及保护层安装、除锈、刷油； 6. 给水管道消毒、冲洗； 7. 水压及泄漏试验
	说明：项目特征描述新增“规格、压力等级”、“压力试验及吹、洗设计要求”和“警示带形式”，将原来的“安装部位（室内、外）”简化为“安装部位”，“输送介质（给水、排水、热媒体、燃气、雨水）”简化为“介质”，“连接方式”修改为“连接形式”，删除原来的“材质”、“型号、规格”、“套管形式、材质、规格”、“接口材料”和“除锈、刷油、防腐、绝热及保护层设计要求”。工程量计算规则与计量单位简化说明。工作内容新增“压力试验”、“吹扫、冲洗”和“警示带铺设”，将原来的“管道、管件及弯管的制作、安装”简化为“管道安装”，“管件安装（指铜管管件、不锈钢管管件）”简化为“管件制作、安装”，删除原来的“套管（包括防水套管）制作、安装”、“管道除锈、刷油、防腐”、“管道绝热及保护层安装、除锈、刷油”、“给水管道消毒、冲洗”和“水压及泄漏试验”					

续表

序号	版别	项目编码	项目名称	项目特征	工程量计算规则与计量单位	工作内容
4	13规范	031001004	铜管	1. 安装部位； 2. 介质； 3. 规格、压力等级； 4. 连接形式； 5. 压力试验及吹、洗设计要求； 6. 警示带形式	按设计图示管道中心线以长度计算（计量单位：m）	1. 管道安装； 2. 管件制作、安装； 3. 压力试验； 4. 吹扫、冲洗； 5. 警示带铺设
	08规范	030801010	铜管	1. 安装部位（室内、外）； 2. 输送介质（给水、排水、热媒体、燃气、雨水）； 3. 材质； 4. 型号、规格； 5. 连接方式； 6. 套管形式、材质、规格； 7. 接口材料； 8. 除锈、刷油、防腐、绝热及保护层设计要求	按设计图示管道中心线长度以延长米计算，不扣除阀门、管件（包括减压器、疏水器、水表、伸缩器等组成安装）及各种井类所占的长度；方形补偿器以其所占长度按管道安装工程量计算（计量单位：m）	1. 管道、管件及弯管的制作、安装； 2. 管件安装（指铜管管件、不锈钢管管件）； 3. 套管（包括防水套管）制作、安装； 4. 管道除锈、刷油、防腐； 5. 管道绝热及保护层安装、除锈、刷油； 6. 给水管道消毒、冲洗； 7. 水压及泄漏试验
	说明：项目特征描述新增“规格、压力等级”、“压力试验及吹、洗设计要求”和“警示带形式”，将原来的“安装部位（室内、外）”简化为“安装部位”，“输送介质（给水、排水、热媒体、燃气、雨水）”简化为“介质”，“连接方式”修改为“连接形式”，删除原来的“材质”、“型号、规格”、“套管形式、材质、规格”、“接口材料”和“除锈、刷油、防腐、绝热及保护层设计要求”。工程量计算规则与计量单位简化说明。工作内容新增“压力试验”、“吹扫、冲洗”和“警示带铺设”，将原来的“管道、管件及弯管的制作、安装”简化为“管道安装”，“管件安装（指铜管管件、不锈钢管管件）”简化为“管件制作、安装”，删除原来的“套管（包括防水套管）制作、安装”、“管道除锈、刷油、防腐”、“管道绝热及保护层安装、除锈、刷油”、“给水管道消毒、冲洗”和“水压及泄漏试验”					
5	13规范	031001005	铸铁管	1. 安装部位； 2. 介质； 3. 材质、规格； 4. 连接形式； 5. 接口材料； 6. 压力试验及吹、洗设计要求； 7. 警示带形式	按设计图示管道中心线以长度计算（计量单位：m）	1. 管道安装； 2. 管件安装； 3. 压力试验； 4. 吹扫、冲洗； 5. 警示带铺设

续表

序号	版别	项目编码	项目名称	项目特征	工程量计算规则与计量单位	工作内容
5	08规范	030801003	承插铸铁管	1. 安装部位（室内、外）； 2. 输送介质（给水、排水、热媒体、燃气、雨水）； 3. 材质； 4. 型号、规格； 5. 连接方式； 6. 套管形式、材质、规格； 7. 接口材料； 8. 除锈、刷油、防腐、绝热及保护层设计要求	按设计图示管道中心线长度以延长米计算，不扣除阀门、管件（包括减压器、疏水器、水表、伸缩器等组成安装）及各种井类所占的长度；方形补偿器以其所占长度按管道安装工程量计算（计量单位：m）	1. 管道、管件及弯管的制作、安装； 2. 管件安装（指铜管管件、不锈钢管管件）； 3. 套管（包括防水套管）制作、安装； 4. 管道除锈、刷油、防腐； 5. 管道绝热及保护层安装、除锈、刷油； 6. 给水管道消毒、冲洗； 7. 水压及泄漏试验
		030801004	柔性抗震铸铁管			
	说明：项目名称归并为“铸铁管”。项目特征描述新增“压力试验及吹、洗设计要求”和“警示带形式”，将原来的“安装部位（室内、外）”简化为“安装部位”，“输送介质（给水、排水、热媒体、燃气、雨水）”简化为“介质”，“材质”和“型号、规格”归并为“材质、规格”，“连接方式”修改为“连接形式”，删除原来的“套管形式、材质、规格”和“除锈、刷油、防腐、绝热及保护层设计要求”。工程量计算规则与计量单位简化说明。工作内容新增“压力试验”、“吹扫、冲洗”和“警示带铺设”，将原来的“管道、管件及弯管的制作、安装”简化为“管道安装”，“管件安装（指铜管管件、不锈钢管管件）”简化为“管件制作、安装”，删除原来的“套管（包括防水套管）制作、安装”、“管道除锈、刷油、防腐”、“管道绝热及保护层安装、除锈、刷油”、“给水管道消毒、冲洗”和“水压及泄漏试验”					
6	13规范	031001006	塑料管	1. 安装部位； 2. 介质； 3. 材质、规格； 4. 连接形式； 5. 阻火圈设计要求； 6. 压力试验及吹、洗设计要求； 7. 警示带形式	按设计图示管道中心线以长度计算（计量单位：m）	1. 管道安装； 2. 管件安装； 3. 塑料卡固定； 4. 阻火圈安装； 5. 压力试验； 6. 吹扫、冲洗； 7. 警示带铺设
	08规范	030801005	塑料管（UPVC、PVC、PP—C、PP—R、PE管等）	1. 安装部位（室内、外）； 2. 输送介质（给水、排水、热媒体、燃气、雨水）； 3. 材质； 4. 型号、规格； 5. 连接方式； 6. 套管形式、材质、规格； 7. 接口材料； 8. 除锈、刷油、防腐、绝热及保护层设计要求	按设计图示管道中心线长度以延长米计算，不扣除阀门、管件（包括减压器、疏水器、水表、伸缩器等组成安装）及各种井类所占的长度；方形补偿器以其所占长度按管道安装工程量计算（计量单位：m）	1. 管道、管件及弯管的制作、安装； 2. 管件安装（指铜管管件、不锈钢管管件）； 3. 套管（包括防水套管）制作、安装； 4. 管道除锈、刷油、防腐； 5. 管道绝热及保护层安装、除锈、刷油； 6. 给水管道消毒、冲洗； 7. 水压及泄漏试验
	说明：项目名称简化为“塑料管”。项目特征描述新增“阻火圈设计要求”、“压力试验及吹、洗设计要求”和“警示带形式”，将原来的“安装部位（室内、外）”简化为“安装部位”，“输送介质（给水、排水、热媒体、燃气、雨水）”简化为“介质”，“材质”和“型号、规格”归并为“材质、规格”，“连接方式”修改为“连接形式”，删除原来的“套管形式、材质、规格”、“接口材料”和“除锈、刷油、防腐、绝热及保护层设计要求”。工程量计算规则与计量单位简化说明。工作内容新增“塑料卡固定”、“阻火圈安装”、“压力试验”、“吹扫、冲洗”和“警示带铺设”，将原来的“管道、管件及弯管的制作、安装”简化为“管道安装”，“管件安装（指铜管管件、不锈钢管管件）”简化为“管件安装”，删除原来的“套管（包括防水套管）制作、安装”、“管道除锈、刷油、防腐”、“管道绝热及保护层安装、除锈、刷油”、“给水管道消毒、冲洗”和“水压及泄漏试验”					

续表

序号	版别	项目编码	项目名称	项目特征	工程量计算规则与计量单位	工作内容
7	13规范	031001007	复合管	1. 安装部位； 2. 介质； 3. 材质、规格； 4. 连接形式； 5. 压力试验及吹、洗设计要求； 6. 警示带形式	按设计图示管道中心线以长度计算（计量单位：m）	1. 管道安装； 2. 管件安装； 3. 塑料卡固定； 4. 压力试验； 5. 吹扫、冲洗； 6. 警示带铺设
	08规范	030801007	塑料复合管	1. 安装部位（室内、外）； 2. 输送介质（给水、排水、热媒体、燃气、雨水）； 3. 材质； 4. 型号、规格； 5. 连接方式； 6. 套管形式、材质、规格； 7. 接口材料； 8. 除锈、刷油、防腐、绝热及保护层设计要求	按设计图示管道中心线长度以延长米计算，不扣除阀门、管件（包括减压器、疏水器、水表、伸缩器等组成安装）及各种井类所占的长度；方形补偿器以其所占长度按管道安装工程量计算（计量单位：m）	1. 管道、管件及弯管的制作、安装； 2. 管件安装（指铜管管件、不锈钢管管件）； 3. 套管（包括防水套管）制作、安装； 4. 管道除锈、刷油、防腐； 5. 管道绝热及保护层安装、除锈、刷油； 6. 给水管道消毒、冲洗； 7. 水压及泄漏试验
		030801008	钢骨架塑料复合管			
	说明：项目名称归并为“复合管”。项目特征描述新增“压力试验及吹、洗设计要求”和“警示带形式”，将原来的“安装部位（室内、外）”简化为“安装部位”，“输送介质（给水、排水、热媒体、燃气、雨水）”简化为“介质”，“材质”和“型号、规格”归并为“材质、规格”，“连接方式”修改为“连接形式”，删除原来的“套管形式、材质、规格”、“接口材料”和“除锈、刷油、防腐、绝热及保护层设计要求”。工程量计算规则与计量单位简化说明。工作内容新增“塑料卡固定”、“压力试验”、“吹扫、冲洗”和“警示带铺设”，将原来的“管道、管件及弯管的制作、安装”简化为“管道安装”，“管件安装（指铜管管件、不锈钢管管件）”简化为“管件安装”，删除原来的“套管（包括防水套管）制作、安装”、“管道除锈、刷油、防腐”、“管道绝热及保护层安装、除锈、刷油”、“给水管道消毒、冲洗”和“水压及泄漏试验”					
8	13规范	031001008	直埋式预制保温管	1. 埋设深度； 2. 介质； 3. 管道材质、规格； 4. 连接形式； 5. 接口保温材料； 6. 压力试验及吹、洗设计要求； 7. 警示带形式	按设计图示管道中心线以长度计算（计量单位：m）	1. 管道安装； 2. 管件安装； 3. 接口保温； 4. 压力试验； 5. 吹扫、冲洗； 6. 警示带铺设
	08规范	—	—	—	—	—
	说明：新增项目内容					

续表

序号	版别	项目编码	项目名称	项目特征	工程量计算规则与计量单位	工作内容
9	13规范	031001009	承插陶瓷缸瓦管	1. 埋设深度； 2. 规格； 3. 接口方式及材料； 4. 压力试验及吹、洗设计要求； 5. 警示带形式	按设计图示管道中心线以长度计算（计量单位：m）	1. 管道安装； 2. 管件安装； 3. 压力试验； 4. 吹扫、冲洗； 5. 警示带铺设
	08规范	030801011	承插缸瓦管	1. 安装部位（室内、外）； 2. 输送介质（给水、排水、热媒体、燃气、雨水）； 3. 材质； 4. 型号、规格； 5. 连接方式； 6. 套管形式、材质、规格； 7. 接口材料； 8. 除锈、刷油、防腐、绝热及保护层设计要求	按设计图示管道中心线长度以延长米计算，不扣除阀门、管件（包括减压器、疏水器、水表、伸缩器等组成安装）及各种井类所占的长度；方形补偿器以其所占长度按管道安装工程量计算（计量单位：m）	1. 管道、管件及弯管的制作、安装； 2. 管件安装（指铜管管件、不锈钢管管件）； 3. 套管（包括防水套管）制作、安装； 4. 管道除锈、刷油、防腐； 5. 管道绝热及保护层安装、除锈、刷油； 6. 给水管道消毒、冲洗； 7. 水压及泄漏试验
	说明：项目名称扩展为“承插陶瓷缸瓦管”。项目特征描述新增“埋设深度”、“压力试验及吹、洗设计要求”和“警示带形式”，将原来的“型号、规格”简化为“规格”，“接口材料”修改为“接口方式及材料”，删除原来的“安装部位（室内、外）”、“输送介质（给水、排水、热媒体、燃气、雨水）”、“材质”、“连接方式”、“套管形式、材质、规格”和“除锈、刷油、防腐、绝热及保护层设计要求”。工程量计算规则与计量单位简化说明。工作内容新增“压力试验”、“吹扫、冲洗”和“警示带铺设”，将原来的“管道、管件及弯管的制作、安装”简化为“管道安装”，“管件安装（指铜管管件、不锈钢管管件）”简化为“管件安装”，删除原来的“套管（包括防水套管）制作、安装”、“管道除锈、刷油、防腐”、“管道绝热及保护层安装、除锈、刷油”、“给水管道消毒、冲洗”和“水压及泄漏试验”					
10	13规范	031001010	承插水泥管	1. 埋设深度； 2. 规格； 3. 接口方式及材料； 4. 压力试验及吹、洗设计要求； 5. 警示带形式	按设计图示管道中心线以长度计算（计量单位：m）	1. 管道安装； 2. 管件安装； 3. 压力试验； 4. 吹扫、冲洗； 5. 警示带铺设

续表

序号	版别	项目编码	项目名称	项目特征	工程量计算规则与计量单位	工作内容
10	08规范	030801012	承插水泥管	1. 安装部位（室内、外）； 2. 输送介质（给水、排水、热媒体、燃气、雨水）； 3. 材质； 4. 型号、规格； 5. 连接方式； 6. 套管形式、材质、规格； 7. 接口材料； 8. 除锈、刷油、防腐、绝热及保护层设计要求	按设计图示管道中心线长度以延长米计算，不扣除阀门、管件（包括减压器、疏水器、水表、伸缩器等组成安装）及各种井类所占的长度；方形补偿器以其所占长度按管道安装工程量计算（计量单位：m）	1. 管道、管件及弯管的制作、安装； 2. 管件安装（指铜管管件、不锈钢管管件）； 3. 套管（包括防水套管）制作、安装； 4. 管道除锈、刷油、防腐； 5. 管道绝热及保护层安装、除锈、刷油； 6. 给水管道消毒、冲洗； 7. 水压及泄漏试验
	说明：项目特征描述新增“埋设深度”、“压力试验及吹、洗设计要求”和“警示带形式”，将原来的“型号、规格”简化为“规格”，“接口材料”修改为“接口方式及材料”，删除原来的“安格装部位（室内、外）”、“输送介质（给水、排水、热媒体、燃气、雨水）”、“材质”、“连接方式”、“套管形式、材质、规格”和“除锈、刷油、防腐、绝热及保护层设计要求”。工程量计算规则与计量单位简化说明。工作内容新增“压力试验”、“吹扫、冲洗”和“警示带铺设”，将原来的“管道、管件及弯管的制作、安装”简化为“管道安装”，“管件安装（指铜管管件、不锈钢管管件）”简化为“管件安装”，删除原来的“套管（包括防水套管）制作、安装”、“管道除锈、刷油、防腐”、“管道绝热及保护层安装、除锈、刷油”、“给水管道消毒、冲洗”和“水压及泄漏试验”					
11	13规范	031001011	室外管道碰头	1. 介质； 2. 碰头形式； 3. 材质、规格； 4. 连接形式； 5. 防腐、绝热设计要求	按设计图示以处计算（计量单位：处）	1. 挖填工作坑或暖气沟拆除及修复； 2. 碰头； 3. 接口处防腐； 4. 接口处绝热及保护层
	08规范	—	—	—	—	—
	说明：新增项目内容					

注：1. 安装部位，指管道安装在室内、室外。
2. 输送介质包括给水、排水、中水、雨水、热媒体、燃气、空调水等。
3. 方形补偿器制作安装应含在管道安装综合单价中。
4. 铸铁管安装适用于承插铸铁管、球墨铸铁管、柔性抗震铸铁管等。
5. 塑料管安装适用于UPVC、PVC、PP—C、PP—R、PE、PB管等塑料管材。
6. 复合管安装适用于钢塑复合管、铝塑复合管、钢骨架复合管等复合型管道安装。
7. 直埋保温管包括直埋保温管件安装及接口保温。
8. 排水管道安装包括立管检查口、透气帽。
9. 室外管道碰头：
1）适用于新建或扩建工程热源、水源、气源管道与原（旧）有管道碰头；
2）室外管道碰头包括挖工作坑、土方回填或暖气沟局部拆除及修复；
3）带介质管道碰头包括开关闸、临时放水管线铺设等费用；
4）热源管道碰头每处包括供、回水两个接口；
5）碰头形式指带介质碰头、不带介质碰头。
10. 管道工程量计算不扣除阀门、管件（包括减压器、疏水器、水表、伸缩器等组成安装）及附属构筑物所占长度；方形补偿器以其所占长度列入管道安装工程量。
11. 压力试验按设计要求描述试验方法，如水压试验、气压试验、泄漏性试验、闭水试验、通球试验、真空试验等。
12. 吹、洗按设计要求描述吹扫、冲洗方法，如水冲洗、消毒冲洗、空气吹扫等。

6.1.2 支架及其他

支架及其他工程量清单项目设置、项目特征描述的内容、计量单位及工程量计算规则等的变化对照情况，见表6-2。

支架及其他（编码：031002）　　表6-2

序号	版别	项目编码	项目名称	项目特征	工程量计算规则与计量单位	工作内容
1	13规范	031002001	管道支架	1. 材质； 2. 管架形式	1. 按设计图示质量计算（计量单位：kg）； 2. 按设计图示数量计算（计量单位：套）	1. 制作； 2. 安装
	08规范	030802001	管道支架制作安装	1. 形式； 2. 除锈、刷油设计要求	按设计图示质量计算（计量单位：kg）	1. 制作、安装； 2. 除锈、刷油
	说明：项目名称简化为“管道支架”。项目特征描述新增“材质”，将原来的“形式”修改扩展为“管架形式”，删除原来的“除锈、刷油设计要求”。工程量计算规则与计量单位新增“按设计图示数量计算（计量单位：套）”。工作内容将原来的“制作、安装”拆分为“制作”和“安装”，删除原来的“除锈、刷油”					
2	13规范	031002002	设备支架	1. 材质； 2. 形式	1. 按设计图示质量计算（计量单位：kg）； 2. 按设计图示数量计算（计量单位：套）	1. 制作； 2. 安装
	08规范	—	—	—	—	—
	说明：新增项目内容					
3	13规范	031002003	套管	1. 名称、类型； 2. 材质； 3. 规格； 4. 填料材质	按设计图示数量计算（计量单位：个）	1. 制作； 2. 安装； 3. 除锈、刷油
	08规范	—	—	—	—	—
	说明：新增项目内容					

注：1. 单件支架质量100kg以上的管道支吊架执行设备支吊架制作安装。
2. 成品支架安装执行相应管道支架或设备支架项目，不再计取制作费，支架本身价值含在综合单价中。
3. 套管制作安装，适用于穿基础、墙、楼板等部位的防水套管、填料套管、无填料套管及防火套管等，应分别列项。

6.1.3 管道附件

管道附体工程量清单项目设置、项目特征描述的内容、计量单位及工程量计算规则等的变化对照情况，见表6-3。

管道附件（编码：031003）　　表6-3

序号	版别	项目编码	项目名称	项目特征	工程量计算规则与计量单位	工作内容
1	13规范	031003001	螺纹阀门	1. 类型； 2. 材质； 3. 规格、压力等级； 4. 连接形式； 5. 焊接方法	按设计图示数量计算（计量单位：个）	1. 安装； 2. 电气接线； 3. 调试

续表

<table>
<tr><th>序号</th><th>版别</th><th>项目编码</th><th>项目名称</th><th>项目特征</th><th>工程量计算规则与计量单位</th><th>工作内容</th></tr>
<tr><td rowspan="2">1</td><td>08 规范</td><td>030803001</td><td>螺纹阀门</td><td>1. 类型；
2. 材质；
3. 型号、规格</td><td>按设计图示数量计算（包括浮球阀、手动排气阀、液压式水位控制阀、不锈钢阀门、煤气减压阀、液相自动转换阀、过滤阀等）（计量单位：个）</td><td>安装</td></tr>
<tr><td colspan="6">说明：项目特征描述新增“规格、压力等级”、“连接形式”和“焊接方法”，删除原来的“型号、规格”。工程量计算规则与计量单位删除原来的“（包括浮球阀、手动排气阀、液压式水位控制阀、不锈钢阀门、煤气减压阀、液相自动转换阀、过滤阀等）”。工作内容新增“电气接线”和“调试”</td></tr>
<tr><td rowspan="3">2</td><td>13 规范</td><td>031003002</td><td>螺纹法兰阀门</td><td>1. 类型；
2. 材质；
3. 规格、压力等级；
4. 连接形式；
5. 焊接方法</td><td>按设计图示数量计算（计量单位：个）</td><td>1. 安装；
2. 电气接线；
3. 调试</td></tr>
<tr><td>08 规范</td><td>030803002</td><td>螺纹法兰阀门</td><td>1. 类型；
2. 材质；
3. 型号、规格</td><td>按设计图示数量计算（包括浮球阀、手动排气阀、液压式水位控制阀、不锈钢阀门、煤气减压阀、液相自动转换阀、过滤阀等）（计量单位：个）</td><td>安装</td></tr>
<tr><td colspan="6">说明：项目特征描述新增“规格、压力等级”、“连接形式”和“焊接方法”，删除原来的“型号、规格”。工程量计算规则与计量单位删除原来的“（包括浮球阀、手动排气阀、液压式水位控制阀、不锈钢阀门、煤气减压阀、液相自动转换阀、过滤阀等）”。工作内容新增“电气接线”和“调试”</td></tr>
<tr><td rowspan="3">3</td><td>13 规范</td><td>031003003</td><td>焊接法兰阀门</td><td>1. 类型；
2. 材质；
3. 规格、压力等级；
4. 连接形式；
5. 焊接方法</td><td>按设计图示数量计算（计量单位：个）</td><td>1. 安装；
2. 电气接线；
3. 调试</td></tr>
<tr><td>08 规范</td><td>030803003</td><td>焊接法兰阀门</td><td>1. 类型；
2. 材质；
3. 型号、规格</td><td>按设计图示数量计算（包括浮球阀、手动排气阀、液压式水位控制阀、不锈钢阀门、煤气减压阀、液相自动转换阀、过滤阀等）（计量单位：个）</td><td>安装</td></tr>
<tr><td colspan="6">说明：项目特征描述新增“规格、压力等级”、“连接形式”和“焊接方法”，删除原来的“型号、规格”。工程量计算规则与计量单位删除原来的“（包括浮球阀、手动排气阀、液压式水位控制阀、不锈钢阀门、煤气减压阀、液相自动转换阀、过滤阀等）”。工作内容新增“电气接线”和“调试”</td></tr>
<tr><td>4</td><td>13 规范</td><td>031003004</td><td>带短管甲乙阀门</td><td>1. 材质；
2. 规格、压力等级；
3. 连接形式；
4. 接口方式及材质</td><td>按设计图示数量计算（计量单位：个）</td><td>1. 安装；
2. 电气接线；
3. 调试</td></tr>
</table>

续表

<table>
<tr><th>序号</th><th>版别</th><th>项目编码</th><th>项目名称</th><th>项目特征</th><th>工程量计算规则与计量单位</th><th>工作内容</th></tr>
<tr><td rowspan="2">4</td><td>08 规范</td><td>030803004</td><td>带短管甲乙的法兰阀</td><td>1. 类型；
2. 材质；
3. 型号、规格</td><td>按设计图示数量计算（包括浮球阀、手动排气阀、液压式水位控制阀、不锈钢阀门、煤气减压阀、液相自动转换阀、过滤阀等）（计量单位：个）</td><td>安装</td></tr>
<tr><td colspan="6">说明：项目名称简化为“带短管甲乙阀门”。项目特征描述新增“规格、压力等级”、“连接形式”和“接口方式及材质”，删除原来的“类型”和“型号、规格”。工程量计算规则与计量单位删除原来的“（包括浮球阀、手动排气阀、液压式水位控制阀、不锈钢阀门、煤气减压阀、液相自动转换阀、过滤阀等）”。工作内容新增“电气接线”和“调试”</td></tr>
<tr><td rowspan="3">5</td><td>13 规范</td><td>031003005</td><td>塑料阀门</td><td>1. 规格；
2. 连接形式</td><td>按设计图示数量计算（计量单位：个）</td><td>1. 安装；
2. 调试</td></tr>
<tr><td>08 规范</td><td>—</td><td>—</td><td>—</td><td>—</td><td>—</td></tr>
<tr><td colspan="6">说明：新增项目内容</td></tr>
<tr><td rowspan="3">6</td><td>13 规范</td><td>031003006</td><td>减压器</td><td>1. 材质；
2. 规格、压力等级；
3. 连接形式；
4. 附件配置</td><td rowspan="2">按设计图示数量计算（计量单位：组）</td><td>组装</td></tr>
<tr><td>08 规范</td><td>030803007</td><td>减压器</td><td>1. 材质；
2. 型号、规格；
3. 连接方式</td><td>安装</td></tr>
<tr><td colspan="6">说明：项目特征描述新增“规格、压力等级”和“附件配置”，删除原来的“型号、规格”。工作内容将原来的“安装”修改为“组装”</td></tr>
<tr><td rowspan="3">7</td><td>13 规范</td><td>031003007</td><td>疏水器</td><td>1. 材质；
2. 规格、压力等级；
3. 连接形式；
4. 附件配置</td><td rowspan="2">按设计图示数量计算（计量单位：组）</td><td>组装</td></tr>
<tr><td>08 规范</td><td>030803008</td><td>疏水器</td><td>1. 材质；
2. 型号、规格；
3. 连接方式</td><td>安装</td></tr>
<tr><td colspan="6">说明：项目特征描述新增“规格、压力等级”和“附件配置”，删除原来的“型号、规格”。工作内容将原来的“安装”修改为“组装”</td></tr>
<tr><td rowspan="3">8</td><td>13 规范</td><td>031003008</td><td>除污器（过滤器）</td><td>1. 材质；
2. 规格、压力等级；
3. 连接形式</td><td>按设计图示数量计算（计量单位：组）</td><td>安装</td></tr>
<tr><td>08 规范</td><td>—</td><td>—</td><td>—</td><td>—</td><td>—</td></tr>
<tr><td colspan="6">说明：新增项目内容</td></tr>
</table>

续表

<table>
<tr><th>序号</th><th>版别</th><th>项目编码</th><th>项目名称</th><th>项目特征</th><th>工程量计算规则与计量单位</th><th>工作内容</th></tr>
<tr><td rowspan="3">9</td><td>13 规范</td><td>031003009</td><td>补偿器</td><td>1. 类型；
2. 材质；
3. 规格、压力等级；
4. 连接形式</td><td>按设计图示数量计算（计量单位：个）</td><td rowspan="2">安装</td></tr>
<tr><td>08 规范</td><td>030803013</td><td>伸缩器</td><td>1. 类型；
2. 材质；
3. 型号、规格；
4. 连接方式</td><td>按设计图示数量计算（计量单位：个）。
注：方形伸缩器的两臂，按臂长的 2 倍合并在管道安装长度内计算</td></tr>
<tr><td colspan="6">说明：项目名称更名为“补偿器”。项目特征描述新增“规格、压力等级”，将原来的“连接方式”修改为“连接形式”，删除原来的“型号、规格”。工程量计算规则与计量单位删除原来的“注”及内容</td></tr>
<tr><td rowspan="3">10</td><td>13 规范</td><td>0310030010</td><td>软接头（软管）</td><td>1. 材质；
2. 规格；
3. 连接形式</td><td>按设计图示数量计算（计量单位：个或组）</td><td>安装</td></tr>
<tr><td>08 规范</td><td>—</td><td>—</td><td>—</td><td>—</td><td>—</td></tr>
<tr><td colspan="6">说明：新增项目内容</td></tr>
<tr><td rowspan="3">11</td><td>13 规范</td><td>031003011</td><td>法兰</td><td>1. 材质；
2. 规格、压力等级；
3. 连接形式</td><td>按设计图示数量计算（计量单位：副或片）</td><td rowspan="2">安装</td></tr>
<tr><td>08 规范</td><td>030803009</td><td>法兰</td><td>1. 材质；
2. 型号、规格；
3. 连接方式</td><td>按设计图示数量计算（计量单位：副）</td></tr>
<tr><td colspan="6">说明：项目特征描述新增“规格、压力等级”，删除原来的“型号、规格”。工程量计算规则与计量单位将原来的“副”修改为“副或片”</td></tr>
<tr><td rowspan="3">12</td><td>13 规范</td><td>031003012</td><td>倒流防止器</td><td>1. 材质；
2. 型号、规格；
3. 连接形式</td><td>按设计图示数量计算（计量单位：套）</td><td>安装</td></tr>
<tr><td>08 规范</td><td>—</td><td>—</td><td>—</td><td>—</td><td>—</td></tr>
<tr><td colspan="6">说明：新增项目内容</td></tr>
<tr><td rowspan="3">13</td><td>13 规范</td><td>031003013</td><td>水表</td><td>1. 安装部位（室内外）；
2. 型号、规格；
3. 连接形式；
4. 附件配置</td><td>按设计图示数量计算（计量单位：组或个）</td><td>组装</td></tr>
<tr><td>08 规范</td><td>030803010</td><td>水表</td><td>1. 材质；
2. 型号、规格；
3. 连接方式</td><td>按设计图示数量计算（计量单位：组）</td><td>安装</td></tr>
<tr><td colspan="6">说明：项目特征描述新增“安装部位（室内外）”和“附件配置”，将原来的“连接方式”修改为“连接形式”，删除原来的“材质”。工程量计算规则与计量单位将原来的“组”修改为“组或个”。工作内容将原来的“安装”修改为“组装”</td></tr>
</table>

续表

序号	版别	项目编码	项目名称	项目特征	工程量计算规则与计量单位	工作内容
14	13规范	031003014	热量表	1. 类型； 2. 型号、规格； 3. 连接形式	按设计图示数量计算（计量单位：块）	安装
	08规范	—	—	—	—	—
	说明：新增项目内容					
15	13规范	031003015	塑料排水管消声器	1. 规格； 2. 连接形式	按设计图示数量计算（计量单位：个）	安装
	08规范	030803012	塑料排水管消声器	型号、规格		
	说明：项目特征描述新增“连接形式”，将原来的“型号、规格”简化为“规格”					
16	13规范	031003016	浮标液面计	1. 规格； 2. 连接形式	按设计图示数量计算（计量单位：组）	安装
	08规范	030803014	浮标液面计	型号、规格		
	说明：项目特征描述新增“连接形式”，将原来的“型号、规格”简化为“规格”					
17	13规范	031003017	浮漂水位标尺	1. 用途； 2. 规格	按设计图示数量计算（计量单位：套）	安装
	08规范	030803015	浮漂水位标尺	1. 用途； 2. 型号、规格		
	说明：项目特征描述将原来的“型号、规格”简化为“规格”					

注：1. 法兰阀门安装包括法兰连接，不得另计。阀门安装如仅为一侧法兰连接时，应在项目特征中描述。
2. 塑料阀门连接形式需注明热熔连接、粘接、热风焊接等方式。
3. 减压器规格按高压侧管道规格描述。
4. 减压器、疏水器、倒流防止器等项目包括组成与安装工作内容，项目特征应根据设计要求描述附件配置情况，或根据××图集或××施工图做法描述。

6.1.4 卫生器具

卫生器具工程量清单项目设置、项目特征描述的内容、计量单位及工程量计算规则等的变化对照情况，见表6-4。

卫生器具（编码：031004） **表6-4**

序号	版别	项目编码	项目名称	项目特征	工程量计算规则与计量单位	工作内容
1	13规范	031004001	浴缸	1. 材质； 2. 规格、类型； 3. 组装形式； 4. 附件名称、数量	按设计图示数量计算（计量单位：组）	1. 器具安装； 2. 附件安装
	08规范	030804001	浴盆	1. 材质； 2. 组装形式； 3. 型号； 4. 开关		器具、附件安装
	说明：项目名称更名为“浴缸”。项目特征描述新增“规格、类型”和“附件名称、数量”，删除原来的“型号”和“开关”。工作内容将原来的“器具、附件安装”拆分为“器具安装”和“附件安装”					

续表

序号	版别	项目编码	项目名称	项目特征	工程量计算规则与计量单位	工作内容
2	13 规范	031004002	净身盆	1. 材质； 2. 规格、类型； 3. 组装形式； 4. 附件名称、数量	按设计图示数量计算（计量单位：组）	1. 器具安装； 2. 附件安装
	08 规范	030804002	净身盆	1. 材质； 2. 组装形式； 3. 型号； 4. 开关		器具、附件安装
	说明：项目特征描述新增“规格、类型”和“附件名称、数量”，删除原来的“型号”和“开关”。工作内容将原来的“器具、附件安装”拆分为“器具安装”和“附件安装”					
3	13 规范	031004003	洗脸盆	1. 材质； 2. 规格、类型； 3. 组装形式； 4. 附件名称、数量	按设计图示数量计算（计量单位：组）	1. 器具安装； 2. 附件安装
	08 规范	030804003	洗脸盆	1. 材质； 2. 组装形式； 3. 型号； 4. 开关		器具、附件安装
	说明：项目特征描述新增“规格、类型”和“附件名称、数量”，删除原来的“型号”和“开关”。工作内容将原来的“器具、附件安装”拆分为“器具安装”和“附件安装”					
4	13 规范	031004004	洗涤盆	1. 材质； 2. 规格、类型； 3. 组装形式； 4. 附件名称、数量	按设计图示数量计算（计量单位：组）	1. 器具安装； 2. 附件安装
	08 规范	030804005	洗涤盆（洗菜盆）	1. 材质； 2. 组装形式； 3. 型号； 4. 开关		器具、附件安装
	说明：项目名称简化为“洗涤盆”。项目特征描述新增“规格、类型”和“附件名称、数量”，删除原来的“型号”和“开关”。工作内容将原来的“器具、附件安装”拆分为“器具安装”和“附件安装”					
5	13 规范	031004005	化验盆	1. 材质； 2. 规格、类型； 3. 组装形式； 4. 附件名称、数量	按设计图示数量计算（计量单位：组）	1. 器具安装； 2. 附件安装
	08 规范	030804006	化验盆	1. 材质； 2. 组装形式； 3. 型号； 4. 开关		器具、附件安装
	说明：项目特征描述新增“规格、类型”和“附件名称、数量”，删除原来的“型号”和“开关”。工作内容将原来的“器具、附件安装”拆分为“器具安装”和“附件安装”					

续表

<table>
<tr><th>序号</th><th>版别</th><th>项目编码</th><th>项目名称</th><th>项目特征</th><th>工程量计算规则与计量单位</th><th>工作内容</th></tr>
<tr><td rowspan="3">6</td><td>13规范</td><td>031004006</td><td>大便器</td><td>1. 材质；
2. 规格、类型；
3. 组装形式；
4. 附件名称、数量</td><td>按设计图示数量计算（计量单位：组）</td><td>1. 器具安装；
2. 附件安装</td></tr>
<tr><td>08规范</td><td>030804012</td><td>大便器</td><td>1. 材质；
2. 组装方式；
3. 型号、规格</td><td>按设计图示数量计算（计量单位：套）</td><td>器具、附件安装</td></tr>
<tr><td colspan="6">说明：项目特征描述新增“规格、类型”和“附件名称、数量”，将原来的“组装方式”修改为“组装形式”，删除原来的“型号、规格”。工程量计算规则与计量单位将原来的“套”修改为“组”。工作内容将原来的“器具、附件安装”拆分为“器具安装”和“附件安装”</td></tr>
<tr><td rowspan="3">7</td><td>13规范</td><td>031004007</td><td>小便器</td><td>1. 材质；
2. 规格、类型；
3. 组装形式；
4. 附件名称、数量</td><td>按设计图示数量计算（计量单位：组）</td><td>1. 器具安装；
2. 附件安装</td></tr>
<tr><td>08规范</td><td>030804013</td><td>小便器</td><td>1. 材质；
2. 组装方式；
3. 型号、规格</td><td>按设计图示数量计算（计量单位：套）</td><td>器具、附件安装</td></tr>
<tr><td colspan="6">说明：项目特征描述新增“规格、类型”和“附件名称、数量”，将原来的“组装方式”修改为“组装形式”，删除原来的“型号、规格”。工程量计算规则与计量单位将原来的“套”修改为“组”。工作内容将原来的“器具、附件安装”拆分为“器具安装”和“附件安装”</td></tr>
<tr><td rowspan="3">8</td><td>13规范</td><td>031004008</td><td>其他成品卫生器具</td><td>1. 材质；
2. 规格、类型；
3. 组装形式；
4. 附件名称、数量</td><td>按设计图示数量计算（计量单位：组）</td><td>1. 器具安装；
2. 附件安装</td></tr>
<tr><td>08规范</td><td>—</td><td>—</td><td>—</td><td>—</td><td>—</td></tr>
<tr><td colspan="6">说明：新增项目内容</td></tr>
<tr><td rowspan="3">9</td><td>13规范</td><td>031004009</td><td>烘手器</td><td>1. 材质；
2. 型号、规格</td><td>按设计图示数量计算（计量单位：个）</td><td>安装</td></tr>
<tr><td>08规范</td><td>030804011</td><td>烘手机</td><td>1. 材质；
2. 组装方式；
3. 型号、规格</td><td>按设计图示数量计算（计量单位：套）</td><td>器具、附件安装</td></tr>
<tr><td colspan="6">说明：项目特征描述删除原来的“组装方式”。工程量计算规则与计量单位将原来的“套”修改为“个”。工作内容将原来的“器具、附件安装”简化为“安装”</td></tr>
<tr><td rowspan="3">10</td><td>13规范</td><td>031004010</td><td>淋浴器</td><td>1. 材质、规格；
2. 组装形式；
3. 附件名称、数量</td><td rowspan="2">按设计图示数量计算（计量单位：套）</td><td>1. 器具安装；
2. 附件安装</td></tr>
<tr><td>08规范</td><td>030804007</td><td>淋浴器</td><td>1. 材质；
2. 组装方式；
3. 型号、规格</td><td>器具、附件安装</td></tr>
<tr><td colspan="6">说明：项目特征描述新增“附件名称、数量”，将原来的“材质”和“型号、规格”修改为“材质、规格”。工作内容将原来的“器具、附件安装”拆分为“器具安装”和“附件安装”</td></tr>
</table>

续表

序号	版别	项目编码	项目名称	项目特征	工程量计算规则与计量单位	工作内容
11	13规范	031004011	淋浴间	1. 材质、规格； 2. 组装形式； 3. 附件名称、数量	按设计图示数量计算（计量单位：套）	1. 器具安装； 2. 附件安装
	08规范	030804008	淋浴间	1. 材质； 2. 组装方式； 3. 型号、规格		器具、附件安装
	说明：项目特征描述新增“附件名称、数量”，将原来的“材质”和“型号、规格”修改为“材质、规格”。工作内容将原来的“器具、附件安装”拆分为“器具安装”和“附件安装”					
12	13规范	031004012	桑拿浴房	1. 材质、规格； 2. 组装形式； 3. 附件名称、数量	按设计图示数量计算（计量单位：套）	1. 器具安装； 2. 附件安装
	08规范	030804009	桑拿浴房	1. 材质； 2. 组装方式； 3. 型号、规格		器具、附件安装
	说明：项目特征描述新增“附件名称、数量”，将原来的“材质”和“型号、规格”修改为“材质、规格”。工作内容将原来的“器具、附件安装”拆分为“器具安装”和“附件安装”					
13	13规范	031004013	大、小便槽自动冲洗水箱	1. 材质、类型； 2. 规格； 3. 水箱配件； 4. 支架形式及做法； 5. 器具及支架除锈、刷油设计要求	按设计图示数量计算（计量单位：套）	1. 制作； 2. 安装； 3. 支架制作、安装； 4. 除锈、刷油
	08规范	030804014	水箱制作安装	1. 材质； 2. 类型； 3. 型号、规格		1. 制作； 2. 安装； 3. 支架制作、安装及除锈、刷油； 4. 除锈、刷油
	说明：项目名称更名为“大、小便槽自动冲洗水箱”。项目特征描述新增“水箱配件”、“支架形式及做法”和“器具及支架除锈、刷油设计要求”，将原来的“材质”和“类型”归并为“材质、类型”，“型号、规格”简化为“规格”。工作内容将原来的“支架制作、安装及除锈、刷油”简化为“支架制作、安装”					
14	13规范	031004014	给、排水附（配）件	1. 材质； 2. 型号、规格； 3. 安装方式	按设计图示数量计算（计量单位：个或组）	安装
	08规范	—	—	—	—	—
	说明：新增项目内容					
15	13规范	031004015	小便槽冲洗管	1. 材质； 2. 规格	按设计图示长度计算（计量单位：m）	1. 制作； 2. 安装
	08规范	030804019	小便槽冲洗管制作安装	1. 材质； 2. 型号、规格		制作、安装
	说明：项目名称简化为“小便槽冲洗管”。项目特征描述将原来的“型号、规格”简化为“规格”。工作内容将原来的“制作、安装”拆分为“制作”和“安装”					

续表

序号	版别	项目编码	项目名称	项目特征	工程量计算规则与计量单位	工作内容
16	13规范	031004016	蒸汽—水加热器	1. 类型； 2. 型号、规格； 3. 安装方式	按设计图示数量计算（计量单位：套）	1. 制作； 2. 安装
	08规范	030804023	蒸汽—水加热器	1. 类型； 2. 型号、规格		1. 安装； 2. 支架制作、安装； 3. 支架除锈、刷油
	说明：项目特征描述新增“安装方式”。工作内容将原来的“支架制作、安装”简化为“制作”，删除原来的“支架除锈、刷油”					
17	13规范	031004017	冷热水混合器	1. 类型； 2. 型号、规格； 3. 安装方式	按设计图示数量计算（计量单位：套）	1. 制作； 2. 安装
	08规范	030804024	冷热水混合器	1. 类型； 2. 型号、规格		1. 安装； 2. 支架制作、安装； 3. 支架除锈、刷油
	说明：项目特征描述新增“安装方式”。工作内容将原来的“支架制作、安装”简化为“制作”，删除原来的“支架除锈、刷油”					
18	13规范	031004018	饮水器	1. 类型； 2. 型号、规格； 3. 安装方式	按设计图示数量计算（计量单位：套）	安装
	08规范	030804027	饮水器	1. 类型； 2. 型号、规格		
	说明：项目特征描述新增“安装方式”					
19	13规范	031004019	隔油器	1. 类型； 2. 型号、规格； 3. 安装部位	按设计图示数量计算（计量单位：套）	安装
	08规范	—	—	—	—	—
	说明：新增项目内容					

注：1. 成品卫生器具项目中的附件安装，主要指给水附件包括水嘴、阀门、喷头等，排水配件包括存水弯、排水栓、下水口等以及配备的连接管。

2. 浴缸支座和浴缸周边的砌砖、瓷砖粘贴，应按现行国家标准《房屋建筑与装饰工程工程量计算规范》GB 50854—2013相关项目编码列项；功能性浴缸不含电机接线和调试，应按《通用安装工程工程量计算规范》GB 50856—2013附录D电气设备安装工程相关项目编码列项。

3. 洗脸盆适用于洗脸盆、洗发盆、洗手盆安装。

4. 器具安装中若采用混凝土或砖基础，应按现行国家标准《房屋建筑与装饰工程工程量计算规范》GB 50854—2013相关项目编码列项。

5. 给、排水附（配）件是指独立安装的水嘴、地漏、地面扫出口等。

6.1.5 供暖器具

供暖器具工程量清单项目设置、项目特征描述的内容、计量单位及工程量计算规则等的变化对照情况，见表 6-5。

供暖器具（编码：031005）　　　　**表 6-5**

<table>
<tr><th>序号</th><th>版别</th><th>项目编码</th><th>项目名称</th><th>项目特征</th><th>工程量计算规则与计量单位</th><th>工作内容</th></tr>
<tr><td rowspan="3">1</td><td>13 规范</td><td>031005001</td><td>铸铁散热器</td><td>1. 型号、规格；
2. 安装方式；
3. 托架形式；
4. 器具、托架除锈、刷油设计要求</td><td>按设计图示数量计算（计量单位：片或组）</td><td>1. 组对、安装；
2. 水压试验；
3. 托架制作、安装；
4. 除锈、刷油</td></tr>
<tr><td>08 规范</td><td>030805001</td><td>铸铁散热器</td><td>1. 型号、规格；
2. 除锈、刷油设计要求</td><td>按设计图示数量计算（计量单位：片）</td><td>1. 安装；
2. 除锈、刷油</td></tr>
<tr><td colspan="6">说明：项目特征描述新增“安装方式”和“托架形式”，将原来的“除锈、刷油设计要求”扩展为“器具、托架除锈、刷油设计要求”。工程量计算规则与计量单位将原来的“片”修改为“片或组”。工作内容新增“水压试验”和“托架制作、安装”，将原来的“安装”扩展为“组对、安装”</td></tr>
<tr><td rowspan="6">2</td><td>13 规范</td><td>031005002</td><td>钢制散热器</td><td>1. 结构形式；
2. 型号、规格；
3. 安装方式；
4. 托架刷油设计要求</td><td>按设计图示数量计算（计量单位：组或片）</td><td>1. 安装；
2. 托架安装；
3. 托架刷油</td></tr>
<tr><td rowspan="4">08 规范</td><td>030805002</td><td>钢制闭式散热器</td><td rowspan="2">1. 型号、规格；
2. 除锈、刷油设计要求</td><td>按设计图示数量计算（计量单位：片）</td><td rowspan="4">安装</td></tr>
<tr><td>030805003</td><td>钢制板式散热器</td><td rowspan="3">按设计图示数量计算（计量单位：组）</td></tr>
<tr><td>030805005</td><td>钢制壁板式散热器</td><td>1. 质量；
2. 型号、规格</td></tr>
<tr><td>030805006</td><td>钢制柱式散热器</td><td>1. 片数；
2. 型号、规格</td></tr>
<tr><td colspan="6">说明：项目名称归并为“钢制散热器”。项目特征描述新增“结构形式”和“安装方式”，将原来的“除锈、刷油设计要求”修改为“托架刷油设计要求”。工程量计算规则与计量单位将原来的“片”或“组”修改为“组或片”。工作内容新增“托架安装”和“托架刷油”</td></tr>
<tr><td rowspan="3">3</td><td>13 规范</td><td>031005003</td><td>其他成品散热器</td><td>1. 材质、类型；
2. 型号、规格；
3. 托架刷油设计要求</td><td>按设计图示数量计算（计量单位：组或片）</td><td>1. 安装；
2. 托架安装；
3. 托架刷油</td></tr>
<tr><td>08 规范</td><td>—</td><td>—</td><td>—</td><td>—</td><td>—</td></tr>
<tr><td colspan="6">说明：新增项目内容</td></tr>
<tr><td>4</td><td>13 规范</td><td>031005004</td><td>光排管散热器</td><td>1. 材质、类型；
2. 型号、规格；
3. 托架形式及做法；
4. 器具、托架除锈、刷油设计要求</td><td>按设计图示排管长度计算（计量单位：m）</td><td>1. 制作、安装；
2. 水压试验；
3. 除锈、刷油</td></tr>
</table>

续表

<table>
<tr><th>序号</th><th>版别</th><th>项目编码</th><th>项目名称</th><th>项目特征</th><th>工程量计算规则与计量单位</th><th>工作内容</th></tr>
<tr><td rowspan="2">4</td><td>08规范</td><td>030805004</td><td>光排管散热器制作安装</td><td>1. 型号、规格；
2. 管径；
3. 除锈、刷油设计要求</td><td>按设计图示排管长度计算（计量单位：m）</td><td>1. 制作、安装；
2. 除锈、刷油</td></tr>
<tr><td colspan="6">说明：项目名称简化为“光排管散热器”。项目特征描述新增“材质、类型”、“托架形式及做法”和“器具、托架除锈、刷油设计要求”，将原来的“除锈、刷油设计要求”扩展为“器具、托架除锈、刷油设计要求”，删除原来的“管径”。工作内容新增“水压试验”</td></tr>
<tr><td rowspan="3">5</td><td>13规范</td><td>031005005</td><td>暖风机</td><td>1. 质量；
2. 型号、规格；
3. 安装方式</td><td rowspan="2">按设计图示数量计算（计量单位：台）</td><td rowspan="2">安装</td></tr>
<tr><td>08规范</td><td>030805007</td><td>暖风机</td><td>1. 质量；
2. 型号、规格</td></tr>
<tr><td colspan="6">说明：项目特征描述新增“安装方式”</td></tr>
<tr><td rowspan="3">6</td><td>13规范</td><td>031005006</td><td>地板辐射采暖</td><td>1. 保温层材质、厚度；
2. 钢丝网设计要求；
3. 管道材质、规格；
4. 压力试验及吹扫设计要求</td><td>1. 按设计图示采暖房间净面积计算（计量单位：m^2）；
2. 按设计图示管道长度计算（计量单位：m）</td><td>1. 保温层及钢丝网铺设
2. 管道排布、绑扎、固定；
3. 与分集水器连接；
4. 水压试验、冲洗；
5. 配合地面浇注</td></tr>
<tr><td>08规范</td><td>—</td><td>—</td><td>—</td><td>—</td><td>—</td></tr>
<tr><td colspan="6">说明：新增项目内容</td></tr>
<tr><td rowspan="3">7</td><td>13规范</td><td>031005007</td><td>热媒集配装置</td><td>1. 材质；
2. 规格；
3. 附件名称、规格、数量</td><td>按设计图示数量计算（计量单位：台）</td><td>1. 制作；
2. 安装；
3. 附件安装</td></tr>
<tr><td>08规范</td><td>—</td><td>—</td><td>—</td><td>—</td><td>—</td></tr>
<tr><td colspan="6">说明：新增项目内容</td></tr>
<tr><td rowspan="3">8</td><td>13规范</td><td>031005008</td><td>集气罐</td><td>1. 材质；
2. 规格</td><td>按设计图示数量计算（计量单位：个）</td><td>1. 制作；
2. 安装</td></tr>
<tr><td>08规范</td><td>—</td><td>—</td><td>—</td><td>—</td><td>—</td></tr>
<tr><td colspan="6">说明：新增项目内容</td></tr>
</table>

注：1. 铸铁散热器，包括拉条制作安装。
2. 钢制散热器结构形式，包括钢制闭式、板式、壁板式、扁管式及柱式散热器等，应分别列项计算。
3. 光排管散热器，包括联管制作安装。
4. 地板辐射采暖，包括与分集水器连接和配合地面浇筑用工。

6.1.6 采暖、给水排水设备

采暖、给水排水设备工程量清单项目设置、项目特征描述的内容、计量单位及工程量计算规则等的变化对照情况，见表6-6。

采暖、给排水设备（编码：031006）　　**表 6-6**

<table>
<tr><th>序号</th><th>版别</th><th>项目编码</th><th>项目名称</th><th>项目特征</th><th>工程量计算规则与计量单位</th><th>工作内容</th></tr>
<tr><td rowspan="3">1</td><td>13 规范</td><td>031006001</td><td>变频给水设备</td><td>1. 设备名称；
2. 型号、规格；
3. 水泵主要技术参数；
4. 附件名称、规格、数量；
5. 减震装置形式</td><td>按设计图示数量计算（计量单位：套）</td><td>1. 设备安装；
2. 附件安装；
3. 调试；
4. 减震装置制作、安装</td></tr>
<tr><td>08 规范</td><td>—</td><td>—</td><td>—</td><td>—</td><td>—</td></tr>
<tr><td colspan="6">说明：新增项目内容</td></tr>
<tr><td rowspan="3">2</td><td>13 规范</td><td>031006002</td><td>稳压给水设备</td><td>1. 设备名称；
2. 型号、规格；
3. 水泵主要技术参数；
4. 附件名称、规格、数量；
5. 减震装置形式</td><td>按设计图示数量计算（计量单位：套）</td><td>1. 设备安装；
2. 附件安装；
3. 调试；
4. 减震装置制作、安装</td></tr>
<tr><td>08 规范</td><td>—</td><td>—</td><td>—</td><td>—</td><td>—</td></tr>
<tr><td colspan="6">说明：新增项目内容</td></tr>
<tr><td rowspan="3">3</td><td>13 规范</td><td>031006003</td><td>无负压给水设备</td><td>1. 设备名称；
2. 型号、规格；
3. 水泵主要技术参数；
4. 附件名称、规格、数量；
5. 减震装置形式</td><td>按设计图示数量计算（计量单位：套）</td><td>1. 设备安装；
2. 附件安装；
3. 调试；
4. 减震装置制作、安装</td></tr>
<tr><td>08 规范</td><td>—</td><td>—</td><td>—</td><td>—</td><td>—</td></tr>
<tr><td colspan="6">说明：新增项目内容</td></tr>
<tr><td rowspan="3">4</td><td>13 规范</td><td>031006004</td><td>气压罐</td><td>1. 型号、规格；
2. 安装方式</td><td>按设计图示数量计算（计量单位：台）</td><td>1. 安装；
2. 调试</td></tr>
<tr><td>08 规范</td><td>—</td><td>—</td><td>—</td><td>—</td><td>—</td></tr>
<tr><td colspan="6">说明：新增项目内容</td></tr>
<tr><td rowspan="3">5</td><td>13 规范</td><td>031006005</td><td>太阳能集热装置</td><td>1. 型号、规格；
2. 安装方式；
3. 附件名称、规格、数量</td><td>按设计图示数量计算（计量单位：套）</td><td>1. 安装；
2. 附件安装</td></tr>
<tr><td>08 规范</td><td>—</td><td>—</td><td>—</td><td>—</td><td>—</td></tr>
<tr><td colspan="6">说明：新增项目内容</td></tr>
<tr><td rowspan="3">6</td><td>13 规范</td><td>031006006</td><td>地源（水源、气源）热泵机组</td><td>1. 型号、规格；
2. 安装方式；
3. 减震装置形式</td><td>按设计图示数量计算（计量单位：组）</td><td>1. 安装；
2. 减震装置制作、安装</td></tr>
<tr><td>08 规范</td><td>—</td><td>—</td><td>—</td><td>—</td><td>—</td></tr>
<tr><td colspan="6">说明：新增项目内容</td></tr>
</table>

续表

序号	版别	项目编码	项目名称	项目特征	工程量计算规则与计量单位	工作内容
7	13规范	031006007	除砂器	1. 型号、规格； 2. 安装方式	按设计图示数量计算（计量单位：台）	安装
	08规范	—	—	—	—	—
	说明：新增项目内容					
8	13规范	031006008	水处理器	1. 类型； 2. 型号、规格	按设计图示数量计算（计量单位：台）	安装
	08规范	—	—	—	—	—
	说明：新增项目内容					
9	13规范	031006009	超声波灭藻设备	1. 类型； 2. 型号、规格	按设计图示数量计算（计量单位：台）	安装
	08规范	—	—	—	—	—
	说明：新增项目内容					
10	13规范	031006010	水质净化器	1. 类型； 2. 型号、规格	按设计图示数量计算（计量单位：台）	安装
	08规范	—	—	—	—	—
	说明：新增项目内容					
11	13规范	031006011	紫外线杀菌设备	1. 名称； 2. 规格	按设计图示数量计算（计量单位：台）	安装
	08规范	—	—	—	—	—
	说明：新增项目内容					
12	13规范	031006012	热水器、开水炉	1. 能源种类； 2. 型号、容积； 3. 安装方式	按设计图示数量计算（计量单位：台）	1. 安装； 2. 附件安装
	08规范	030804020	热水器	1. 电能源； 2. 太阳能源		1. 安装； 2. 管道、管件、附件安装； 3. 保温
		030804021	开水炉	1. 类型； 2. 型号、规格； 3. 安装方式		安装
	说明：项目名称归并为“热水器、开水炉”。项目特征描述新增“型号、容积”，将原来的“电能源”和“太阳能源”归并为“能源种类”，删除原来的“类型”和“型号、规格”。工作内容将原来的“管道、管件、附件安装”简化为“附件安装”，删除原来的“保温”					
13	13规范	031006013	消毒器、消毒锅	1. 类型； 2. 型号、规格	按设计图示数量计算（计量单位：台）	安装
	08规范	030804025	电消毒器			
		030804026	消毒锅			
	说明：项目名称归并为“消毒器、消毒锅”					
14	13规范	031006014	直饮水设备	1. 名称； 2. 规格	按设计图示数量计算（计量单位：套）	安装
	08规范	—	—	—	—	—
	说明：新增项目内容					

续表

序号	版别	项目编码	项目名称	项目特征	工程量计算规则与计量单位	工作内容
15	13规范	031006015	水箱	1. 材质、类型； 2. 型号、规格	按设计图示数量计算（计量单位：台）	1. 制作； 2. 安装
	08规范	030804014	水箱制作安装	1. 材质； 2. 类型； 3. 型号、规格	按设计图示数量计算（计量单位：套）	1. 制作； 2. 安装； 3. 支架制作、安装及除锈、刷油； 4. 除锈、刷油
	说明：项目名称简化为“水箱”。项目特征描述将原来的“材质”和“类型”归并为“材质、类型”。工程量计算规则与计量单位将原来的“套”修改为“台”。工作内容删除原来的“支架制作、安装及除锈、刷油”和“除锈、刷油”					

注：1. 变频给水设备、稳压给水设备、无负压给水设备安装，说明：

1）压力容器包括气压罐、稳压罐、无负压罐；

2）水泵包括主泵及备用泵，应注明数量；

3）附件包括给水装置中配备的阀门、仪表、软接头，应注明数量，含设备、附件之间管路连接；

4）泵组底座安装，不包括基础砌（浇）筑，应按现行国家标准《房屋建筑与装饰工程工程量计算规范》GB 50854—2013相关项目编码列项；

5）控制柜安装及电气接线、调试应按《通用安装工程工程量计算规范》GB 50856—2013附录D电气设备安装工程相关项目编码列项。

2. 地源热泵机组，接管以及接管上的阀门、软接头、减震装置和基础另行计算，应按相关项目编码列项。

6.1.7 燃气器具及其他

燃气器具及其他工程量清单项目设置、项目特征描述的内容、计量单位及工程量计算规则等的变化对照情况，见表6-7。

燃气器具及其他（编码：031007）　　**表6-7**

序号	版别	项目编码	项目名称	项目特征	工程量计算规则与计量单位	工作内容
1	13规范	031007001	燃气开水炉	1. 型号、容量； 2. 安装方式； 3. 附件型号、规格	按设计图示数量计算（计量单位：台）	1. 安装； 2. 附件安装
	08规范	030806001	燃气开水炉	型号、规格		安装
	说明：项目特征描述新增“型号、容量”和“安装方式”，将原来的“型号、规格”扩展为“附件型号、规格”。工作内容新增“附件安装”					
2	13规范	031007002	燃气采暖炉	1. 型号、容量； 2. 安装方式； 3. 附件型号、规格	按设计图示数量计算（计量单位：台）	1. 安装； 2. 附件安装
	08规范	030806002	燃气采暖炉	型号、规格		安装
	说明：项目特征描述新增“型号、容量”和“安装方式”，将原来的“型号、规格”修改为“附件型号、规格”。工作内容新增“附件安装”					
3	13规范	031007003	燃气沸水器、消毒器	1. 类型； 2. 型号、容量； 3. 安装方式； 4. 附件型号、规格	按设计图示数量计算（计量单位：台）	1. 安装； 2. 附件安装

续表

<table>
<tr><th>序号</th><th>版别</th><th>项目编码</th><th>项目名称</th><th>项目特征</th><th>工程量计算规则与计量单位</th><th>工作内容</th></tr>
<tr><td rowspan="2">3</td><td>08 规范</td><td>030806003</td><td>沸水器</td><td>1. 容积式沸水器、自动沸水器、燃气消毒器；
2. 型号、规格</td><td>按设计图示数量计算（计量单位：台）</td><td>安装</td></tr>
<tr><td colspan="6">说明：项目名称扩展为“燃气沸水器、消毒器”。项目特征描述新增“类型”、“型号、容量”和“安装方式”，将原来的“型号、规格”扩展为“附件型号、规格”，删除原来的“容积式沸水器、自动沸水器、燃气消毒器”。工作内容新增“附件安装”</td></tr>
<tr><td rowspan="3">4</td><td>13 规范</td><td>031007004</td><td>燃气热水器</td><td>1. 类型；
2. 型号、容量；
3. 安装方式；
4. 附件型号、规格</td><td rowspan="2">按设计图示数量计算（计量单位：台）</td><td>1. 安装；
2. 附件安装</td></tr>
<tr><td>08 规范</td><td>030806004</td><td>燃气快速热水器</td><td>型号、规格</td><td>安装</td></tr>
<tr><td colspan="6">说明：项目名称简化为“燃气热水器”。项目特征描述新增“类型”、“型号、容量”和“安装方式”，将原来的“型号、规格”扩展为“附件型号、规格”。工作内容新增“附件安装”</td></tr>
<tr><td rowspan="3">5</td><td>13 规范</td><td>031007005</td><td>燃气表</td><td>1. 类型；
2. 型号、规格；
3. 连接方式；
4. 托架设计要求</td><td>按设计图示数量计算（计量单位：块或台）</td><td>1. 安装；
2. 托架制作、安装</td></tr>
<tr><td>08 规范</td><td>030803011</td><td>燃气表</td><td>1. 公用、民用、工业用；
2. 型号、规格</td><td>按设计图示数量计算（计量单位：块）</td><td>1. 安装；
2. 托架及表底基础制作、安装</td></tr>
<tr><td colspan="6">说明：项目特征描述新增“类型”、“连接方式”和“托架设计要求”，删除原来的“公用、民用、工业用”。工程量计算规则与计量单位将原来的“块”修改为“块或台”。工作内容将原来的“托架及表底基础制作、安装”简化为“托架制作、安装”</td></tr>
<tr><td rowspan="3">6</td><td>13 规范</td><td>031007006</td><td>燃气灶具</td><td>1. 用途；
2. 类型；
3. 型号、规格；
4. 安装方式；
5. 附件型号、规格</td><td rowspan="2">按设计图示数量计算（计量单位：台）</td><td>1. 安装；
2. 附件安装</td></tr>
<tr><td>08 规范</td><td>030806005</td><td>燃气灶具</td><td>1. 民用、公用；
2. 人工煤气灶具、液化石油气灶具、天然气燃气灶具；
3. 型号、规格</td><td>安装</td></tr>
<tr><td colspan="6">说明：项目特征描述新增“用途”、“类型”、“安装方式”和“附件型号、规格”，删除原来的“民用、公用”和“人工煤气灶具、液化石油气灶具、天然气燃气灶具”。工作内容新增“附件安装”</td></tr>
</table>

续表

<table>
<tr><th>序号</th><th>版别</th><th>项目编码</th><th>项目名称</th><th>项目特征</th><th>工程量计算规则与计量单位</th><th>工作内容</th></tr>
<tr><td rowspan="3">7</td><td>13 规范</td><td>031007007</td><td>气嘴</td><td>1. 单嘴、双嘴；
2. 材质；
3. 型号、规格；
4. 连接形式</td><td rowspan="2">按设计图示数量计算（计量单位：个）</td><td rowspan="2">安装</td></tr>
<tr><td>08 规范</td><td>030806006</td><td>气嘴</td><td>1. 单嘴、双嘴；
2. 材质；
3. 型号、规格；
4. 连接方式</td></tr>
<tr><td colspan="6">说明：项目特征描述将原来的“连接方式”修改为“连接形式”</td></tr>
<tr><td rowspan="3">8</td><td>13 规范</td><td>031007008</td><td>调压器</td><td>1. 类型；
2. 型号、规格；
3. 安装方式</td><td>按设计图示数量计算（计量单位：台）</td><td rowspan="2">安装</td></tr>
<tr><td>08 规范</td><td>030803007</td><td>减压器</td><td>1. 材质；
2. 型号、规格；
3. 连接方式</td><td>按设计图示数量计算（计量单位：组）安装</td></tr>
<tr><td colspan="6">说明：项目特征描述新增“类型”，将原来的“连接方式”修改为“安装方式”，删除原来的“材质”。工程量计算规则与计量单位将原来的“按设计图示数量计算（计量单位：组）安装”修改为“按设计图示数量计算（计量单位：台）”</td></tr>
<tr><td>9</td><td>13 规范</td><td>03100709</td><td>燃气抽水缸</td><td>1. 材质；
2. 规格；
3. 连接形式</td><td rowspan="3">按设计图示数量计算（计量单位：个）</td><td rowspan="3">安装</td></tr>
<tr><td rowspan="3">10</td><td>13 规范</td><td>031007010</td><td>燃气管道调长器</td><td>1. 规格；
2. 压力等级；
3. 连接形式</td></tr>
<tr><td>08 规范</td><td>030803017</td><td>燃气管道调长器</td><td>型号、规格</td></tr>
<tr><td colspan="6">说明：项目特征描述新增“压力等级”和“连接形式”，将原来的“型号、规格”简化为“规格”</td></tr>
<tr><td>11</td><td rowspan="2">13 规范</td><td>031007011</td><td>调压箱、调压装置</td><td>1. 类型；
2. 型号、规格；
3. 安装部位</td><td>按设计图示数量计算（计量单位：台）</td><td>安装</td></tr>
<tr><td>12</td><td>031007012</td><td>引入口砌筑</td><td>1. 砌筑形式、材质；
2. 保温、保护材料设计要求</td><td>按设计图示数量计算（计量单位：处）</td><td>1. 保温（保护）台砌筑；
2. 填充保温（保护）材料</td></tr>
</table>

注：1. 沸水器、消毒器适用于容积式沸水器、自动沸水器、燃气消毒器等。
2. 燃气灶具适用于人工煤气灶具、液化石油气灶具、天然气燃气灶具等，用途应描述民用或公用，类型应描述所采用气源。
3. 调压箱、调压装置安装部位应区分室内、室外。
4. 引入口砌筑形式，应注明地上、地下。

6.1.8 医疗气体设备及附件

医疗气体设备及附件工程量清单项目设置、项目特征描述的内容、计量单位及工程量计算规则等的变化对照情况，见表6-8。

医疗气体设备及附件（编码：031008） 表6-8

序号	版别	项目编码	项目名称	项目特征	工程量计算规则与计量单位	工作内容
1	13规范	031008001	制氧机	1. 型号、规格； 2. 安装方式	按设计图示数量计算（计量单位：台）	1. 安装； 2. 调试
2		031008002	液氧罐			
3		031008003	二级稳压箱			
4		031008004	气体汇流排		按设计图示数量计算（计量单位：组）	
5		031008005	集污罐		按设计图示数量计算（计量单位：个）	安装
6		031008006	刷手池	1. 材质、规格； 2. 附件材质、规格	按设计图示数量计算（计量单位：组）	1. 器具安装； 2. 附件安装
7		031008007	医用真空罐	1. 型号、规格； 2. 安装方式； 3. 附件材质、规格	按设计图示数量计算（计量单位：台）	1. 本体安装； 2. 附件安装； 3. 调试
8		031008008	气水分离器	1. 规格； 2. 型号		安装
9		031008009	干燥机	1. 规格； 2. 安装方式		1. 安装； 2. 调试
10		031008010	储气罐			
11		031008011	空气过滤器		按设计图示数量计算（计量单位：个）	
12		031008012	集水器		按设计图示数量计算（计量单位：台）	
13		031008013	医疗设备带	1. 材质； 2. 规格	按设计图示长度计算（计量单位：m）	
14		031008014	气体终端	1. 名称； 2. 气体种类	按设计图示数量计算（计量单位：个）	

注：1. 气体汇流排适用于氧气、二氧化碳、氮气、笑气、氩气、压缩空气等医用气体汇流排安装。
2. 空气过滤器适用于医用气体预过滤器、精过滤器、超精过滤器等安装。

6.1.9 采暖、空调水工程系统调试

采暖、空调水工程系统调试工程量清单项目设置、项目特征描述的内容、计量单位及工程量计算规则等的变化对照情况，见表6-9。

采暖、空调水工程系统调试（编码：031009） 表6-9

序号	版别	项目编码	项目名称	项目特征	工程量计算规则与计量单位	工程内容
1	13规范	031009001	采暖工程系统调试	1. 系统形式； 2. 采暖（空调水）管道工程量	按采暖工程系统计算（计量单位：系统）	系统调试

续表

<table>
<tr><th>序号</th><th>版别</th><th>项目编码</th><th>项目名称</th><th>项目特征</th><th>工程量计算规则与计量单位</th><th>工程内容</th></tr>
<tr><td rowspan="2">1</td><td>08 规范</td><td>030807001</td><td>采暖工程系统调整</td><td>系统</td><td>按由采暖管道、管件、阀门、法兰、供暖器具组成采暖工程系统计算</td><td>系统调整</td></tr>
<tr><td colspan="6">说明：项目名称更名为“采暖工程系统调试”。项目特征描述新增“采暖（空调水）管道工程量”，将原来的“系统”扩展为“系统形式”。工程量计算规则与计量单位简化说明。工程内容将原来的“系统调整”修改为“系统调试”</td></tr>
<tr><td rowspan="3">2</td><td>13 规范</td><td>031009002</td><td>空调水工程系统调试</td><td>1. 系统形式；
2. 采暖（空调水）管道工程量</td><td>按空调水工程系统计算（计量单位：系统）</td><td>系统调试</td></tr>
<tr><td>08 规范</td><td>—</td><td>—</td><td>—</td><td>—</td><td>—</td></tr>
<tr><td colspan="6">说明：新增项目内容</td></tr>
</table>

注：1. 由采暖管道、阀门及供暖器具组成采暖工程系统。
2. 由空调水管道、阀门及冷水机组组成空调水工程系统。
3. 当采暖工程系统、空调水工程系统中管道工程量发生变化时，系统调试费用应作相应调整。

6.2　工程量清单编制实例

6.2.1　实例 6-1

1. 背景资料

（1）设计说明

图 6-1～图 6-3 为某办公楼卫生间的给水平面图、系统图。

1）墙体厚度为 240mm。

2）给水管道均为镀锌钢管，螺纹连接，给水管道与墙体中心距离为 200mm。

3）阀门采用 J11W—10T 截止阀，螺纹连接。

4）卫生器具全部为明装，其安装方式为：蹲式大便器为手压阀冲洗；挂式小便器为延时自闭式冲洗阀：洗脸盆（陶瓷单孔立柱式，普通冷水嘴）；排水地漏（铸铁带水封 *DN* 50）。

5）洗脸盆的水嘴和拖布池的水嘴均为普通型。

6）给水管道系统安装完毕，按规范要求应进行水压试验；系统投入前必须进行水冲洗。

7）排水管道系统安装完毕，按规范要求进行闭水试验；排水主立管及水平干管管道均应做通球试验，通球球径不小于排水管道管径 2/3，通球率必须达到 100%。

8）图中平面尺寸以 mm 计，标高以 m 计。

（2）计算说明

1）给水管道计算至卫生器具支管连接处为止。

2）不计算管道套管、墩布池的工程量。

3）计算结果保留小数点后两位有效数字，第三位四舍五入。

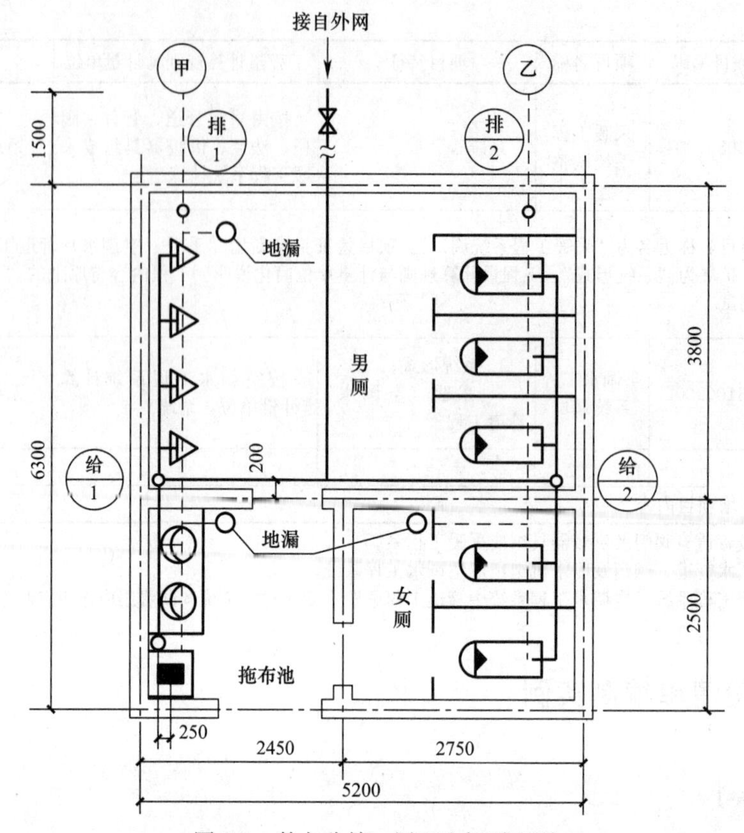

图 6-1　某办公楼一层卫生间平面图

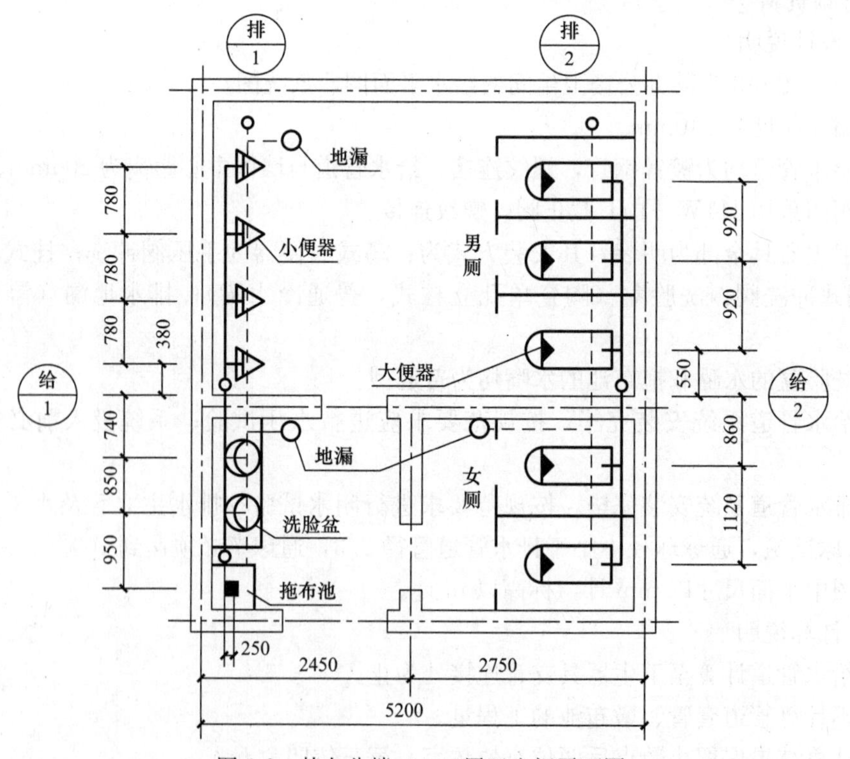

图 6-2　某办公楼二、三层卫生间平面图

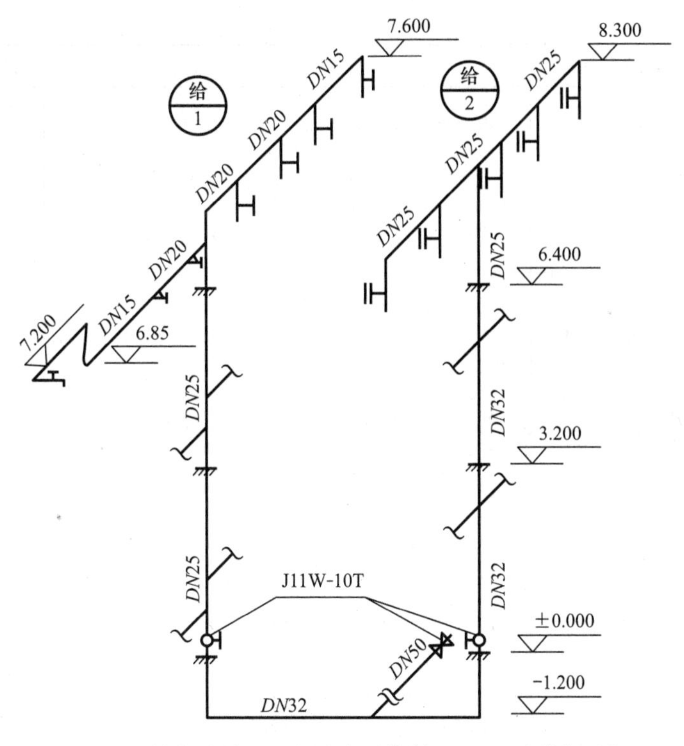

图 6-3 某办公楼卫生间给水系统图（一、二层同三层）

2. 问题

根据以上背景资料及现行国家标准《建设工程工程量清单计价规范》GB 50500—2013、《通用安装工程工程量计算规范》GB 50856—2013，试列出该工程给水管道的分部分项工程量清单。

3. 参考答案（表 6-10 和表 6-11）

清单工程量计算表 **表 6-10**

工程名称：某工程

序号	项目编码	清单项目名称	计算式	工程量合计	计量单位
1	031001001001	镀锌钢管	镀锌钢管 *DN* 50： 1.5+(3.8−0.2)=5.10(m)	5.10	m
2	031001001002	镀锌钢管	镀锌钢管 *DN* 32： 水平管：5.2−0.2−0.2=4.80(m) 给 1：1.2+0.45=1.65(m) 给 2：1.2+1.9+3.2=6.30(m) 小计：4.80+1.65+6.30=12.75(m)	12.75	m
3	031001001003	镀锌钢管	镀锌钢管 *DN* 25： 给 1：6.85−0.45=6.40(m) 给 2：8.3−(3.2+8.3−6.4)=3.20(m) 水平管 2：(1.12+0.86+0.55+0.92+0.92)×3=13.11(m) 小计：6.4+3.2+13.11=22.71(m)	22.71	m

续表

序号	项目编码	清单项目名称	计算式	工程量合计	计量单位
4	031001001004	镀锌钢管	镀锌钢管 DN 20： 给 1：7.6−6.85=0.75(m) 水平管 1：[(0.74+0.85)+(0.38+0.78+0.78)]×3=10.59(m) 小计：0.75+10.59=11.34(m)	11.34	m
5	031001001005	镀锌钢管	镀锌钢管 DN 15： [0.95+0.25+(7.2−6.85)+0.78]×3=6.99(m)	6.99	m
6	031003001001	螺纹阀门	螺纹阀门 J11W−10T 截止阀、DN 50： 1个	1	个
7	031003001002	螺纹阀门	螺纹阀门 J11W−10T 截止阀、DN 32： 2个	2	个
8	031004003001	洗脸盆	洗脸盆普通冷水嘴（上配水）： 6组	6	组
9	031004006001	大便器	大便器、手压阀冲洗； 15套	15	套
10	031004007001	小便器	小便器、延时自闭式阀冲洗： 12套	12	套
11	031004014001	水嘴	水龙头普通水嘴： 3套	3	套
12	031004014002	地漏	地漏（带水封）： 12个	12	个

分部分项工程和单价措施项目清单与计价表　　　表 6-11

工程名称：某工程

序号	项目编码	项目名称	项目特征描述	计量单位	工程量	金额（元）		
						综合单价	合价	其中
								暂估价
1	031001001001	镀锌钢管	1. 安装部位：室内； 2. 介质：给水； 3. 规格、压力等级：DN 50，低压； 4. 连接形式：螺纹连接； 5. 压力试验及吹、洗设计要求：按规范要求	m	5.10			
2	031001001002	镀锌钢管	1. 安装部位：室内； 2. 介质：给水； 3. 规格、压力等级：DN 32，低压； 4. 连接形式：螺纹连接； 5. 压力试验及吹、洗设计要求：按规范要求	m	12.75			

续表

序号	项目编码	项目名称	项目特征描述	计量单位	工程量	金额（元）		
						综合单价	合价	其中 暂估价
3	031001001003	镀锌钢管	1. 安装部位：室内； 2. 介质：给水； 3. 规格、压力等级：*DN* 25，低压； 4. 连接形式：螺纹连接； 5. 压力试验及吹、洗设计要求：按规范要求	m	22.71			
4	031001001004	镀锌钢管	1. 安装部位：室内； 2. 介质：给水； 3. 规格、压力等级：*DN* 20，低压； 4. 连接形式：螺纹连接； 5. 压力试验及吹、洗设计要求：按规范要求	m	11.34			
5	031001001005	镀锌钢管	1. 安装部位：室内； 2. 介质：给水； 3. 规格、压力等级：DN 15，低压； 4. 连接形式：螺纹连接； 5. 压力试验及吹、洗设计要求：按规范要求	m	6.99			
6	031003001001	螺纹阀门	1. 类型：J11W—10T 截止阀； 2. 材质：铜； 3. 规格、压力等级：*DN* 50、低压； 4. 连接形式：螺纹连接	个	1			
7	031003001002	螺纹阀门	1. 类型：J11W—10T 截止阀； 2. 材质：铜； 3. 规格、压力等级：*DN* 32、低压； 4. 连接形式：螺纹连接	个	2			
8	031004003001	洗脸盆	1. 材质：陶瓷； 2. 规格、类型：单孔立柱式； 3. 组装形式：普通冷水嘴	组	6			
9	031004006001	大便器	1. 材质：陶瓷； 2. 规格、类型：蹲式大便器； 3. 组装形式：手压阀冲洗	套	15			
10	031004007001	小便器	1. 材质：陶瓷； 2. 规格、类型：立式小便器； 3. 组装形式：延时自闭式阀冲洗	套	12			
11	031004014001	水嘴	1. 材质：全铜； 2. 型号、规格：陶瓷片密封水嘴	套	3			
12	031004014002	地漏	1. 材质：铸铁； 2. 型号、规格：*DN* 50	个	12			

6.2.2 实例6-2

1. 背景资料

某五层写字楼男卫给排水系统部分安装工程图，如图6-4和图6-5所示。

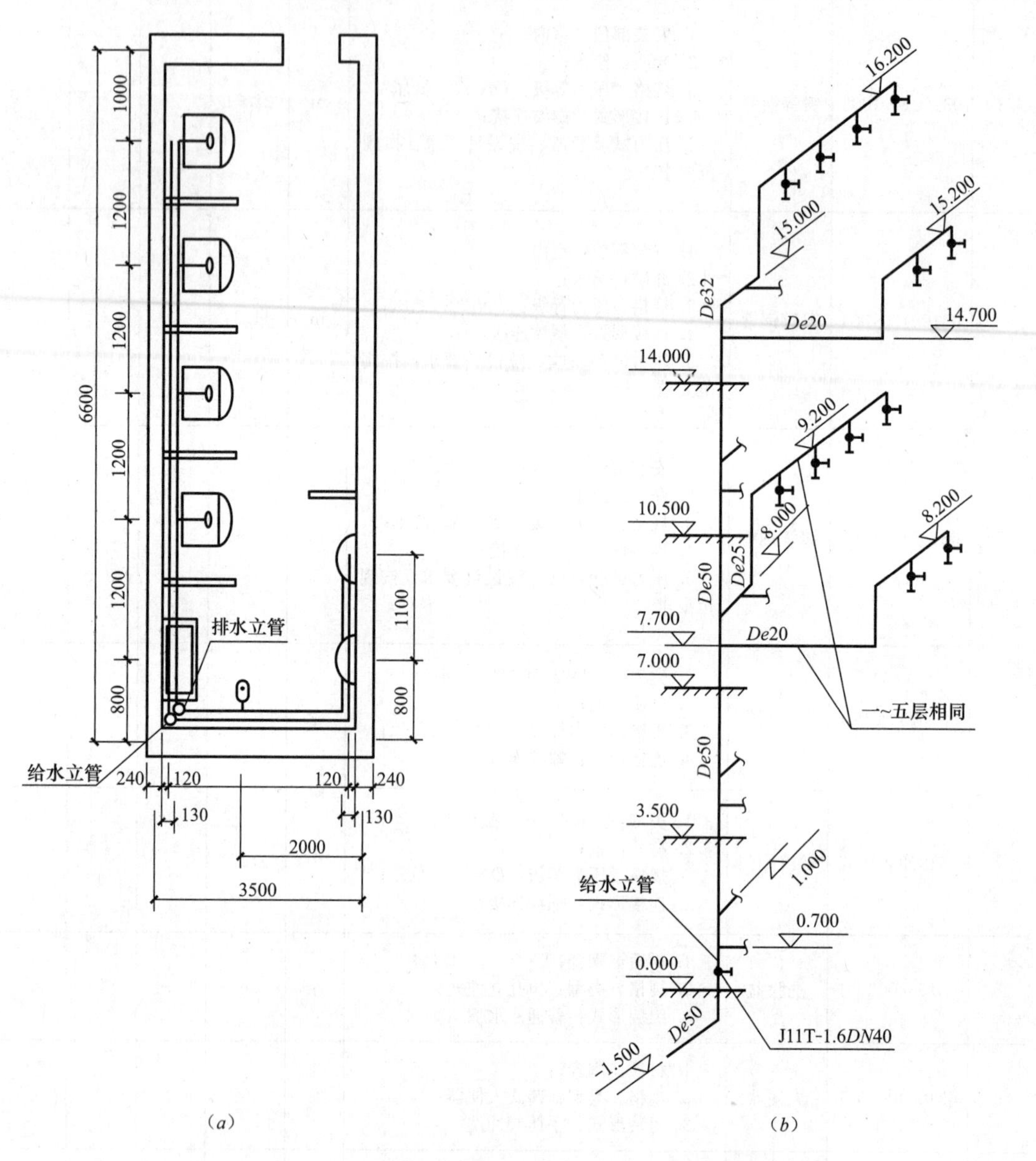

图6-4 某五层写字楼男卫给排水系统平面图与给水管道系统图
(a) 一～五层给排水管道平面图；(b) 给水管道系统图

(1) 设计说明

1) 该建筑物设计室外地坪至檐口底的高度为21.6m。

2) 管材：给水管均采用PPR给水管（热熔连接），引入管至建筑物外墙皮长度为1.5m，排水管采用UPVC排水塑料管（承插式粘结），排水口距室外第一个检查井距离为4.5m。

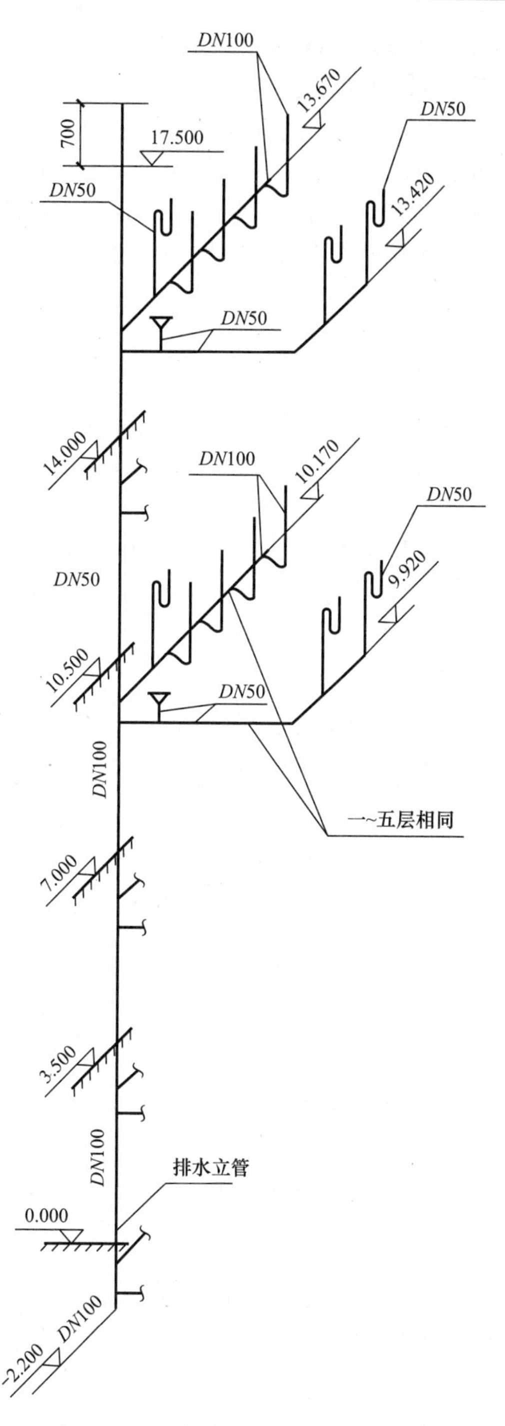

图 6-5 某写字楼男卫排水管道系统图

3）阀门采用螺纹连接。

4）该楼每层卫生间设洗脸盆（陶瓷单孔立柱式，带感应水嘴）、蹲便器（陶瓷，脚踏阀冲水）、立式小便器（陶瓷，自闭阀冲洗、落地安装）、地漏（铸铁，*DN* 50）。

卫生洁具安装做法、附件、连接管高度除图纸注明外，均按《建筑设备施工安装通用图集》91SB2—1（2005）的相关规定执行。

5）排水管道穿屋面设刚性防水套管。

6）给水管道安装完毕需水压试验及消毒水冲洗。

7）排水管道系统安装完毕，按规范要求进行闭水试验；排水主立管及水平干管管道均应做通球试验，通球球径不小于排水管道管径 2/3，通球率必须达到 100%。

8）平面图中墙体厚度 0.24m；给水管距离墙面尺寸 0.12m；排水管管中心距墙尺寸 0.13m。

（2）计算说明

1）给水管道穿楼板套管不计。

2）计算管道、阀门、蹲便器、立式小便器、洗脸盆、地漏的工程量。

3）计算结果保留小数点后两位有效数字，第三位四舍五入。

2. 问题

根据以上背景资料及现行国家标准《建设工程工程量清单计价规范》GB 50500—2013、《通用安装工程工程量计算规范》GB 50856—2013，试列出该工程给水排水管道的分部分项工程量清单。

3. 参考答案（表 6-12 和表 6-13）

清单工程量计算表 表 6-12

工程名称：某工程

序号	项目编码	清单项目名称	计算式	工程量合计	计量单位
1	031001006001	塑料管	聚丙烯（PPR）塑料给水管 De20： 1. 水平管：(1.1＋0.8－0.24＋3.5－0.24×2)×5＝23.40(m) 2. 立管：(15.2－14.7)×5＝2.50(m) 3. 小计：23.40＋2.5＝25.90(m)	25.90	m
2	031001006002	塑料管	聚丙烯（PPR）塑料给水管 De25： 1. 水平管：(1.2×4＋0.8－0.24)×5＝26.80(m) 2. 立管：(16.2－15)×5＝6.00(m) 3. 小计：26.80＋6.00＝32.80(m)	32.80	m
3	031001006003	塑料管	聚丙烯（PPR）塑料给水管 De32： 3.5－0.7＋15.0－14.0＝3.80(m)	3.80	m
4	031001006004	塑料管	聚丙烯（PPR）塑料给水管 De50： 1. 水平管（引入管及墙）：0.24＋0.12＋1.5＝1.86(m) 2. 立管：(14＋0.7)＋1.5＝16.20(m) 3. 小计：1.86＋16.20＝18.06(m)	18.06	m
5	031001006005	塑料管	聚氯乙烯 UPVC 塑料排水管 DN 50： 1. 水平管：(1.1＋0.8－0.25＋3.5－0.25×2)×5＝23.25(m) 2. 立管（地漏小便器）：(14－13.42)×3×5＝8.70(m) 3. 立管（洗脸盆）：(14－13.67)×5＝1.65(m) 4. 小计：23.25＋8.70＋1.65＝33.60(m)	33.60	m

续表

序号	项目编码	清单项目名称	计算式	工程量合计	计量单位
6	031001006006	塑料管	聚氯乙烯 UPVC 塑料排水管 *DN* 100： 1. 水平管：（1.2×4+0.8－0.25）×5＝26.75(m) 2. 立管：17.50+0.7+2.2+4.5＝24.90(m) 3. 小计：26.75+24.90＝51.65(m)	51.65	m
7	031003001001	螺纹阀门	截止阀 J11T－1.6、*DN* 40： 1个	1	个
8	031004003001	洗脸盆	陶瓷洗脸盆，单孔立柱式，带感应水嘴： 5套	5	套
9	031004006001	大便器	陶瓷蹲式大便器，脚踏阀冲水： 20套	20	套
10	031004007001	小便器	陶瓷小便器，自闭阀冲洗、落地安装： 10套	10	套
11	031004014001	地漏	铸铁地漏，*DN* 50： 5个	5	个

分部分项工程和单价措施项目清单与计价表 **表 6-13**

工程名称：某工程

序号	项目编码	项目名称	项目特征描述	计量单位	工程量	金额（元）		
						综合单价	合价	其中
								暂估价
1	031001006001	塑料管	1. 安装部位：室内； 2. 介质：给水； 3. 材质、规格：PPR、*De*20； 4. 连接形式：热熔连接； 5. 压力试验及吹、洗设计要求：按规范要求	m	25.90			
2	031001006002	塑料管	1. 安装部位：室内； 2. 介质：给水； 3. 材质、规格：PPR、*De*25； 4. 连接形式：热熔连接； 5. 压力试验及吹、洗设计要求：按规范要求	m	32.80			
3	031001006003	塑料管	聚丙烯（PPR）塑料给水管 *De*32 1. 安装部位：室内； 2. 介质：给水； 3. 材质、规格：PPR、*De*32； 4. 连接形式：热熔连接； 5. 压力试验及吹、洗设计要求：按规范要求	m	3.80			

续表

序号	项目编码	项目名称	项目特征描述	计量单位	工程量	金额（元）		
						综合单价	合价	其中 暂估价
4	031001006004	塑料管	1. 安装部位：室内； 2. 介质：给水； 3. 材质、规格：PPR、*De*50； 4. 连接形式：热熔连接； 5. 压力试验及吹、洗设计要求：按规范要求	m	18.06			
5	031001006005	塑料管	1. 安装部位：室内； 2. 介质：排水； 3. 材质、规格：UPVC、*DN* 50； 4. 连接形式：胶黏剂连接； 5. 压力试验及吹、洗设计要求：按规范要求	m	33.60			
6	031001006006	塑料管	1. 安装部位：室内； 2. 介质：排水； 3. 材质、规格：UPVC、*DN*100； 4. 连接形式：承插式粘接； 5. 压力试验及吹、洗设计要求：按规范要求	m	51.65			
7	031003001001	螺纹阀门	1. 类型：截止阀 J11T－1.6； 2. 材质：灰铸铁； 3. 规格、压力等级：*DN* 40、低压； 4. 连接形式：螺纹连接	个	1			
8	031004003001	洗脸盆	1. 材质：陶瓷； 2. 规格、类型：单控立柱式； 3. 组装形式：感应水嘴； 4. 附件名称、数量：91SB2—1（2005），P22 主要材料表	套	5			
9	031004006001	大便器	1. 材质：陶瓷； 2. 规格、类型：蹲便器； 3. 组装形式：脚踏阀冲水； 4. 附件名称、数量：91SB2—1（2005），P151 主要材料表	套	20			
10	031004007001	小便器	1. 材质：陶瓷； 2. 规格、类型：立式小便器； 3. 组装形式：自闭阀冲洗、落地安装； 4. 附件名称、数量：91SB2—1（2005），P128 主要材料表	套	10			

续表

序号	项目编码	项目名称	项目特征描述	计量单位	工程量	金额（元）		
						综合单价	合价	其中
								暂估价
11	031004014001	地漏	1. 材质：铸铁； 2. 型号、规格：*DN* 50； 3. 安装方式：91SB2—1（2005），P222	个	5			

6.2.3 实例 6-3

1. 背景资料

某室内给排水工程施工图，如图 6-6 和图 6-7 所示。

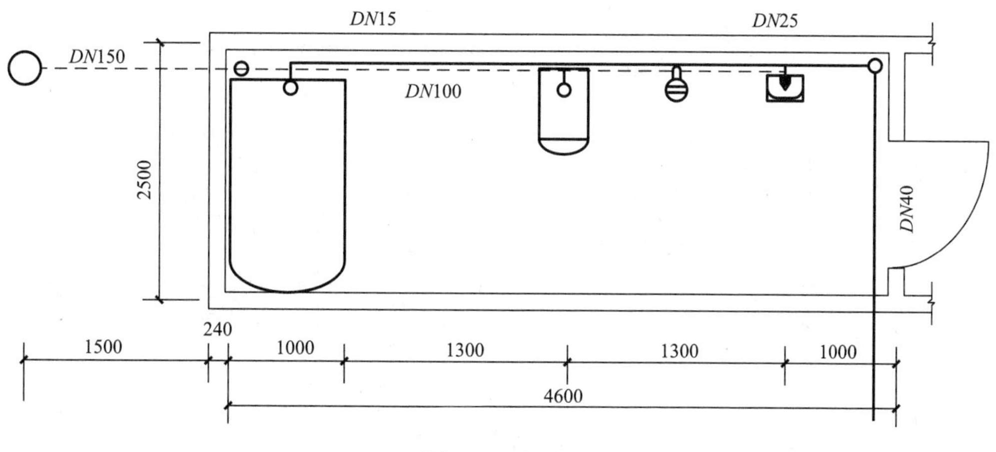

图 6-6 平面图

（1）设计说明

1）给水管道为镀锌管螺纹连接，排水管为 UPVC 塑料管承插粘接，给排水立管距墙的轴线距离为 200mm，墙厚度均为 240mm。进户给水管距外墙 1.5m。

2）排水管埋地 1.5m 深，管沟土方不计。

3）给排水立管、引入管穿墙、穿楼板均采用焊接钢管作为套管，规格比管道大 2 号。套管及其除锈、刷油不计。

4）透气管距屋顶 2.1m。

5）阀门采用 J11W—10T 截止阀，螺纹连接。

6）大便器排出口和地漏距排水横管的距离均为 0.3m，地漏位于图示尺寸的中点。

水表采用旋翼式水表（*DN* 25）。浴缸（FBY1720NHP，1700mm×750mm×490mm，铸铁无裙边，配扶手）；陶瓷单孔立柱式洗脸盆（AP306—901、镀铜铬水嘴 *DN* 25 一个、角阀 *DN* 25 一个）；座式大便器（CP—2195、联体水箱，角阀 *DN* 25 一个）；塑料地漏（*DN* 50，粘接）；

7）给水管道安装完毕需水压试验及消毒水冲洗。

8）排水管道系统安装完毕，按规范要求进行闭水试验；排水主立管及水平干管管道均应做通球试验，通球球径不小于排水管道管径 2/3，通球率必须达到 100%。

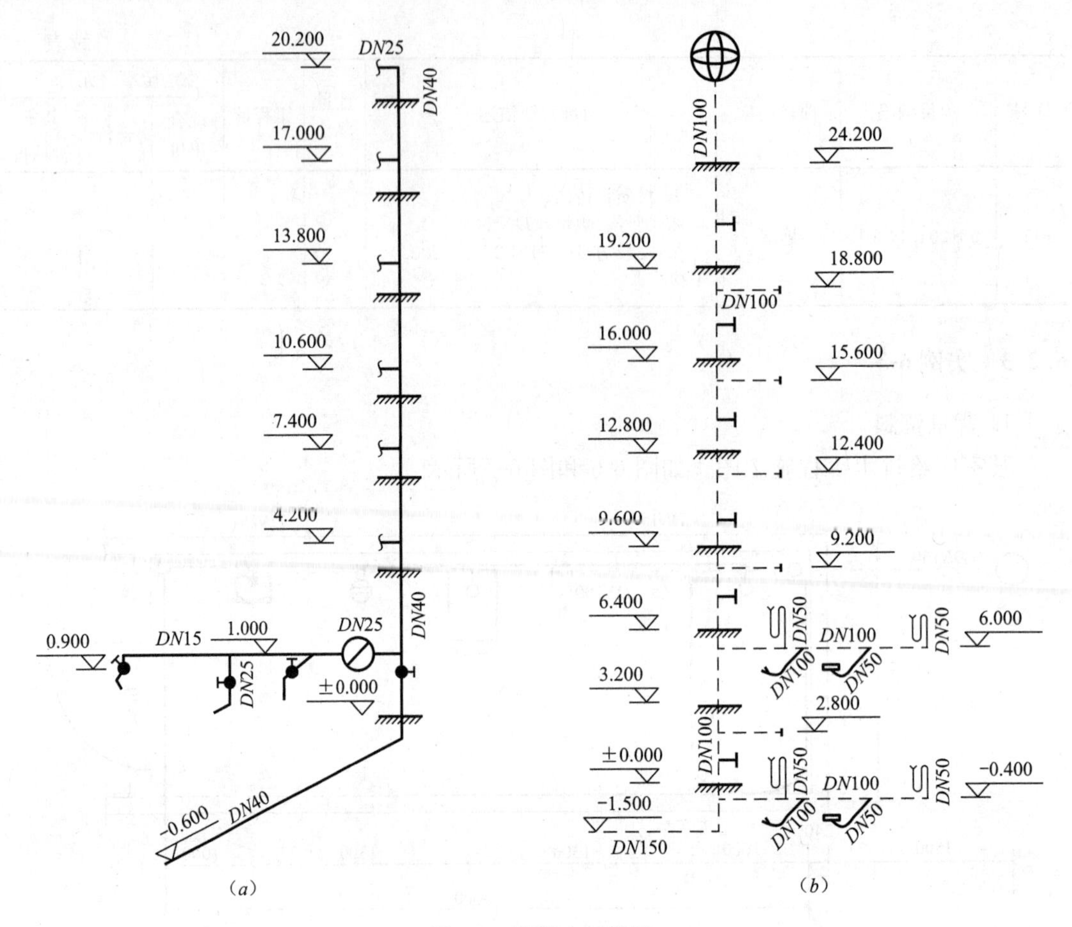

图 6-7　给排水系统图

(a) 给水系统图；(b) 排水系统图

(2) 计算说明

1) 给水管道计算至卫生器具支管连接处为止。

2) 卫生器具所配支管、水嘴、角阀不计算。

3) 管道系统套管不计算。

4) 计算结果保留小数点后两位有效数字，第三位四舍五入。

2. 问题

根据以上背景资料及现行国家标准《建设工程工程量清单计价规范》GB 50500—2013、《通用安装工程工程量计算规范》GB 50856—2013，试列出该工程给排水项目的分部分项工程量清单。

3. 参考答案（表 6-14 和表 6-15）

清单工程量计算表　　表 6-14

序号	项目编码	清单项目名称	计算式	工程量合计	计量单位
1	031001001001	镀锌钢管	给水镀锌钢管 DN 40： 1.5+0.12+2.5−0.2+0.6+20.20=24.72(m)	24.72	m

续表

序号	项目编码	清单项目名称	计算式	工程量合计	计量单位
2	031001001002	镀锌钢管	给水镀锌钢管 *DN* 25： (1.0−0.2+1.3)×7=14.70(m)	14.70	m
3	031001001003	镀锌钢管	给水镀锌钢管 *DN* 15： (1.3+1.0/2+0.1)×7=13.30（m）	13.30	m
4	031001006001	塑料管	UPVC 排水管 *DN*150： 1.5+0.12+0.2+1.5−0.4=2.92(m)	2.92	m
5	031001006002	塑料管	UPVC 排水管 *DN*100： 0.4+24.20+3.2−2.1+(1.0+0.12+0.2+1.3+1.3/2)×7+(0.4+0.3)×7=53.49(m)	53.49	m
6	031001006003	塑料管	UPVC 排水管 *DN*50： (1.3/2+0.3+0.4+0.4+0.4)×7=15.05(m)	15.05	m
7	031003001001	螺纹阀门	J11W—10T 截止阀，*DN* 40 螺纹连接： 1×7=7（个）	7	个
8	031003013001	水表	水表 *DN* 25，螺纹连接： 1×7=7（组）	7	组
9	031004001001	浴缸	浴盆，FBY1720NHP，1700mm × 750mm × 490mm（长×宽×高），无裙边，配扶手： 1×7=7（组）	7	组
10	031004003001	洗脸盆	陶瓷单孔立柱式洗脸盆，AP306—901、镀铜铬水嘴 *DN* 15 一个、角阀 *DN* 25 一个： 1×7=7（组）	7	组
11	031004006001	大便器	座式大便器，CP—2195、联体水箱，角阀 *DN* 25 一个： 1×7=7（套）	7	套
12	031004014002	地漏	地漏，*DN* 50，粘接： 1×7=7（个）	7	个

分部分项工程和单价措施项目清单与计价表　　　　**表 6-15**

工程名称：某工程

序号	项目编码	项目名称	项目特征描述	计量单位	工程量	金额（元）		
						综合单价	合价	其中 暂估价
1	031001001001	镀锌钢管	1. 安装部位：室内； 2. 介质：给水； 3. 规格、压力等级：*DN* 40 低压； 4. 连接形式：螺纹连接； 5. 压力试验及吹、洗设计要求：按规范要求	m	24.72			

续表

序号	项目编码	项目名称	项目特征描述	计量单位	工程量	金额（元）		
						综合单价	合价	其中
								暂估价
2	031001001002	镀锌钢管	1. 安装部位：室内； 2. 介质：给水； 3. 规格、压力等级：DN 25 低压； 4. 连接形式：螺纹连接； 5. 压力试验及吹、洗设计要求：按规范要求	m	14.70			
3	031001001003	镀锌钢管	1. 安装部位：室内； 2. 介质：给水； 3. 规格、压力等级：DN 15 低压； 4. 连接形式：螺纹连接； 5. 压力试验及吹、洗设计要求：按规范要求	m	13.30			
4	031001006001	塑料管	1. 安装部位：室内； 2. 介质：排水； 3. 材质、规格：UPVC、DN150； 4. 连接形式：承插粘接； 5. 压力试验及吹、洗设计要求：按规范要求	m	2.92			
5	031001006002	塑料管	1. 安装部位：室内； 2. 介质：排水； 3. 材质、规格：UPVC、DN100； 4. 连接形式：承插粘接； 5. 压力试验及吹、洗设计要求：按规范要求	m	53.49			
6	031001006003	塑料管	1. 安装部位：室内； 2. 介质：排水； 3. 材质、规格：UPVC、DN50； 4. 连接形式：承插粘接； 5. 压力试验及吹、洗设计要求：按规范要求	m	15.05			
7	031003001001	螺纹阀门	1. 类型：J11W—10T 截止阀； 2. 材质：铜质； 3. 规格、压力等级：DN 40、低压； 4. 连接形式：螺纹连接	个	7			
8	031003013001	水表	1. 安装部位：室内； 2. 型号、规格：旋翼式水表、DN 25； 3. 连接形式：螺纹连接	组	7			

续表

序号	项目编码	项目名称	项目特征描述	计量单位	工程量	金额（元）		
						综合单价	合价	其中
								暂估价
9	031004001001	浴缸	1. 材质：铸铁； 2. 规格、类型：FBY1720NHP，1700mm×750mm×490mm，铸铁浴缸； 3. 组装形式：无裙边，配扶手	组	7			
10	031004003001	洗脸盆	1. 材质：陶瓷； 2. 规格、类型：AP306—901、单孔立柱式； 3. 组装形式：冷热水嘴； 4. 附件名称、数量：镀铜铬水嘴 *DN* 15一个、角阀 *DN* 15一个	组	7			
11	031004006001	大便器	1. 材质：陶瓷； 2. 规格、类型：CP—2195； 3. 组装形式：座式（联体水箱）； 4. 附件名称、数量：角阀 *DN* 15一个	套	7			
12	031004014002	地漏	1. 材质：塑料； 2. 型号、规格：*DN* 50； 3. 安装方式：粘结	个	7			

6.2.4 实例6-4

1. 背景资料

某室内热水采暖系统部分系统图、平面图及详图，如图6-8～图6-10所示。

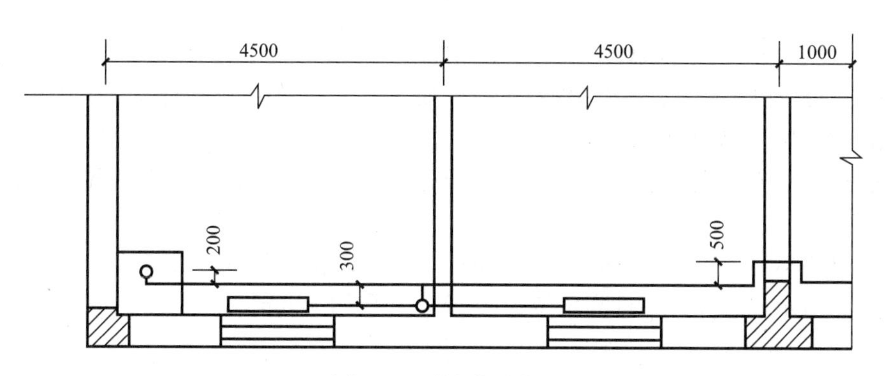

图6-8 顶层采暖平面

（1）设计说明

1）管道采用镀锌钢管，*DN* 32以内采用螺纹连接，大于 *DN* 32采用焊接。阀门连接方式同管道。竖井及地沟内的主干管设岩棉管壳保温（保温层50mm厚）。

2）型钢一般管道支架按每米管道0.5kg计算。

3）底层采用铸铁四柱（M813）散热器，每片长度57mm；二、三层采用GB11/500

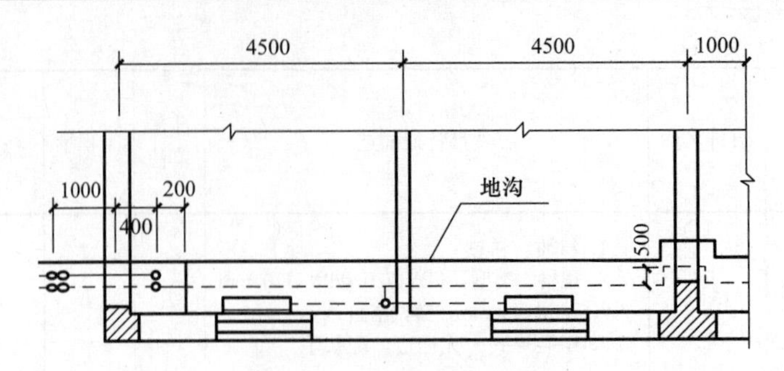

图 6-9　底层采暖平面图

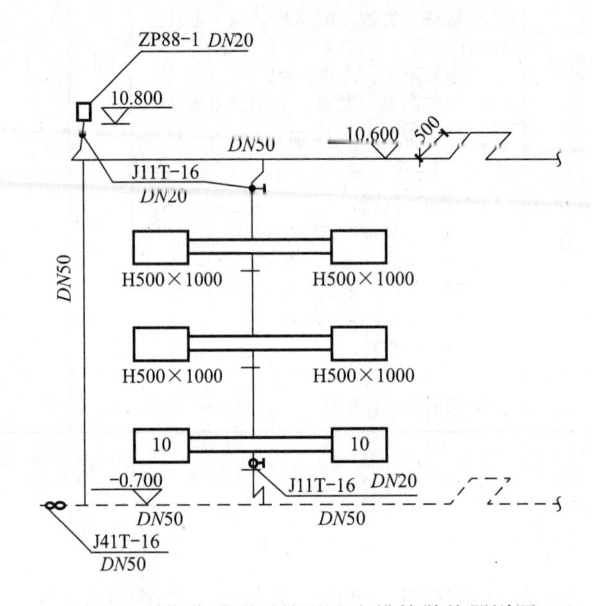

图 6-10　部分采暖系统图及光排管散热器详图

型普通挂墙式钢制板式散热器。

4）系统设 ZP88—1 型立式铸铜自动排气阀 1 个，每组散热器均设一手动放风阀。散热器进出水支管间距均按 0.5m 计，各种散热器均布置在房间正中窗下。

5）管道系统安装完毕按规范要求应进行分段和整体水压试验，系统投入使用前必须进行水冲洗。

6）管道除标注 *DN* 50（外径为 60mm）的外，其余均为 *DN* 20（外径为 25mm）。

7）图中所示尺寸除立管标高单位为 m 外，其余均为 mm。

（2）计算说明

1）进水管与回水管以外墙中心线以外 1.0m 为界。

2）套管工程量不计算。

3）计算结果保留小数点后两位有效数字，第三位四舍五入。

2. 问题

根据以上背景资料及现行国家标准《建设工程工程量清单计价规范》GB 50500—2013、《通用安装工程工程量计算规范》GB 50856—2013，试列出该采暖安装工程项目的分部分项工程量清单。

3. 参考答案（表 6-16 和表 6-17）

清单工程量计算表 **表 6-16**

工程名称：某工程

序号	项目编码	清单项目名称	计算式	工程量合计	计量单位
1	031001001001	镀锌钢管	焊接钢管 *DN* 50： 水平管：(1+4.5+4.5+1.0+0.5×2)×2+0.2=24.20(m) 立管：(0.7+10.6)=11.30(m) 合计：24.2+11.3=35.50(m)	35.50	m
2	031001001002	镀锌钢管	焊接钢管 *DN* 20： 立管：(0.2+10.6+0.7+2×0.3)−(3×0.5)=10.60(m) 水平管： [(4.5−1.0)+(4.5−1.0)+(4.5−0.057×10)]×2=21.86(m) 小计：10.6+21.86=32.46(m)	32.46	m
3	031002001001	管道支架	支架制安： 35.5×0.5=17.75(kg)	17.75	kg
4	031003003001	焊接法兰阀门	法兰阀门 *DN* 50： 2 个	2	个
5	031003001001	螺纹阀门	螺纹阀门 *DN* 20： 3 个	3	个
6	031003001002	手动放风阀	手动放风阀： 1×6=6（个）	6	个
7	031003001003	自动排气阀	自动排气阀 *DN* 20： 1 个	1	个
8	031005001001	铸铁散热器	铸铁四柱散热器： 10+10=20（片）	20	片
9	031005002001	钢制散热器	钢制板式散热器： 1+1+1+1=4（组）	4	组
10	031208002001	管道绝热	管道保温 *DN* 50： L=35.50−(4.5+4.5+1+2×0.5)+0.4+0.2+0.2 =25.30(m) V=25.30×π×(0.06+1.033×0.05)×1.033×0.05 =0.458(m³)	0.458	m³

分部分项工程和单价措施项目清单与计价表 **表 6-17**

工程名称：某工程

序号	项目编码	项目名称	项目特征描述	计量单位	工程量	金额（元）		
						综合单价	合价	其中 暂估价
1	031001001001	镀锌钢管	1. 安装部位：室内； 2. 介质：热媒体； 3. 规格：*DN* 50； 4. 连接形式：焊接； 5. 压力试验及吹、洗设计要求：按规范要求	m	35.50			

续表

序号	项目编码	项目名称	项目特征描述	计量单位	工程量	金额（元）		
						综合单价	合价	其中 暂估价
2	031001001002	镀锌钢管	1. 安装部位：室内； 2. 介质：热媒体； 3. 规格：*DN* 50； 4. 连接形式：螺纹连接； 5. 压力试验及吹、洗设计要求：按规范要求	m	32.46			
3	031002001001	管道支架	1. 材质：型钢； 2. 管架形式：一般管架	kg	17.75			
4	031003003001	焊接法兰阀门	1. 类型：J41T—16 截止阀； 2. 材质：碳钢； 3. 规格、压力等级：*DN* 50、P＝1.6MPa； 4. 连接形式：法兰连接； 5. 焊接方法：平焊	个	2			
5	031003001001	螺纹阀门	1. 类型：J11T－16； 2. 材质：碳钢； 3. 规格、压力等级：*DN* 20、P＝1.6MPa； 4. 连接形式：螺纹连接	个	3			
6	031003001002	螺纹阀门	1. 类型：手动放风阀； 2. 材质：铜； 3. 规格、压力等级：*DN* 20、P＝1.6MPa； 4. 连接形式：螺纹连接	个	6			
7	031003001003	螺纹阀门	1. 类型：ZP88－1 型立式铸铜自动排气阀； 2. 材质：铜； 3. 规格：*DN* 20； 4. 连接形式：螺纹连接	个	1			
8	031005001001	铸铁散热器	1. 型号、规格：M813 铸铁四柱散热器； 2. 安装方式：落地安装； 3. 托架形式：厂配	片	20			
9	031005002001	钢制散热器	1. 结构形式：单板单对流； 2. 型号、规格：GB11/500； 3. 安装方式：普通挂墙式	组	4			
10	031208002001	管道绝热	1. 绝热材料品种：岩棉； 2. 绝热厚度：50mm； 3. 管道外径：60mm	m^3	0.458			

6.2.5 实例 6-5

1. 背景资料

图 6-11～图 6-14 为某住宅采暖系统平面图和系统图。图中外墙厚 370mm，内墙厚

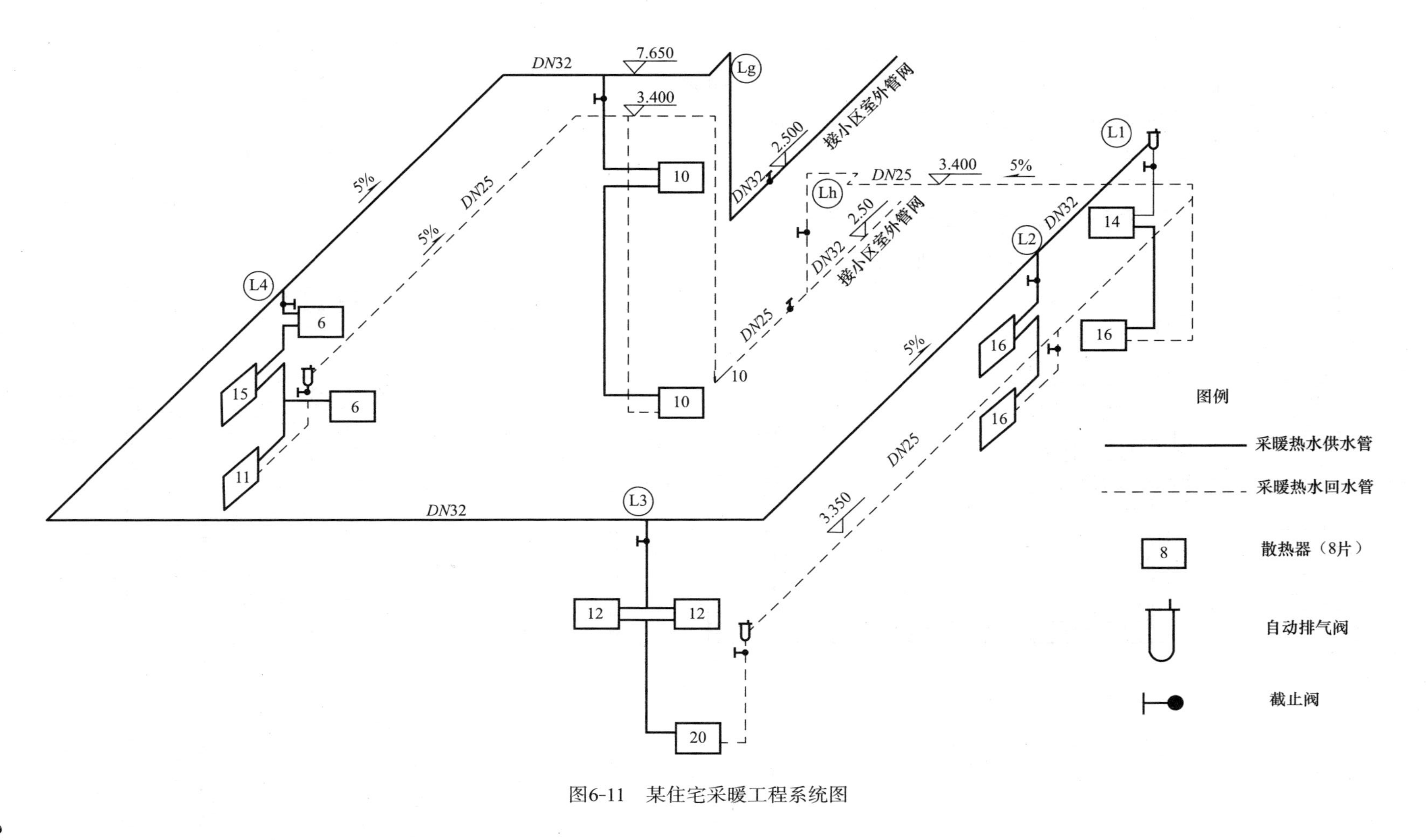

图6-11　某住宅采暖工程系统图

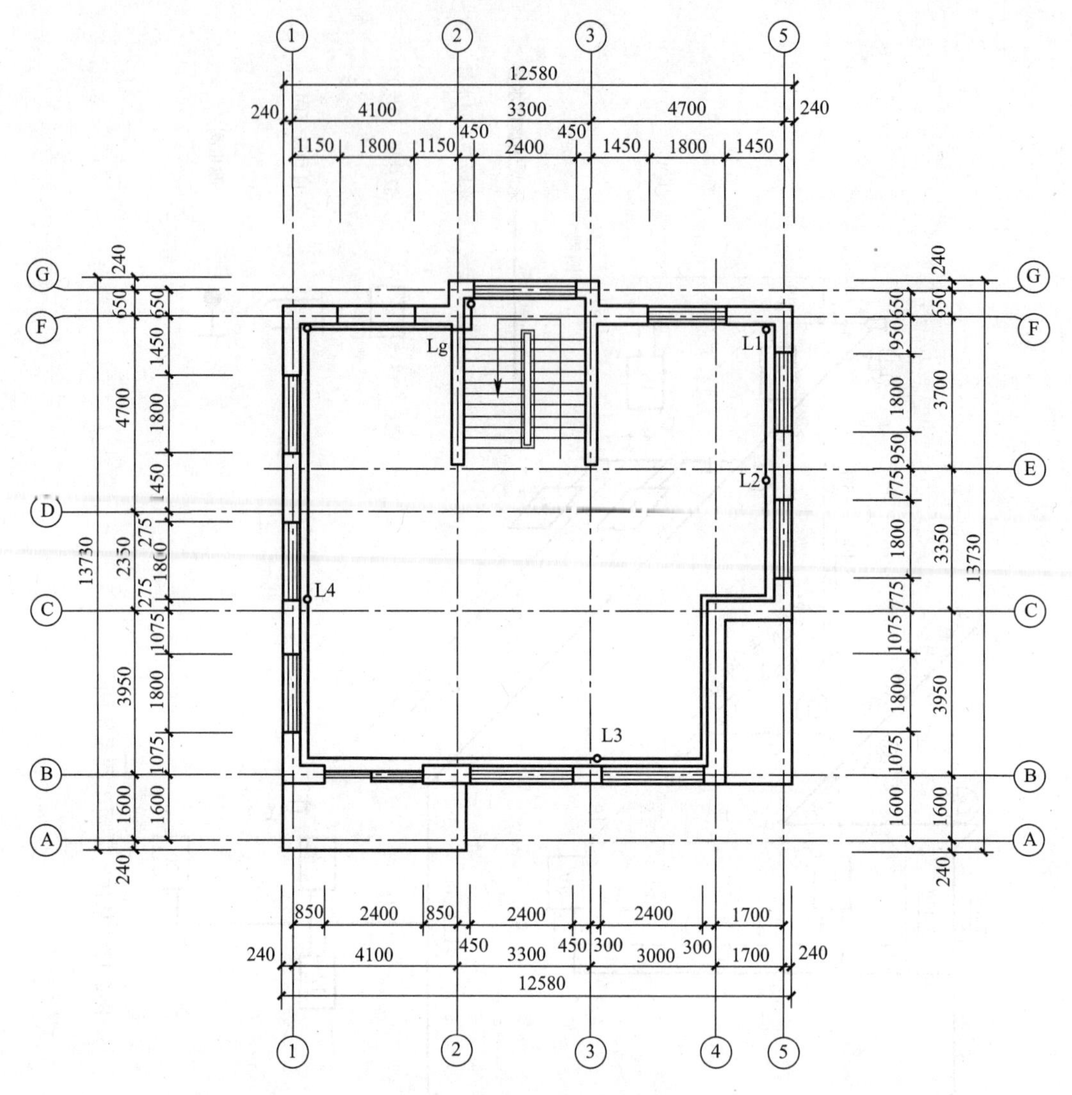

图 6-12　某住宅楼顶层平面图

240mm，水平管、立管距墙 100mm。

（1）设计说明

1）采暖热媒为 90℃/70℃低温热水，由室外供热管网供给。

2）散热器为铸铁四柱 813 散热器（落地安装、甲型托钩），每组散热器均装手动跑风阀 1 个（铜质、*DN* 10），散热器人工除轻锈后，刷樟丹两遍，银粉漆两遍。

3）管材为焊接钢管，管径 *DN* 32 以上为焊接，*DN* 32 以下螺纹连接。明装管道人工除轻锈后，刷樟丹两遍，银粉漆两遍。

4）管道标高均指管道中心高度。管道穿墙壁、楼板均应设钢套管。

5）管道系统安装完毕按规范要求应进行分段和整体水压试验，系统投入使用前必须进行水冲洗。

6）图中单位标高以 m 计，平面尺寸及管径以 mm 计。

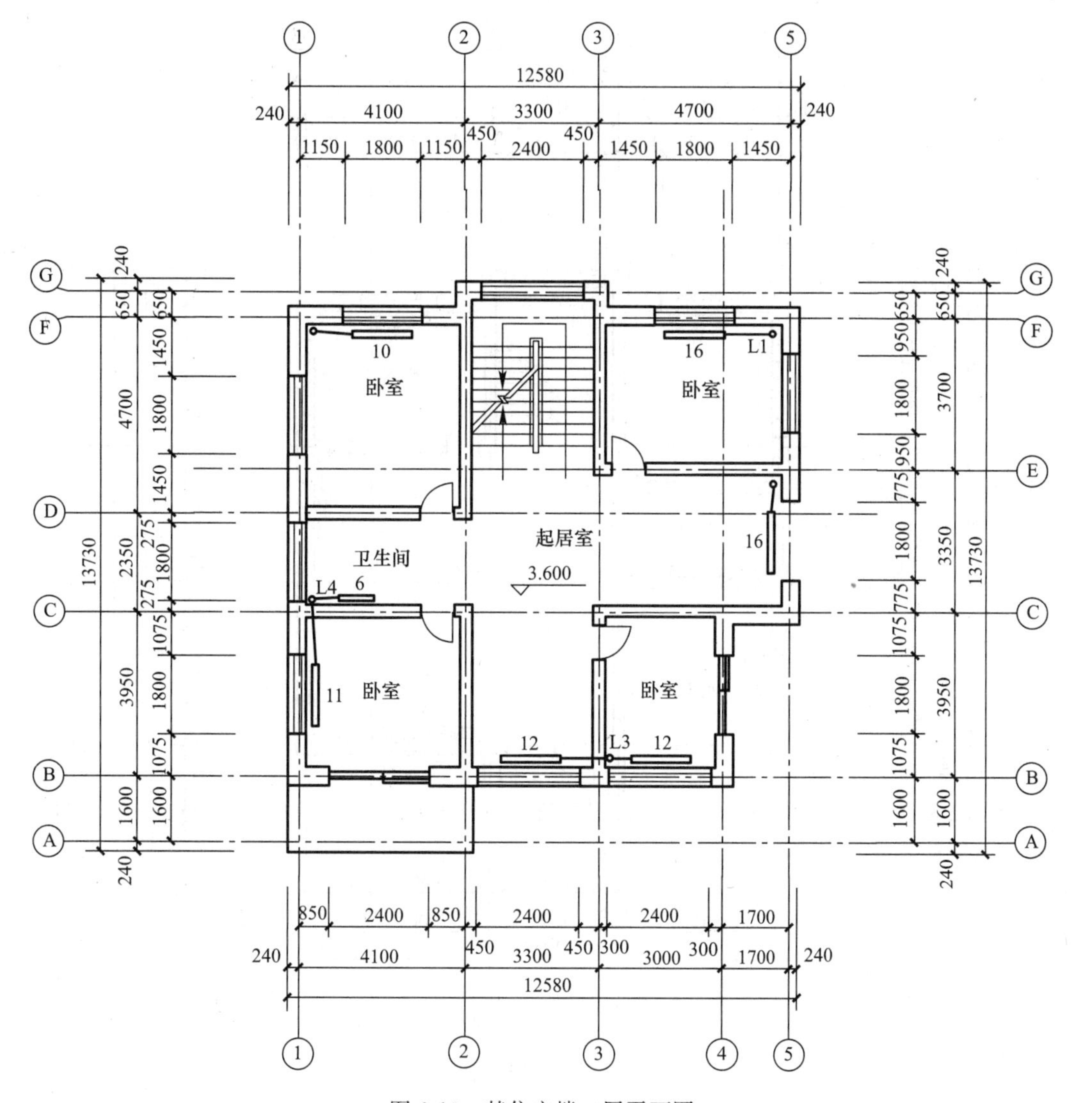

图 6-13　某住宅楼二层平面图

7）设计图中未注明管径均为 *DN* 20。

（2）计算说明

1）每片铸铁散热器刷油表面积，按 0.28m^2 计算。

2）仅计算该工程室内供回水干管管道、散热器安装及刷油、套管、阀门项目的工程量。

3）室外供回水干管算至外墙皮以外 1.5m。

4）计算结果保留小数点后两位有效数字，第三位四舍五入。

2. 问题

根据以上背景资料及现行国家标准《建设工程工程量清单计价规范》GB 50500—2013、《通用安装工程工程量计算规范》GB 50856—2013，试列出该工程要求计算项目的分部分项工程量清单。

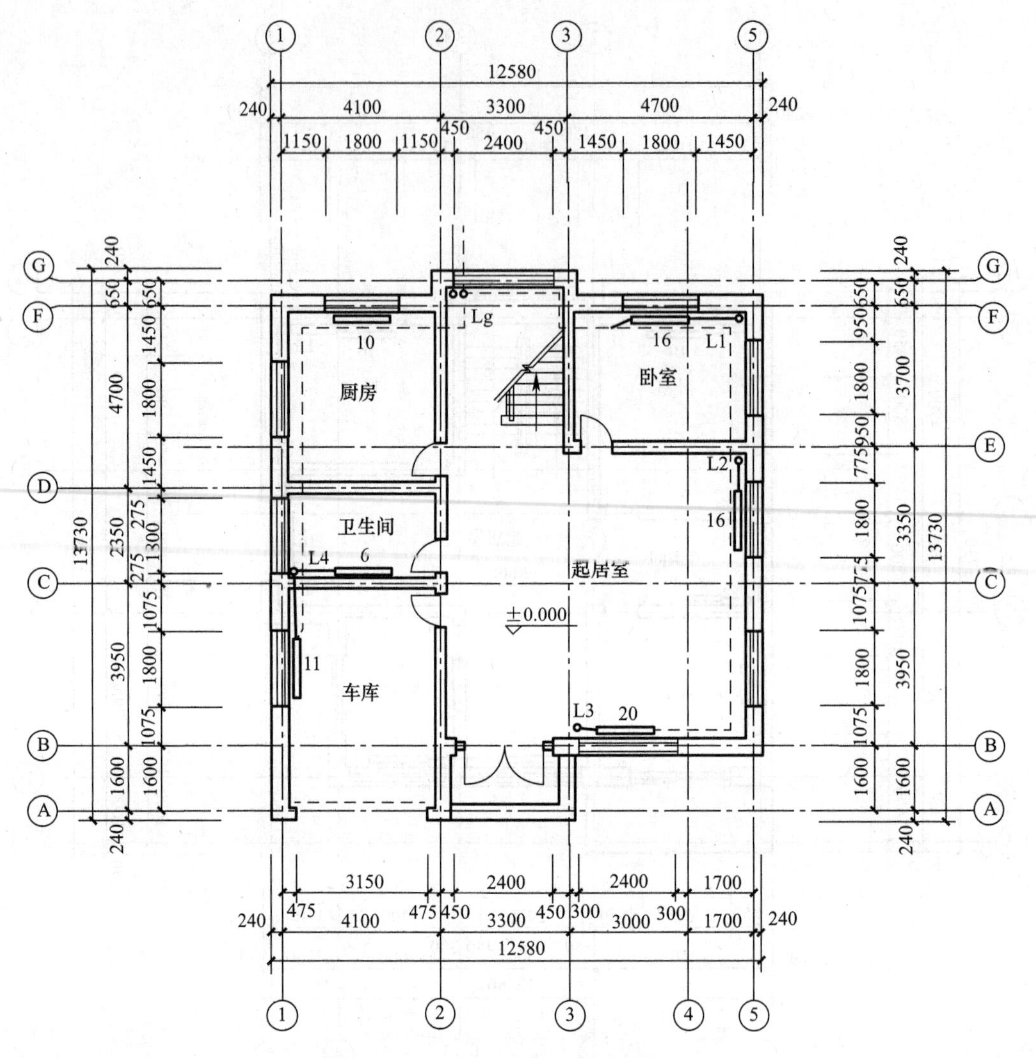

图 6-14　某住宅楼首层平面图

3. 参考答案（表 6-18 和表 6-19）

清单工程量计算表　　**表 6-18**

工程名称：某工程

序号	项目编码	清单项目名称	计算式	工程量合计	计量单位
1	031001002001	钢管	供水干管，*DN* 32 焊接： 1.5＋（0.37＋0.1）＋（7.65－2.5）＋（0.65＋4.1＋4.7＋2.35＋3.95－0.12×2－0.1×2）＋（4.1＋3.3＋3＋1.7－0.12×2－0.1×2）＋（3.95＋3.35＋3.7－0.12×2－0.1×2） ＝44.65(m)	44.65	m
2	031001002002	钢管	回水干管，*DN* 32 焊接： 1.5＋(0.37＋0.1)＝1.97(m)	1.97	m

续表

序号	项目编码	清单项目名称	计算式	工程量合计	计量单位
3	031001002003	钢管	回水干管，*DN* 25 螺纹连接： （0.65＋3.4—2.5＋4.1＋4.7＋2.35－0.12×2－0.1×2）＋（3.40－3.35）＋（3.3＋4.7－0.12×2－0.1×2＋0.65＋3.7＋3.35＋3.95－0.12×2－0.1×2） ＝31.08(m)	31.08	m
4	031002003001	套管	钢套管，*DN* 50： 1＋1＝2（个）	2	个
5	031002003002	套管	钢套管，*DN* 50： 2＋1＝3（个）	3	个
6	031002003003	套管	钢套管，*DN* 40： 4 个	4	个
7	031005001	铸铁散热器	散热器四柱 813 安装： 10＋10＋6×2＋15＋11＋14＋16＋16×2＋20＋12×2＝164（片）	164	片
8	031003001001	螺纹阀门	手动放风阀安装： 13 个	13	个
9	031201004001	铸铁暖气片刷油	散热器刷防锈漆两遍： 164×0.28＝45.92(m^2)	45.92	m^2
10	031201004002	铸铁暖气片刷油	散热器刷银粉漆两遍： 164×0.28＝45.92(m^2)	45.92	m^2
11	031201001001	管道刷油	管道刷防锈漆两遍： 1. *DN* 32 刷油： 44.65×3.14×42.3/1000＋1.97×3.14×42.3/1000＝5.93＋0.26＝6.19（m^2） 2. *DN* 25 刷油： 31.08×3.14×33.5/1000＝3.27(m^2) 3. 小计：6.19＋3.27＝9.46(m^2)	9.46	m^2
12	031201001002	管道刷油	管道刷银粉漆两遍： 1. *DN* 32 刷油： 44.65×3.14×42.3/1000＋1.97×3.14×42.3/1000＝5.93＋0.26＝6.19(m^2) 2. *DN* 25 刷油： 31.08×3.14×33.5/1000＝3.27（m^2） 3. 小计：6.19＋3.27＝9.46(m^2)	9.46	m^2

注：*DN* 32 外径为 42.3mm，*DN* 25 外径为 33.5mm。

分部分项工程和单价措施项目清单与计价表 **表 6-19**

工程名称：某工程

序号	项目编码	项目名称	项目特征描述	计量单位	工程量	金额（元）		
						综合单价	合价	其中 暂估价
1	031001002001	钢管	1. 安装部位：室内； 2. 介质：热媒体； 3. 规格、压力等级：*DN* 32 低压； 4. 连接形式：焊接； 5. 压力试验及吹、洗设计要求：按规范要求	m	44.65			
2	031001002002	钢管	1. 安装部位：室内； 2. 介质：热媒体； 3. 规格、压力等级：*DN* 32 低压； 4. 连接形式：焊接； 5. 压力试验及吹、洗设计要求：按规范要求	m	1.97			
3	031001002003	钢管	1. 安装部位：室内； 2. 介质：热媒体； 3. 规格、压力等级：*DN* 25 低压； 4. 连接形式：螺纹连接； 5. 压力试验及吹、洗设计要求：按规范要求	m	31.08			
4	031002003001	套管	1. 名称、类型：穿墙防水钢套管； 2. 材质：碳钢； 3. 规格：*DN* 50； 4. 填料材质：油麻	个	2			
5	031002003002	套管	1. 名称、类型：穿楼板钢套管； 2. 材质：碳钢； 3. 规格：*DN* 50； 4. 填料材质：油麻	个	3			
6	031002003003	套管	1. 名称、类型：穿楼板钢套管； 2. 材质：碳钢； 3. 规格：*DN* 40； 4. 填料材质：油麻	个	4			
7	031005001	铸铁散热器	1. 型号、规格：铸铁四柱 813； 2. 安装方式：落地安装； 3. 托架形式：甲型托钩； 4. 器具、托架除锈、刷油设计要求：除轻锈，刷樟丹两道，银粉漆两道	片	164			
8	031003001001	螺纹阀门	1. 类型：手动放风阀； 2. 材质：铜； 3. 规格、压力等级：*DN* 10； 4. 连接形式：螺纹连接	个	13			

续表

序号	项目编码	项目名称	项目特征描述	计量单位	工程量	金额（元）		
						综合单价	合价	其中 暂估价
9	031201004001	铸铁暖气片刷油	1. 除锈级别：人工除轻锈； 2. 油漆品种：樟丹； 3. 涂刷遍数、漆膜厚度：刷樟丹两遍	m^2	45.92			
10	031201004001	铸铁暖气片刷油	1. 除锈级别：人工除轻锈； 2. 油漆品种：银粉； 3. 涂刷遍数、漆膜厚度：银粉漆两遍	m^2	45.92			
11	031201001001	管道刷油	1. 除锈级别：人工除轻锈； 2. 油漆品种：樟丹； 3. 涂刷遍数、漆膜厚度：刷樟丹两遍	m^2	9.46			
12	031201001002	管道刷油	1. 除锈级别：人工除轻锈； 2. 油漆品种：银粉； 3. 涂刷遍数、漆膜厚度：银粉漆两遍	m^2	9.46			

6.2.6 实例 6-6

1. 背景资料

某住宅区室外热水管网平面布置，如图 6-15 所示。

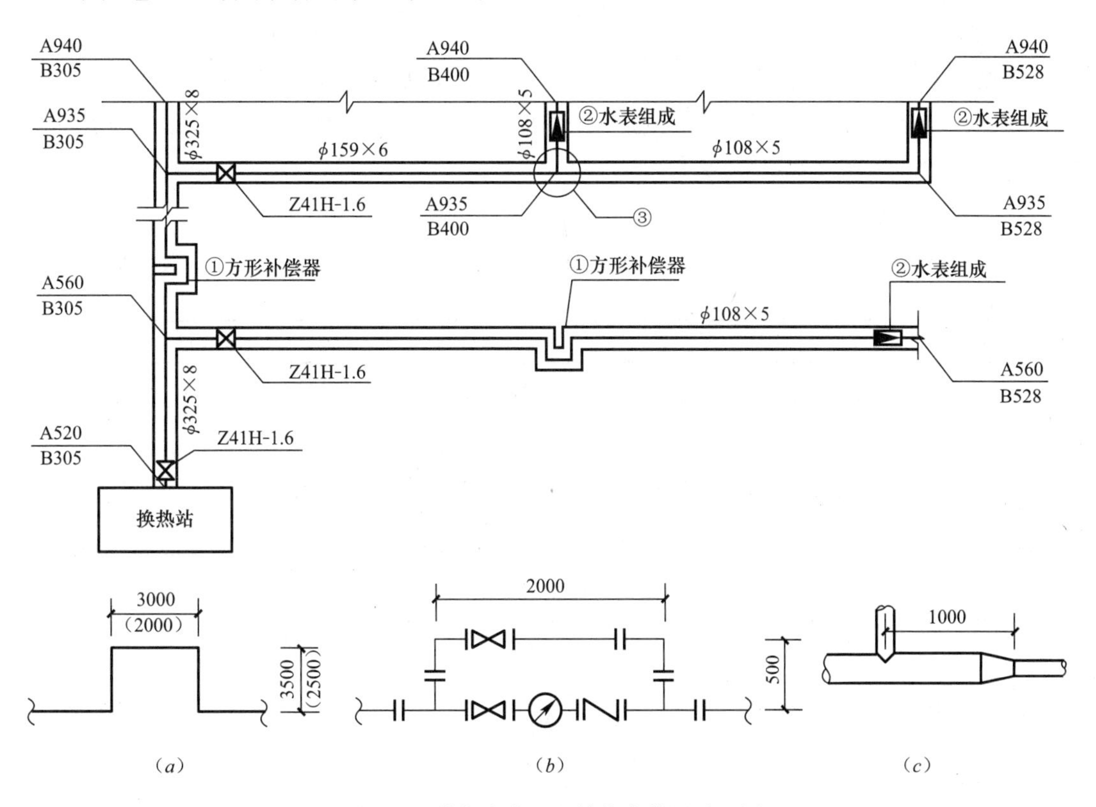

图 6-15 某住宅小区室外热水管网平面图

(a) ①详图$\frac{DN\ 300}{(DN\ 100)}$；(b) ②详图；(c) ③详图

（1）设计说明

1）该管道系统工作压力为1.0MPa，热水温度为95℃。图中平面尺寸均以相对坐标标注，单位以m计，详图尺寸以mm计。

2）管道敷设管沟（高600mm×宽800mm）内，管道均采用20#碳钢无缝钢管，弯头采用成品冲压弯头、异径管，三通现场挖眼连接，管道系统全部采用手工电弧焊接。

3）闸阀型号为Z41H—1.6，止回阀型号为H41H—1.6，水表采用水平螺翼式法兰连接，管网所用法兰均采用碳钢平焊法兰连接。

4）管道支架为型钢横担，管座采用碳钢板现场制作，ϕ325×8管道每7m设一处，每处重量为16kg；ϕ159×6管道每6m设一处，每处重量为15kg；ϕ108×5管道每5m设一处。每处重量为12kg。

5）管道安装完毕用水进行水压试验和消毒冲洗之后管道外壁人工除微锈，刷红丹防锈漆两遍。外包岩棉管壳（厚度为60mm）作绝热层。外缠铝箔作保护层。

6）管道支架进行除锈后，均刷红丹防锈漆、调和漆各两遍。

（2）计算说明

1）管道弯头不计算，管道保温保护层不计算。

2）计算图示直管段净长度、阀门、管件、水表、补偿器安装以及管道刷油、绝热的工程量。

3）计算结果保留小数点后两位有效数字，第三位四舍五入。

2. 问题

根据以上背景资料及现行国家标准《建设工程工程量清单计价规范》GB 50500—2013、《通用安装工程工程量计算规范》GB 50856—2013，试列出该住宅小区室外热水管网工程项目分部分项工程量清单。

3. 参考答案（表6-20和表6-21）

清单工程量计算表 **表6-20**

工程名称：某工程

序号	项目编码	清单项目名称	计算式	工程量合计	计量单位
1	031001002001	钢管	钢管ϕ325×8（或*DN* 300）： 20号无缝钢管、电弧焊接、手工除轻锈、刷红丹防锈漆两遍，岩棉管壳绝热铝箔保护层。 管道*DN* 300工程量： (940－520)＋2×3.5＝420＋7＝427(m)	427	m
2	031001002002	钢管	钢管ϕ159×6（或*DN* 150）： 管道*DN* 150工程量： (400－305)＋1＝96(m)	96	m
3	031001002003	钢管	钢管ϕ108×5（或*DN* 100）： 管道*DN* 100工程量： (528－305＋2×2.5)＋(528－400－1)＋(940－935)×2 ＝228＋127＋10＝365(m)	365	m

续表

序号	项目编码	清单项目名称	计算式	工程量合计	计量单位
4	031002001001	管道支架	管道支架制作安装工程量： (427/7×16)+(96/6×15)+(365/5×12) =976+240+876 =2092(kg)	2092	kg
5	031003003001	焊接法兰阀门	焊接法兰阀门，闸阀 Z41H—1.6、*DN* 300： 1个	1	个
6	031003003002	焊接法兰阀门	闸阀 Z41H—1.6、*DN* 150： 1个	1	个
7	031003003003	焊接法兰阀门	闸阀 Z41H—1.6、*DN* 100： 1个	1	个
8	031003003004	焊接法兰阀门	止回阀 H41H—1.6、*DN* 100： 1个	1	个
9	031003013001	水表	水平式螺翼水表、*DN* 100： 3组	3	组
10	031003009001	补偿器	方形伸缩器 *DN* 300，无缝钢管、冲压弯头： 1个	1	个
11	031003009002	补偿器	方形伸缩器 *DN* 100，无缝钢管、冲压弯头： 1个	1	个
12	031201001001	管道刷油	管道刷油： ϕ325×8：*L*1=3.14×0.325×427=435.75(m^2) ϕ159×6：*L*2=3.14×0.159×96=47.93(m^2) ϕ108×5：*L*3=3.14×0.108×365=123.78(m^2) 小计：435.75+47.93+123.78=607.46(m^2)	607.46	m^2
13	031208002001	管道绝热	管道岩棉管壳绝热，ϕ325×8： *V*=3.14×（0.325+1.033×0.06）×1.033×0.06×427 =32.159（m^3）	32.159	m^3
14	031208002002	管道绝热	管道岩棉管壳绝热，ϕ159×6： *V*=3.14×(0.159+1.033×0.06)×1.033×0.06×96 =4.129(m^3)	4.129	m^3
15	031208002002	管道绝热	管道岩棉管壳绝热，ϕ108×5： V=3.14×(0.108+1.033×0.06)×1.033×0.06×365 =12.075(m^3)	12.075	m^3

分部分项工程和单价措施项目清单与计价表　　表 6-21

工程名称：某工程

序号	项目编码	项目名称	项目特征描述	计量单位	工程量	金额（元）		
						综合单价	合价	其中
								暂估价
1	031001002001	钢管	1. 安装部位：室外； 2. 介质：热媒体； 3. 规格、压力等级：$\phi325\times8$，PN=1.0MPa； 4. 连接形式：焊接； 5. 压力试验及吹、洗设计要求：按规范要求	m	427			
2	031001002002	钢管	1. 安装部位：室外； 2. 介质：热媒体； 3. 规格、压力等级：$\phi159\times6$，PN=1.0MPa； 4. 连接形式：焊接； 5. 压力试验及吹、洗设计要求：按规范要求	m	96			
3	031001002003	钢管	1. 安装部位：室外； 2. 介质：热媒体； 3. 规格、压力等级：$\phi108\times5$，PN=1.0MPa； 4. 连接形式：焊接； 5. 压力试验及吹、洗设计要求：按规范要求	m	365			
4	031002001001	管道支架	1. 材质：型钢； 2. 管架形式：横担	kg	2092			
5	031003003001	焊接法兰阀门	1. 类型：Z41H—1.6 闸阀； 2. 材质：碳钢； 3. 规格、压力等级：DN 300； 4. 连接形式：平焊法兰； 5. 焊接方法：手工电弧焊	个	1			
6	031003003002	焊接法兰阀门	1. 类型：Z41H—1.6 闸阀； 2. 材质：碳钢； 3. 规格、压力等级：DN 150； 4. 连接形式：平焊法兰； 5. 焊接方法：手工电弧焊	个	1			
7	031003003003	焊接法兰阀门	1. 类型：Z41H—1.6 闸阀； 2. 材质：碳钢； 3. 规格、压力等级：DN 100； 4. 连接形式：平焊法兰； 5. 焊接方法：手工电弧焊	个	1			

续表

序号	项目编码	项目名称	项目特征描述	计量单位	工程量	金额（元）		
						综合单价	合价	其中
								暂估价
8	031003003004	焊接法兰阀门	1. 类型：H41H—1.6 止回阀； 2. 材质：碳钢； 3. 规格、压力等级：*DN* 100； 4. 连接形式：平焊法兰； 5. 焊接方法：手工电弧焊	1	个			
9	031003013001	水表	1. 安装部位：室外； 2. 型号、规格：水平式螺翼水表 *DN* 100； 3. 连接形式：平焊法兰连接	组	3			
10	031003009001	补偿器	1. 类型：方形补偿器； 2. 材质：碳钢； 3. 规格、压力等级：*DN* 300； 4. 连接形式：焊接	个	1			
11	031003009002	补偿器	1. 类型：方形补偿器； 2. 材质：碳钢； 3. 规格、压力等级：*DN* 100； 4. 连接形式：焊接	个	1			
12	031201001001	管道刷油	1. 除锈级别：手工除微锈； 2. 油漆品种：红丹防锈漆； 3. 涂刷遍数、漆膜厚度：两遍	m^2	607.46			
13	031208002001	管道绝热	1. 绝热材料品种：岩棉； 2. 绝热厚度：60mm； 3. 管道外径：219mm	m^3	4.599			
14	031208002002	管道绝热	1. 绝热材料品种：岩棉； 2. 绝热厚度：60mm； 3. 管道外径：159mm	m^3	4.599			
15	031208002003	管道绝热	1. 绝热材料品种：岩棉； 2. 绝热厚度：60mm； 3. 管道外径：108mm	m^3	12.075			

6.2.7 实例 6-7

1. 背景资料

某住宅单元燃气管道系统工程平面图与系统图，如图 6-16 所示。设计压力为 2.0kPa。

（1）设计说明

1）层高为 3m，图中平面尺寸以 mm 计，标高均以 m 计。墙体厚度为 240mm。

2）燃气管道为地下引入，均为低压流体输送用焊接钢管，螺纹连接。燃气管道与墙体的中心轴线距离为 240mm。

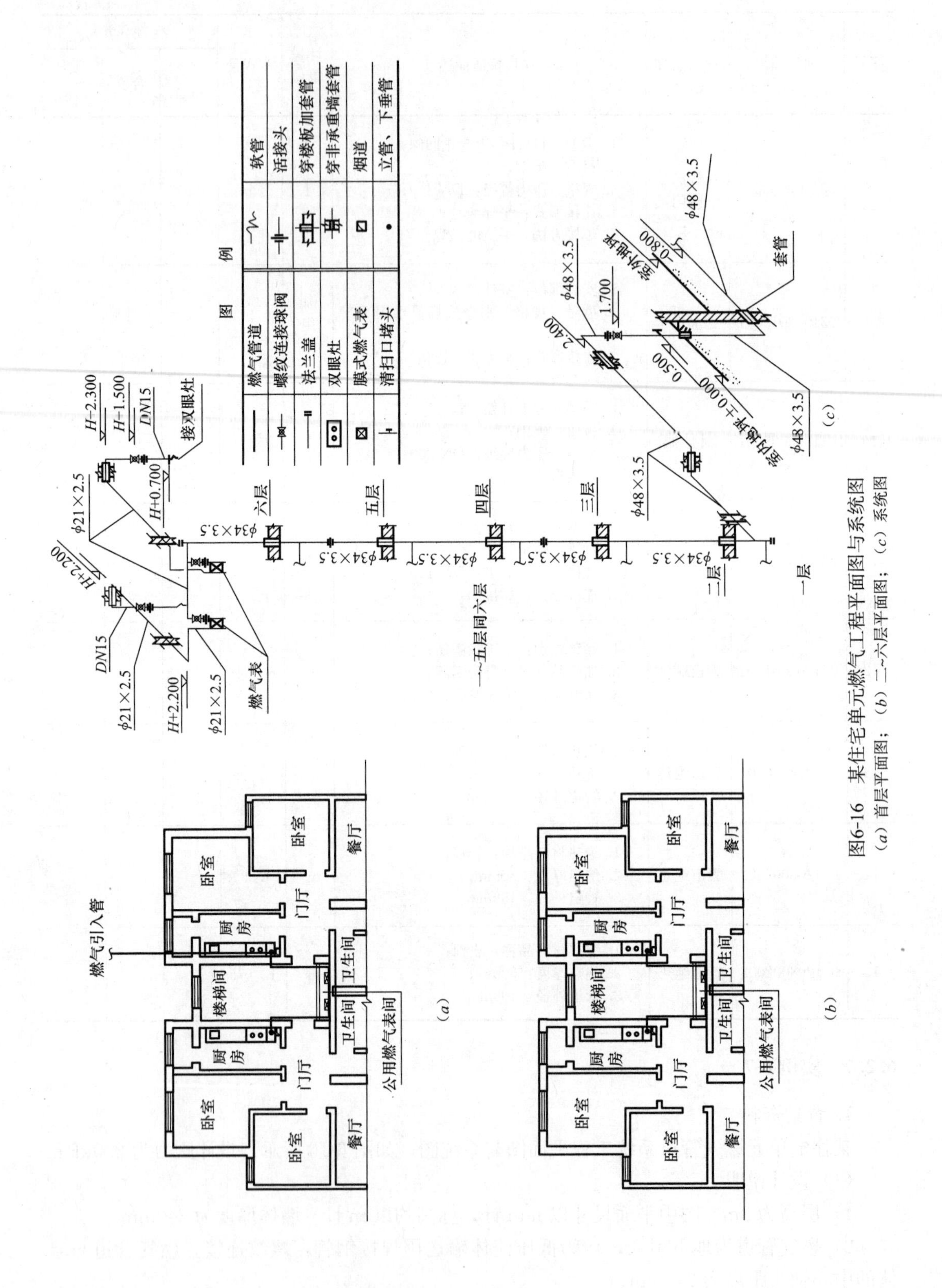

图6-16 某住宅单元燃气工程平面图与系统图
（a）首层平面图；（b）二~六层平面图；（c）系统图

3）IC卡智能皮膜燃气表，型号为G10/JGM1.6Y，燃气表底距地1.4m；燃气球阀型号为RQ11F—0.3Z。

4）立管检查口设在一层燃气立管上，距地面0.5m处。

5）内嵌式双眼灶，适用介质天然气2.0，额定工作压力2.0kPa，额定热负荷5.8kW，外形尺寸：775mm×445mm×190mm（长×宽×高），进气软管采用铝塑复合管（连接尺寸*DN* 15、卡箍连接）。

6）燃气管道穿外墙均采用防水钢套管，穿内墙及楼板均采用普通钢套管，油麻嵌缝。

7）燃气管道安装完毕，按规范进行消毒、冲洗、水压试验和试漏。

（2）计算说明

1）ϕ48燃气管自室外地下引入，其地下水平段长度按2.5m计算，地上水平段按5.8m计算。

2）ϕ34燃气立管两端设法兰盖，自一层、六层分户支管处各预留300mm。

3）每层两户自燃气立管引出经燃气表引至双眼灶的燃气支管长度，按4.5m和5.3m计算，两燃气表接自燃气立管的公用管段长度按500mm计算。

4）活接头、三通、弯头、法兰盖不计算。

5）计算结果保留小数点后两位有效数字，第三位四舍五入。

2. 问题

根据以上背景资料及现行国家标准《建设工程工程量清单计价规范》GB 50500—2013、《通用安装工程工程量计算规范》GB 50856—2013，试列出该工程给水管道系统及卫生器具各分部分项工程量清单。

3. 参考答案（表6-22和表6-23）

清单工程量计算表 **表6-22**

工程名称：某工程

序号	项目编码	清单项目名称	计算式	工程量合计	计量单位
1	031001002001	钢管	ϕ48（*DN* 40）的焊接钢管： 水平管：1.5+5.8=7.3（m） 立管：(2.4+0.8)=3.2(m) 小计：7.3+3.2=10.50(m)	10.50	m
2	031001002002	钢管	ϕ34（*DN* 25）的焊接钢管： 立管：(3−2.2)+3×4+2.2+0.3×2=15.60(m)	15.60	m
3	031001002003	钢管	ϕ21（*DN* 15）的焊接钢管： (4.5+5.3−0.5)×6=55.80(m)	55.80	m
4	031003010001	软管	铝塑复合管，*DN* 15： 2×6=12（个）	12	个
5	031003001001	螺纹阀门	燃气球阀RQ11F—0.3Z，*DN* 40： 1个	1	个
6	031003001002	螺纹阀门	燃气球阀RQ11F—0.3Z，*DN* 15： 2×6=12（个）	12	个

续表

序号	项目编码	清单项目名称	计算式	工程量合计	计量单位
7	031007005001	燃气表	IC卡智能皮膜燃气表： 2×2×6=24（块）	24	块
8	031002003001	套管	*DN* 50，传承重墙防水套管，油麻嵌缝： 4个	4	个
9	031002003002	套管	穿楼板套管，*DN* 35，普通钢套管，油麻嵌缝： 5个	5	个
10	031002003003	套管	传承重墙套管 *DN* 25，普通钢套管，油麻嵌缝： 1×2×6=12（个）	12	个
11	031007006001	燃气灶具	内嵌式双眼灶，适用介质天然气 2.0，额定工作压力 2.0kPa，额定热负荷 5.8kW，外形尺寸（长×宽×高）775mm×445mm×190mm： 2×6=12（台）	12	台

分部分项工程和单价措施项目清单与计价表 **表 6-23**

工程名称：某工程

序号	项目编码	项目名称	项目特征描述	计量单位	工程量	金额（元）		
						综合单价	合价	其中 暂估价
1	031001002001	钢管	1. 安装部位：室内； 2. 介质：燃气； 3. 规格、压力等级：*DN* 40、2.0kPa； 4. 连接形式：螺纹连接； 5. 压力试验及吹、洗设计要求：按规范要求	m	10.50			
2	031001002002	钢管	1. 安装部位：室内； 2. 介质：燃气； 3. 规格、压力等级：*DN* 25、2.0kPa； 4. 连接形式：螺纹连接； 5. 压力试验及吹、洗设计要求：按规范要求	m	15.60			
3	031001002003	钢管	1. 安装部位：室内； 2. 介质：燃气； 3. 规格、压力等级：*DN* 15、2.0kPa； 4. 连接形式：螺纹连接； 5. 压力试验及吹、洗设计要求：按规范要求	m	55.80			
4	031003010001	软管	1. 材质：铝塑复合管； 2. 规格：*DN* 15； 3. 连接形式：卡箍连接	个	12			

续表

序号	项目编码	项目名称	项目特征描述	计量单位	工程量	金额（元）		
						综合单价	合价	其中 暂估价
5	031003001001	螺纹阀门	1. 类型：燃气球阀 RQ11F—0.3Z； 2. 材质：不锈钢； 3. 规格、压力等级：*DN* 40、3.0kPa； 4. 连接形式：螺纹连接	个	1			
6	031003001002	螺纹阀门	1. 类型：燃气球阀 RQ11F—0.3Z； 2. 材质：不锈钢； 3. 规格、压力等级：*DN* 15、3.0kPa； 4. 连接形式：螺纹连接	个	12			
7	031007005001	燃气表	1. 类型：IC 卡智能皮膜燃气表； 2. 型号、规格：G10/JGM1.6Y； 3. 连接方式：螺纹连接	块	24			
8	031002003001	套管	1. 名称、类型：穿承重墙防水套管； 2. 材质：碳钢； 3. 规格：*DN* 65； 4. 填料材质：油麻嵌缝	个	4			
9	031002003002	套管	1. 名称、类型：穿楼板套管； 2. 材质：碳钢； 3. 规格：*DN* 40； 4. 填料材质：油麻嵌缝	个	5			
10	031002003003	套管	1. 名称、类型：穿承重墙套管； 2. 材质：碳钢； 3. 规格：*DN* 25； 4. 填料材质：油麻嵌缝	个	6			
11	031007006001	燃气灶具	1. 用途：民用灶； 2. 类型：民用内嵌式双眼灶； 3. 型号、规格：额定工作压力 2.0kPa，额定热负荷 5.8kW，外形尺寸（长×宽×高）775mm×445mm×190mm； 4. 安装方式：内嵌式	台	12			

7 刷油、防腐蚀、绝热工程及措施项目

《通用安装工程工程量计算规范》GB 50856—2013（以下简称“13 规范”）、《建设工程工程量清单计价规范》GB 50500—2008（以下简称“08 规范”）。“13 规范”在项目编码、项目名称、项目特征、计量单位、工程量计算规则、工作内容等方面，均有变化。

1. 刷油、防腐蚀、绝热工程

（1）清单项目变化

“13 规范”在“08 规范”的基础上，刷油、防腐蚀、绝热工程新增 59 个项目，具体如下：

刷油工程，防腐蚀涂料工程，手工糊衬玻璃钢工程，橡胶板及塑料板衬里工程，衬铅及搪铅工程，喷镀（涂）工程，耐酸砖、板衬里工程，绝热工程，管道补口补伤工程，阴极保护及牺牲阳极项目，均为新增项目。

（2）应注意的问题

工作内容含补漆的工序，不在此列项，由投标人在投标中根据相关规范标准自行考虑报价。

2. 措施项目

（1）清单项目变化

“13 规范”在“08 规范”的基础上，刷油、防腐蚀、绝热工程新增 25 个项目，具体如下：

专业措施项目：新增吊装加固，金属抱杆安装、拆除、移位，平台铺设、拆除，顶升、提升装置，大型设备专用机具，焊接工艺评定等 18 个项目。

安全文明施工及其他措施项目：新增安全文明施工、夜间施工增加、非夜间施工这姑娘家、二次搬运、冬季施工增加、已完工程及设备保护、高层施工增加等 7 个项目。

（2）应注意的问题

设备、材料的运输应按“13 规范”附录 N 措施项目编码列项。

7.1 刷油、防腐蚀、绝热工程

7.1.1 刷油工程

刷油工程工程量清单项目设置、项目特征描述的内容、计量单位及工程量计算规则等的变化对照情况，见表 7-1。

刷油工程（编码：031201）　　表 7-1

序号	版别	项目编码	项目名称	项目特征	工程量计算规则与计量单位	工作内容
1	13 规范	031201001	管道刷油	1. 除锈级别； 2. 油漆品种； 3. 涂刷遍数、漆膜厚度； 4. 标志色方式、品种	1. 按设计图示表面积尺寸以面积计算（计量单位：m^2）； 2. 按设计图示尺寸以长度计算（计量单位：m）	1. 除锈； 2. 调配、涂刷
2	13 规范	031201002	设备与矩形管道刷油			
3	13 规范	031201003	金属结构刷油	1. 除锈级别； 2. 油漆品种； 3. 结构类型； 4. 涂刷遍数、漆膜厚度	1. 按设计图示表面积尺寸以面积计算（计量单位：m^2）； 2. 按金属结构的理论质量计算（计量单位：kg）	
4	13 规范	031201004	铸铁管、暖气片刷油	1. 除锈级别； 2. 油漆品种； 3. 涂刷遍数、漆膜厚度	1. 按设计图示表面积尺寸以面积计算（计量单位：m^2）； 2. 按设计图示尺寸以长度计算（计量单位：m）	
5	13 规范	031201005	灰面刷油	1. 油漆品种； 2. 涂刷遍数、漆膜厚度； 3. 涂刷部位	按设计图示表面积计算（计量单位：m^2）	调配、涂刷
6	13 规范	031201006	布面刷油	1. 布面品种； 2. 油漆品种； 3. 涂刷遍数、漆膜厚度； 4. 涂刷部位		
7	13 规范	031201007	气柜刷油	1. 除锈级别； 2. 油漆品种； 3. 涂刷遍数、漆膜厚度； 4. 涂刷部位		1. 除锈； 2. 调配、涂刷
8	13 规范	031201008	玛碲酯面刷油	1. 除锈级别； 2. 油漆品种； 3. 涂刷遍数、漆膜厚度		调配、涂刷

续表

序号	版别	项目编码	项目名称	项目特征	工程量计算规则与计量单位	工作内容
9	13 规范	031201009	喷漆	1. 除锈级别； 2. 油漆品种； 3. 喷涂遍数、漆膜厚度； 4. 喷涂部位	按设计图示表面积计算（计量单位：m^2）	1. 除锈； 2. 调配、喷涂

注：1. 管道刷油以米计算，按图示中心线以延长米计算，不扣除附属构筑物、管件及阀门等所占长度。
2. 涂刷部位：指涂刷表面的部位，如设备、管道等部位。
3. 结构类型：指涂刷金属结构的类型，如一般钢结构、管廊钢结构、H 型钢钢结构等类型。
4. 设备筒体、管道表面积：$S=\pi \cdot D \cdot L$，π——圆周率，D——直径，L——设备筒体高或管道延长米。
5. 设备筒体、管道表面积包括管件、阀门、法兰、人孔、管口凹凸部分。
6. 带封头的设备面积：

$$S=L \cdot \pi \cdot D-(D/2) \cdot \pi \cdot K \cdot N$$

式中 K——1.05；
N——封头个数。

7.1.2 防腐蚀涂料工程

防腐蚀涂料工程工程量清单项目设置、项目特征描述的内容、计量单位及工程量计算规则等的变化对照情况，见表 7-2。

防腐蚀涂料工程（编码：031202） 表 7-2

序号	版别	项目编码	项目名称	项目特征	工程量计算规则与计量单位	工作内容
1	13 规范	031202001	设备防腐蚀	1. 除锈级别； 2. 涂刷（喷）品种； 3. 分层内容； 4. 涂刷（喷）遍数、漆膜厚度	按设计图示表面积计算（计量单位：m^2）	1. 除锈； 2. 调配、涂刷（喷）
2		031202002	管道防腐蚀		1. 按设计图示表面积尺寸以面积计算（计量单位：m^2）； 2. 按设计图示尺寸以长度计算（计量单位：m）	
3		031202003	一般钢结构防腐蚀		按一般钢结构的理论质量计算（计量单位：kg）	
4		031202004	管廊钢结构防腐蚀		按管廊钢结构的理论质量计算（计量单位：kg）	
5		031202005	防火涂料	1. 除锈级别； 2. 涂刷（喷）品种； 3. 涂刷（喷）遍数、漆膜厚度； 4. 耐火极限（h）； 5. 耐火厚度（mm）	按设计图示表面积计算（计量单位：m^2）	

续表

序号	版别	项目编码	项目名称	项目特征	工程量计算规则与计量单位	工作内容
6	13 规范	031202006	H 型钢制钢结构防腐蚀	1. 除锈级别； 2. 涂刷（喷）品种； 3. 分层内容； 4. 涂刷（喷）遍数、漆膜厚度	按设计图示表面积计算（计量单位：m^2）	1. 除锈； 2. 调配、涂刷（喷）
7		031202007	金属油罐内壁防静电			
8		031202008	埋地管道防腐蚀	1. 除锈级别； 2. 刷缠品种； 3. 分层内容； 4. 刷缠遍数	1. 以平方米计量，按设计图示表面积尺寸以面积计算（计量单位：m^2）； 2. 以米计量，按设计图示尺寸以长度计算（计量单位：m）	1. 除锈； 2. 刷油； 3. 防腐蚀； 4. 缠保护层
9		031202009	环氧煤沥青防腐蚀			1. 除锈； 2. 涂刷、缠玻璃布
10		031202010	涂料聚合一次	1. 聚合类型； 2. 聚合部位	按设计图示表面积计算（计量单位：m^2）	聚合

注：1. 分层内容：指应注明每一层的内容，如底漆、中间漆、面漆及玻璃丝布等内容。

2. 如设计要求热固化需注明。

3. 设备筒体、管道表面积：

$$S=\pi \cdot D \cdot L$$

式中 π——圆周率；

D——直径；

L——设备筒体高或管道延长米。

4. 阀门表面积：

$$S=\pi \cdot D \cdot 2.5D \cdot K \cdot N$$

式中 K——1.05；

N——阀门个数。

5. 弯头表面积：

$$S=\pi \cdot D \cdot 1.5D \cdot 2\pi \cdot N/B$$

式中 N——弯头个数，B 值取定：90°弯头 $B=4$；45°弯头 $B=8$。

6. 法兰表面积：

$$S=\pi \cdot D \cdot 1.5D \cdot K \cdot N$$

式中 K——1.05；

N——法兰个数。

7. 设备、管道法兰翻边面积：

$$S=L \cdot (D+A) \cdot A$$

式中 A——法兰翻边宽。

8. 带封头的设备面积：

$$S=L \cdot \pi \cdot D+(D^2/2) \cdot \pi \cdot K \cdot N$$

式中 K——1.5；

N——封头个数。

9. 计算设备、管道内壁防腐蚀工程量，当壁厚大于 10mm 时，按其内径计算；当壁厚小于 10mm 时，按其外径计算。

7.1.3 手工糊衬玻璃钢工程

手工糊衬玻璃钢工程工程量清单项目设置、项目特征描述的内容、计量单位及工程量计算规则等的变化对照情况，见表 7-3。

手工糊衬玻璃钢工程（编码：031203） 表 7-3

序号	版别	项目编码	项目名称	项目特征	工程量计算规则与计量单位	工作内容
1	13 规范	031203001	碳钢设备糊衬	1. 除锈级别； 2. 糊衬玻璃钢品种； 3. 分层内容； 4. 糊衬玻璃钢遍数	按设计图示表面积计算（计量单位：m^2）	1. 除锈； 2. 糊衬
2		031203002	塑料管道增强糊衬	1. 糊衬玻璃钢品种； 2. 分层内容； 3. 糊衬玻璃钢遍数		糊衬
3		031203003	各种玻璃钢聚合	聚合次数		聚合

注：1. 如设计对胶液配合比、材料品种有特殊要求需说明。
2. 遍数指底漆、面漆、涂刮腻子、缠布层数。

7.1.4 橡胶板及塑料板衬里工程

橡胶板及塑料板衬里工程工程量清单项目设置、项目特征描述的内容、计量单位及工程量计算规则等的变化对照情况，见表 7-4。

橡胶板及塑料板衬里工程（编码：031204） 表 7-4

序号	版别	项目编码	项目名称	项目特征	工程量计算规则与计量单位	工作内容
1	13 规范	031204001	塔、槽类设备衬里	1. 除锈级别； 2. 衬里品种； 3. 衬里层数； 4. 设备直径	按图示表面积计算（计量单位：m^2）	1. 除锈； 2. 刷浆贴衬、硫化、硬度检查
2		031204002	锥形设备衬里			
3		031204003	多孔板衬里	1. 除锈级别； 2. 衬里品种； 3. 衬里层数		
4		031204004	管道衬里	1. 除锈级别； 2. 衬里品种； 3. 衬里层数； 4. 管道规格		
5		031204005	阀门衬里	1. 除锈级别； 2. 衬里品种； 3. 衬里层数； 4. 阀门规格		
6		031204006	管件衬里	1. 除锈级别； 2. 衬里品种； 3. 衬里层数； 4. 名称、规格		
7		031204007	金属表面衬里	1. 除锈级别； 2. 衬里品种； 3. 衬里层数		1. 除锈； 2. 刷浆贴衬

注：1. 热硫化橡胶板如设计要求采取特殊硫化处理需注明。
2. 塑料板搭接如设计要求采取焊接需注明。
3. 带有超过总面积 15%衬里零件的贮槽、塔类设备需说明。

7.1.5 衬铅及搪铅工程

衬铅及搪铅工程工程量清单项目设置、项目特征描述的内容、计量单位及工程量计算规则等的变化对照情况，见表 7-5。

衬铅及搪铅工程（编码：031205） 表 7-5

<table>
<tr><th>序号</th><th>版别</th><th>项目编码</th><th>项目名称</th><th>项目特征</th><th>工程量计算规则与计量单位</th><th>工作内容</th></tr>
<tr><td>1</td><td rowspan="4">13 规范</td><td>031205001</td><td>设备衬铅</td><td>1. 除锈级别；
2. 衬铅方法；
3. 铅板厚度</td><td rowspan="4">按图示表面积计算（计量单位：m²）</td><td>1. 除锈；
2. 衬铅</td></tr>
<tr><td>2</td><td>031205002</td><td>型钢及支架包铅</td><td>1. 除锈级别；
2. 铅板厚度</td><td>1. 除锈；
2. 包铅</td></tr>
<tr><td>3</td><td>031205003</td><td>设备封头、底搪铅</td><td rowspan="2">1. 除锈级别；
2. 搪层厚度</td><td rowspan="2">1. 除锈；
2. 焊铅</td></tr>
<tr><td>4</td><td>031205004</td><td>搅拌叶轮、轴类搪铅</td></tr>
</table>

注：设备衬铅如设计要求安装后再衬铅需注明。

7.1.6 喷镀（涂）工程

喷镀（涂）工程工程量清单项目设置、项目特征描述的内容、计量单位及工程量计算规则等的变化对照情况，见表 7-6。

喷镀（涂）工程（编码：031206） 表 7-6

<table>
<tr><th>序号</th><th>版别</th><th>项目编码</th><th>项目名称</th><th>项目特征</th><th>工程量计算规则与计量单位</th><th>工作内容</th></tr>
<tr><td>1</td><td rowspan="4">13 规范</td><td>031206001</td><td>设备喷镀（涂）</td><td rowspan="3">1. 除锈级别；
2. 喷镀（涂）品种；
3. 喷镀（涂）厚度；
4. 喷镀（涂）层数</td><td>1. 按设备图示表面积计算（计量单位：m²）；
2. 按设备零部件质量计量（计量单位：kg）</td><td rowspan="3">1. 除锈；
2. 喷镀（涂）</td></tr>
<tr><td>2</td><td>031206002</td><td>管道喷镀（涂）</td><td rowspan="2">按图示表面积计算（计量单位：m²）</td></tr>
<tr><td>3</td><td>031206003</td><td>型钢喷镀（涂）</td></tr>
<tr><td>4</td><td>031206004</td><td>一般钢结构喷（涂）塑</td><td>1. 除锈级别；
2. 喷（涂）塑品种</td><td>按图示金属结构质量计算（计量单位：kg）</td><td>1. 除锈；
2. 喷（涂）塑</td></tr>
</table>

7.1.7 耐酸砖、板衬里工程

耐酸砖、板衬里工程工程量清单项目设置、项目特征描述的内容、计量单位及工程量计算规则等的变化对照情况，见表 7-7。

耐酸砖、板衬里工程（编码：031207） 表 7-7

<table>
<tr><th>序号</th><th>版别</th><th>项目编码</th><th>项目名称</th><th>项目特征</th><th>工程量计算规则与计量单位</th><th>工作内容</th></tr>
<tr><td>1</td><td rowspan="7">13 规范</td><td>031207001</td><td>圆形设备耐酸砖、板衬里</td><td>1. 除锈级别；
2. 衬里品种；
3. 砖厚度、规格；
4. 板材规格；
5. 设备形式；
6. 设备规格；
7. 抹面厚度；
8. 涂刮面材质</td><td rowspan="4">按图示表面积计算（计量单位：m²）</td><td rowspan="3">1. 除锈；
2. 衬砌；
3. 抹面；
4. 表面涂刮</td></tr>
<tr><td>2</td><td>031207002</td><td>矩形设备耐酸砖、板衬里</td><td rowspan="2">1. 除锈级别；
2. 衬里品种；
3. 砖厚度、规格；
4. 板材规格；
5. 设备规格；
6. 抹面厚度；
7. 涂刮面材质</td></tr>
<tr><td>3</td><td>031207003</td><td>锥（塔）形设备耐酸砖、板衬里</td></tr>
<tr><td>4</td><td>031207004</td><td>供水管内衬</td><td>1. 衬里品种；
2. 材料材质；
3. 管道规格型号；
4. 衬里厚度</td><td>1. 衬里；
2. 养护</td></tr>
<tr><td>5</td><td>031207005</td><td>衬石墨管接</td><td>规格</td><td>按图示数量计算（计量单位：个）</td><td>安装</td></tr>
<tr><td>6</td><td>031207006</td><td>铺衬石棉板</td><td rowspan="2">部位</td><td rowspan="2">按图示表面积计算（计量单位：m²）</td><td>铺衬</td></tr>
<tr><td>7</td><td>031207007</td><td>耐酸砖板衬砌体热处理</td><td>1. 安装电炉；
2. 热处理</td></tr>
</table>

注：1. 圆形设备形式指立式或卧式。
2. 硅质耐酸胶泥衬砌块材如设计要求勾缝需注明。
3. 衬砌砖、板如设计要求采用特殊养护需注明。
4. 胶板、金属面如设计要求脱脂需注明。
5. 设备拱砌筑需注明。

7.1.8 绝热工程

绝热工程工程量清单项目设置、项目特征描述的内容、计量单位及工程量计算规则等的变化对照情况，见表 7-8。

绝热工程（编码：031208） 表 7-8

<table>
<tr><th>序号</th><th>版别</th><th>项目编码</th><th>项目名称</th><th>项目特征</th><th>工程量计算规则与计量单位</th><th>工作内容</th></tr>
<tr><td>1</td><td rowspan="2">13 规范</td><td>031208001</td><td>设备绝热</td><td>1. 绝热材料品种；
2. 绝热厚度；
3. 设备形式；
4. 软木品种</td><td rowspan="2">按图示表面积加绝热层厚度及调整系数计算（计量单位：m³）</td><td rowspan="2">1. 安装；
2. 软木制品安装</td></tr>
<tr><td>2</td><td>031208002</td><td>管道绝热</td><td>1. 绝热材料品种；
2. 绝热厚度；
3. 管道外径；
4. 软木品种</td></tr>
</table>

续表

序号	版别	项目编码	项目名称	项目特征	工程量计算规则与计量单位	工作内容
3	13规范	031208003	通风管道绝热	1. 绝热材料品种； 2. 绝热厚度； 3. 软木品种	1. 按图示表面积加绝热层厚度及调整系数计算（计量单位：m^3）； 2. 按图示表面积及调整系数计算（计量单位：m^2）	1. 安装； 2. 软木制品安装
4		031208004	阀门绝热	1. 绝热材料； 2. 绝热厚度； 3. 阀门规格	按图示表面积加绝热层厚度及调整系数计算（计量单位：m^3）	安装
5		031208005	法兰绝热	1. 绝热材料； 2. 绝热厚度； 3. 法兰规格		
6		031208006	喷涂、涂抹	1. 材料； 2. 厚度； 3. 对象	按图示表面积计算（计量单位：m^2）	喷涂、涂抹安装
7		031208007	防潮层、保护层	1. 材料； 2. 厚度； 3. 层数； 4. 对象； 5. 结构形式	1. 以平方米计量，按图示表面积加绝热层厚度及调整系数计算（计量单位：m^2）； 2. 以千克计量，按图示金属结构质量计算（计量单位：kg）	安装
8		031208008	保温盒、保温托盘	名称	1. 以平方米计量，按图示表面积计算（计量单位：m^2）； 2. 以千克计量，按图示金属结构质量计算（计量单位：kg）	制作、安装

注：1. 设备形式指立式、卧式或球形。
2. 层数指一布二油、两布三油等。
3. 对象指设备、管道、通风管道、阀门、法兰、钢结构。
4. 结构形式指钢结构：一般钢结构、H型钢制结构、管廊钢结构。
5. 如设计要求保温、保冷分层施工需注明。
6. 设备筒体、管道绝热工程量

$$V=\pi\cdot(D+1.033\delta)\cdot 1.033\delta\cdot L$$

式中 π——圆周率；
D——直径；
1.033——调整系数；
δ——绝热层厚度；
L——设备筒体高或管道延长米。

7. 设备筒体、管道防潮和保护层工程量

$$S=\pi\cdot(D+2.1\delta+0.0082)\cdot L$$

式中 2.1——调整系数；
0.0082——捆扎线直径或钢带厚。

8. 单管伴热管、双管伴热管（管径相同，夹角小于90°时）工程量

$$D'=D_1+D_2+(10\sim 20\text{mm})$$

式中 D'——伴热管道综合值；
D_1——主管道直径；

D_2——伴热管道直径；
（10～20mm）——主管道与伴热管道之间的间隙。
9. 双管伴热（管径相同，夹角大于90°时）工程量

$$D'=D_1+1.5D_2+(10\text{mm}\sim 20\text{mm})$$

10. 双管伴热（管径不同，夹角小于90°时）工程量

$$D'=D_1+D_{伴大}+(10\text{mm}\sim 20\text{mm})$$

将注8、9、10的：D'带入注6、7公式即是伴热管道的绝热层、防潮层和保护层工程量。
11. 设备封头绝热工程量

$$V=[(D+1.033\delta)/2]2\pi\cdot 1.033\delta\cdot 1.5\cdot N$$

式中　N——设备封头个数。
12. 设备封头防潮和保护层工程量

$$S=[(D+2.1\delta)/2]2\cdot\pi\cdot 1.5\cdot N$$

式中　N——设备封头个数。
13. 阀门绝热工程量

$$V=\pi\cdot(D+1.033\delta)\cdot 2.5D\cdot 1.033\delta\cdot 1.05\cdot N$$

式中　N——阀门个数。
14. 阀门防潮和保护层工程量

$$S=\pi\cdot(D+2.1\delta)\cdot 2.5D\cdot 1.05\cdot N$$

式中　N——阀门个数。
15. 法兰绝热工程量

$$V=\pi\cdot(D+1.033\delta)\cdot 1.5D\cdot 1.033\delta\cdot 1.05\cdot N$$

式中　1.05——调整系数；
　　N——法兰个数。
16. 法兰防潮和保护层工程量

$$S=\pi\cdot(D+2.1\delta)\cdot 1.5D\cdot 1.05\cdot N$$

式中　N——法兰个数。
17. 弯头绝热工程量

$$V=\pi\cdot(D+1.033\delta)\cdot 1.5D\cdot 2\pi\cdot 1.033\delta\cdot N/B$$

式中　N——弯头个数；B值：90°弯头$B=4$；45°弯头$B=8$。
18. 弯头防潮和保护层工程量

$$S=\pi\cdot(D+2.1\delta)\cdot 1.5D\cdot 2\pi\cdot N/B$$

式中　N——弯头个数；B值：90°弯头$B=4$；45°弯头$B=8$。
19. 拱顶罐封头绝热工程量

$$V=2\pi r\cdot(h+1.033\delta)\cdot 1.033\delta$$

20. 拱顶罐封头防潮和保护层工程量

$$S=2\pi r\cdot(h+2.1\delta)$$

21. 绝热工程第二层（直径）工程量

$$D=(D+2.1\delta)+0.0082$$

以此类推。
22. 计算规则中调整系数按注中的系数执行。
23. 绝热工程前需除锈、刷油，应按《通用安装工程工程量计算规范》GB 50856—2013 M.1刷油工程相关项目编码列项。

7.1.9　管道补口补伤工程

管道补口补伤工程工程量清单项目设置、项目特征描述的内容、计量单位及工程量计算规则等的变化对照情况，见表7-9。

管道补口补伤工程（编码：031209）　　　　**表7-9**

序号	版别	项目编码	项目名称	项目特征	工程量计算规则与计量单位	工作内容
1	13规范	031209001	刷油	1. 除锈级别； 2. 油漆品种； 3. 涂刷遍数； 4. 管外径	1. 按设计图示表面积尺寸以面积计算（计量单位：m²）； 2. 按设计图示数量计算（计量单位：口）	1. 除锈、除油污； 2. 涂刷

续表

序号	版别	项目编码	项目名称	项目特征	工程量计算规则与计量单位	工作内容
2	13 规范	031209002	防腐蚀	1. 除锈级别； 2. 材料； 3. 管外径	1. 按设计图示表面积尺寸以面积计算（计量单位：m^2）； 2. 按设计图示数量计算（计量单位：口）	1. 除锈、除油污； 2. 涂刷
3		031209003	绝热	1 绝热材料品种； 2. 绝热厚度； 3. 管道外径		安装
4		031209004	管道热缩套管	1. 除锈级别； 2. 热缩管品种； 3. 热缩管规格	按图示表面积计算（计量单位：m^2）	1. 除锈； 2. 涂刷

7.1.10 阴极保护及牺牲阳极

阴极保护及牺牲阳极工程量清单项目设置、项目特征描述的内容、计量单位及工程量计算规则等的变化对照情况，见表 7-10。

阴极保护及牺牲阳极（编码：031210） **表 7-10**

序号	版别	项目编码	项目名称	项目特征	工程量计算规则与计量单位	工作内容
1	13 规范	031210001	阴极保护	1. 仪表名称、型号； 2. 检查头数量； 3. 通电点数量； 4. 电缆材质、规格、数量； 5. 调试类别	按图示数量计算（计量单位：站）	1. 电气仪表安装； 2. 检查头、通电点制作安装； 3. 焊点绝缘防腐； 4. 电缆敷设； 5. 系统调试
2		031210002	阳极保护	1. 废钻杆规格、数量； 2. 均压线材质、数量； 3. 阳极材质、规格	按图示数量计算（计量单位：个）	1. 挖、填土； 2. 废钻杆敷设； 3. 均压线敷设； 4. 阳极安装
3		031210003	牺牲阳极	材质、袋装数量		1. 挖、填土； 2. 合金棒安装； 3. 焊点绝缘防腐

7.1.11 相关问题及说明

（1）刷油、防腐蚀、绝热工程适用于新建、扩建项目中的设备、管道、金属结构等的刷油、防腐蚀、绝热工程。

（2）一般钢结构（包括吊、支、托架、梯子、栏杆、平台）、管廊钢结构以千克（kg）为计量单位；大于 400mm 型钢及 H 型钢制结构以平方米（m^2）为计量单位，按展开面积计算。

（3）由钢管组成的金属结构的刷油按管道刷油相关项目编码。由钢板组成的金属结构的刷油按 H 型钢刷油相关项目编码。

（4）矩形设备衬里按最小边长塔、槽类设备衬里相关项目编码。

7.2 措施项目

7.2.1 专业措施项目

专业措施项目工程量清单项目设置、项目特征描述的内容、计量单位及工程量计算规则等的变化对照情况，见表7-11。

专业措施项目（编码：031301）　　表7-11

序号	版别	项目编码	项目名称	工作内容及包含范围
1	13规范	031301001	吊装加固	1. 行车梁加固； 2. 桥式起重机加固及负荷试验； 3. 整体吊装临时加固件，加固设施拆除、清理
2		031301002	金属抱杆安装、拆除、移位	1. 安装、拆除； 2. 位移； 3. 吊耳制作安装； 4. 拖拉坑挖埋
3		031301003	平台铺设、拆除	1. 场地平整； 2. 基础及支墩砌筑； 3. 支架型钢搭设； 4. 铺设； 5. 拆除、清理
4		031301004	顶升、提升装置	安装、拆除
5		031301005	大型设备专用机具	
6		031301006	焊接工艺评定	焊接、试验及结果评价
7		031301007	胎（模）具制作、安装、拆除	制作、安装、拆除
8		031301008	防护棚制作安装拆除	防护棚制作、安装、拆除
9		031301009	特殊地区施工增加	1. 高原、高寒施工防护； 2. 地震防护
10		031301010	安装与生产同时进行施工增加	1. 火灾防护； 2. 噪声防护
11		031301011	在有害身体健康环境中施工增加	1. 有害化合物防护； 2. 粉尘防护； 3. 有害气体防护； 4. 高浓度氧气防护
12		031301012	工程系统检测、检验	1. 起重机、锅炉、高压容器等特种设备安装质量监督检验检测； 2. 由国家或地方检测部门进行的各类检测
13		031301013	设备、管道施工的安全、防冻和焊接保护	保证工程施工正常进行的防冻和焊接保护
14		031301014	焦炉烘炉、热态工程	1. 烘炉安装、拆除、外运； 2. 热态作业劳保消耗

续表

序号	版别	项目编码	项目名称	工作内容及包含范围
15	13规范	031301015	管道安拆后的充气保护	充气管道安装、拆除
16		031301016	隧道内施工的通风、供水、供气、供电、照明及通信设施	通风、供水、供气、供电、照明及通信设施安装、拆除
17		031301017	脚手架搭拆	1. 场内、场外材料搬运； 2. 搭、拆脚手架； 3. 拆除脚手架后材料的堆放
18		031301018	其他措施	为保证工程施工正常进行所发生的费用

注：1. 由国家或地方检测部门进行的各类检测，指安装工程不包括的属经营服务性项目，如通电测试、防雷装置检测、安全、消防工程检测、室内空气质量检测等。
2. 脚手架按各附录分别列项。
3. 其他措施项目必须根据实际措施项目名称确定项目名称，明确描述工作内容及包含范围。

7.2.2 安全文明施工及其他措施项目

安全文明施工及其他措施项目工程量清单项目设置、计量单位、工作内容及包含范围，应按表7-12的规定执行。

安全文明施工及其他措施项目（031302） 表7-12

序号	版别	项目编码	项目名称	工作内容及包含范围
1	13规范	031302001	安全文明施工	1. 环境保护：现场施工机械设备降低噪声、防扰民措施；水泥和其他易飞扬细颗粒建筑材料密闭存放或采取覆盖措施等；工程防扬尘洒水；土石方、建渣外运车辆保护措施等；现场污染源的控制、生活垃圾清理外运、场地排水排污措施；其他环境保护措施； 2. 文明施工五牌一图；现场围挡的墙面美化（包括内外粉刷、刷白、标语等）、压顶装饰；现场厕所便槽刷白、贴面砖，水泥砂浆地面或地砖，建筑物内临时便溺设施；其他施工现场临时设施的装饰装修、美化措施；现场生活卫生设施；符合卫生要求的饮水设备、淋浴、消毒等设施；生活用洁净燃料；防煤气中毒、防蚊虫叮咬等措施；施工现场操作场地的硬化；现场绿化、治安综合治理；现场配备医药保健器材、物品费用和急救人员培训；用于现场工人的防暑降温、电风扇、空调等设备及用电；其他文明施工措施； 3. 安全施工：安全资料、特殊作业专项方案的编制，安全施工标志的购置及安全宣传；“三宝”（安全帽、安全带、安全网）、“四口”（楼梯口、电梯井口、通道口、预留洞口）、“五临边”（阳台围边、楼板围边、屋面围边、槽坑围边、卸料平台两侧）、水平防护架、垂直防护架、外架封闭等防护措施；施工安全用电，包括配电箱三级配电、两级保护装置要求、外电防护措施；起重机、塔吊等起重设备（含井架、门架）及外用电梯的安全防护措施（含警示标志）及卸料平台的临边防护、层间安全门、防护棚等设施；建筑工地起重机械的检验检测；施工机具防护棚及其围栏的安全保护设施；施工安全防护通道；工人的安全防护用品、用具购置；消防设施与消防器材的配置；电气保护、安全照明设施；其他安全防护措施； 4. 临时设施：施工现场采用彩色、定型钢板，砖、混凝土砌块等围挡的安砌、维修、拆除；施工现场临时建筑物、构筑物的搭设、维修、拆除，如临时宿舍、办公室、食堂、厨房、厕所、诊疗所、临时文化福利用房、临时仓库、加工场、搅拌台、临时简易水塔、水池等；施工现场临时设施的搭设、维修、拆除，如临时供水管道、临时供电管线、小型临时设施等；施工现场规定范围内临时简易道路铺设，临时排水沟、排水设施安砌、维修、拆除；其他临时设施的搭设、维修、拆除

续表

序号	版别	项目编码	项目名称	工作内容及包含范围
2	13 规范	031302002	夜间施工增加	1. 夜间固定照明灯具和临时可移动照明灯具的设置、拆除； 2. 夜间施工时，施工现场交通标志、安全标牌、警示灯等的设置、移动、拆除； 3. 夜间照明设备及照明用电、施工人员夜班补助、夜间施工劳动效率降低等
3		031302003	非夜间施工增加	为保证工程施工正常进行，在地下（暗）室、设备及大口径管道内等特殊施工部位施工时所采用的照明设备的安拆、维护及照明用电、通风等；在地下（暗）室等施工引起的人工工效降低以及由于人工工效降低引起的机械降效
4		031302004	二次搬运	由于施工场地条件限制而发生的材料、成品、半成品等一次运输不能到达堆放地点，必须进行二次或多次搬运
5		031302005	冬雨期施工增加	1. 冬雨（风）期施工时增加的临时设施（防寒保温、防雨、防风设施）的搭设、拆除； 2. 冬雨（风）期施工时，对砌体、混凝土等采用的特殊加温、保温和养护措施； 3. 冬雨（风）期施工时，施工现场的防滑处理、对影响施工的雨雪的清除； 4. 冬雨（风）期施工时增加的临时设施、施工人员的劳动保护用品、冬雨（风）期施工劳动效率降低等
6	13 规范	031302006	已完工程及设备保护	对已完工程及设备采取的覆盖、包裹、封闭、隔离等必要保护措施
7		031302007	高层施工增加	1. 高层施工引起的人工工效降低以及由于人工工效降低引起的机械降效； 2. 通信联络设备的使用

注：1. 本表所列项目应根据工程实际情况计算措施项目费用，需分摊的应合理计算摊销费用。
2. 施工排水是指为保证工程在正常条件下施工而采取的排水措施所发生的费用。
3. 施工降水是指为保证工程在正常条件下施工而采取的降低地下水位的措施所发生的费用。
4. 高层施工增加：
1）单层建筑物檐口高度超过 20m，多层建筑物超过 6 层时，按各附录分别列项。
2）突出主体建筑物顶的电梯机房、楼梯出口间、水箱间、瞭望塔、排烟机房等不计入檐口高度。计算层数时，地下室不计入层数。

7.2.3 相关问题及说明

（1）工业炉烘炉、设备负荷试运转、联合试运转、生产准备试运转及安装工程设备场外运输应根据招标人提供的设备及安装主要材料堆放点按本节附录其他措施编码列项。

（2）大型机械设备进出场及安拆，应按现行国家标准《房屋建筑与装饰工程工程量计算规范》GB 50854 相关项目编码列项。

参 考 文 献

［1］ 中华人民共和国国家标准. 建设工程工程量清单计价规范 GB 50500—2013［S］. 北京：中国计划出版社，2013.

［2］ 中华人民共和国国家标准. 建设工程工程量清单计价规范 GB 50500—2008［S］. 北京：中国计划出版社，2008.

［3］ 中华人民共和国国家标准. 通用安装工程工程量计算规范 GB 50856—2013［S］. 北京：中国计划出版社，2013.

［4］ 规范编制组 编. 2013 建设工程计价计量规范辅导［M］. 北京：中国计划出版社，2013.